计算方法丛书·典藏版 21

有限元结构分析并行计算

周树荃 梁维泰 邓绍忠 著

科学出版社

北京

内 容 简 介

有限元结构分析在大型工程计算中至今仍居重要地位．本书系统地论述了有限元方程组形成和求解的各个步骤的并行计算格式和并行程序设计技巧，着重介绍了有限元分析的并行计算、大型稀疏有限元方程组直接解法的并行处理、大型稀疏线性方程组预处理共轭梯度法的并行处理、矩阵向量积的并行计算，还概括了近年来有关研究的主要成果，是一部具有较高理论水平和实用价值的著作．

本书可供计算数学工作者、工程技术人员以及高等院校有关专业的师生阅读参考．

图书在版编目(CIP)数据

有限元结构分析并行计算 / 周树荃，梁维泰，邓绍忠著. — 北京 ：科学出版社，1994.4（2016.1 重印）

（计算方法丛书）

ISBN 978-7-03-003750-3

Ⅰ. ①有… Ⅱ. ①周… ②梁… ③邓… Ⅲ. ①有限元分析－结构分析－并行算法 Ⅳ. ①O241.82

中国版本图书馆 CIP 数据核字(2016)第 012833 号

责任编辑：赵彦超　胡庆家／责任校对：鲁　素

责任印制：苏铁锁／封面设计：陈　敬

科 学 出 版 社 出版

北京东黄城根北街 16 号

邮政编码：100717

http://www.sciencep.com

北京凌奇印刷有限责任公司 印刷

科学出版社发行　各地新华书店经销

*

1994 年 4 月第　一　版　开本：850×1168　1/32

2016 年 1 月印　　　刷　印张：10 1/8

字数：265 000

POD定价：　69.00元

（如有印装质量问题，我社负责调换）

前　　言

1972年第一台并行机问世以来，并行算法有了实践的机会．大体上说，70年代并行算法的研究课题比较集中于相关问题以及线代数计算的并行化；随着并行机的发展，70年代后期有限元结构分析的并行计算受到了重视．1984年国产巨型机YH-1投入运转，为国内研究并行算法创造了良好的条件．近年来，在航空科学基金等预研项目的资助下，我们开展了这一领域的研究工作，取得了一些成果，现整理成书供从事并行算法研究及使用并行机作科学与工程计算的有关科学与工程技术人员参考．

因并行算法的研究和应用与并行机的体系结构密切相关，所以本书专辟一章扼要介绍了国内外一些具有代表性的阵列处理机、向量处理机及多处理机系统的体系结构．为使读者对并行机与并行算法的发展、有限元结构分析并行计算的发展以及现代科学技术对高性能计算机的需求有一个概括的了解，作者在绪论中对这些问题逐一作了介绍．

在阅读本书的其余章节之前，最好先学习同步并行算法的一些基础知识（主要是一些相关问题的并行计算与线代数的并行计算），这些内容在参考文献[56—59]中都可找到．

参加本书编写的有周树荃、梁维泰、邓绍忠与叶明等人．

作者感谢南京航空学院领导和数理力学系一些同事的鼓励和支持，感谢武汉大学康立山教授和孙乐林副教授对书稿认真仔细的审阅．本书有关数值试验是在西南计算中心的YH-1机上进行的，曾得到该所王嘉谟、黄清南、马寅国等同志的帮助和支持，作者谨此致谢．

目　录

第一章 绪 论

本章阐述现代科学技术对高性能计算机的需求，计算机与算法的分类，数值并行算法发展的几个阶段，有限元结构分析并行计算发展现状，使读者对并行计算机及并行算法的发展、有限元结构分析并行计算的发展有一个概括的了解.

§1.1 现代科学技术对高性能计算机的需求

现代科学技术对高性能计算机的需求主要来自数值计算和非数值处理(或符号处理)两大方面. 数值计算包括科学计算、系统模拟与工程设计等应用领域，统称为科学/工程计算. 非数值处理包括非数值信息处理(例如，全国性乃至世界性的情报检索系统，政府部门的调查统计、军事情报搜索与分析系统和指挥系统、银行保险业务系统等)，知识处理与智能信息处理[例如，定理证明、专家系统、模式识别、智能机器人、CAD 与 CAM、智能机辅助教学 (ICAI)、博奕]等领域. 参阅文献[1—3].

下面用几个具体事例说明这一点.

(1) 数值天气预报

用电子计算机来预报全球气候，需要求解一组球面坐标系下的一般环流模式方程. 通常，用垂直高度、纬度和经度将大气划分为三维网格，时间作为第四维，用一个指定的时间增量将方程组离散. 在一个半球上给定间距为 270 英里(1 英里=1.609 公里)的网格，并给定一个适当的时间增量，24 小时的预报需要 1 000 亿次操作，在每秒可执行一亿次操作的计算机(如 CRAY-1)上，需要花费大约 100 分钟. 这种网格可以用于纽约和华盛顿的预报，但不能用于费城的预报，费城大约位于华盛顿和纽约的中间. 要得到费城的更精确的预报，在所有四维上还必须将网格大小减半，其计算量将增加16倍. 对于每秒100 MFLOPS 的计算机 (CRAY-1), 完成24小时天气预报需要24小时计算. 即使是这种新的网格, 也不能有效地作长期预报. 如果我们希望得到更精确的长期预报, 必须发展更高性能的计算机.

(2) 计算空气动力学与飞行器设计

今天用于空气动力学设计的两个基本手段是风洞和计算机. 其中,风洞是飞行器设计中进行气流模拟的主要手段,目前计算机只能起辅助作用. 但是风洞实验一方面要受模型规模、风速、密度、温度等干扰,同时还要受许多其他因素的限制. 然而数值流动模拟却没有这些限制, 它仅仅受计算机的计算速度和存储空间限制. 另一方面,建造和使用风洞的设施是十分昂贵的. 据介绍,用一个现代化的风洞进行飞机翼型测试,每年要耗资1.5亿美元. 如果能用计算机取代风洞的功能,则不但可以节省大量的费用,而且计算机可以实现许多风洞无法实现的空气动力学模拟, 使空气动力学特性设计更为科学化. 计算空气动力学的基本任务就是用高速计算机求解流体力学方程组, 以实现空气动力学数值模拟. 在实际的空气动力学设计中, 计算机只有在10到15分钟内完成模拟,它才能当作一种工程手段, 否则只能作为程序的研究. 比如, 要求解的问题是三维雷诺平均 N-S 方程, 采用10^6个网格点, 使用最新的算法, 计算机也必须具有持续每秒十亿次以上的浮点运算速度,才能在10分钟内完成模拟. 目前市场上的超级计算机的峰值速度大都在每秒10亿次以下,实际运行中远远达不到这个峰值速度. 一般仅能达到峰值速度的10%到40%, 而要达到持续每秒10亿次以上的浮点运算速度,计算机的峰值速度必须达到每秒80亿次浮点运算, 这个速度大约相当于 CRAY-2 速度的四倍. 达到这个目标后,计算机可以替代部分风洞实验,但还不能完全代替风洞实验.

目前由美国国家科学基金资助的伊利诺伊大学研究机构已使用超级计算机来研究风剪切, 对遇到微爆炸的"飞行"模拟飞机作空气动力学计算. 他们希望通过计算进一步研究微爆炸的危险出现.

用今天的超级计算机设计整架飞机不可能，如要对整架飞机进行设计,还需要更强大的计算机,其中包括复杂的三维流模拟和相应的化学反应模拟的发动机设计，这需要更大的计算机能力和容量,甚至至少要比今天的超级计算机高出两个数量级.

航天飞机的设计,同样需要高性能的超级计算机.

(3) 人造卫星图象处理

分析卫星发射回来的地球资源数据,在农业、生态学、林业、地质以及土地使用规划方面有着广泛的应用. 然而，卫星发回的图象数据通常都是如此之浩繁，以致于其中简单的计算也要花费大量 CPU 时间. 美国国家航空和航天管理局 (NASA) 已经安装了由 Goodyear 宇航公司制造的大规模并行处理机 (MPP)，它是由 13684 台处理机构成的一个并行系统，使用它来执行卫星图象处理.

(4) 核物理与核工程领域的研究与应用

在先进的武器设计中,特别是核武器的设计、核武器效应的模拟等需要进行大型计算模拟. 这种大型计算模拟可以真正取代实验方法. 类似地,未来核电站的设计、情报的收集、为自动绘制地图而用的图象数据处理等运算，都需要比今天的计算机大几个数量级,才能满足军事上与工程技术上的要求.

(5) 石油资源勘探

石油资源的地震勘探法,要求在沿海 1 公里测量线上,每次人造地震要采集 200万—500 万个数据,再对如此大量的数据通过褶积运算处理,描绘出地层构造，为钻井位置提供准确情报. 目前，我国石油部某单位配备有若干型号的并行超级计算机,昼夜工作，仍不能满足需求.

(6) 电子结构模拟

需要计算成千个变量的积分-微分方程组，成百万个六重积分,并需要求解高阶(达 10^6 阶)矩阵的特征值问题.

(7) 人体心脏三维模拟

普林斯顿大学的数学、医学和计算机科学家一起成功地进行了人体心脏三维模拟，用 64×64×64 网格点求解粘性不可压缩流体的 N-S 方程. 每模拟一次心脏收缩，就需用 CRAY-2 机 8 个小时的 CPU 时间.

(8) 人工智能

大多数通用计算机都有一个相对的输入/输出 (I/O) 相互作用面. 但是，如果计算机在最高层次上通过说话、图和自然语言，使人类与计算机进行交互作用，这就需要对声音、图和自然语言的实时输入进行处理. 这种处理的数据量是相当大的，决非今天的计算机能够解决的. 日本从 1982 年开始的"第五代计算机系统研究计划" (Fif.h Generation Computing System Project)，其目的之一就是建立一种新的计算机，其能力每秒可执行一亿次到十亿次的逻辑判断. 由于一个逻辑判断要执行 100 到 1000 条机器指令，因此所设计的新一代计算机必须每秒完成一百亿到一千亿条指令. 实际上也可以说，"五代机"是智能讯息处理系统或简称"智能计算机".

综上所述，单处理器的冯诺伊曼机的性能已远远不能满足上述各方面的要求. 这是因为它一方面要受到顺序执行的限制；另一方面，VLSI 器件本身的开关速度也有一个极限，何况电信号的传播速度也要受到光速的限制. 因此，单单从提高 VLSI 器件本身的速度来提高冯诺伊曼机的速度已经接近一个远低于人们要求的速度极限. 因此，开发超级计算机已是社会的需要. 通过向量机或多处理机实现并行处理是开发超级计算机的重要途径.

美、日两国政府已认识到要在科学技术上保持世界领先地位，就必须在并行处理技术方面占有领先地位. 为此，1989 年 3 月美国国防部提出的一份旨在保持国际上技术领先地位的报告中把"并行处理"列入 22 项重大项目的第 3 项；日本政府则列入第二位，介于"软件工程"与"人工智能"之间，这是因为并行处理是人工智能的基础，或者说，人工智能只有基于"极度并行"基础上才能实现. 国防科工委以及我国的一些著名科学家对并行机与并行算法的发展极为关注，目前我国巨型机有了一定的发展、而并行算法的研究有了更大的进步，在国防工业的个别部门与石油勘探方面已获得重要应用，气象部门也给予极大重视，但与美、日等国家相比，还有很大的差距，极需迎头赶上。

§1.2 计算机与算法的分类

众所周知，在计算机上计算一个题目，首先需要将计算问题编制成程序(通称源程序)，然后经过编译得到由机器指令组成的目标程序. 该目标程序可以分成两个子序列:

(1) 指令序列——由各条指令中操作符构成的序列. 亦称指令流 (Instruction Stream).

(2) 数码序列——由各条指令中操作数构成的序列. 亦称数据流 (Data Stream).

例 计算

$$\frac{(a+b-c)*d}{e} \Longrightarrow f \tag{1.1}$$

的计算程序是

$$a+b \Longrightarrow u,\ u-c \Longrightarrow u,\ u*d \Longrightarrow u,\ u/e \Longrightarrow f.$$

其中，操作符构成的序列——指令流为

$$+,-,\times,/,\Rightarrow. \tag{1.2}$$

操作数构成的序列——数据流为

$$a,b,u;\ u,c,u;\ u,d,u;\ u,e,f. \tag{1.3}$$

一般地，假定指令序列为

$$\theta_1,\ \theta_2,\ \cdots,\ \theta_i,\cdots, \tag{1.4}$$

其中 θ_i 是通常意义下的操作符.

1.2.1 单指令流-单数据流

如果指令流中的每个操作符 θ_i 仅对相应的一对操作数进行操作(称双目操作)，或对一个操作数进行操作(称单目操作)并产生一个计算结果，则称这种加工方式为单指令流-单数据流加工方式，也称为横向加工方式，简记为 SISD (Single Instruction Stream Single Data Stream).

按单指令流-单数据流方式进行计算的计算机,称为 SI SD 型计算机,或称为串行机. 现今国内普遍使用的中、小型数字计算机基本上都属于这一类型.

1.2.2 单指令流-多数据流

如果指令流中的操作符对相应的一对数组(或单个数组)进行操作,并产生一组计算结果，则称这种加工方式为单指令流-多数据流加工方式,也称纵向加工方式,简记为 SIMD (Single Instruction Stream Multiple Data Stream).

按单指令流-多数据流加工方式进行计算的计算机称为SIMD型计算机. SIMD 型计算机又包括阵列机与流水线机两种类型. 阵列式计算机: 如 ILLIAC-IV; 流水线计算机:如 CDC STAR-100, CYBER 205, CRAY-1 及国产机 YH-1 (银河-1)等都属于这一类. 它们要求一类“同步并行算法”支持. 这类算法基于进行向量与矩阵运算时各分量的高度同步并行性，故这类计算机也称为向量机.

1.2.3 多指令流-多数据流

如果指令序列有 T 个,$T \geqslant 2$,

$$\theta_{1t},\ \theta_{2t},\ \cdots\ \theta_{it},\ \cdots,\qquad t=1,2,\cdots,T,\quad i=1,2,\cdots, \tag{1.5}$$

每个指令序列中的操作符对相应的单目或双目 (或单数组，双数组)执行操作,并分别产生一个(或一组)计算结果，则这种加工方式称为多指令流-多数据流加工方式. 简记为 MIMD (Multiple Instruction Stream Multiple Data Stream).

按这种方式进行计算的计算机，称为 MIMD 型计算机. 多处理机与多计算机就属于这种类型.例如,武汉大学的 WUPP-80 并行处理系统;卡内基-梅隆大学的 Cmmp 与 C_m^* 系统; 加州埋工学院的 hypercube 等多处理机系统以及多向量机 (M-SIMD): HEP, CRAY X-MP 系列, CRAY-2, S-820/80 等等. 这类机器的并行运算过程通常都具有高度的"自治性", 即异步地并行运算,它要求一类"异步并行算法"支持.

1.2.4 并行机

SIMD 型计算机与 MIMD 型计算机统称并行机.关于 MIMD 型计算机按其所含处理机的台数又分为浅度并行 (10—100 台), 深度并行(100—1 000台)与极度并行(10 000台以上);从存储的方式上又有共享存储与分布式存储之分; 从机器的连接与通讯方式等方面又分成许多种. 因此,机器分类越细, 算法分类也会越细, 分类过细反而不易抓住主要矛盾.

实用上由于应用问题千差万别,计算机结构五花八门,并行算法尚未完善,故现在并行机上实际运行的是"串、并"混合算法, 而 M-SIMD 计算机应用的是同步与异步混合算法.

§1.3 并行算法发展的几个阶段

数值并行算法的发展粗略地可划分为三个阶段[4].

1.3.1 并行算法的预研期(1972 年以前)

1972 年以前是并行机前期, 同时也是并行算法的预研期. 这期间由于大型科学计算的需要,特别是解偏微分方程的需要,人们纷纷设计新型结构的计算机,一是阵列式结构, 一是流水线结构, 它们都是基于解差分方程组或线代数方程组的, 这时期并行算法的特点是建立在理想化的并行模型上,假定

(1) 所有处理机是相同的;

(2) 有任意大的存储器,且能同时为所有处理机存取;

(3) +－×÷运算都用一个时间单位;

(4) 其它操作(如存取、同步、通讯等)都不计时间.

有时还假定处理机台数是无限的(要多少台有多少台).

建立在这种公理化基础上的算法复杂性分析是这个时期评定一个算法好坏的基础．所以，这阶段研制的算法是一种理想化的同步并行算法．这类算法虽然没有对计算机加上"单指令流"的限制，但实际上绝大部分算法都是以当时正在设计的 SIMD 型计算机为背景的．

这一时期，采用下面的公式来度量算法的"加速"（Speedup），

$$S_p = T_1/T_p \ (\geqslant 1). \tag{1.6}$$

与效率（Efficiency），

$$E_p = S_p/p(\leqslant 1). \tag{1.7}$$

其中 p 为处理机台数，T_1 为串行算法计算某一个问题所需要的时间单位，T_p 为并行算法计算同一问题时所需的时间单位．

这里要注意的是，执行串行算法的单处理机与执行并行算法的 p 台并行处理机都是同样的处理机（假设 1），而其他操作又不计时间（假设 4）．上述公式当时能为人们所接受是因为在这种假设下，T_1 就是用一台处理机执行的时间，T_p 就是用 p 台处理机执行的时间（理想的）．

如计算两个矩阵相乘

$$\begin{bmatrix} a_{11} & a_{12} \cdots a_{1n} \\ a_{21} & a_{22} \cdots a_{2n} \\ \vdots & \vdots \quad \vdots \\ a_{n1} & a_{n2} \cdots a_{nn} \end{bmatrix} \begin{bmatrix} b_{11} & b_{12} \cdots b_{1n} \\ b_{21} & b_{22} \cdots b_{2n} \\ \vdots & \vdots \quad \vdots \\ b_{n1} & b_{n2} \cdots b_{nn} \end{bmatrix} = \begin{bmatrix} c_{11} & c_{12} \cdots c_{1n} \\ c_{21} & c_{22} \cdots c_{2n} \\ \vdots & \vdots \quad \vdots \\ c_{n1} & c_{n2} \cdots c_{nn} \end{bmatrix}, \tag{1.8}$$

其中

$$c_{ij} = \sum_{k=1}^{n} a_{ik} b_{kj}. \tag{1.9}$$

如果有 n^3 台处理机，其步骤如下：

第一步，每台处理机从内存中各取出相应的元素 a_{ik}，b_{kj}；

第二步，每台处理机作乘法 $a_{ik}\ b_{kj}$；

第三步，用一部分处理机对它们求和；

第四步，将 c_{ij} 的结果写入内存．

由假设，第一、四步不花时间，第二步花一个时间单位，第三步

花 $\log_2 n$ 个时间单位，故

$$T_{n^3} = 1 + \log_2 n.$$

若用串行算法，则第二步要作 n^3 次乘法，第三步要作 $(n-1)n^2$ 个加法，故

$$T_1 = 2n^3 - n^2, \tag{1.10}$$

$$S_{n^3} = (2n-1)n^2/(1+\log_2 n), \tag{1.11}$$

$$E_{n^3} = (2n-1)/n(1+\log_2 n). \tag{1.12}$$

如果限制处理机台数，比如 $p = n$，则 $S_n < S_{n^3}$，而 $E_n > E_{n^3}$. 由此看来，S_p 和 E_p 有时是两个互相矛盾的目标：若要得到最大加速的算法，可能要以降低算法的效率为代价.

在这一时期，递归计算问题是 SIMD 并行算法设计的一个难点，所以许多文献集中在这类问题的研究上.

值得提出的是 1969 年 D. Chazan 与 W. L. Miranker 的关于“混乱松弛法” (Chaotic relaxation)的文章[5]为 MIMD 计算机算法作了开创性工作.

W. L. Miranker[6] 对这一阶段的文献曾作了评述.

1.3.2 同步并行算法实践期、异步并行算法预研期（1972—1981）

1972 年，阵列式计算机 ILLIAC-IV 在美国国家航空和航天管理局的 Ames 研究中心投入运行，这在并行机的发展史上是一个划时代的重要里程碑，自此进入了并行计算机初期. 同年，得克萨斯仪表公司的第一台先进科学计算机 TI-ASC 在欧洲运转，1974 年 CDC 控制数据公司的第一台流水线计算机（也称为向量计算机）CDC STAR-100 在美国 Lawrence Livermore 国家实验室 (LLNL) 投入使用. 1976 年克雷(CRAY) 研究公司的第一台向量机 CRAY-1 在美国 LOS ALAMOS 国家实验室(LANL) 运转，与此同时，STAR-100 改进为 CYBER 203, CYBER 205; CRAY-1 改进为 CRAY-1S, 且批量生产. 并行算法的研究进入了实践阶段. 首先是并行算法预研期(并行机前期)的并行算法得

到了检验而被重新估价，新的算法大都带有具体计算机的烙印．尽管都是向量机，但它们要求被计算的向量长度、向量数据的存储方式等都不相同．同是 SIMD 机，它们对并行算法也有不同的选择与评估标准．

经过实践的检验，人们发现，理想并行算法的公理系统与实际大为脱节，关于计算复杂性的研究也有问题．例如，前面谈到的矩阵乘法，其中第一步的取数和第四步的存数实际是不可忽略的．在第一步，数组 [**A**]，[**B**] 的每个元素必须同时为 n 台不同的处理机所索取．对于单进出口存储器（a Single-port memory）并行机，其处理机的每个地址同一时间仅允许一台处理机取数．这样一来，第一步“取数”就需要 n 个单位时间，故取数需要 n^3 个时间单位．

如果将 T_1 改为单台处理机上执行最佳算法解题的时间，T_p 表示在 p 台处理机的并行计算机上解同一问题执行并行算法的时间，则并行处理的“加速”为

$$S_p=\frac{\text{在单机上用最快的串行算法执行时间}}{\text{在 }p\text{ 台处理机上用并行算法执行时间}},\qquad(1.13)$$

这一定义当时为大多数人所接受．

但“最快的串行算法”并没有定义．例如，解 n 阶线性代数方程的“最快串行算法”是什么？至少目前尚无定论，只有解一些简单的问题才有公认的答案，如解一般三对角方程组的追赶法等．

这阶段许多用户投入到并行算法的研究中去，如 NASA，LLNL 与 LANL 中从事大型科学计算的物理学家、空气动力学家、结构分析学家、计算数学家都转入并行算法的研究．在这阶段里许多同步并行算法形成了相应的软件．NASA，LLNL 和 LANL 在 CRAY-1 上的许多并行应用软件与标准程序正在 SIMD 机上为广大用户所引用．

综上所述，这时期并行算法的研究特点是：

(1) 主要是研究同步并行算法，特别是向量式 SIMD 计算机算法；

(2) 并行算法的计算复杂性分析与性能评价有了新的内容;

(3) 并行算法与具体机器的相关性增加了;

(4) 同步并行算法正逐步软件化;

(5) 从事并行算法的研究人员增多,成分复杂了.

这时期由于美国卡内基-梅隆大学的 MIMD 计算机系统 Cmmp 问世,异步并行算法第一次得到了实践的机会,并行算法出现了新方向.

1982 年美国 LLNL 的 G. Rodrigue 主编的"并行计算"一书[7],其中收集了 13 篇论文,计算机体系结构与应用的覆盖面较广. 作者们从自己的专业领域出发总结了他们在各自使用的并行计算机上进行并行计算的经验,包括了CDC STAR-100,CRAY-1, ASC, ILLIAC-IV, CYBER203, C_m^* 等各种 SIMD 与 MIMD 计算机. 从这本书里,读者可以对这一时期的并行计算特点得到一个较全面的印象.

1.3.3 同步并行算法成熟期,异步并行算法实践期(1982 年以后).

1982 年以来是并行机全盛期.

1. 巨型并行机出现

1982 年以 CRAY-1S 为处理机的多机系统 CRAY X-MP 出现(有 2 处理机与 4 处理机两种型号),并于 1984 年在 LLNL 等实验室投入使用.

1983 年 Denelcor 公司的 HEP 批量生产,并在 LANL, Argonne 国家实验室和导弹研究室运转,这是第一台商品化的 MIMD 计算机,也是第一台进行过最系统研究的 MIMD 计算机. 有关它的系统结构、性能、程序设计与语言和算法与应用,在 J. S. Kowalik 主编的一书[8]中作了较详细的介绍.

1985 年更为先进的 CRAY-2 问世,它是由 4 台改进型的 CRAY-1S 紧密耦合成的 MIMD 计算机. 1986 年即有两台分别安装在 LLNL 与 NASA 的 Ames 研究中心. 1987 年又有一台在法国投入使用。目前，在美国的一些大学和欧洲的其他一些国家都装有 CRAY-2。CRAY-1 为 CRAY-2，CRAY X-MP 提供了有益的经验和教训，使它们有较好的算法基础与较多的应用软件，但它们的完全成功还有待于研制新的异步并行算法、并行语言、以及完善它们的系统软件。

日本日立公司的巨型并行计算机 S-820/80，其速度为 2 GFLOPS，超过了 CRAY-2 的性能。CRAY 系列的发展现状以及日本富士通公司、日电 NEC 关于巨型超级计算机的发展情况将在第二章作进一步的介绍。

2. Hypercube（超立体计算机）的兴起

一种松散耦合、分布式存储、并发式处理的超立体连接拓扑结构的 MIMD 计算机 Hypercube 异军突起，由美国加州理工学院开发的这种结构的计算机现已进入市场。例如，由 Intel 公司生产的 IPSC 簇，包括 32，64 及 128 个节点的 Hypercube 现已投放市场。许多大学与实验室如纽约大学、耶鲁大学、科罗拉多大学和 NASA，LLNL，JPL，Oak Ridge 等实验室及 Intel 公司联合起来研究它的算法与软件。由于这类结构的性能价格比较高又容易扩充，所以对它感兴趣的人越来越多。为此，已召开过三次有关的专业学术会议。关于 Hypercube 的文献可参阅[9—10]。

3. Systolic（脉动）计算机的兴起

美国卡内基-梅隆大学的 H. T. Kung 倡议发展脉动计算机，其基本特征是将算法硬件化，采用标准化高性能模块结合的方式来构造专用超级计算机，如他们设计的脉动阵列机 WARP 的样机（由十个细胞单元组成）的处理速度为每秒 5 千万至 1 亿次浮点运算。现在已有不少人卷入了脉动算法的研究，而且文献越来越多[11—12]。

除了上面提到的各种并行计算机之外，其他杂牌系统不下百种，各种专用多机系统，更是品类繁多，这时期并行算法的研究特点是

(1) 同步并行算法的研究更加成熟与软件化；

（2）异步并行算法的研究非常活跃；

（3）算法的分类与复杂性分析被重新检讨；

（4）分裂法理论、算子分裂法、系统分裂法、区域分裂法等研究成了热门课题；

（5）卷入并行计算研究的人越来越多，可以说它已成为高科技中竞争最为剧烈的领域之一．

怎样评估并行计算机的速度？像 CRAY X-MP 这样的计算机，它既可作同步运算（向量），又可作标量运算，还有异步并行计算的功能．1983 年 LANL 实验室的 I. Bucher 推扩了 Amdahl 法则来评估一个算法在一并行处理机系统上的性能．Bucher 公式说明，一个算法执行的时间是与下述量成正比的，

$$(F_1/S_1)+(F_2/S_2)+(F_3/S_3),$$

其中 S_1,S_2 与 S_3 分别为该并行机处理串行程序，向量程序（同步并行程序）和异步并行程序的速度，而 F_1,F_2,F_3 分别表示一个算法在计算一个问题时只能在一个处理单元上串行处理、同步并行处理与异步并行处理所占载荷的百分比．

例如，在 Alliant FX/8 系统上，同步速度（并行向量计算速度）是单机串行速度的 32 倍，异步并行标量速度是单机串行速度的 8 倍．若一个算法使 30% 的计算量能串行，10% 可向量化执行，60% 可异步并行执行，则该算法在 FX/8 上计算该问题时执行时间为串行算法解该问题所需时间的 37.8% $\left(=\frac{0.3}{1}+\frac{0.1}{32}+\frac{0.6}{8}=0.3+0.0031+0.075\right)$．如果一个算法能使该问题的一半计算量可同步处理，另一半可异步并行处理，则它执行该算法的时间仅为串行算法计算时间的 $\frac{0.5}{32}+\frac{0.5}{8}=0.0156+0.0625=7.81\%$．

由此可见，并行计算机性能的充分发挥有赖于并行算法的研究，而并行算法的研究又与并行计算机的体系结构密切相关．

刚刚走入这个领域时，定会感到眼花缭乱，但只要能掌握几条

主要线索，跟踪几个主要方向，学习一些基本原理，则不难从这缭乱纷飞的状态中理出头绪，选出自己的主攻方向.

很难预言，目前这种混乱竞争的局面将持续多久，但可断言经过这场“大赛”之后，优胜劣败，将会选出一些优良结构进行“标准化”，从而进入一个相对稳定的发展时期.

§1.4 有限元结构分析并行计算发展现状

1.4.1 引言

有限元素法是当今研究结构分析问题的有效方法. 应用有限元素法研究结构静力分析问题，其前期工作是形成刚度矩阵 $[\mathbf{K}]$ 与载荷 $\{\mathbf{f}\}$；其次是解下列线性代数方程组：

$$[\mathbf{K}]\{\mathbf{x}\}=\{\mathbf{f}\}, \tag{1.14}$$

式中 $\{\mathbf{x}\}$ 表位移.

随后，计算有关物理量，如应力等.

对于结构动力分析问题，其前期工作是形成刚度矩阵 $[\mathbf{K}]$，质量矩阵 $[\mathbf{M}]$，阻尼矩阵 $[\mathbf{C}]$，随后解下列基本方程：

$$[\mathbf{M}]\{\ddot{\mathbf{q}}\}+[\mathbf{C}]\{\dot{\mathbf{q}}\}+[\mathbf{K}]\{\mathbf{q}\}=\{\mathbf{R}(t)\}, \tag{1.15}$$

式中 $\{\mathbf{q}\}$ 表位移，$\{\mathbf{R}\}$ 表载荷，初始条件为 $\{\mathbf{q}(0)\}$，$\{\dot{\mathbf{q}}(0)\}$.

处理基本方程(1.15)有两种不同的途径. 途径之一是直接积分法，途径之二是作适当变换使问题转化为下列广义特征值问题，

$$[\mathbf{A}]\{\mathbf{x}\}=\lambda[\mathbf{B}]\{\mathbf{x}\}, \tag{1.16}$$

式中

$$[\mathbf{A}]=\begin{bmatrix}\mathbf{0} & [\mathbf{I}]\\ [\mathbf{K}] & [\mathbf{C}]\end{bmatrix},\qquad [\mathbf{B}]=\begin{bmatrix}[\mathbf{I}] & \mathbf{0}\\ \mathbf{0} & -[\mathbf{M}]\end{bmatrix}.$$

综上所述，可见传统的有限元结构分析并行计算的数学问题主要包括有：

有限元并行计算(或称刚度阵并行计算)；

线代数方程组并行求解；

代数特征值的并行计算 (特别是广义特征值问题的并行计算)；

直接积分的并行算法等等；

此外，还有带宽优化等问题.

应用串行计算机处理有限元问题，国内外已有许多专著及程序包.

自从70年代初期并行机问世以来，不少结构分析家及计算数学家致力于有限元分析的并行计算，开辟了并行计算力学这一新的研究领域. 除对传统的有限元分析寻求向量化与并行化并在各种向量机与并行机系统上实现外，还在有限元分析和设计过程的各个层次探索提高并行度的各种策略和技术.

在美国，NASA 的工作居于领先地位，特别是 A. K. Noor的工作. 在 A. K. Noor 1987 年发表的文章"计算结构力学的进展与动向"[13]与1988年发表的文章"有限元结构分析的并行处理"[14]中全面地论述了这一领域的发展现状；在 G. Carey[15] 1986年发表的文章中论述了开发有限元分析各个层次并行性的有关技术. 这三篇文章是本领域具有指导性的文章，值得研究. 此外，自从1983年以来 A. K. Noor 主编了四部书[16-19]（实际上是四本论文集），也是很有参考价值的.

为了叙述方便，本节的其余部分拟分别论述如下几个问题：1.4.2，SIMD 系统上有限元结构分析发展概况；1.4.3，多处理机系统上有限元结构分析发展概况；1.4.4，代数特征值问题并行算法发展概况；1.4.5，并行直接积分法.

其它有关问题，例如并行 PCG（预条件共轭梯度法），松弛迭代与带宽优化等问题，限于篇幅就不一一论述了.

1.4.2 SIMD 系统上有限元结构分析发展概况

1. 传统方法的向量化及其应用

1975—1979 期间 A. K. Noor 等人发表了 STAR-100 机上刚度阵计算与有限元结构动力分析（直接积分法）等三篇文章[20-22]；1986年 A. K. Noor 发表了 CYBER 205 上刚度阵计算的文章[23]；在1983年 A. K. Noor 主编的《新计算机系统对

有限元计算的影响》一书中，V. B. Venkayye 等撰文介绍了 CRAY-1 上高效处理结构优化问题[24]，加速比达到了74；在 Parallel Computing 83 (M. Feilmeier 等主编) 一书中有专文论述 CYBER 205上非线性结构问题的有限元分析的向量化[25]；CRAY-1 上有限元分析的应用[26]，用的是八节点等参板元，考虑了带宽优化。

作者 1989 年在文献[27]一文中给出了寄存器-寄存器型流水线向量机上单元刚度阵的并行算法，在所考虑的规模内加速比达到了 11.2；在文献[28]一文中提出了寄存器-寄存器型流水线向量机上等带宽对称带状矩阵的并行 Cholesky 分解算法 MPLDLT. 当矩阵的阶数为 1666 时，加速比为 25；同时给出了解相应的线性方程组的并行算法 MCSA，加速比为 47；若结合 YH-1 机的特点使用向量链接技术，则算法 MPLDLT 的加速比可达 74. 在文献[29]一文中结合 YH-1 机的特点，面向不规则结构分析问题采用变带宽存储，提出了单元分组技术，给出了单元刚度矩阵计算的并行算法及总刚度阵合成的并行算法. 计算实践表明：当同时计算的单元数 r 取 120 时，加速比可达 9.5，且 r 越大，加速比越高. 在文献[30]一文中，针对不规则结构工程分析问题，给出了一个适合流水线型并行机上有效求解变带宽稀疏线性方程组的并行直接解法. 计算实践表明，当问题的总自由度达 3 122 时，解一个方程组的加速比可达 10.3；而当计算的时间点取 100 时，加速比可达 16；若三角形方程组用汇编程序求解，则加速比可达 34，所给算法特别适宜于解不规则结构动力分析问题.

2. 程序包的向量化工作

将大型综合有限元软件(例如 MSC/NASTRAN)在 CRAY-1 上向量化运行的工作，在文献[31]中可以见到. 人们得到的启示是：单纯依靠向量识别器的编译，效果往往是不好的.

3. 应用软件的研制

LLNL，NASA，LANL 等几家实验室是美国超级计算机应用的大户，实力雄厚，重视应用软件的研制工作. 早在 A.K.Noor

1983 年主编的一书中就有文章[32]提到了 LLNL 研制的五个二维与三维流体与固体力学的应用软件.

国内对这方面的投资太少,应用软件的研制工作发展缓慢,影响了巨型机的使用,同时也影响了并行计算在科学与工程界的推广.

1.4.3 多处理机系统上有限元结构分析发展概况

在各种多处理机系统上传统方法的并行化实现及应用可参阅文献[33—37],在此本书就不逐一介绍,这里着重讨论发展中的几个方向.

1. 有限元机器的出现

早在 70 年代后期,即有人发表有限元机器(FEM)的论文.在文献[38]一文中可以看到关于 NASA Langley 研究中心研制的有限元机器的性能介绍,它是一台具有 36 个处理机的 MIMD 型异步并行计算并行机.有人预言,传统的线性有限元分析将硬件化.

顺便指出:普林斯顿大学研制了 Navier-Stokes Computer (NSC)[39],它是一台模拟二维非稳定粘性流的 Hypercube 结构的并行处理机.

2. 区域分裂技术(子结构技术)在结构分析方面的应用

子结构技术在传统的结构分析方面的应用已有多年的历史,区域分裂法成功地应用到数学物理问题也是比较早的.康立山教授在这一领域有着很好的工作,参阅文献[40—42].但区域分裂技术成功地应用到并行有限元计算则是近几年的事,正式发表的文章在 1987 年出版的书刊上才出现,这方面要数科罗拉多大学 C. H. Farhat 的工作较多.在文献[43]一文中他指出,应用区域分裂技术构造了有限元区域自动分解软件,并曾在 Intel's, Hypercube IPSC, Alliant FX/8, CRAY, Encore's Multimax 等系统上试验;在文献[44, 45]两篇文章中,他应用区域分裂法在 Hypercube IPSC (16) 上处理了大型板弯曲问题,效率达到了

80%；在 Hypercube（32）上处理了大型结构动力分析问题，效率达到了 90%．他指出，区域分裂技术能处理非线性问题．

Hsin-Chu Chen 等 1987 年在文献[46]一文中提出了一种所谓 SAS 区域分裂法，并在 Alliant FX/8 与 Cedar 系统上处理了广义特征值问题．

C. T. Sun 等在文献[47]一文中提出的所谓 Global-Local 有限元法，实质上也是一种区域分裂法．

区域分裂技术能在结构级提高有限元计算的并行度，是一个很值得注意的动向．

3. EBE（Element-By-Element）策略(技术)

EBE 技术是 T. J. R. Hughes 等人 1983 年首先提出的，最初是用于热传导问题，随后用到固体力学与结构力学领域．早先是为节省串行算法过程的存储与计算，但这一技术的出现很快就被成功地应用到并行算法方面，因其基本思想具有良好的并行性．

近年来在结构分析方面并行算法这一领域已广泛应用．还值得指出的是，将 EBE 技术与 PCG 结合起来应用，取得了显著的成效．

这一领域早期的代表性作品可参阅文献[48—50]，并行应用方面的代表性文章有：T. J. R. Hughes 等人[51]1986 年的文章，应用 EBE-PCG 处理了二维与三维固体力学问题；文献[52]一文中，M. Ortiz 等人用它研究了有限元分析热传导的并行过程．文献[53]一文也对 EBE 技术的应用作了尝试．

按 A. K. Noor 的观点，EBE 技术属于算法级提高有限元并行度的有效技术之一，目前的热门课题算子分裂也属算法级提高有限元并行度的重要技术．

EBE 技术不仅能有效地应用于结构分析；从其发展历史看，从事热传导与固体力学研究的专家们也应予以足够的重视．

值得指出的是：近年来还出现了无须组合总体方程的其他途径，例如 K. H. Law 在 1986 年的一篇文章[54]中讨论了这个问题，其基本思想是：直接计算单元的变形，随后独立并行地计算出单元应力与应变,适合于 MIMD 系统.

此外,R. G. Melhem[55]还提出了一个所谓 Pipelined/Systolic 思想,旨在组合阵列机与微型多处理机设计有限元算法.

1.4.4 代数特征值问题并行算法发展概况

70 年代的工作,主要是面向阵列处理机与流水线向量机的标准特征值问题的 SIMD 型算法; 80 年代以来的工作, 主要是面向多处理机的标准特征值问题的 MIMD 型算法; 但广义特征值问题的并行算法研究得还很不够. 以下就上述几个方面作一扼要分析.

1. 70 年代的工作

这一时期的工作集中在标准特征值问题的下列两类最基本的方法:

一类是内在并行性很高的 Jacobi 型方法 (Jacobi 方法与拟 Jacobi 方法);

另一类是基于正交约化到压缩型矩阵 (三对角型或 Hessenberg 型)的方法.

最初在 ILLIAC-IV 上得到实现的有: 实对称阵的并行 Jacobi 方法与一般实矩阵的并行拟 Jacobi 方法;一般实对称阵的并行 QR 算法与实对称矩阵的并行 Householder 算法; 实对称三对角阵的并行 QR 算法.

最初在 STAR-100 上实现的有: 并行 QR 算法与 Hyman 方法.

上述内容在国内几本并行算法教材(参阅文献[56—59])上都可查到.

2. 程序包的向量化工作

J. J. Dongarra 等人将 EISPACK 的大部分程序"移植"到 CRAY-1, 可参阅文献[60],效果不十分理想.

3. 多处理机系统上标准特征值问题的几类方法

(1) Jacobi 型方法

1985 年以来,实对称阵的并行 Jacobi 方法，一般实矩阵的并行拟 Jacobi 方法,在多处理机上实现得到了研究与发展，收敛性问题也得到了研究. 详细内容参阅文献[61—66].

(2) “分而治之”方法与并行 N-分法

正如康立山教授在文献 [67] 中指出的那样，“分而治之”(divide and conquer) 是构造并行算法的基本原则之一，对于特征值问题的并行算法也是如此.

这两类方法的综述性文章可参阅文献[68]与[69].

对称三对角阵特征值问题的“分而治之”方法的开创性工作属于 J. J. M. Cuppen (1981)[70],其基础是秩1-修改[71];J. J. Dongarra 等人[72]发展了 J.J. M. Cuppen 的工作,并在 Alliant FX/8, CRAY, X-MP 等系统上实现.

并行 N-分法(又称多分法)的基础是对分法,文献[73]一文研究了对分法在 Alliant FX/8, CRAY X-MP/48 等多机系统上的实现; M. Berry 等人在文献 [69] 中研究了并行 N-分法在 CRAY,X-MP, FX/8 等系统上的实现. 这两类方法是很有发展前途的,其思想是很值得借鉴的.

4. 广义特征值问题的并行解法

对称问题广义特征值问题的串行算法有：行列式查找法，子空间迭代法与 Lanczos 方法等;非对称问题广义特征值问题行之有效的方法当推 QZ 法,参阅文献[74].

与标准特征值问题并行算法的发展比较而言，广义特征值问题的并行算法发展得不够快,能查到的文章不多.

1983 年文献[75]一文推广并行 Jacobi 方法到广义特征值问题; 1986 年文献[76]一文研究了并行子空间迭代法解广义特征值问题，其工作涉及 EBE 策略与 PCG 技术; 1987 年文献[77]一文研究了并行 Lanczos 方法在广义特征值问题方面的应用，陶碧松同志也研究过这方面的问题[78]; 1989 年文献[79]一文研究了非对称广义特征值问题的拟 Jacobi 方法.

这些工作，在广义特征值问题的并行解法方面有了一个良好的开端,这一领域有许多工作可作,且富有应用价值.

5. 并行直接积分法

直接求(1.15)式的动力响应值，应用较为普遍的是中心差分法和 Newmark 法. 前者是显式格式,并且是条件稳定的,后者是隐式格式,并且是无条件稳定的.

A. K. Noor 等人[22]研究过并行直接积分法在 STAR-100 机上的实现,文献[80]一文研究了并行直接积分法在寄存器-寄存器加工方式的国产 YH-1 机上的实现. 计算实践表明：当问题的总自由度仅为一千多阶时,加速比可达 30 左右;结合 YH-1 机特点,并在算法中部分使用汇编程序,加速比可达 50.

文献 [81] 一文利用三级三阶半隐式 R-K 法解结构动力问题，并用多项式预处理共轭梯度法解有关方程组，提出了半隐式 R-K 型并行直接积分算法 RK33P. 在 YH-1 上计算表明：当有关的方程组阶数为 10^3—10^4 时,加速比可达 24—27.

由此可见,并行直接积分法的途径是可取的.

第二章　并行计算机体系结构

算法的优劣与计算机的结构特征密切相关．在某种计算机上运行得很好的算法，在另一类计算机上也许很差．所以本章我们专门研究各类计算机的体系结构，重点是属于第三代和第四代的并行处理机．并行处理机已有多种，从系统结构来看，大致可以区分为阵列式、向量流水线和多处理机这三种类型．对这三种类型的并行机，我们将选择一些代表性的以及目前广泛使用的机种予以介绍．

§2.1　串行机的主要特征

自从 1946 年第一台电子数字计算机问世以来，计算机的发展先后经历了四代，目前正向第五代过渡．

通常把以电子管及其线路为技术基础而构造的计算机叫做第一代计算机．晶体管计算机则属于第二代．第三代计算机则采用了中、小规模集成电路．自从 70 年代前期出现了大规模集成电路（LSI）和超大规模集成电路（VLSI）以后，就把计算机的发展推进到了第四代．

本节分别介绍属于第一、第二代的中、小型串行计算机的模型，以及属于第三代的大型串行计算机的模型[57]．

2.1.1　中小型计算机的模型

自 40 年代初期至 60 年代初设计的计算机都属于第一、二代计算机．例如，我国 50 年代中期设计的 M-3 机属于第一代，50 年代后期设计的 104 机属于第二代．它们的运算器比较简单，主要核心是加法器．它们的特征模型如图 2.1 所示．

图中的时钟隔一定的周期发出一个脉冲．这个周期称为计算机的时钟周期，它是计算机运行的最基本的时间单位． 存储器分为两部分：一部分用来存储数据，包括数和指令；一部分用来接受控制器送来的信号，管理存数(即写数)和取数（即读数）． 每存储一个数据或取出一个数据，都需占用存储器一个存取周期时间．一个存取周期通常等于 8 个时钟周期，有的计算机也采用 4 个或 6 个时钟周期为一个存取周期．

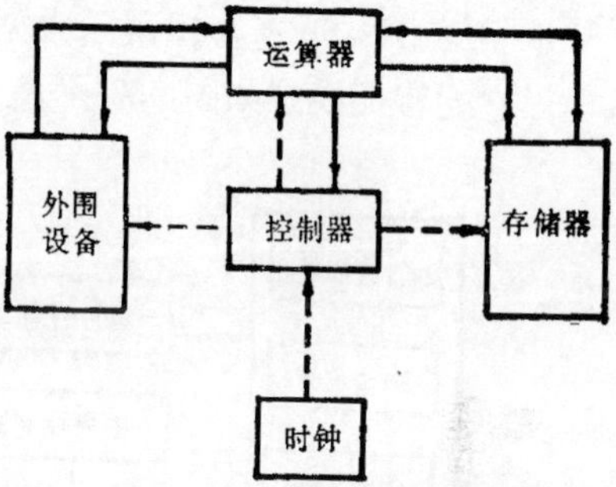

图 2.1 中小型计算机模型

运算器接受控制器送来的命令，对存储器送来的数据进行加工． 存储在存储器中的指令通过运算器传送至控制器，使控制器发出执行该指令的有关命令． 运算器主要由三四个寄存器和加法器组成． 寄存器存放存储器送来的数据或加工好的结果． 通常取指令需一个存取周期，一对数相加需一个存取周期．如果需要变址或间接访问，还需要增加一个存取周期．乘法和除法也是在加法器上实现的，方法是多次相加或相减．这就要耗费较长时间．

外围设备包括输入、输出、外存储等设备，以及对这些设备的控制部分．这一部分与算法的关系不大． 只有当问题规模很大、外存储器作为第二存储时才与某些算法有关．

控制器是整个计算机的核心． 它负责各个部件之间的协调，给这些部件发出命令．

在图 2.1 中实线表示有关部件之间数据的流向， 虚线则指出信号的流向．

从中小型计算机的特征模型可以看到，对这类计算机，加法运算所需的时间比乘法和除法少得多． 通常，对中型计算机，$t_* \doteq t_\div \doteq 3t_+$；对小型计算机，约为 $t_* \doteq t_\div \doteq 5t_+$．这里 $t_+, t_*, t_\div$ 分别表示加减法、乘法和除法所需的时间．传统的计算方法主要考虑乘除法的运算次数,因此主要适用于这类计算机.

2.1.2 大型计算机的模型

从60年代中叶起，出现了大型计算机,也有人称为第三代计算机. 它的特征模型如图2.2所示.

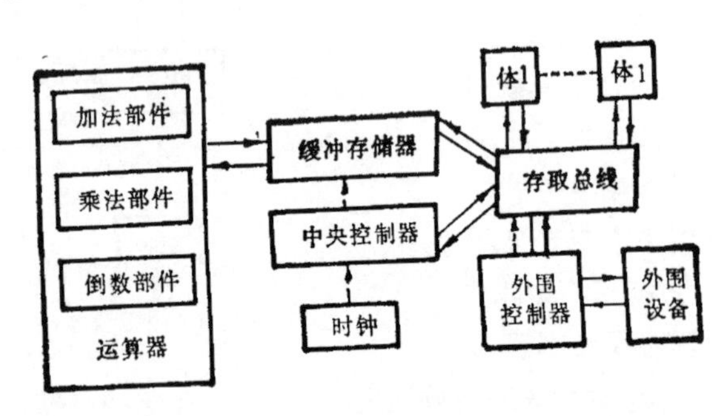

图2.2 大型计算机的模型

就算法而言，大型计算机与中小型计算机的主要区别有三.

其一是运算器中增加了乘法部件，所需的元件个数比加法部件要多得多. 由于有了高速乘法部件，乘法的执行时间比加减法只多几个时钟周期. 然而因没有除法部件，除法的执行时间仍很长. 在有倒数部件的计算机里,除法的执行是先求出倒数近似值,再利用牛顿法对倒数进行迭代,再乘上分子得到商. 如果没有倒数部件,执行除法的时间更长. 通常除法是加法所需时间的五至十倍.

其二是主存储器的设计. 中小型计算机里的存储器在这里相当于一个体. 现在的主存储器由多个体组成. 由于不同的体可以同时存取(在硬件中称为体的交错访问),总的传输速率大为提高.

区别之三是高速缓冲器的使用. 加工的数据如能在高速缓冲区中取到,则运行时间亦大大缩短.

当然还有其它差别. 如运算时间不再是若干个存取周期，只要几个时钟周期就行了. 这使加法和乘法的执行时间大为缩短.

从上可以看出,在大型计算机上的算法,不再关心乘除法的总次数．它关心的应是除法的次数．

对于存储器，一般说来，它的传输速率跟不上运算的速度，因此要充分发挥各个体的效率．由于同一个体在一个存取周期内不能存取两次，所以我们希望数据的访问能均匀地遍及各个体上．这就存在一个数据在存储器内的排列问题．对特殊的一类数据——线性向量(即任意两个连续分量的地址差是常数的向量)，只要地址差与体的个数互质，数据就均匀地分散到各个体上． 从这个要求可以看出，体的个数应该是质数．只有这样，才能使尽可能多的线性向量达到上述要求．算法主要应考虑尽可能减少对存储器的平均访问次数．

§2.2 阵列处理机 ILLIAC-IV 体系结构

阵列处理机 (Array Processor) 与数组处理机的英文名称相同．但是习惯上认为数组处理机是属流水线结构的一类，而阵列处理机是并行处理机最普遍的一种结构形式，它以大量同样的处理单元按规则的几何形状（最常见的是正方形）排列成阵列而得名．

ILLIAC-IV 是 1966—1972 年期间伊利诺伊大学与鲍勒公司联合研制的，1972 年交付美国航空和航天管理局(NASA)的艾姆斯 (Ames) 研究中心． 主要是为天气预报和原子核数据处理而设计的． ILLIAC-IV 的研制成功是并行机与并行算法发展史上的一个重要里程碑，自此进入了并行机初期(1972—1981年)，同步并行算法实践期．

机器时钟周期 50 ns, ns 表示纳秒 (10^{-9} 秒) 主存周期 200 ns, 主存容量 130 K byte (64bit/byte)． 平均运算速度一亿五千万次每秒．(峰值可达 2 亿次/秒以上)．

ILLIAC-IV 由 64 个相同的处理部件组成． 64 个处理部件在一个控制机 (B6700) 控制下同时执行同样的操作，所以该机是属于单指令流-多数据流加工方式的并行机．在一次操作中，若要使某个或某些个处理部件不执行操作，可以利用屏蔽位进行控制．

ILLIAC-IV 的阵列结构如图 2.3 所示．它把 64 个处理部件 PE_0—PE_{63} 排列成 8 × 8 的阵列(称为一象限)，每个 PU 包括处理单元 PE 和自身的存储器 PEM．在这个方阵中，任一个 PU_i 只和其东、西、南、北四个邻近的 PU_{i-1}(Mod64)，PU_{i+1}(Mod64)，PU_{i+8}(Mod64)，PU_{i-8}(Mod64) 有直接连接．循此规则，南北方向同一列 PU 的两端连成一个环，东西方向的每一行的东端 PU 与下一行的西端的 PU 相连,最下面一行东端的 PU 与最上面一行西端的 PU 相连，从而构成一个闭合的螺线形状，故又称为闭合螺线阵列．在这个阵列中，步距不等于 1 或 8 的最远处理单元间的通讯可以用软件方法寻找最短路径进行，其最短距离都不会超过 7 步．例如,从 PU_{10} 到 PU_{46} 的距离以下列路径为最短:

$$PU_{10} \to PU_9 \to PU_8 \to PU_0 \to PU_{63} \to PU_{62} \to PU_{54} \to PU_{46}.$$

普遍言之，$n \times n$ 个处理单元组成的阵列中，最远两个处理单元之间的最短距离不会超过 $(n-1)$ 步．这种连接方式的阵列结构,既便于一维长向量的处理,又便于二维数组运算．向量长度最好是 64 的倍数．ILLIAC-IV 曾经设想包括四个象限，主要是由于成本的原因只建成了一个象限．

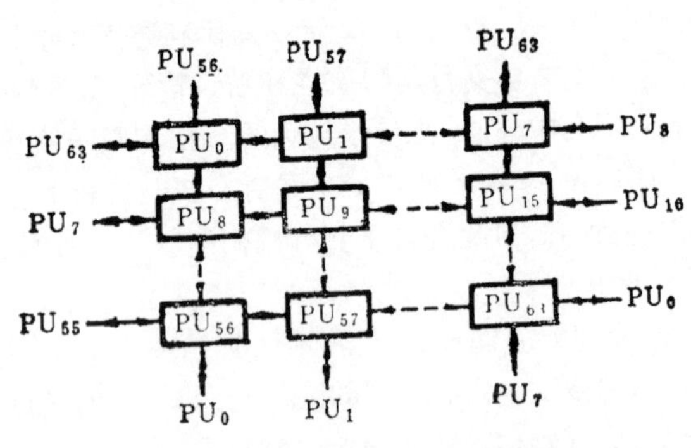

图 2.3 ILLIAC-IV 的阵列结构

ILLIAC-IV 的处理单元是典型的单累加器运算器，把累加寄存器 RGA 中的数据和存储器的数据进行操作，结果保留在 RGA 中．为了处理单元之间的数据传送,每种处理单元都设置一个数据传送寄存器 RGR，用以接收和发送要传送的数据.

每个处理部件计算中需要的数据,主要有以下三个来源:

(1) 来自自身的 2048 个单元的存储器;

(2) 来自前后左右相邻的处理部件;

(3) 中央处理机(控制机)播散来的标量常数.

控制机的功能如下:

(1) 控制指令序列并译码;

(2) 执行变址和转移指令;

(3) 控制阵列处理机执行运算，把公用常数播散给阵列处理机;

(4) 编译程序,执行操作系统的主要部分;

(5) 控制输入输出,激光存储及磁盘等.

在使用该机时,需要注意以下几个特点:

① 向量长为 64 的倍数为最好. 否则将不同程度地降低阵列机使用效率.

② 减少播散常数的传送,减少到相邻部件取数，特别是要减少到远邻部件取数. 因为 64 个处理部件在控制机控制下,同时执行同样的操作,每增加一次到阵列机的控制命令,都要占用阵列机的运行时间,直接影响了阵列机的使用效率.

③ 保持数据存取的连续性和大部分运算器都在工作,否则将不同程度地降低机器的使用效率. 例如，有一个 64×64 阶矩阵需要存放到 64 个阵列存储器 PEM_i 中 $(i=0, 1, \cdots, 63)$,以便由阵列处理器 PE_i 处理. 我们用它来说明矩阵在存储器中的存储方式不同,对并行运算效率有直接的影响.

(1) 直阵法

直阵法是将矩阵按列依次存到 64 个 PEM_i 中.

按这种方式存储,当按行向处理矩阵时，由于各行的 64 个字连续地分布在 64 个 PEM_i 上,故保证了 64 个 PE_i 都在工作;但是当按列向处理矩阵时,由于各列的 64 个元素都存储在同一个存储器上,计算时只有一个运算器在工作，其它 63 个运算器都在空转，其效率仅达到 1/64，这是最不利的。

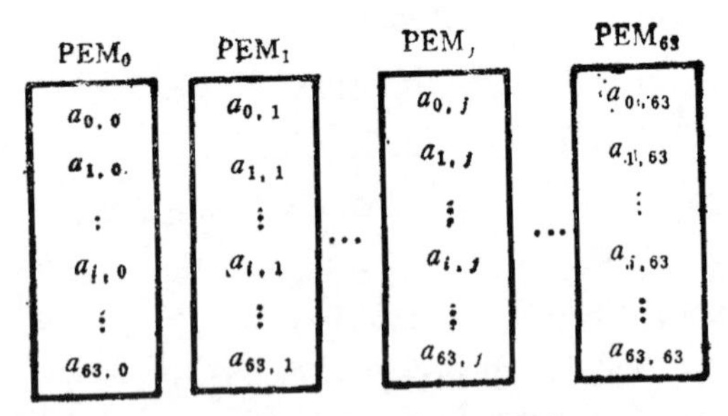

图 2.4 直阵法数据存储格式

(2) 斜阵法

矩阵的元素按如下方式存储在 PEM_i 中。

按这种方式处理矩阵，不论是按行向处理还是按列向处理都能保证连续地供数，使 64 个运算器都连续不停地工作，整机的使用效率发挥得最好。

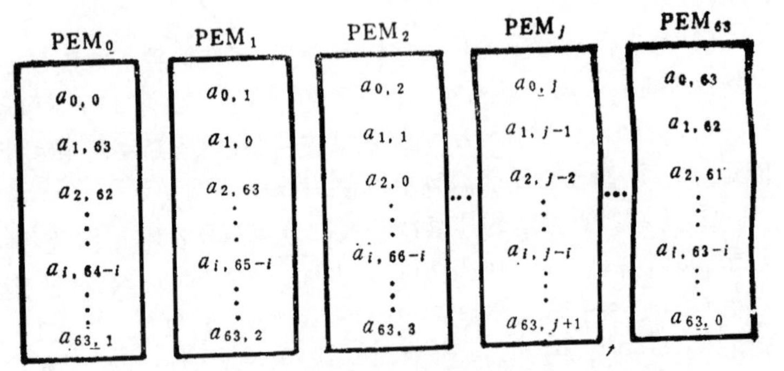

图 2.5 斜阵法数据存储格式

这个例子不仅说明了数据存放方式对发挥整机使用效率的影响，也说明了对于并行机而言研究数据结构问题的重要意义。

目前文献中对阵列式模型常作如下假定：

(1) 每台处理机的运算执行时间相同，且与处理机的台数无关；

(2) 每台处理机对存取信息不加限制；

(3) 处理机的台数不受限制.

在这些假定中，(2)，(3) 两条与实际的差距很大，且两者不能兼顾，即处理机台数的增加必然大大限制数据访问的能力.

ILLIAC-IV 的阵列结构，特别适合于数学物理问题的差分方法.

例如，将拉普拉斯方程

$$\frac{\partial^2 u}{\partial x^2}+\frac{\partial^2 u}{\partial y^2}=0 \tag{2.1}$$

中的二阶偏导数表示为

$$\frac{\partial^2 u}{\partial x^2}=\frac{u(x+h,y)-2u(x,y)+u(x-h,y)}{h^2}, \tag{2.2}$$

$$\frac{\partial^2 u}{\partial y^2}=\frac{u(x,y+h)-2u(x,y)+u(x,y-h)}{h^2}, \tag{2.3}$$

并代入原方程，则可得有限差分计算公式

$$u(x,y)=[u(x+h,y)+u(x-h,y)+u(x,y+h)+u(x,y-h)]/4. \tag{2.4}$$

式中 (x,y) 为平面直角坐标，h 为网格间距. 根据式(2.4)，任一网格点 (x,y) 上的函数值可由四周邻近点的函数值的平均值计算出来. 这一要求正好反映了阵列处理机的每一处理单元与其四个近邻连接的性质. 实际计算时，应利用松弛法进行. 每一网格点上的函数值，用求其四邻平均值的方法计算，经多次迭代，函数逼近其最终的平均值. 网格边缘点的函数值是已知的，由边界条件决定；对于内部各点的初值可任选，迭代直至连续二次迭代所求值的差小于规定误差为止.

ILLIAC-IV 在计算时是把内部网格点分配给各个处理单元的. 因此，上述计算过程可以并行地完成，从而可几十倍地提高处理速度. 由于实际问题中所遇到的内部网络点数目往往是很大的，因此需要将其分成许多子网格，然后才能在 ILLIAC-IV 上求解.

在阵列处理机上，求解矩阵加法问题是最简单的一维情形．假定两个 8 × 8 的矩阵 [**A**] 和 [**B**] 相加，则只需把 [**A**] 和 [**B**] 居于相同位置的一对分量存放在同一 PEM 内，且令 [**A**] 的分量在全部 64 个 PEM 中存放的单元地址码均为 α， [**B**] 的分量单元地址码均为 $\alpha+1$，而 [**C**] = [**A**] + [**B**] 的结果分量均放在地址码为 $\alpha+2$ 的单元内，如图 2.6 所示．于是只需用下列三条 ILLIAC-IV 的汇编指令就可以一次实现矩阵相加：

LDA　ALPHA，全部 (α) 由 PEM 送 PE 的累加器 RGA；

ADRM　ALPHA + 1，全部 ($\alpha+1$) 与 (RGA) 相加，结果送 RGA；

STA　ALPHA + 2，全部(RGA)由 PE 送 PEM 的 $\alpha+2$ 单元．

由于全部 64 个处理单元并行操作，故速度可提高为串行处理的 64 倍．

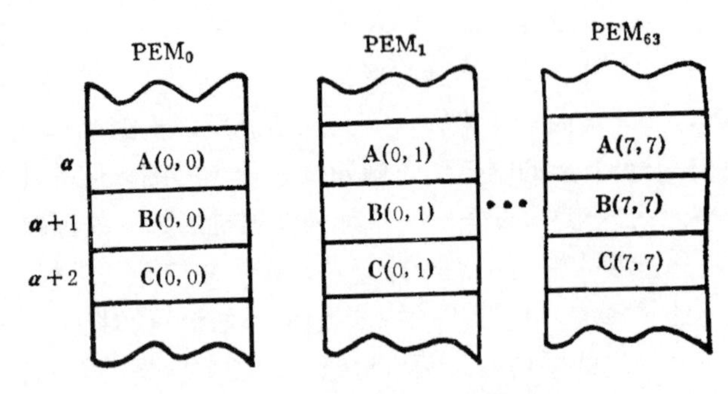

图 2.6　矩阵相加存储器分配举例

§ 2.3　纵向加工向量机 STAR-100 体系结构

将流水线装配技术应用于计算机结构中，把计算机的运算部件或控制部件等装配成若干个有序的子部件，这种结构的计算机称为流水线计算机，亦称向量机．目前，向量机大体有如下两种类型：

(1) 从主存取数进行运算加工之后再送回主存的加工方式，即所谓主存-主存型加工方式．

(2) 在主存和运算器之间设置有较大容量的向量寄存器．运算操作是从寄存器取数经运算加工之后送回寄存器的加工方式，即所谓寄存器-寄存器加工方式．

这两种不同的加工方式对并行算法研究有重要影响．为便于从概念上区分，我们将主存-主存型向量机称为纵向加工向量机；寄存器-寄存器型向量机称为纵横加工向量机．纵向加工向量机现已有若干种类型，这里以 STAR-100 为代表予以介绍．

CDC STAR-100 从开始设计到交付使用，周期很长(1965—1974 年)，1974 年第一台在 Lawrence Livermore 国家实验室(LLNL)投入使用，大约造了 4 台，1976年以后逐步改为 CYBER-203，CYBER-205．STAR-100 的时钟周期为 40 ns，向量运算速度每秒可得到 5 千万个 64 位的浮点结果或 1 亿个 32 位的浮点结果，有两个流水线部件，主存容量为 50 万字，I/O 通道至少有 4

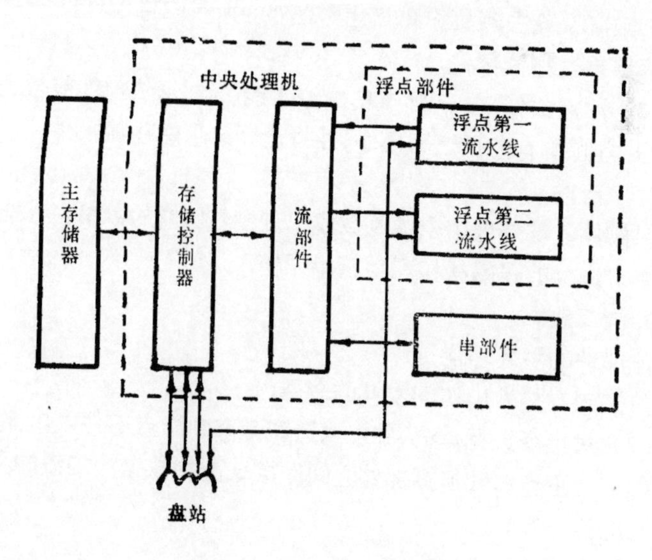

图 2.7 STAR-100 简框图

个,可扩充至12个. CYBER-205 是1981年交付使用的,第一台安装在英国 Bracknell 的联合王国气象局. CYBER-205 的时钟周期由 40 ns 减到 20 ns, 存储周期由 1 280 ns 减到 80 ns, 流水线部件可选择地增加到 4 个, 主存容量可增加到 400 万字, I/O 通道可增加到 16 个.现在与 CRAY-1 竞争得很厉害.因此,尽管 CYBER-205 保留了 STAR-100 全部体系结构,但从组成和实现来看,它是一台完全新的处理机.

CDC STAR-100 的结构如图 2.7 所示. 整机结构由中央处理机,主存储器,外围机及盘、站和外部设备等组成.

2.3.1 中央处理机

中央处理机由浮点部件、串部件、流部件和存储控制器等组成.

1. 浮点部件

(1) 浮点部件 1——浮点第一流水线. 它从流部件取数执行加、减、乘以及除去除法和开方计算之外的所有向量运算指令, 并把运算结果送往流部件.

(2) 浮点部件 2——浮点第二流水线. 它从流部件取数进行除法、开方和所有向量运算操作,并将运算结果送往流部件.

2. 串部件

串部件能够处理由十进制数或二进制数组成的数串, 并能完成所有二进位的逻辑操作和字符串操作.

3. 流部件

流部件的主要功能是:

(1) 向存控发出访问主存的命令;

(2) 对指令进行译码,并发送运算命令到浮点部件或串部件;

(3) 在主存储和运算部件之间作指令流和数据流的缓冲和安排所有的操作数;

(4) 对操作数提供编址.

2.3.2 主存储器

主存储器由 32 个体组成,总容量为 50 万字(64位),最大可扩充到 100 万字. 存取速度可达 2 亿字/秒(64 位)或 4 亿字/秒(32位).

2.3.3 结构特点和运算方式

1. 运算流水线结构

运算流水线结构是把每个运算操作符分割成多个子操作，对每个子操作分别进行操作. 如下图所示，假定对运算操作 θ 划分如下 l 段:

$$\theta_1 \mid \theta_2 \mid \cdots\cdots\cdots\cdots \mid \theta_l \mid$$

其中 $\theta_1,\theta_2,\cdots,\theta_l$ 分别是操作 θ 的各种子操作，这些子操作构成一个装配结构或称流水线结构. 例如，浮点加操作可以分割成如下五个子操作:

(1) 对阶;

(2) 移位;

(3) 相加;

(4) 规格化计算;

(5) 规格化移位.

当对两个数组进行运算时，由于各分量之间运算操作的无关性,故可以对各个子操作 θ_i $(i=1,2,3,4,5)$ 独立进行操作，从而实现了重迭操作的流水线工作方式. 如计算两个N维向量的浮点数和

$$a_i+b_i=c_i,\ i=1,2,\cdots,N,$$

其实现过程如图 2.8 所示.

从图 2.8 看出，当进入第一站的第一对操作数 a_1, b_1 对阶完毕送入第二站作尾数移位时，空出的第一站就可进行第二对操作数 a_2,b_2 的对阶;当第一对操作数进入第三站,第二对操作数进入第二站时,就可以进行第三对操作数 a_3, b_3 的对阶. 按照这样的

数据加工方式，当第六对操作数进入第一站时，浮点加法流水线部件就给出了第一个数 c_1，以后每输入流水线部件一对操作数，流水线部件就输出一个计算结果.

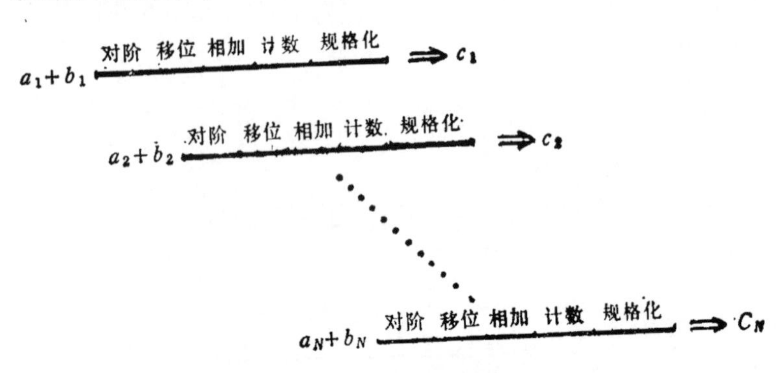

图 2.8 流水线运算分解图

简化图 2.8 即可得到主存-主存加工方式向量机工作原理图 2.9. 由此可以看出，为保证运算流水线畅通，连续不断地运算，只能按单指令流-多数据流工作方式进行加工，所以流水线机属于 SIMD 型并行机.

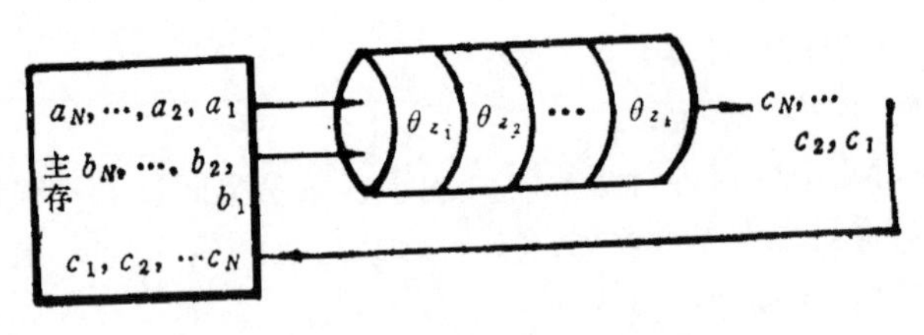

图 2.9 主存-主存加工向量机工作原理图

2. 主存-主存加工方式

CDC STAR-100 的指令系统是三地址的. 操作过程是从主存取操作数，经过运算加工之后产生的运算结果再送回主存，是

主存-主存

型的加工方式. 这样一来，运算过程中访问主存的操作就很频繁，5 千万次/秒(64 位) 计算速度的主机要求主存的供数能力达 2 亿

字/秒(64 位).

3. 主存高效供数的限制

该机的主存储器由 32 个体组成. 由于运算操作是主存-主存加工方式,要求数据必须连续地存储,并要求地址增量 $\Delta=1$,只有这样才能高效连续地提供数据,满足向量运行的要求. 否则就会出现数据供应满足不了运算流水线的要求,而使运算流水线处于断续的工作状态.

4. 适于向量运算

由于主存-主存加工方式及主存结构的限制等原因,使STAR-100 向量机执行向量指令的准备时间(也叫起步时间)很长(参见表 2.1). 该机执行一条向量指令的时间(时间单位为拍,下同)为

$$T=\sigma+\tau N, \tag{2.5}$$

其中:

σ——执行向量指令的起步时间. 该时间定义为:流部件发出向量指令到该指令执行运算、并产生第一个向量分量计算结果所用的时间.

τ——流出相邻两个向量计算结果之间的间隔时间.

N——向量长.

表 2.1 STAR-100 浮点操作时间表(64 位)

操作	t	τ	σ
±	13	0.5	71
*	17	1	159
÷	46	2	167
开方	74	2	155
内积	(30)	5.5	137

表中 t 是标量指令的执行时间. 由此不难看出,在不考虑其它因素影响的前提下,该机的有效使用效率是

$$\eta=\frac{\tau N}{\sigma+\tau N}. \tag{2.6}$$

于是我们可以得出:

(1) 该机适于向量运算,不适于标量运算. 进行标量运算时,由于 $t \gg \tau$, 以及单个数据访问主存的影响, 使机器的使用效率将低几十倍之多.

(2) 进行向量运算时,由于 σ 值很大,要求向量长 N 要大一些为好,且仅当 $N > 10^3$ 时, 该机才能达到高效地使用 ($\eta > 0.85$ 为高效).

5. 纵向加工方式

综合上述可以看到, STAR-100 向量机适于将运算操作向量一次加工完的方式运算, 即纵向加工方式. 这种加工方式可以减少 σ 的开销. 了解机器的这一特点, 对设计并行计算格式有重要的影响. 所以称 STAR-100 主存-主存加工向量机为纵向加工向量机.

SIMD 计算机包括流水线处理机和阵列处理机. 从上述两节的介绍可以看出,虽然二者都是向量处理机,特别适合于高速数值计算, 但它们之间又有很大差别. 阵列处理机使用大量处理单元对向量的各个分量同时进行运算,这正是获得高速度的主要原因; 阵列处理机依靠的并行措施是资源重复而不是时间重迭, 它的每个处理单元具有多种处理能力, 相当于流水线处理机的多功能流水线部件; 阵列处理机与流水线处理机的另一区别是它的互连网络,这是由多处理单元这一特点所决定的..

§2.4 纵横加工向量机 CRAY-1 与 YH-1 体系结构

纵横加工向量机目前得到了广泛的发展, 本节特介绍美国克雷 (CRAY) 公司研制的 CRAY-1 机以及国产机 YH-1 (银河-1).

2.4.1 CRAY-1

CRAY-1 是 CRAY 公司研制的,1976年 2 月第一台CRAY-1 机交付给 Los Alamos 国家实验室 (LANL); 1979 年 CRAY-1

改进为 CRAY-1S；1982 年以后出现了以 CRAY-1S 为处理机的 CRAY X-MP（有二处理机与四处理机两种类型），1984 年在美国 LLNL 等实验室投入使用；1985 年更为先进的 CRAY-2 问世，也是由 4 台改进型的 CRAY-1S 耦合而成，峰值可达 2.2 GFLOPS（即每秒 22 亿个浮点计算结果），1986 年已有两台分别安装在 LLNL 与 NASA 的 Ames 研究中心；具有 16 个处理器的 CRAY-3 速度在 12 到 20 GFLOPS 之间；CRAY 公司还计划在 1992 年生产出 128 GFLOPS 的 CRAY-4（具有 64 个处理器）；此外，还有 8 个处理器的 CRAY Y-MP，峰值为 3.2 GFLOPS. CRAY-1 的成功是由于它作了较好的预研工作，有较好的算法基础与较多的应用软件，据了解至 1981 年 CRAY-1 即已销售并安装了大约 40 台，是美国竞争力很强的一种巨型机；CRAY 巨型机系列的发展也是很快的.

1. 中央处理机结构

CRAY-1 的中央处理机字长 64 位，时钟周期 12.5 ns，存取周期 50 ns，是以向量处理为主、标量处理为辅的完整的处理部件，主存容量为 25—100 万字，最高运算速度每秒 8 千万次浮点运算.

CRAY-1 的系统框图如图 2.10 所示[82].

它由计算、存储和 I/O 快速通道三部分组成.

计算部分：包括指令缓冲站、操作寄存器和功能部件.

在指令缓冲站中有 4 个指令缓冲器，每个缓冲器由64个 16bit 寄存器组成，能存放 64 条相继的 16 bit 长的短指令，因而整个指令缓冲站可以连续存放 256 条短指令，使现行指令落入指令缓冲站的命中率很高.

CRAY-1 的基本操作寄存器是标量和向量寄存器，分别称为 S 和 V 寄存器，每个 V 寄存器有 64 个单元. 8 个 S 和 8 个 V 寄存器直接与功能部件相连，它们分别存放标量运算与向量运算的源操作数及结果操作数. 7 bit 的向量长度计算器 VL 的内容，决定了向量指令执行向量运算的向量长度和 V 寄存器内所存放数据的单元个数. 8 个 24 bit 的 A 寄存器作为访问存储器的地址寄存

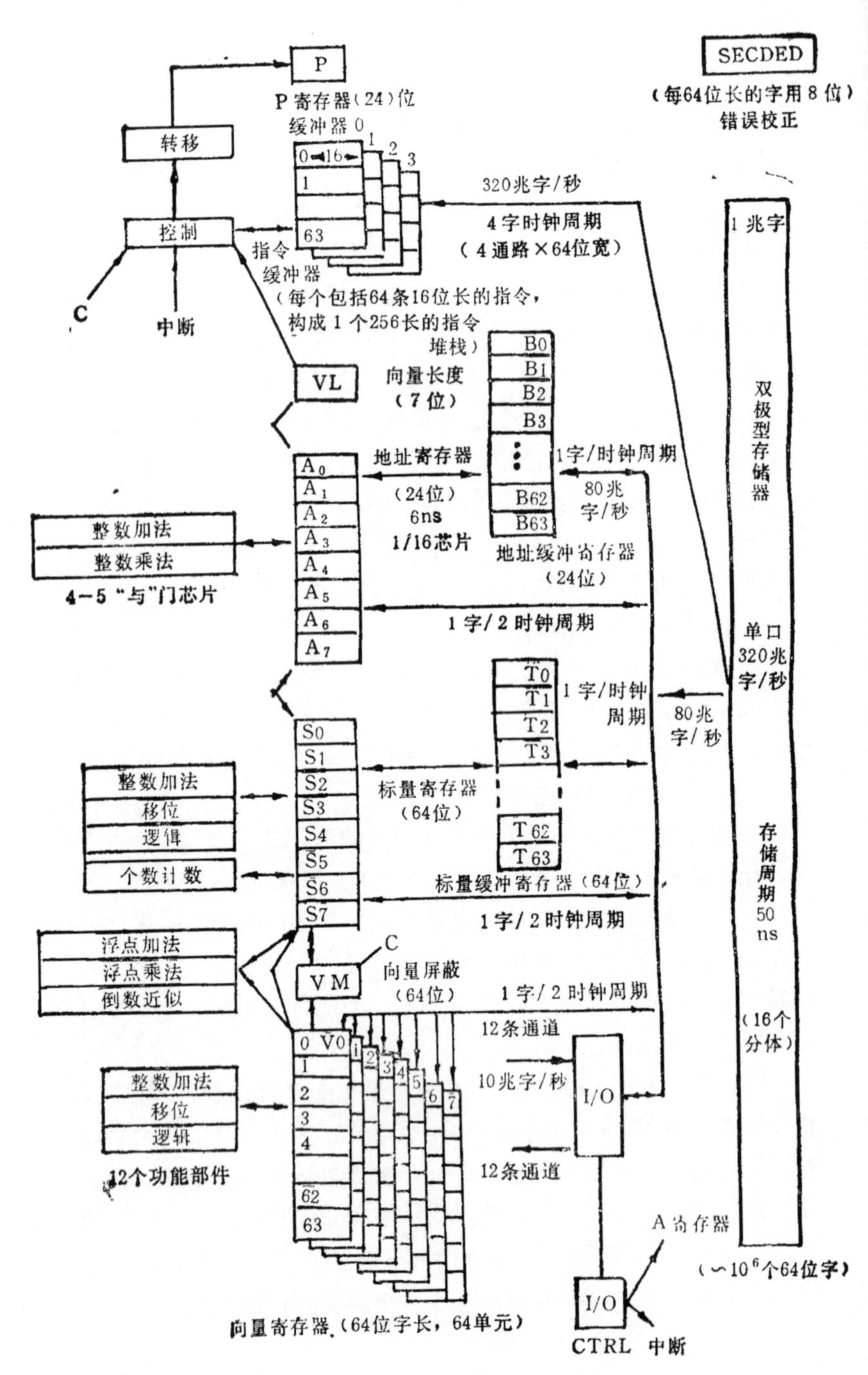

图2.10 CRAY-1的体系结构框图

器和变址寄存器． A和S寄存器各有64个单元的快速存取暂存器作后援，并分别称为B和T寄存器．数据可在 A,B, S, T 或V寄存器和存储器之间传送．

本机主存储器是双极型半导体存储器，共分16个存储体．存储器最大容量为1兆字（字长72 bit，由64个数据位和8个校验位构成；精确地说，最大容量是 $2^{20}=1048576$ 字）． CRAY-1s 已增加到4兆字．各存储体是互相独立的，可以同时工作． 机器的时钟周期为12.5 ns．在接受一次访问后，一个存储分体要占用四个时钟周期．当分体已接收访问处于工作状态时，不能对该分体进行访问．但是，每隔一个时钟周期，可以对不占用的其它分体发出访问．因此，主存提供数据的最大速度是每 50 ns 能从16个存储分体中的每一个分体读出一个64位长的字．也就是说，可以达到320兆字/秒．通常将它叫做存储器的带宽．但是，对于数据传输，我们只能利用此带宽的四分之一(80兆字/秒).

CRAY-1 有四个指令缓冲器，每个含有64个16位的指令字，并且每个用64位宽度的总线连到存储器．因此，在主存和指令缓冲器之间的数据总线上，每时钟周期内可传送四个64位的字，它的带宽是320兆字/秒，完全与存储器提供字的最大能力相匹配．当所有指令是从不同的存储体取出，并且这一串指令是顺序地排列和存储在存储器内时，使用效率最高．

另一方面，寄存器和主存之间的数据总线宽度只有64位．这样，传输速度是可以变化的．当从单独的各个存储分体读出时，每时钟周期可传输一个64位长的字(数据总线带宽为80兆字/秒，或者是存储器提供数据的最大能力的四分之一)． 从这个最大值变到一个最小值，即从同一分体读出时，每4个时钟周期才能传输一个字（20兆字/秒)． 把连续的存储地址分配到顺序的存储分体，就能够保持在最大速度．当地址以增量8或者16阶跃改变时，速度分别是最大值的一半或四分之一．

在机器的主存和寄存器之间，数据通路可看作是64位宽的单流水线，此单流水线可以从主存向寄存器传送数据，或者反向传送. 但两者不是在同一时间进行. 此流水线的长度是 11 个时钟周期. 在寄存器和主存之间的上述数据传输带宽低于 CRAY-1 计算机的运算速度. 一次算术操作,比如浮点乘法,要有两个自变量和一个结果. 所以,如果所有数据是从主存读出并返回到主存,那么主存的带宽应当三倍于计算机的速度. CRAY-1 最高的计算速度是每秒一亿六千万次浮点运算. 因此,按上述条件,需要的带宽是 480 兆字/秒. 虽然 320 兆字/秒的存储器带宽差不多能满足要求,但是由于数据往寄存器传输时,速度受到总线的限制, 所以仅允许使用到 80 兆字/秒. 于是,充其量 CRAY-1 只有六分之一的带宽可以支持它的计算能力. 明显的改进是将寄存器的数据总线宽度增加到 256 位,从而允许使用存储器的全部带宽进行运算,这同样可以用于指令的传输. 当然, 在计算结果还未送还主存之前,有关的数据留在寄存器,可供很多运算操作使用. CRAY-1 的设计就是以此为基础的. 仔细编写的汇编程序常能获得此改进结果. 但是从 FORTRAN 程序得到的性能常常比希望的要低, 这是由于寄存器到主存的带宽,相对来讲太低,因而引起了阻滞.

I/O 通道共有 24 个, 其中 12 个为输入通道, 12 个为输出通道. 每个通道的最大传输率为 10 兆字/秒.

CRAY-1 计算机有 12 个全流水线化的多功能部件, 每个部件执行一种操作或者一部分指令. 各部件是独立的, 各个功能部件可以同时操作, 或者在每一个时钟周期一组新的非相关运算的操作数可以进入同一个功能部件. 12 个功能部件分成地址功能部件、标量功能部件、向量功能部件和浮点功能部件 4 组. 前三组功能部件分别由 A,S 和 V 寄存器提供源操作数, 并将加工后的结果送回相应的操作数寄存器. 浮点功能部件与 S 和 V 寄存器相联系,既可实现标量操作,又可实现向量操作.

提供 24 bit 结果到 A 寄存器的 3 个功能部件是: 整加、整乘和数"数";提供 64 bit 结果到 S 寄存器的 3 个功能部件是: 整加、移位和逻辑;提供 64 bit 结果到 S 或 V 寄存器的三个功能部件是: 浮加、浮乘和倒数近似值.

2. CRAY-1 机主要特点

中央处理机是整个系统的核心，它的运算操作有以下几个主要特点:

(1) 采用流水线加工方式进行向量和标量运算

重叠技术是一种提高计算机速度的有效方法，它是通过将运算部件分为若干流水线站来实现的. 对于标量指令，第一条指令的一对操作数先进入第一站执行，当它进入第二站执行时第二条指令的一对操作数便可进入第一站,以此类推. 这样,对于同一种操作码的若干条相继指令的运算，可以同时在一个运算部件的不同站执行,实际上它也起到并行运算的作用. 对于向量运算,一对操作数一拍一拍地送入流水线,经若干拍起步时间后,运算结果相继从流水线流出. 图 2.11 显示了向量运算 $\{\mathbf{a}\}\theta\{\mathbf{b}\}=\{\mathbf{c}\}$ 的流水线加工过程. 其中 $1 \leqslant N \leqslant 64$, N 是向量长度寄存器 VL 所指内容.

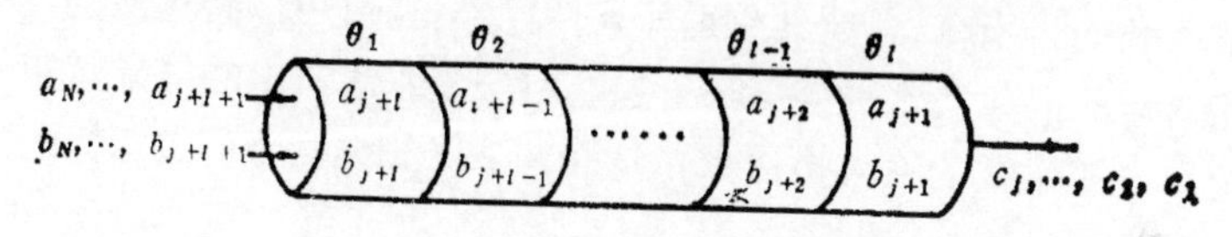

图 2.11 流水线向量数据加工过程

浮点功能部件既可作浮点标量运算,又可作浮点向量运算.因此,一旦浮点功能部件被向量运算所占用,标量运算就需要等待较长时间. 一条浮点向量运算指令可加工 64 对操作数,而且差不多每拍获得 1 个结果，而一条浮点标量运算指令要若干拍才能获得 1 个结果,显然浮点向量运算比浮点标量运算有利. 因此,在使用中央处理机时,应尽量减少或避免在浮点功能部件执行标量运算,多采用向量运算且以向量长是64的倍数为最好.

(2) 独立专用多功能运算部件

CRAY-1 机的运算器采用独立专用多功能部件结构. 各功能部件可以独立地执行相应的运算,因此,当属于不同功能部件的指令间彼此无关的情况下，这些功能部件能够并行地完成各自的操作．此外，运算部件与存储器之间，运算部件内各寄存器之间的数据传输通道也是和各功能部件并行工作的．也就是说，在执行向量指令的同时，为后继向量指令做准备的标量运算、地址运算和数据传送均可执行，一般不单独占用机器时间，从而提高了向量运算部件的实际工作效率，使本机具有较高的向量运算速度．

CRAY-1 机没有浮点除法功能部件，除法是利用倒数部件通过求倒数近似值来实现的．浮点倒数部件给出的倒数似近值的精度是 24 位，再迭代一次可获全精度 47 位结果．

(3) 向量链接技术

在目标程序中，前一指令的结果数正好是后续指令的源操作数的现象是大量存在的，也是不可避免的，这种操作数据相关已成为采用多功能部件提高并行计算能力的一大障碍．为提高向量功能部件的使用效率，根据向量运算的特点，不同的向量功能部件可采用"链接"技术予以链接，即对于遇到向量运算操作数相关的相继两条向量指令，只要其它运算条件已具备，就可以将这两条指令所对应的两条流水线链接在一起，前一流水线流出的结果直接作为后一流水线的输入操作数，从而构成了相继两条向量运算的复合流水线．例如，计算

$$(a_i + b_i) * c_i = d_i,\ i = 1, 2, \cdots, N.$$

若把 a_i, b_i 和 c_i 分别送入向量寄存器 V_1, V_2 和 V_3，则浮点加

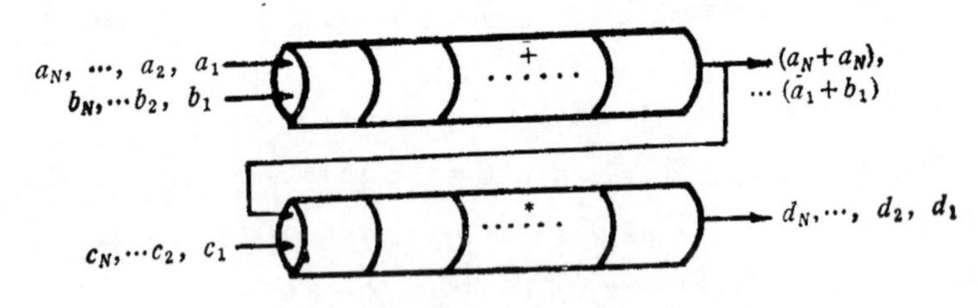

图 2.12 复合流水线示意图

和乘两条流水线可链接在一起构成一条复合流水线：

$$V_1 + V_2 \Longrightarrow V_4,$$

$$V_4 * V_3 \Longrightarrow V_5.$$

这里 V_4 有双重身份，它既接收浮点加的结果，又为浮点乘提供源操作数. 由于V寄存器在一个时刻只能处理一对数据，故链接有严格时刻，即浮点加的首对结果数送到寄存器 V_4 这一时刻，过早不行，数据未到要等待，但还可以链接，过晚也不行，譬如晚 1 拍，此时 V_4 已收到浮点加部件送来的第二对结果数，V_4 无能力同时处理二对数据，这种情况已再也不可能链接上了.

我们把第一对源操作数进入功能部件到第一个结果数自功能部件流出这段时间称为"功能部件时间". CRAY-1 机各功能部件时间的拍数(即时钟周期数)如表 2.2 所示.

表 2.2 CRAY-1 功能部件时间表

功能部件	部件时间 (ns)	(时钟周期数)
地址部件(24 位)		
(1) 整数加法	25	2
(2) 整数乘法	75	6
标量部件(64 位)		
(3) 整数加法	37.5	3
(4) 移位	25 或 37.5	2 或 3
(5) 逻辑	12.5	1
(6) 个数计数	37.5 或 50	3 或 4
浮点部件(64 位)		
(7) 加法	75	6
(8) 乘法	87.5	7
(9) 倒数近似 (RA)	175	14
向量部件(64 位)		
(10)整数加法	37.5	3
(11)移位	50	4
(12)逻辑	25	2
主存操作(64 位)		
从主存写入标量寄存器	137.5	11
从主存写入向量寄存器	87.5	7

链接时刻为第一条指令的功能部件时间另加2个周期，即FUT + 2. 于是两条向量指令链接加工N对数据所需时间为

$$T = \sigma + \text{FU}T + 2 + N,$$

式中σ是第一条指令的起步时间，FUT 是第二条指令的功能部件时间. 不同向量长度的运算不能链接.

对于两条以上发生上述这种相继地相关的向量指令而言，则可以一一链接在一起构成多条流水线的复合流水线.

(4) 多通用寄存器

一般计算机存储器的存取速度比运算部件的速度要低很多，虽然采用多通路多模块交叉访问技术可以解决一些问题，但存储器与运算部件之间速度不匹配的矛盾仍然存在. 为了减少对内存的访问又能保证运算部件持续高效运行，本机采用了多通用寄存器 V,S,A 和多通用后援寄存器 T,B. 寄存器 V,S 和A与功能部件相连,执行运算型指令时,指令给出了参与运算的源操作数所在的寄存器地址和存放运算结果的寄存器地址. 后援寄存器 T, B 介于相应寄存器 S, A 与内存储器之间，作为S和A的缓冲和强大后盾. 标量运算和地址运算所需的常数和中间结果可暂时寄存在各自的后援寄存器中. 后援寄存器与寄存器之间的数据交换是以一拍一个字速度成组传送的，而后援寄存器与内存之间的数据传送也是1—3 拍一个字. 这种寄存器-寄存器的加工方式对于减少存储器的平均数据流量，提高运算速度是非常有效的. 正是由于内存和后援寄存器之间，后援寄存器和寄存器之间的数据传送可以和功能部件的运算同时进行而使整个中央处理机的并行能力大为提高.

(5) 多模块交叉访问存储器

一般高速存储器都采用多模块交叉访问结构. 模块数与存取周期有关，通常取为 $2^i(i = 1,2,\cdots)$ 以保证提供高速运算部件所需的数据流量和速度的匹配. 在 CRAY-1 机中执行向量访问内存指令时数据需要成组传送，而数组在存储器中的地址可以

是任意间距的，这样就会因相邻两个数据存放于同一模块而发生存储模块访问冲突．一般说来，模块数越少，访问冲突的矛盾就越突出．例如，本机存储器模块的存取周期是 4 拍，存储器至少要有 4 个存储模块，才能保证执行数据地址间隔为 1 的成组访问指令时每拍传送一个字．

CRAY-1 机主存采用了存储模块数为 16 的结构，各模块是互相独立的，可交叉访问，顺序的地址编在相邻的存储模块中，这样只要成组访内数据地址间隔不为零或 8 的整数倍就不会发生存访冲突．

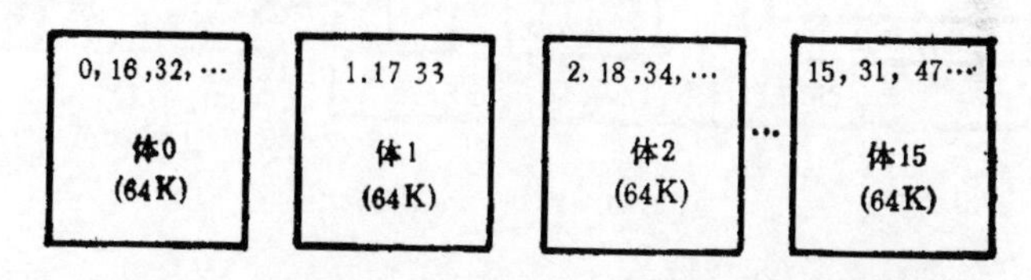

图 2.13 CRAY-1 机的 16 个存储模块地址编码方式

2.4.2 YH-1 机

YH-1（银河-1）机是国防科技大学于 1983 年底研制成功便提交用户使用的，它是我国第一台巨型机，该机是寄存器-寄存器加工方式的纵横加工向量机．迄今已生产 3 台，分别安装在国防科技大学、核工业与石油工业部门．国防科技大学新近已研制成了 YH-2（由 4 台 YH-1 耦合而成），第一台将交付国家气象总局用于数值天气预报． YH-1 机的时钟周期为 50 ns，在高效时(向量运算占 75% 以上时)运算速度每秒一亿次以上，主存容量为 200 万字(64 位)，存取周期 400 ns．

本节扼要介绍其系统组成及中央处理机结构，最后并归纳一下其系统特点．

1. 系统组成

YH-1 计算机系统是由多台处理机组成的，功能分布式的异构型多处理机系统，这些处理机具有不同的功能，分别完成各自的任务，如图 2.14 所示.

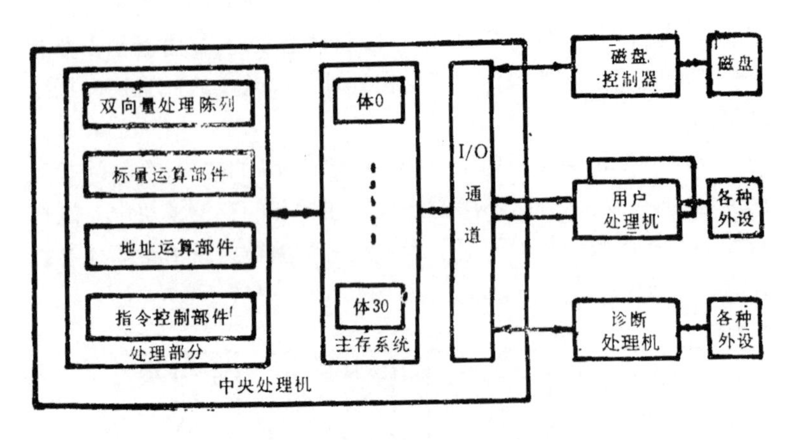

图 2.14 YH-1 系统组成

中央处理机(主机)是本系统的主体和核心，它是一台完整的高速处理机，主要用来执行用户程序，负责数据的高速运算，另外还负责本机的语言编译工作.

用户处理机负责处理用户程序并向主机提供输入数据，并且接受主机输出数据，分配给各种慢速外部设备. 处理机的类型和数量可根据实际情况进行配置.

诊断处理机负责对中央处理机的启动、监视和诊断.

磁盘控制器和磁盘机构成海量存储器子系统，作为系统的二级存贮器.

与这种功能分布式多机、系统相对应，软件系统也是分布式的. 各台处理机的操作系统分别负责与其任务相关的作业管理. 其功能单纯，结构简明. 各台处理机有各自的程序语言和编译程序.

本系统运行时，中央处理机和其它处理机并行工作，有效地提高了整个系统的性能.

2. 中央处理机结构

中央处理机结构由运算控制部分（CPU）、存储器和 I/O 通

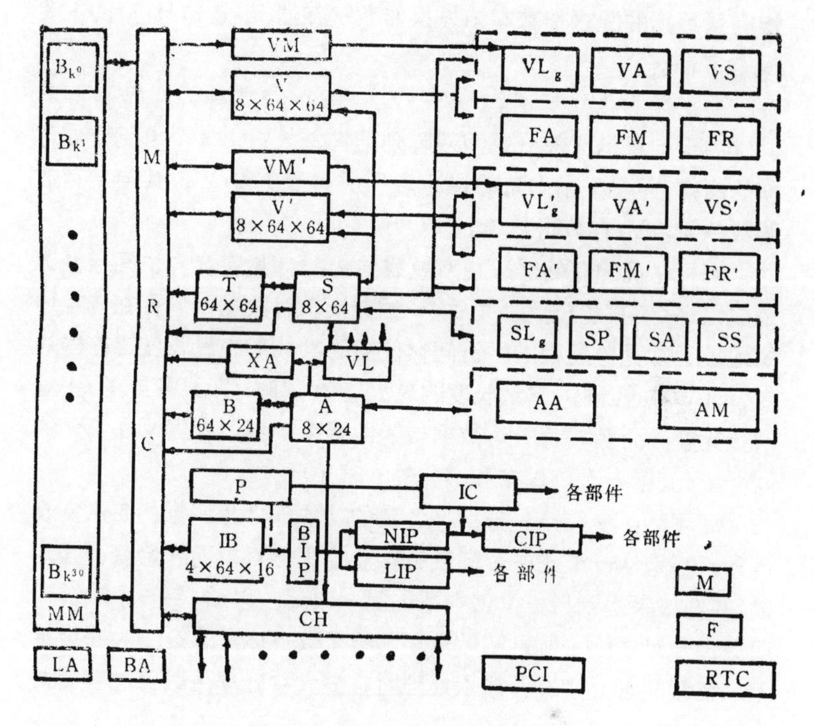

图 2.15 YH-1 中央处理机结构

道三部分构成，如图 2.14 所示。

(1) CPU 结构

CPU 是在程序指令控制下，对数据进行向量运算、标量运算和地址运算的部分．它由各种寄存器、后援寄存器、功能部件、指令缓冲站和指令控制部件等组成，其结构如图 2.15[83]所示。

为了提高向量运算速度，设有两套完全一样的向量寄存器和进行向量运算的功能部件，组成向量双处理阵列．执行向量指令时，它们并行操作，从而速度比一套向量部件提高一倍。

(a) 操作寄存器和后援寄存器

(i) 向量寄存器 V

YH-1 设有两组向量寄存器 V 和 V′，统称 V 寄存器．它们用作向量运算的源操作数和结果操作数寄存器。是 YH-1 的主要操作寄存器。

V寄存器总共有8个：V_0—V_7。每个64个单元，每单元64位。由于向量运算部分采用双阵列结构，故将128个单元分成对称的两部分。一个向量的诸元素分别存于V和 V′，其中V存放偶数单元，V′存放奇数单元。

YH-1 机的存储器采用双总线结构。向量寄存器访问存储器是成组进行的，经起步时间后，一拍交换一对数据，它们在内存中的地址通常是等间距的。访问存储器的次数受向量长度寄存器的内容（VL）控制。向量长度的最大值为128，即最多传送64对向量元素。而且，每一对数据传送给两个向量寄存器V和 V′的同一单元，第一次传送V和 V′的0号单元。

运算时，V和 V′分别与各自的功能部件相联系。每次向量运算，都是从一个或多个向量寄存器的第一对单元开始获得操作数，并把结果送到另一V寄存器的第一单元。以后，每一个时钟周期提供一对后续单元，结果也存入结果数寄存器的第一对后续单元。在对向量元素进行流水处理时，最大吞吐率可以每拍获得两个结果数。

向量运算结果数被某个V寄存器接收的同时，又可作为同一时钟周期后续运算指令的操作数。一个向量寄存器，既作为结果数寄存器，又作为后续指令的操作数寄存器，这种应用可以把两个或多个向量运算"链接"起来。在这种情况下，每个时钟周期可以产生二对或多对结果。

S寄存器和V或 V′寄存器的一个单元之间可以进行单字数据传送。

(ii) 向量控制寄存器

有三个寄存器和向量运算的控制有关。在执行向量指令时，它们提供有关的控制信息。它们是向量长度寄存器 VL 和向量屏蔽寄存器 VM 及 VM′。

(iii) 标量寄存器和标量后援寄存器

标量寄存器 S 共有 8 个，每个 64 位，其编号为 S_0—S_7。它们用作标量运算的源操作数和结果数寄存器，也可为向量运算提供一个源操作数。

S 寄存器有一组后援寄存器 T，共有 64 个，每个 64 位，其编号为 T_0—T_{63}。当 S 和主存 MM 交换数据时，T 作为缓冲。T 和存贮器之间的数据传送由指令调度，是成组进行的，一拍传送一个字，间距固定为 1，数据也可在 S 和 MM 之间直接传送。

此外，S 寄存器还可和 A，V 寄存器的一个单元，向量屏蔽寄存器 VM，VM′ 以及实时时钟计数器 RTC 之间互相传送数据。

(iv) 地址寄存器和地址后援寄存器

地址寄存器 A 共 8 个，每个 24 位，其编号为 A_0—A_7。它们主要作为访问存贮器的地址寄存器和变址寄存器，也用于存放移位的位数，循环的控制值以及 I/O 操作的通道号；在作地址运算时，为源操作数和结果操作数寄存器。

A 寄存器有一组后援寄存器 B，共有 64 个，每个 24 位，其编号为 B_0—B_{63}，用作地址寄存器和存储器之间的缓冲。B 寄存器和存储器之间的数据传送由指令调度，是成组进行的。每一拍传送一个字，增量固定为 1。数据也可以在 A 和存储器之间直接传送。

此外，A 也可以和 S 寄存器传送数据，向换道地址寄存器 XA 送换道地址，对向量长度寄存器 VL 置值。

(b) 功能部件

YH-1 设有 18 个独立的专用功能部件，其中包括一组地址功能部件(共 2 个)；一组标量功能部件(共 4 个)；二组向量功能部件(共 6 个)；二组浮点功能部件(共 6 个)。所有功能部件全部是流水线的。各流水线的输入、输出端直接与寄存器相联。标量运算一拍出一个结果，向量运算一拍出两个结果。

(i) 地址功能部件

地址功能部件执行 24 位短整数运算，操作数来自 A 寄存器，运算结果再送回 A 寄存器。地址功能部件包括：地址加法部件

AA，执行短整数的加/减运算；地址乘法部件 AM，执行短整数乘法运算.

(ii) 标量功能部件

标量功能部件执行 64 位整数标量运算和逻辑运算，操作数来自 S 寄存器. 在大多数情况下，将 64 位运算结果传送到 S 寄存器，只有数"数"部件是将 7 位运算结果传送到 A 寄存器的低位部分. 标量功能部件包括：标量加法部件 SA，执行整数加/减运算；标量移位部件 SS，可对 64 位单字长、128 位双字长的操作数进行左右移位；标量逻辑部件 SLg，执行逻加、逻乘和逻比等逻辑操作，它们都是对逻辑量执行按位操作；标量数"数"部件 SP，对来自 S 寄存器的操作数进行数"1"、数奇偶或数打头"0"的个数，并将 7 位(或 1 位)结果数置入 A 寄存器的低位.

(iii) 浮点功能部件

浮点功能部件既可执行向量运算，又可执行标量运算. 执行向量运算时，操作数一般取自一对向量寄存器，或者取自一个向量寄存器. 运算结果都传送到一个向量寄存器. 执行标量运算时，操作数取自标量寄存器，并将结果数传送到标量寄存器. 浮点功能部件包括：浮点加部件 FA，执行 64 位浮点操作数的加减运算；浮点乘部件 FM，执行 64 位浮点操作数的乘法运算；浮点倒数近似值部件 FR，用来求 64 位浮点操作数的倒数近似值，准确到 24 位.

(iv) 向量功能部件

向量功能部件执行 64 位的非浮点数向量运算，其操作数一般来自一个或二个向量寄存器，也有的来自一个向量寄存器和一个标量寄存器. 向量功能部件包括：

向量加部件 VA，执行 64 位整数加/减的向量操作.

向量移位部件 VS，对某一寄存器全部单元的 64 位内容进行左右移位操作，也可对该 V 寄存器中相邻单元并成的 128 位值进行左右移位操作.

向量逻辑部件 VLg，执行 64 位向量的逻辑操作，有逻加、逻乘和逻比等，也可执行测试某向量寄存器各单元的内容，并将测试结果置入对应的向量屏蔽寄存器 VM.

为了提高向量运算速度，YH-1 配置了完全相同的两套向量功能部件和浮点功能部件．它们和各自的向量寄存器 V，V′ 一起组成向量双处理阵列，以此提高向量操作的并行度．

上述各功能部件，其流水线所分的段数和结构各不相同．一般把第一对源操作数流入功能部件到第一个结果数自功能部件流出的这段时间，称为“功能部件时间”，记为 FUT． 通常以时钟周期(拍)数计算．YH-1 各功能部件的时间如表 2.3．

表 2.3 YH-1 各功能部件时间

类别	名称	功能部件时间	类别	名称	功能部件时间
地址功能部件	AA	1	浮点功能部件	FA	5
	AM	3		FM	6
标量功能部件	SA	1		FR	6
	SS	1	向量功能部件	VA	1
	SLg′	0		VS	3（双左移），2（其它）
	SP	1（数“0”），2（其它）		VLg	0（测试），1（逻辑）

(C) 指令控制部件

指令控制部件是控制指令流出，并控制各功能部件协调工作的部分．它包括有：(1)程序字片计数器 P，(2) 指令缓冲站 IB，(3) 指令字片缓冲寄存器 BIP，(4) 下一指令字片寄存器 NIP，(5)现行指令字片寄存器 CIP，(6) 低部指令字片寄存器 LIP，(7) 指令流出控制部件 IC．上述各部件的功能可参阅文献[83]，这里就不多介绍了．

(2) 主存

YH-1 机有 31 个体 ($B_k0—B_k31$) 交叉访问主存贮器 MM．主存总容量为 2 百万字 (64 位)．主存分为 31 个体和 17 个体两种工作状态．数据流量最大是每个时钟周期取 2 个字，因此流量为 40 兆字/秒．

(3) 输入输出通道部件 CH

包括 12 个输入通道和 12 个输出通道，此 24 个通道分成四组. 对于 I/O 请求,四个通道组按顺序循环扫描，每个时钟周期扫描一个通道组.

在中央处理机中,除上述三部分外,还有:

双通路访问主存的存储访问控制器 MRC, 基地址寄存器 BA 和界地址寄存器 LA;

主机工作方式和中断换道部件，包括方式寄存器 M, 中断标志寄存器 F, 换道地址寄存器 XA 等;

时钟部件,包括实时时钟部件 RTC 和程序时钟中断部件 PCI 等.

有关这些部件的原理和结构,可参阅 YH-1 机有关资料.

3. YH-1 机主要特点

如同 CRAY-1 机一样，YH-1 机的运算操作具有如下一些特点:

(1) 采用流水线加工方式;

(2) 独立专用多功能运算部件;

(3) 向量链接技术;

(4) 多通用寄存器;

(5) 多模块交叉访问的存储器.

值得指出的是: YH-1 机的向量寄存器及向量运算部件设置了两套,构成了双阵列结构、这是 CRAY-1 机所不具有的. 此外, YH-1 机的主存具有 31 个体，在数量上接近于 CRAY-1 机的 2 倍,且系素数模块,这种结构为无冲突访问主存，保证高效供数提供了更好的条件.

YH-1 机的体系结构，较之 CRAY-1 机还作了其它一些改进，在此就不一一讨论了. YH-1 的完全成功，还有许多工作待做. 例如,机器并行语言的改善,常用数学库与应用软件的完善等等.

§2.5 多处理机系统

什么是多处理机系统？简单地说，它是一个具有两个或多个处理机，并能相互进行通讯，以协同求解一个大的给定问题的计算机系统.

多处理机属于 MIMD 型，可实现任务、作业级的并行性.

本节我们着重介绍多处理机结构与特点，并举出若干多处理机与多计算机的实例，使读者研究 MIMD 算法时对多处理机有较具体的认识.

有时将不严格区分多处理机与多计算机系统，常将多计算机系统也称为多处理机系统.

2.5.1 多处理机结构[2][83]

从耦合角度对其结构分类，目前应用较多的是松散耦合和紧密耦合两种. 下面分别予以介绍.

1. 松散耦合多处理机结构

松散耦合的多处理机之间，通常是通过通道或通信线路实现机间互连，以共享某些外部设备.

图 2.16 表示一种通过通道连接的多处理机结构. 它用一个通道到通道的适配器 CTC (Channel To Channel)，把两个不同计算机的 IOP（通道）连接起来，每个计算机有它自己独立的主存储器与操作系统. CTC 允许每台计算机都把其另一台计算机当作 IO 设备，从而能完成两个主存储器之间的数据传输. 如 IBM 360 或 370 系列机就用这种结构组成松散耦合系统.

图 2.17 表示另一种松散耦合的多处理机结构. 把多个计算机模块通过一个信息传输系统 MTS 连接起来. 信息传输系统 MTS 是耦合程度较低的系统，它常常采用简单的分时总线及环形或星形等拓扑结构. 当各计算机模块之间交互作用较少时，这种系统是很有效的. 因此，它又被认为是分布式系统.

每个计算机模块中，除 CPU 和一组 I/O 设备外，还有局部

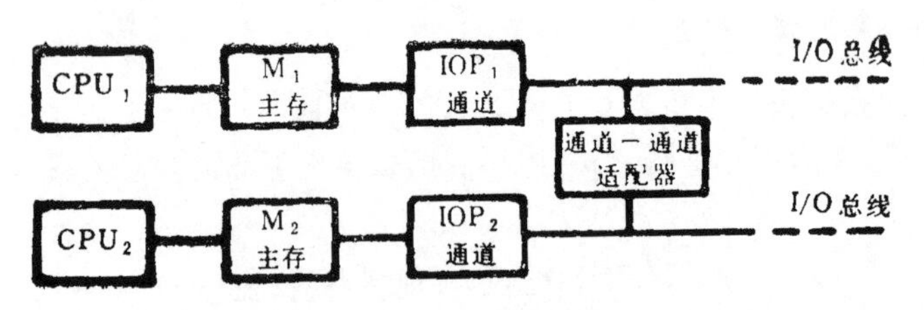

图 2.16　通过通道-通道适配器连接的松散耦合系统

存储器 LM，使得 CPU 所需的大部分指令和数据都能在 LM 中访问到。每个计算机模块还有一个到 MTS 的接口部件——通道和仲裁开关 CAS，它用于分解多个计算机模块同时请求 MTS 时产生的冲突。通常按照一定的算法选择其中的一个请求，并延迟其它的请求，直至被选择的请求服务完成。在 CAS 的通道中，还可有一个高速通讯存储器，用于缓冲传输的信息块。通信存储器经 MTS 被所有的处理机访问，它也可以集中起来连到一个分时总线上。从概念上讲，分布的或集中的通信存储器都相当于给每个处理机提供了一个通信的逻辑端口。因此，不同处理机任务之间的通信，都是通过通信存储器的逻辑端口实现的；而同一个处理机任务之间的通讯，则通过局部存储器完成。

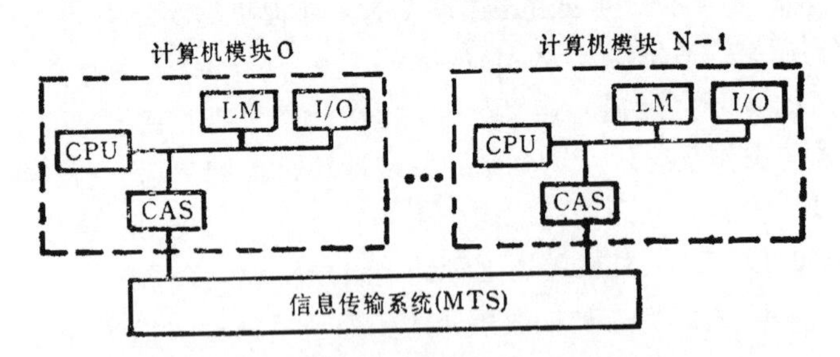

图 2.17　通过信息传输系统连接的松散耦合系统

2. 紧密耦合多处理机结构

紧密耦合的多处理机之间连接的频带较高，通常是通过高速总线或高速开关实现机间互连，以共享主存储器。为了使各处理机能同时对主存储器进行存取，要求主存储器划分成能独立访问的存储器模块.

图(2.18)表示一种典型的紧密耦合多处理机结构. p 个 CPU 通过互连网络共享集中的主存储器，每个 CPU 都能够访问任何一个存储模块 MM,只需通过它的存储映象部件 MAP，就可把全局的逻辑地址变换成局部的物理地址，并控制互连网络寻找合适的路径,以及在必要时分解存储器的访问冲突. 输入输出设备D 和外存器 SM 经过 IOP (通道)也连到互连网络上，与 CPU 一起共享主存储器. 此外，各 CPU 之间一定有信息交换(中断、同步等控制信号的相互传送),还可以由一个较小的中断信号互连网络 ISIN 来实现.

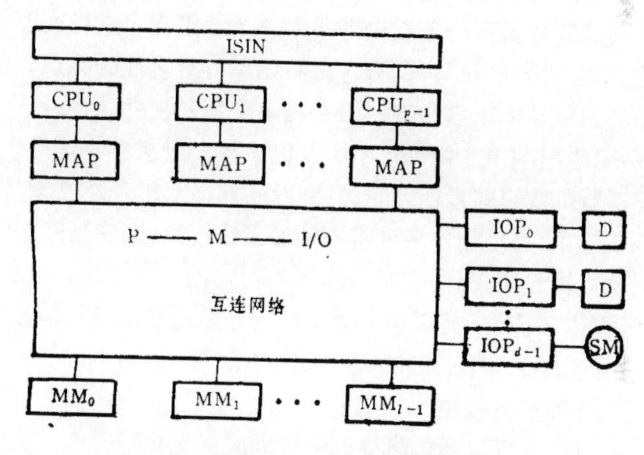

图 2.18　通过互连网络连接的紧密耦合系统

2.5.2　多处理机系统的特点

在多处理机系统中,互连网络是决定其性能的重要因素. 这和前面叙述的属于 SIMD 的并行处理机是很类似的,但是两者之间确是有很大的差别. 让我们从这两种处理机的对比中，来认识多处理机的特点.

1. 结构灵活性

向量处理机是从解决专用题目的需要而发展起来的. 其结构

主要是针对数组向量处理算法而设计的．结构的特点是：处理单元数量很多，但只需设置有限和固定机间互连通路，即可满足一批并行性很高的算法的需要．而多处理机则有所不同，其解决的问题不限于数组向量的处理，而是力图把能并行处理的任务、数组，以至标量都进行并行处理，因而具有较强的通用性．这就要求多处理机能适应更为多样的算法，具备更为灵活多样的结构，以实现各种复杂的机间互连模式．目前，多处理机中，处理机的数目还不可能做得很多，与向量处理机单元数已达到 16 384 相比，还差三个数量级．

2. 程序并行性

向量处理机用一条指令即可对整个数组同时进行处理，其并行性存在于指令内部．如再考虑系统具有专用性的特点，则其并行性的识别是比较容易的．因在指令类型及硬件结构上已作考虑，故可由程序员在编制程序中加以掌握．但在多处理机中，因为不限于解决数组向量处理问题，并行性存在于指令外部(即表现在多个任务之间)．如再考虑系统的通用性要求，则使程序并行性的识别难度较大．因此，它必须利用多种途径——算法，程序语言，编译、操作系统，以至指令、硬件等——尽量挖掘各种潜在的并行性，并且主要的责任不能由程序员承担．

3. 并行任务派生

向量处理机依靠单指令流多数据流实现并行操作，这种并行操作是通过各条单独的指令加以反映和控制的．这样，由指令本身就可以启动多个处理部件并行工作．但多处理机是多指令流操作方式，一个程序当中就存在多个并发的程序段，需要有专门的指令来表示它们的并发关系，以及控制它们的并发执行．这样，能使一个任务开始被执行时，就能派生出与它并行执行的另一个任务．这个过程称为并行任务派生．派生的并行任务数目，是随程序和程序流程的不同而变化的．如果处理机的数目多于派生出的并行任务数，则空闲的处理机可用于执行其它的作业；如果派生出的任务数大于可用的处理机数，则那些暂时没能分配到空闲处理机的任务就进入排队器，处于等待状态．这样，就使多处理机达到较高的效率，这是它较之向量处理机具有的潜在优点．

4. 进程同步

向量处理机实现的是指令内部对数据操作的并行性，即所有处于活动状态的处理单元同时执行同一条指令操作，受同一个控制器控制，工作自然是同步的．但多处理机所实现的是指令、任务、作业级的并行．一般而言，在同一时刻，不同的处理机执行着不同的指令．由于执行时间互不相等，故它们的工作进度不会也不必保持相同，被陆续派生出的任务，其开始执行的时刻也不可能一致．如果并发程序之间有数据交往或控制依赖，那么，在执行过程中，有的程序就要中途停下来进入等待状态，直到它所依赖的执行条件满足为止．这就要求多处理机采取特殊的同步措施，才能保证程序所要求的正确顺序．

5. 资源分配和任务调度

向量处理机主要执行数组向量运算，处理单元数目是固定的．程序员以此作为基本出发点来编写程序，并利用屏蔽手段设置部分处理单元为不活动状态，以改变实际参加操作的处理单元数目．但多处理机执行并发任务，需用处理机的数目没有固定要求，各个处理机进入或退出任务以及所需资源变化的情况都要复杂得多．这就提出了一个资源分配和任务调度问题，这个问题解决的好坏，对整个系统的效率有很大的直接影响．

综上所述，可以看出，这些差别的来源还是两种处理机并行性级别的不同．由于多处理机要实现任务一级的并行，因此才带来结构上、算法上以及系统管理上的各种差别．

2.5.3 多处理机举例[1][84]

1. CRAY X-MP

第一台 CRAY X-MP 多处理机于 1983 年下半年安装完毕．它是 CRAY-1 的延拓，系统结构如图 2.19 所示．主体结构是两台相同的 CPU 以及两台处理机共享的一个多通道存储器．每台

CPU 的内部结构非常相似于 CRAY-1。

共享的中央存储器具有 4M 64 位字容量，由 32 个交叉存储体(为 CRAY-1 的两倍)组成。在每个时钟周期内能对全部存储体独立地和并行地进行存数与取数。每台处理机有 4 条并行存储通道(是 CRAY-1 的 4 倍)连接至中央存储器，两条用于向量读取，一条用于向量存储，一条用于独立的 I/O 操作。

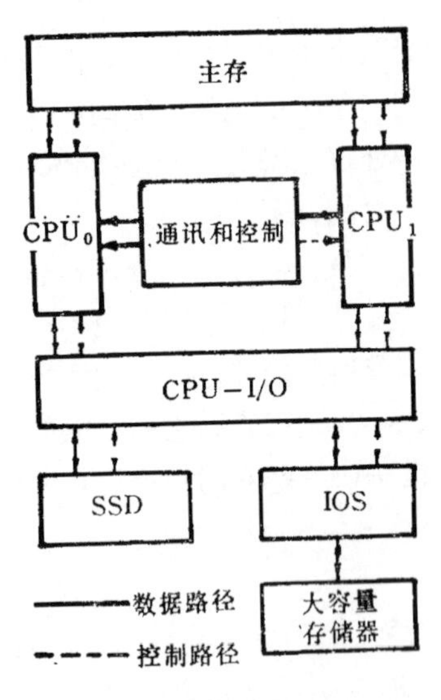

图 2.19 CRAY X-MP 系统结构

每台 CPU 内有 4 个指令缓冲器，每个具有 128 × 16 位，是 CRAY-1 指令缓冲器容量的 2 倍；操作寄存器与功能流水线基本上与 CRAY-1 一致，有 13 条功能流水线，A,B,S,T,V 诸寄存器与 CRAY-1 中的一样。CPU 相互通信部件由 3 群共享寄存器组成，用于处理机之间的通信和同步。CRAY X-MP 的时钟周期为 9.5 ns，计算速度可以超过 400 M FLOPS。

CRAY X-MP 是供多任务用的通用多处理机。在两台处理机中可以操作不同作业的独立任务，所有任务的程序保持与 CRAY-1 的程序一致。在两台处理机中也可以操作单个作业的关联任务。两台处理机通过共享存储器及共享寄存器紧密地相耦合。这个系统在处理多任务时只需很少的任务起始辅助操作，所花的时间一般为 $O(1\mu s)$ 到 $O(1ms)$。

这种处理机以更快的时钟周期、并行存储通道以及硬件自动"软性链接"为特点，增进了向量操作效能。

图 2.20 给出在 CRAY X-MP 上向量计算流水线链接的例子。

计算

$$\{\mathbf{A}\} - \{\mathbf{B}\} + s\{\boldsymbol{D}\},$$

其中一共包含 5 个向量操作．利用每个处理机的 3 条存储 通 道，硬件自动地"链接"全部 5 个向量操作，使得每个时钟周期能输送出一个结果．而 CRAY-1 需使用 3 条链．

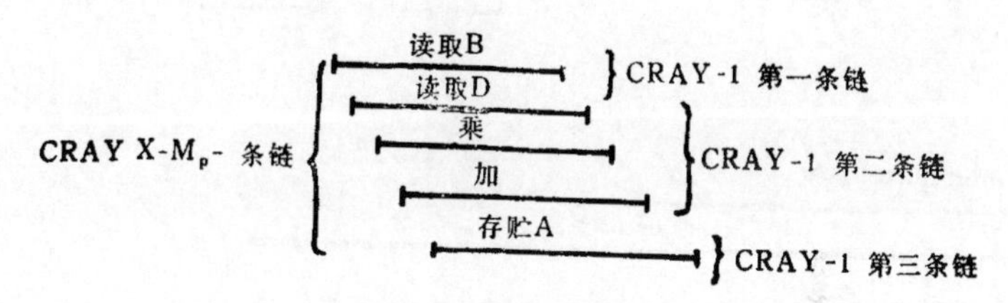

图 2.20 CRAY X-MP 向量计算流水线链接

2. C*m

C*m 多处理机是美国卡内基-梅隆大学研究设计的，C*m 硬件的细节设计从 1975 年开始，一个具有 10 个 Cm 的机群已于 1977 年投入运行，现在一台总共包含 50 台 DECLSI-11 的 5-机群 C*m 已经运行．用三级总线连成一个松散耦合的多处理机系统，如图 2.21 所示[2]．

图 2.21 (a) 所示为 C*m 的计算机模块 (Cm) 的结构．需要说明的是每个 Cm 含有一个局部开关 Slocal．Slocal 有点类似于 CAS (通道和仲裁开关)，它用来实现 Cm 与 C*m 系统其余部分的连接．具体说来，它确定处理机所生成地址的路线，是到模块内的存储器或 I/O 设备，还是通过 Map 总线到其它计算机模块．它也接收其它计算机模块对本模块内存储器和 I/O 设备的访问．

所有计算机模块通过两级总线按层次连接 [见图 2.21 (b) 和 (c)]．一条 Map 总线可连多达 14 个 Cm 而构成的一个计算机模块组 (Cluster)，计算机模块成组能加强组内计算机间的协作能力，即只用低的通讯开销就可实现数据共享．连接到 Map 总线的 Kmap 在 C*m 互连结构和地址结构中扮演一个关键的角

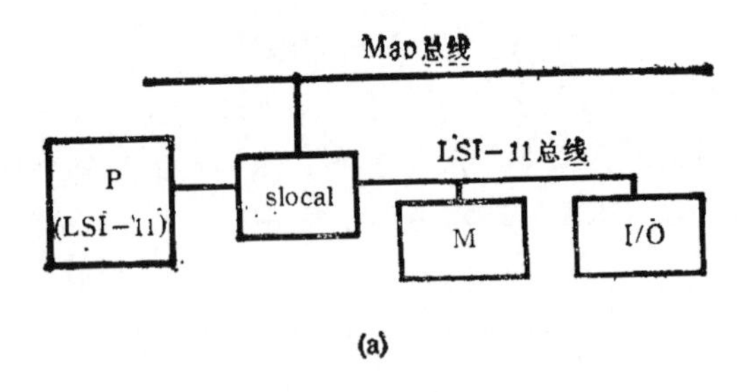

(a)

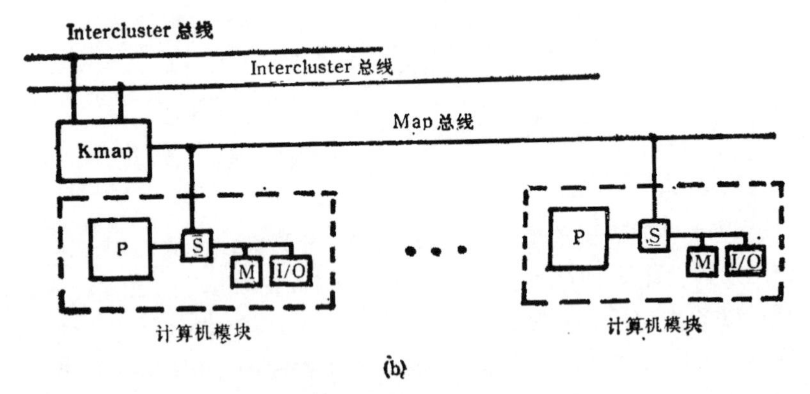

(b)

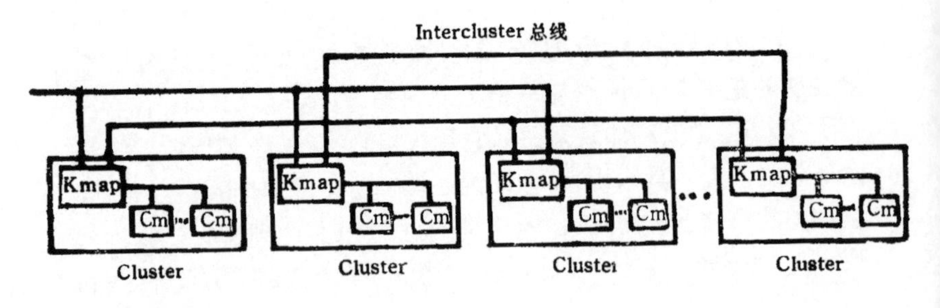

(c)

图 2.21 层次结构的多处理机系统

(a) 一个计算机模块；(b) 一组计算机模块；(c) C*m 的系统结构.

色. 它控制 Map 总线上的全部处理：控制 Map 总线，控制路径选择和缓冲 Cm 之间的信息. Kmap 也是系统内 Cluster 间的连接器. 多个 Cluster 通过 Intercluster (组间)总线连接以构成一个完全的 C*m 系统. 每个 Cluster 均与两条 Intercluster 总线相连. 这样,当一条 Intercluster 总线失效时,另一条仍可工作.

由上可见,所有的 Kmap 与 Slocal 构成一个分布式存储器开关,每一个全局访问都通过它进行传递. 当然,各种存储器的访问时间是不同的. 这里,局部存储器、机群内存储器和机群间存储器这三级存储器的访问时间相差很大. 他们分别是: 3 μs, 9 μs 和 26 μs, 这体现了松散耦合的特点. 但由于程序的局部性原则,使本地访问的命中率能达 90% 以上,从而使平均的存储器访问时间缩短为 4.1 μs. 又由于采用这种分布式存储器开关结构,使得当一个机群间总线发生故障时,该系统仍能在降级方式上操作. 这都显示了分布式处理系统的优越性. 从 C*m 的结构来看,在一个组内适合于执行局部性的并行算法.

3. C.mmp

C.mmp 是美国卡内基-梅隆大学 1971—1975 期间研制的,它包含 16 个计算机模块 CM, 每个模块是稍加修改的小型计算机 CDC PDP-11/40E. 所有 CM 通过 16 × 16 的纵横开关阵列 S. mp 将 16 个计算机模块 CM 连接到 16 个共享存储体,使得每个 CM 可与任何存储体直接连接. 所有 CM 还与一条处理机间总线相连,处理机间总线执行处理机间通信的普通操作,提供公用时钟以及处理机间有关控制,包括中断、暂停、继续、起动等,C. mmp 的出现,使异步并行算法第一次得到了实践机会. 系统的结构框

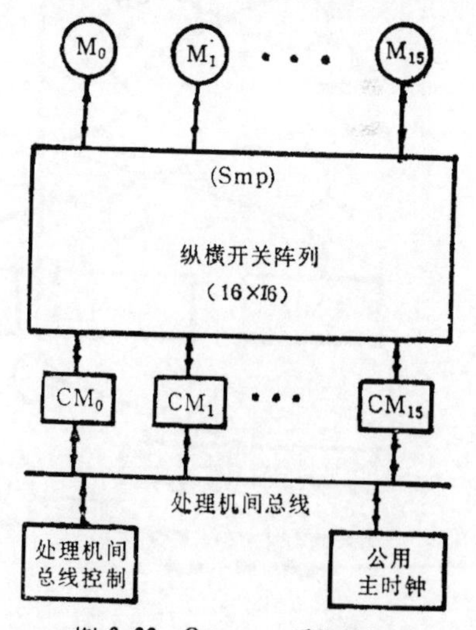

图 2.22 C. mmp 系统结构

图如图 2.22. 它是一个紧密耦合的处理机系统.

4. Denelcor HEP

多相单元处理机 HEP (Heterogeneous Element Processor) 是由美国 Denelcor 公司研制成功的一台紧密耦合多处理机系统,能同时执行若干个串行的或者并行的程序. 系统包含直至 16 个流水线 MIMD 过程执行模块 PEM (Process Execution Module), 直至 128 个数据存储体 DMM (Data Memory Module). 通过一个高速开关网络, 使各 PEM, DMM, I/O 及控制子系统相互连接. HEP 是第一种在市场上买到的著名的 MIMD 计算机. 已安装的有包含单个 PEM 和 DMM 的系统, 有包含 4 个 PEM 和 4 个 DMM 的较大系统(1979 年 6 月第一台含有 4 个处理结构的 HEP 机已交付美军弹道实验室使用).

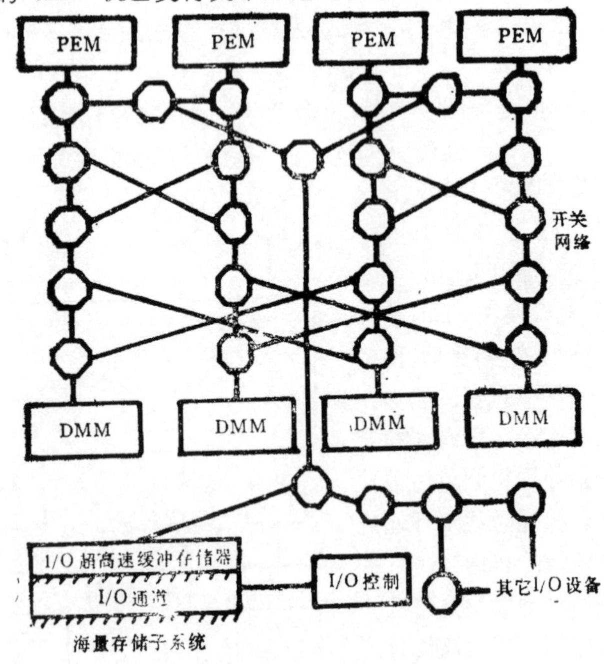

图 2.23 4 处理机的 HEP 结构

HEP 是 MIMD 系统,有两个方面: 一方面多个 PEM 能按各自的指令流独立地运行，另一方面每个 PEM 可容纳直至50个用户的指令流.

图 2.23 给出具有 4 个 PEM 和 4 个 DMM 的典型 HEP 系统，结构中还包含具有 28 个节点的开关网络.

PEM 是 HEP 的计算元件，设计成能同时执行关于多个数据流的多个独立的指令流. HEP 中所有指令和数据字采用 64 位宽，但在PEM 内部涉及数据时可以存取半字、四分之一字及字节. 在 PEM 中有几条独立的流水线，对机器性能影响较大和结构上有较大特色的是主执行流水线. 这是一条 MIMD 流水线，分 8 段，每段的通过时间为 100 ns. 用途是将一条指令分 8 步执行，完成时间为 800 ns. 给定的一指令流(及相应的操作数流)通过它时，只有在一条指令完成后才能送入下一指令，但在此期间其他指令流的指令却可开始执行. 具体地说，每 100 ns 可进入一条新指令，但流水线 8 个段分别应由互不相同的指令流中的指令占用. 如果只存在一个指令流，那么这种 MIMD 流水线仅能充当 SISD 部件，处理速度是流水线装满时的 1/8，而且处理速度随指令流数目增加而增加，直到流水线装满后保持为常数.

HEP 系统实现空间重复与时间重叠之间的高度结合. 时钟周期为 100 ns，当流水线装满之后，每个 PEM 在一个时钟周期内能完成一条指令. 因此，具有16 个 PEM 的系统在理论上讲可达 160 MFLOPS.

5. S-1

S-1 是在美国海军部赞助下由斯坦福大学和 LLNL 1976—1984 年期间研制的高速通用多处理机系统. 它由一些称为 Mark IIA 的单处理机组成，Mark IIA 预期的性能水平比得上CRAY-1 系统，而且对于大型数值问题在计算速度上比 CRAY-1 大体快一个数量级.

图 2.24 表明一台典型 S-1 多处理机的逻辑结构，它包含 16 个 Mark IIA 单处理机，通过一个纵横开关阵列共享 16 个存储体，每个存储体是容量可达 2^{30} 个字节的半导体存储器，因此总实

际地址空间为 16 G (2^{34}个）字节，大容量存储器对于有效地求解许多大规模问题是关键的.

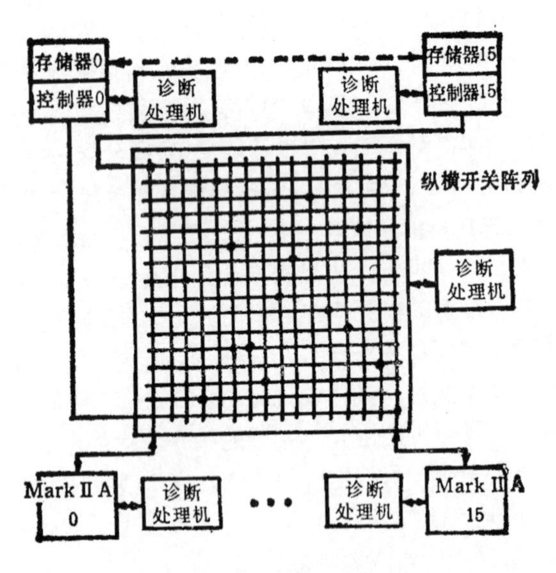

图 2.24 S-1 多处理机逻辑结构

纵横开关阵列能对多个存储请求提供读取，而且还用于操纵处理机之间的通信. 为了达到可靠性，S-1 采用了双重开关，前端(诊断-维修)处理机能切除失效开关并替之以另一开关.

6. CEDAR

CEDAR 是伊利诺伊大学的一个研究项目，属分级组织的多级开关共享存储器 MIMD 系统. 在结构上，每 8 个处理单元组成一个机群，16 个机群经由一个扩充的 Omega 全局开关网络连接至 256 个全局存储体，每个存储体有 4—16 M个字. 每个 PE 有 16 K 个字局部存储器. 每个机群的 8 个 PE 装配成流水线，并通过一个局部开关网络加以互连.

含 4 个机群的样机 CEDAR 32 于 1986 年交付使用，速度为 80 MFLOPS; 1988 年扩展为 16 个机群的 CEDAR 128，达

320 MFLOPS；1990 年计划扩展为 64 个机群的 CEDAR 512，达 1.2 GFLOPS．另一计划，1989 年完成 4 个机群的 CEDAR32H，达 800 MFLOPS；1991 年完成 16 个机群的 CEDAR 128H，达 2 GFLOPS．

目前超级计算机市场被下列几家计算机公司所垄断．据统计，1986 年底 CRAY 公司约占 60%，富士通占 17%，控制数据公司（CDC）和 ETA 共占 16%，日立和日电各占 3%．以下就上述几家公司产品发展的情况作一介绍．

7. CRAY 系列的发展情况

1987 年 8 月，具有四个处理器的 CRAY-2 改进了存储器芯片，机器尖峰性能可达 2.2 GFLOPS．四个处理器的 CRAY X-MP，目前能提供 32 M 字存储器，8 个处理器的 CRAY Y-MP，具有 3.2 GFLOPS 能力．具有 16 个处理器的 CRAY-3，速度在 12 到 20 GFLOPS 之间；CRAY-3 采用砷化镓集成电路，使其比 CRAY-2 更具优越性能．CRAY-3 体积小，是由一个机器人系统来制造的．CRAY 公司正在增强其 CFT 77 编译程序能力，使其不要程序员干预就能在多处理器上运行．CRAY 公司还计划在 1992 年生产出 128 GFLOPS 的 CRAY-4（具有 64 个处理器）．

8. 富士通公司的高性能并行处理机

该公司长期来从事 VP 系列的研制，在 1988 年底推出具有 8 台处理器的最高性能为 40 GFLOPS 的计算机．这是日本首次研制成功并行处理方式的超级计算机．

9. ETA 系统公司的 ETA 10 系列

ETA 系统公司推出的 ETA 10 系列，随机型不同，有 1 至 8 个 CPU．每个 CPU 有一个标量处理器和一个向量处理器，运行速度高达每秒 100 亿浮点运算．每个 CPU 有 4 兆 64 位字的CPU 内存．所有 CPU 可存取公共主存，范围在 8 至 256 兆 64 位字(64—2048 兆字节)间．并且使用虚存，主存在系统内分布合理，分页开销极小．通讯缓存是高速存储器，用于 CPU 之间通信和协同操作．ETA 10 正常操作 64 位字长，可选 32 位和 128 位双精度；使用 32 位时，主存容量和向量速度可提高一倍．

10. 日立公司的 S-820 系列

1987 年 7 月日立公司推出二种新型超级计算机（S-820/60 和 S-820/80），并宣称其速度超过任何型号的 CRAY 机．S-820/60 速度 1 GFLOPS，S-820/80 速度 2 GFLOPS，通过双流水线结构提高性能．主存容量 512 兆字节．

11. 日电公司的 SX 系列等产品

日本电气公司（NEC）和 Honeywell 公司合作，对 SX 系列超级计算机进行了改进．SX 计算机只使用一个 CPU，通过有效利用流水线技术得到高性能．1988 年 NEC 公司推出多 CPU 型号．SX2-400，速度 4 GFLOPS，价格 2000 万美元；SX 2-100，速度 1 GFLOPS，价格 700 万美元．最近 NEC 宣布研制出迄今世界上运算速度最高的超级计算机，每秒进行 220 亿次运算，并计划从 1990 年开始生产这种计算机．今后 4 年中将向国内外分别推销 80 台．

当前，多处理机系统的发展如雨后春笋，不胜枚举．最后让我们介绍一种有限元机．

12. NASA FEM

NASA Langley 研究中心的有限元机 FEM（Finite Element Machine）是多维格网网络 MIMD 系统．它将处理单元 PE 组成二维阵列，由一台 TI 900 微计算机控制．每个 PE 是 TI 9900 微计算机，具有一个 AM_{9512} 浮点运算处理器，以及 32 K 字节的随机存取存贮器和 16 字节的只读存贮器．一位数据通道将每个 PE 与其最近的 8 个近邻相连接，一条 16 位的全局总线连接所有 PE．因此，FEM 是一维总线阵列与二维格网阵列两种形式的组合．机器设计描述了一个 6 × 6 PE 阵列（见图 2.25），但在实际上先建造的是具有 4 × 2 阵列的 FEM，已于 1983 年投入了运行，它的使用相当广泛；在此基础上，于 1984 年加入第二个 4 × 2 阵列，组成具有 4 × 4 阵列的 FEM．

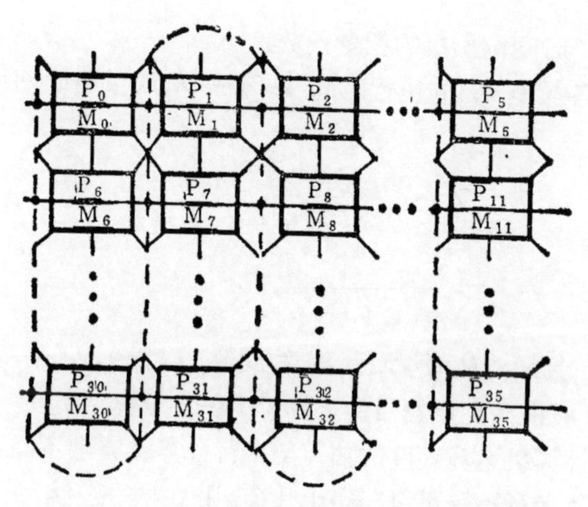

图 2.25 FEM 多维格网网络系统 6×6个 PE 阵列

§2.6 并行机与并行算法性能评价中的几个基本概念

2.6.1 并行机或等效并行机台数

从本章前面有关节次不难看出，尽管流水线计算机 STAR-100 与 ILLIAC-IV 阵列机的整机结构具有两种完全不同的形式，实际上两者同属于并行计算机，其工作原理是相同的. 阵列处理机 ILLIAC-IV 是对同一条指令有 64 位处理单元同时工作，而流水线计算机一次可加工 p 对数据. 通常称阵列处理机的处理单元数目为并行计算机的并行机台数，而称流水线计算机的 p 为等效并行机台数，于是 CRAY-1 机的 $p=64$，YH-1 机的 $p=128$ 等等.

2.6.2 运算速度

一般说来，在串行计算机中，执行一条算术运算指令可以获得一个运算结果，因此常用单位时间内执行的指令条数来衡量机器的运算速度，

$$V=\frac{N}{T}, \tag{2.7}$$

式中N为T时间内执行的指令条数.

由于各操作 θ_i 的执行时间 t_i 不一样,所以更确切地说，应有

$$V=\frac{\sum N_i}{\sum N_i\times t_i}$$
$$=\frac{1}{\sum p_i\times t_i},\tag{2.8}$$

式中 $N=\sum N_i$，N_i 是执行 θ_i 的次数，$P_i=N_i/N$ 是操作 θ_i 的分布,一般根据大量题目的运算情况统计给出.

并行计算机运算速度的估算与串行计算机完全不同，因为执行一条向量运算指令可以获得十几个、几十个，甚至上百个结果.所以对于并行计算机的运算速度一般是按标量与向量两种情况分别予以估算.标量运算速度的估算与串行机相同，而向量运算速度则常常以每秒钟能够获得多少个浮点结果数来衡量.例如，STAR-100机每秒可以获得五千万个 64 bit 浮点加结果;CRAY-1机的最高计算速度是每秒一亿六千万次浮点运算（每秒八千万次乘法和八千万次加法）.有时用浮点结果数还不足以说明并行计算机的速度性能指标，因为计算机执行的指令除了算术运算指令外,还有其它类型的指令，如取数、存数、测试、转移、逻辑运算等.通常认为在串行计算机中产生一个浮点结果数平均需要执行3条指令,按照这样的标准计算,并行计算机的向量运算速度应是每秒钟所获得的浮点结果数的3倍.

在并行计算机上解题时既有向量运算,又有标量运算,而且它们各自所占比例因问题而异,平均运算速度不便估算.为此,可选择一台平均运算速度指标得到公认的标准计算机，对一些典型的计算问题分别在标准机和被测机上计算，根据各自的运算时间之比值的统计来确定被测机的平均运算速度.

2.6.3 速度倍数

对于一个规模为n的计算问题,设 $T_1(n)$ 是某串行算法在单

处理机上的运算时间．对同一基本算法而言，$T_p(n)$是使用p台并行机的并行算法运算时间．称

$$S_p(n)=\frac{T_1(n)}{T_p(n)} \tag{2.9}$$

为此算法在并行计算机上的速度倍数（Speedup 或 Speedup ratio）．它是度量算法并行性的最重要的标准之一．从这标准可以看到，有的算法很适合于并行执行，如两个长度是p的向量相加其速度倍数接近于p，即在并行机台数为p的并行计算机上运算时，运算时间只有在串行计算机上运算时间的$1/p$左右．有的算法则很不适合并行执行，如解三对角方程组的追赶法，这一算法如不加以改进，则$S_p \approx 1$．所以，我们要针对问题研制S_p大的算法．

有时我们使用"问题的速度倍数"这一概念，这时T_1是最优串行算法的运算时间，T_p是最优并行算法的运算时间．但因一个问题的最优串行算法与最优并行算法难以论定，这一定义执行起来往往会产生困难，所以有的作者主张T_1为串行算法计算某个问题所需的时间(自然要取该问题公认较好的串行算法)，T_p为某一并行算法计算同一问题所需的时间．

2.6.4 并行机有效利用率

并行计算机有很强的数据加工能力，这种能力只有在p台处理机每时每刻都处于"满载"的情况下才能充分地体现出来．因此，在并行计算机上不希望安排过多的标量运算，另一方面，作向量运算时也不希望有过多的处理机"空转"．

给定一个计算问题，设Q_p与Q_1分别是并行算法与串行算法的总运算次数，称

$$R_p=\frac{Q_p}{Q_1} \tag{2.10}$$

为并行算法的冗余度．显然，$R_p \geqslant 1$，这意味着并行计算量要大于串行计算量，但并不表示在并行处理机上的计算时间会增加，大多数情况是恰恰相反．若以基本操作运算时间为单位，将T_1和

T_p 理解为运算步数，那么在 T_p 步内 p 台处理机相当于执行了 pT_p 次运算．通常称

$$\eta = \frac{Q_p}{pT_p} \tag{2.11}$$

为并行计算机的有效利用率．一般有 $Q_p \leqslant pT_p$，因此 $\eta \leqslant 1$．

2.6.5 并行处理效率

一般情况下 S_p 随 p 的增加而增大，有时 S_p 虽然增大了，但并行机的使用效率却相对降低．所以在 p 不固定的情况下，S_p 不是并行算法一个理想的评价标准．为此，引进

$$E_p = \frac{S_p(n)}{p}, \tag{2.12}$$

称之为并行处理机的并行处理效率．显然，$E_p \leqslant 1$ 且 $E_1 = 1$．又因为

$$\begin{aligned}\eta &= R_p \cdot \frac{Q_1}{pT_p} \\ &= R_p \cdot \frac{T_1}{pT_p} \\ &= R_p \cdot E_p,\end{aligned}$$

故有 $\eta \geqslant E_p$．由此看出，在 p 固定的情况下，如果一个并行算法的速度倍数 S_p 越高，则它对并行处理机有效利用率 η 也越高．因 S_p 易于计算，所以常常用它来作为评价并行算法优劣的标准．

2.6.6 并行度

并行处理效率给出了一个算法在并行计算机上的运行情况，但并未完全反映出计算数学问题时所用并行算法的并行化程度，衡量并行计算方法优劣的标准之一是算法的并行度 ξ．它定义为并行计算量与串、并行总计算量之比值，即

$$\xi = \frac{V}{S+V}, \tag{2.13}$$

其中V是并行算法中的并行部分计算量，S是并行算法中的串行部分计算量．显然有 $\xi \leqslant 1$．

如果一个题目的并行计算量超过 85%，则称为并行计算问题．这样的问题适于在并行机上计算．

如果一个题目的并行计算量低于 40%，则称为串行计算问题．这类题目不适于在并行机上计算，必须给出并行计算格式后，才便于在并行机上计算．

并行计算量介于 40%—85% 之间的计算问题，称为串并行混合计算问题．

这里提到的分类方法，仅是对于 SIMD 型并行机而言的．对于 MIMD 型并行机，是将大的计算问题分为子任务块并行计算，与这里的计算方式有所不同．

2.6.7 算法的计算复杂性

算法可以用各种标准来评价．但我们关心的主要是算法与它能求解的问题规模之间的关系，即随着问题的规模越来越大，此算法运行所需的时间和空间究竟会怎样变化？

我们将算法所需的时间看成是问题规模的函数，记作 $T(n)$，称 $T(n)$ 为该算法的时间复杂性．当规模N趋于无穷大时，我们就得到渐近时间复杂性．一般，我们关心N较大时的时间复杂性．这时它与渐近时间复杂性相差不多．有时我们对这两者就不予以区分．若一算法处理N个输入需时间 CN^2，c 是某常数，则我们说算法的时间复杂性为 $O(N^2)$，读作“N^2 阶”．类似地，可以定义空间复杂性和渐近空间复杂性．

正是算法的渐近复杂性完全确定了算法能求解的问题规模．人们也许以为，由于当代计算机速度的惊人增长，会大大降低有效算法的重要性．情况恰恰相反．为使人们有个具体印像，让我们来看一个例子． 假设我们有五个算法 A_1—A_5，其时间复杂性分别如下．

这里的时间复杂性是加工N个输入所需的单位时间的数量．

表 2.4 算法时间复杂性

算　　法	A_1	A_2	A_3	A_4	A_5
时间复杂性	N	$N\log_2 N$	N^2	N^3	2^N

如果一个单位时间是一毫秒，那么算法 A_1 在一秒钟内能处理 1000 个输入，而算法 A_5 至多加工 9 个输入. 下面的表 2.5 给出了这五个算法在一秒钟、一分钟和一小时内能求解的问题规模.

表 2.5 极大问题规模

算　　法		A_1	A_2	A_3	A_4	A_5
时间复杂性		N	$N\log_2 N$	N^2	N^3	2^N
极大问题规模	一　秒	1000	140	31	10	9
	一　分	$6*10^4$	4893	244	39	15
	一小时	3.6*1[illegible]	$2*10^5$	1897	153	21

由此可见，各种算法由于计算时间复杂性不同，它们在同一时间内所能求解问题的规模相差极大.

假设新一代计算机的速度是当前计算机的十倍，那么能求解的问题规模将增长多少呢？从表 2.6 可以看出：对算法 A_5 规模只增加 3，而算法 A_3 的规模的增长超过 3 倍.

表 2.6 速度增长的影响

算　　法		A_1	A_2	A_3	A_4	A_5
时间复杂性		N	$N\log_2 N$	N^2	N^3	2^N
极大问题规模	加速前	S_1	S_2	S_3	S_4	S_5
	加速后	$10S_1$	当 S_2 很大时接近 $10S_2$	$3.16S_3$	$2.15S_4$	$S_5+3.3$

表 2.6 给出了速度增长对问题规模的影响，现在我们来观察

所使用的有效算法对扩大求解的问题的规模的影响．仍以表 2.5 中的一分钟作为比较的基准，如用算法 A_3 取代 A_4，则能求解的问题规模扩大 125 倍．而算法 A_2 在机器速度增长十倍时能求解的问题规模仅增加 2 倍．若以一小时作为比较基准，差别就更为显著．所以我们认为，算法的渐近复杂性是算法好坏的重要测度．计算机速度越快，这一测度就越为重要．

当然一方面要注意复杂性的数量级，另一方面也不能忽视主项系数．也许一个算法的时间复杂性数量级大，但是它有较小的主项系数，这时此算法对较小的问题还是很好的，甚至对我们感兴趣的规模范围都是如此．如算法 A_1—A_5 的时间复杂性分别为 $1000N$，$100N\log_2 N$，$10N^2$，N^3 和 2^N．对 $2 \leqslant N \leqslant 9$，算法$A_5$ 最好．对 $10 \leqslant N \leqslant 58$，$A_3$ 最好．对 $59 \leqslant N \leqslant 1024$，$A_2$ 最好．当 $N > 1024$ 时，A_1 最好．

第三章 有限元分析的并行计算

§3.1 引言

有限单元法是现代工程设计和分析的重要数值方法之一．在电子计算机上利用有限单元法对工程问题进行数值计算和数值分析已成为工程设计中一个必不可少的环节．随着科学技术的进步和生产的发展，工程结构的几何形状和载荷情况日益复杂，规模日益宏大，有限单元法亦愈来愈受到工程设计者的重视．目前，国内外有限元结构分析通用计算机程序库发展很快，其中著名的有

(1) SAP 系列(线性结构有限元分析通用程序库)；

(2) ADINA (非线性结构有限元分析通用程序库)；

(3) MSC/NASTRAN (大型综合有限元分析程序库)；

(4) GTSTRUDL (大型综合土木建筑结构有限元分析程序库)；

(5) ASKA (大型结构集合和固态连续介质结构有限元分析程序库)；

(6) ANSYS (工程分析通用有限元分析程序库)；

(7) VEP (航空结构振动有限元分析程序库)等等．这些程序库规模从几万条到几十万条语句，由几百到几千个子程序组成，研制周期长达几年到十几年，程序功能很强．但它们都是基于传统的串行计算机体系结构来设计的并在这类计算机上运行，在解题规模和速度上都受到很大限制，往往束缚了它们在大型、超大型有限元结构分析中的应用．

一般来讲，有限单元法处理结构分析问题的基本过程大致可以分为以下几个相继的阶段．

(1) 数据准备阶段．包括将一个受力连续体结构“离散化”，剖分成一定数量的有限小的单元，以及生成各单元、节点的信息和

某些必要的信息处理；

(2) 单元分析阶段．包括单元刚度矩阵(单元质量矩阵)、单元载荷向量的计算；

(3) 单元贡献合成阶段．包括总刚度矩阵(总质量矩阵)的装配和总载荷向量的装配；

(4) 约束处理阶段，即根据结构的约束信息对系统方程组进行适当修改；

(5) 系统方程组求解阶段．由此得到全部未知的节点位移；

(6) 后处理阶段．包括各单元的应变、应力计算等．

通常，(1)，(4)，(6) 阶段所费的时间在整个结构分析中所占的比例是极小的．相反，(2)，(3)，(5) 阶段则是有限元结构分析的关键．为此，本书将着重讨论(2)，(3)，(5)阶段的并行处理．本章我们专门介绍 (2)，(3) 阶段的一些并行计算方法，后两章则将专门介绍第 (5) 阶段即系统方程组求解的一些并行计算方法．

本章着重研究适合于 SIMD 型并行计算机的有限元单元分析和总刚度矩阵装配的并行算法．由于工程中应用的单元类型种类虽然繁多且计算的复杂程度又各不相同，但应用最广泛的还是二维等参数单元、杆元、梁元、板元、膜元及壳元．同时注意到除杆元、梁元等一维元外，其它各类单元虽然又有几类不同的几何形状如三角形单元、矩形单元或不规则四边形单元等，但它们的计算步骤基本上是一致的．所以在第 2 节讨论单元分析阶段的并行计算时，我们首先详细讨论二维等参数单元的并行算法，然后主要讨论杆系结构单元和板、膜结构单元的并行算法．第 3 节则拟分别介绍等带宽存储格式和变带宽存储格式下总刚度矩阵装配的两个并行算法．最后在第 4 节中，简单叙述如何对总刚度矩阵进行边界条件约束的并行处理．

§ 3.2 单元分析的并行计算

如前所述，将结构按某种原则剖分继而进行单元分析是有限单元法的基础．串行单元分析是按单元顺序逐个进行的，每分析完一个单元，就将其刚度阵叠加进总刚度矩阵中．对现代大型的复杂工程结构分析问题，为保证数值解的精度，往往要用大量的节点较多的高阶单元将结构剖分得很密．这时，逐单元进行单元分析将花费大量时间．所以讨论单元分析的并行计算是非常必要的．在这一方面，国内外许多学者已做了大量的研究工作[20-27][29][90-92]本书就将介绍几个单元刚度矩阵计算的并行算法．

3．2.1　二维等参数单元的并行计算

首先我们指出，单元分析阶段是可以完全并行化的，这是因为各单元刚度阵的计算仅仅与本单元的信息有关而不涉及其它任何单元．所以可以同时计算所有单元的单元刚度矩阵，而且各单元刚度矩阵的各元素的计算也可以完全并行．当然，根据具体情况，可采用不同的并行计算方案，如

① 每次同时计算一个单元刚度矩阵的多个位置处的元素[21,22]；

② 每次同时计算多个单元刚度矩阵在同一位置处的元素[23,27]；

③ 每次同时计算多个单元刚度矩阵在多个位置处的元素[23,29]．

其次，我们要说明，在本章中讨论的有限元分析并行算法，都是适合在 SIMD 型的并行计算机上运行的同步并行算法或称向量化算法．向量化算法的核心是尽量地把需要计算的成份组织成向量运算．由于对向量算法而言，其中向量运算的向量长度是一个非常重要的因素，它直接影响到所使用的并行计算机的计算效率，所以任何一个向量化算法都要求尽可能组织长向量的向量运算．注意到上述第②，③方案每次同时计算出的元素均较第①方案的多，所以以下介绍的几种并行算法事实上都是以第②，③方案为基础的．

由于单元分析阶段的完全并行性，使得我们可以灵活多变的组织单元分析阶段的向量化计算，我们首先介绍每次同时计算多

个单元刚度矩阵在同一位置处的元素的单元刚度矩阵并行计算方法.

前面已指出,一个大型结构往往要剖分成数目很多的单元.一般地，这些单元的类型都是一致的. 串行算法是对单元逐个进行分析，而对每个单元的分析则是按照一定的节点起止顺序逐个进行计算. 于是若能同时对多个单元相同位置处的节点进行计算，就可以组织向量化运算. 用下图来说明.

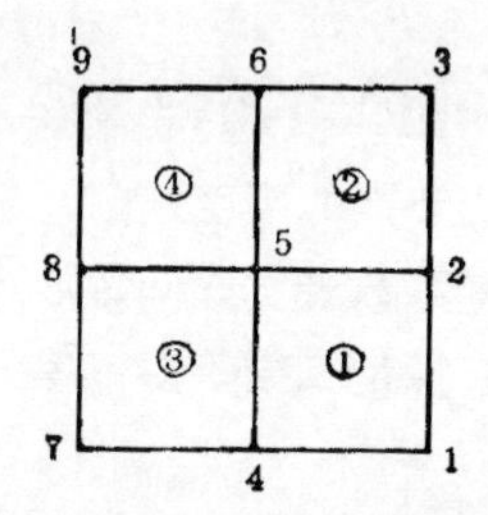

图 3.1(a) 4单元网格结构

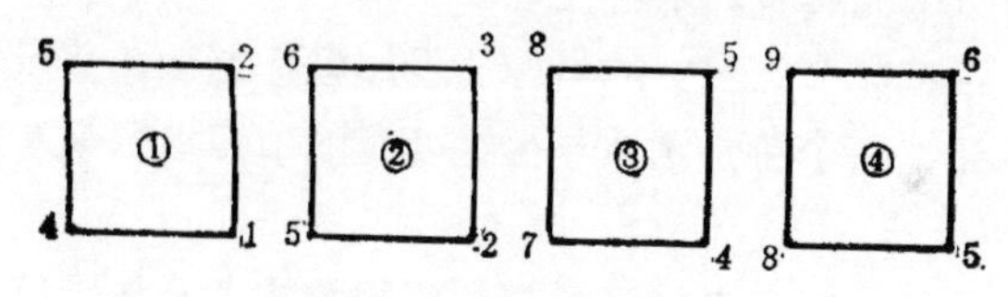

图 3.1(b) 拆开的4个单元

4个单元相同位置的节点的含义就是：单元①的节点“1”,单元②的节点“2”, 单元③的节点“4”, 单元④的节点“5”具有相同的位置. 同理,节点“2”,“3”,“5”,“6”也具有相同的位置,如此等等.

并行计算的相应含义是：计算单元①的节点“1”有关的刚度系数时,单元②的节点“2”, 单元③的节点“4”, 单元④的节点“5”有关的刚度系数可以同时进行计算. 形象地说明就是可以把4个单元一字排开，投影到某个平面上,4个单元的投影重合在一起,形成一个抽象的单元⊗,如图3.2.

这样,4个单元的计算看成对抽象单元⊗的计算. 计算单元

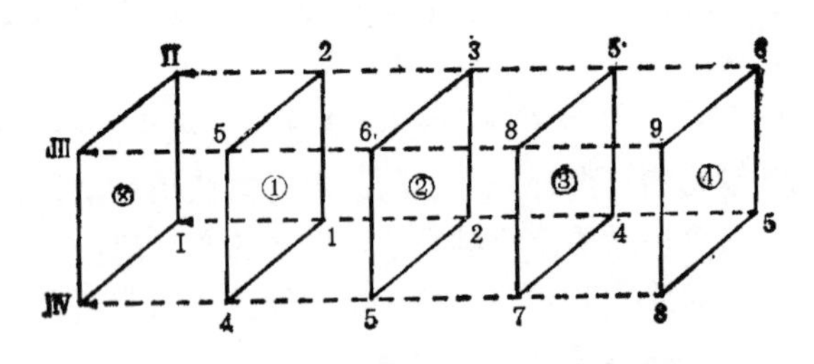

图 3.2 单元刚度系数的并行计算示意图

⊗的节点“I”，“II”，“III”和“IV”有关的刚度系数，就意味着同时计算4个单元相应节点的刚度系数．具体地说，可以把相同位置的节点有关的刚度系数表示成向量形式，本节将进一步予以说明．下面分几小段来探讨二维等参数单元刚度矩阵的并行计算方法．

1. 等参数单元概述

等参数单元具有如下特性

(1) 当把其节点 P_i 的坐标值看作坐标变量在节点 P_i 的参数时，单元上每个待定函数与坐标变量的节点参数具有相同的个数 m。

(2) 单元上变点 P 的坐标与插值函数的各分量同节点参数值之间的线性关系，具有统一的模式

$$P(X)=\sum_{i=1}^{m} N^i(P)P(x_i), \tag{3.1}$$

式中 $N^i(P)$ 是以局部坐标为变量的形状函数，$P(X)$ 表示变点 P 的坐标或插值函数的各分量，$P(x_i)$ 表示对应的节点参数值．

等参数单元的形状函数一般采用高阶插值多项式，这样能更加逼近真实位移，以适应复杂弹性体的边界几何形状．它是高精度的单元，因此对结构的应力、应变计算具有较小的误差，在通用有限元程序中得到了广泛的应用．等参数单元常用类型有六节点三边形元，九、十节点三边形元，八、九节点四边形元，十节点四面体

元，二十节点四面体元等等.

在二维问题中，常用八节点等参数单元，即在四边形每条边上设有三个节点，采用二次插值函数. 这种单元的计算工作量适中，既可提高内部计算精度，还能较好地模拟结构的边界曲线，故其应用尤其广泛.

在等参数单元计算中，经常遇到一些复杂的积分问题，一般难以精确计算，所以往往要用数值积分方法. 读者可参阅有关文献，这里就不予以叙述了.

2. 二维八节点等参数单元刚度矩阵的并行计算

有限元分析中单元刚度矩阵的数学表达式为

$$[\mathbf{K}^{(e)}] = \int_{\Omega^{(e)}} [\mathbf{B}]^T[\mathbf{C}][\mathbf{B}]\det[\mathbf{J}]d\Omega, \tag{3.2}$$

式中 $[\mathbf{B}]$ 为应变位移矩阵，它由单元的形状函数偏导数构成，$[\mathbf{C}]$ 为应力应变矩阵，它由材料的特性参数构成，$[\mathbf{J}]$ 为 Jacobi 变换矩阵，它将各单元的自然坐标变换为相同的母单元局部坐标，$\Omega^{(e)}$ 为单元域. 上标 T 表示矩阵的转置.

为了求出数值解，对 (3.2) 式应用 Gauss 数值求积分法，得

$$[\mathbf{K}_{ij}] = \sum_{l=1}^{n} w_{(l)}[\det(\mathbf{J})]_{(l)}[\mathbf{B}^i]^T_{(l)}[\mathbf{C}]_{(l)}[\mathbf{B}^j]_{(l)}, \tag{3.3}$$

式中 $i,j = 1, 2, \cdots, m$，m 是单元的节点数，$[\mathbf{B}^i]$ 为第 i 个形状函数偏导数构成的矩阵，n 是数值积分点数，$w_{(l)}$，$l = 1, 2, \cdots, n$ 为 n 个数值积分点的权系数. 这时，对一个线性结构，其单元刚度矩阵就具有如下分块形式：

$$[\mathbf{K}^{(e)}] = \begin{bmatrix} [\mathbf{K}_{11}] & & & \text{对称} \\ [\mathbf{K}_{21}] & [\mathbf{K}_{22}] & & \\ \vdots & \vdots & & \\ [\mathbf{K}_{m1}] & [\mathbf{K}_{m2}] & \cdots & [\mathbf{K}_{mm}] \end{bmatrix}.$$

图 3.3 线性结构的单元刚度矩阵

图中 $[\mathbf{K}_{ij}]$ 为 (3.3) 式计算出的 $d \times d$ 阶子矩阵，d 为节点的自

由度数．由于对称性，只需计算矩阵的下三角部分，即(3.3)式中的 $i \geqslant j$ 部分．

例如，对于二维八节点等参数单元，m 为 8，它的 8 个形状函数为

$$N^j(\xi,\eta)=\frac{1}{4}(1+\xi_j\xi)(1+\eta_j\eta)(\xi_j\xi+\eta_j\eta-1),\quad j=1,\ 2,\ 3,\ 4, \tag{3.4}$$

$$N^j(\xi,\eta)=\frac{1}{2}(1-\xi^2)(1+\eta_j\eta),\ j=5,\ 7, \tag{3.5}$$

$$N^j(\xi,\eta)=\frac{1}{2}(1-\eta^2)(1+\xi_j\xi),\ j=6,\ 8. \tag{3.6}$$

单元域 $\Omega^{(e)}$ 中的任何一点 (x,y) 都可以用上述形状函数和相应的节点位移乘积的和来表示，即

$$\begin{cases} x=\sum_{j=1}^{m} N^j x_j, & (3.7)\\ y=\sum_{j=1}^{m} N^j y_j, & (3.8)\end{cases}$$

式中 x_j，y_j 分别为单元的第 j 个节点的横坐标和纵坐标．另外，应变位移矩阵的子矩阵 $[\mathbf{B}^j]$ 有如下形式：

$$[\mathbf{B}^j]=\begin{bmatrix}\partial N^j/\partial x & 0\\ 0 & \partial N^j/\partial y\\ \partial N^j/\partial y & \partial N^j/\partial x\end{bmatrix},\ j=1,\ 2,\ \cdots,\ m. \tag{3.9}$$

应力应变矩阵 $[\mathbf{C}]$ 有如下形式：

$$[\mathbf{C}]=\begin{bmatrix}\frac{E}{1-\nu^2} & \frac{E\nu}{1-\nu^2} & 0\\ \frac{E\nu}{1-\nu^2} & \frac{E}{1-\nu^2} & 0\\ 0 & 0 & \frac{E}{2(1+\nu)}\end{bmatrix}$$

$$
= \frac{E}{1-\nu^2}\begin{bmatrix} 1 & \nu & 0 \\ \nu & 1 & 0 \\ 0 & 0 & \frac{1-\nu}{2} \end{bmatrix}, \tag{3.10}
$$

式中E为弹性模量，ν为泊松比.

Jacobi 变换矩阵的一般形式则为

$$
\begin{aligned}
[\mathbf{J}] &= \begin{pmatrix} \partial x/\partial\xi & \partial y/\partial\xi \\ \partial x/\partial\eta & \partial y/\partial\eta \end{pmatrix} \\
&= \begin{pmatrix} \sum_{j=1}^{m} x_j\partial_\xi N^j & \sum_{j=1}^{m} y_j\partial_\xi N^j \\ \sum_{j=1}^{m} x_j\partial_\eta N^j & \sum_{j=1}^{m} y_j\partial_\eta N^j \end{pmatrix} \overset{\text{记为}}{=} \begin{pmatrix} Z_1 & Z_3 \\ Z_4 & Z_2 \end{pmatrix},
\end{aligned} \tag{3.11}
$$

且其逆矩阵应有如下形式:

$$
[\mathbf{J}]^{-1} = \frac{1}{\det[\mathbf{J}]}\begin{pmatrix} Z_2 & -Z_4 \\ -Z_3 & Z_1 \end{pmatrix}. \tag{3.12}
$$

这样，根据微分原理，各形状函数关于自然坐标 x, y 的偏导数与关于母单元坐标 ξ, η 的偏导数有如下变换关系:

$$
\begin{Bmatrix} \partial_x N^j \\ \partial_y N^j \end{Bmatrix} = [\mathbf{J}]^{-1}\begin{Bmatrix} \partial_\xi N^j \\ \partial_\eta N^j \end{Bmatrix}, \quad j = 1, 2, \cdots, m. \tag{3.13}
$$

同时计算多个单元(本章中均设为 r 个)相同位置节点处的有关的刚度系数，就意味着同时计算这多个单元刚度矩阵 $[\mathbf{K}^{(e)}]$ 中相同行、列位置处的元素. 这就要求(3.3)式中 $[\mathbf{B}^j]_{(e)}$ 矩阵的元素是向量形式，它们的分量代表着相应单元的应变位移矩阵 $[\mathbf{B}^j]$ 中相同行、列位置处的元素. 记具有向量元素的应变位移矩阵为 $\overline{[\mathbf{B}j]}$. 根据(3.3)式，整个计算可分为两大步骤. 第一步: 先算出 $\overline{[\mathbf{B}j]}_{(l)}$ 所需的偏导数向量;第二步: 计算单元刚度系数向量.

下面给出二维等参数单元刚度矩阵计算的两个向量算法 ESCYH-1 和 ESCYH-2 (LEN 表示向量长度). 关于这两个算法对实例的计算效果见第七章.

算法 3.1——二维等参数单元刚度矩阵计算的并行算法 ESC YH-1。

算　法　描　述	LEN
第一阶段：形成 r 个单元关于形状函数的偏导数向量 $\{\partial_x\bar{\mathbf{N}}^j\}$，$\{\partial_y\bar{\mathbf{N}}^j\}$，$j=1,2,\cdots,m$。 （1）形成母单元形状函数向量及其偏导数向量 $\{\tilde{\mathbf{N}}^j\}$，$\{\partial_\xi\tilde{\mathbf{N}}^j\}$，$\{\partial_\eta\tilde{\mathbf{N}}^j\}$，$j=1,2,\cdots,m$。 $\left.\begin{array}{l}\{\tilde{\mathbf{N}}^j\}=(\tilde{\mathbf{N}}^j_{[1]},\tilde{\mathbf{N}}^j_{[2]},\cdots,\tilde{\mathbf{N}}^j_{[r]})\\ \{\partial_\xi\tilde{\mathbf{N}}^j\}=(\partial_\xi\tilde{\mathbf{N}}^j_{[1]},\partial_\xi\tilde{\mathbf{N}}^j_{[2]},\cdots,\partial_\xi\tilde{\mathbf{N}}^j_{[r]})\\ \{\partial_\eta\tilde{\mathbf{N}}^j\}=(\partial_\eta\tilde{\mathbf{N}}^j_{[1]},\partial_\eta\tilde{\mathbf{N}}^j_{[2]},\cdots,\partial_\eta\tilde{\mathbf{N}}^j_{[r]})\end{array}\right\}$ $j=1,2,\cdots,m.$	nr
这里 $\left.\begin{array}{l}\{\tilde{\mathbf{N}}^j_{[t]}\}=(N^j_{(1)},N^j_{(2)},\cdots,N^j_{(n)})\\ \{\partial_\xi\tilde{\mathbf{N}}^j_{[t]}\}=(\partial_\xi N^j_{(1)},\partial_\xi N^j_{(2)},\cdots,\partial_\xi N^j_{(n)})\\ \{\partial_\eta\mathbf{N}^j_{(t)}\}=(\partial_\eta N^j_{(1)},\partial_\eta N^j_{(2)},\cdots,\partial_\eta N^j_{(n)})\end{array}\right\}\begin{array}{l}j=1,2,\cdots,m.\\ t=1,2,\cdots,r.\end{array}$	n
其中 $N^j_{(s)},\partial_\xi N^j_{(s)},\partial_\eta N^j_{(s)}$ 分别表示 N^j，$\partial_\xi N^j$ 和 $\partial_\eta N^j$ 在第 s 个数值积分点处的值。 （2）形成同时计算的 r 个单元的节点坐标向量 $\{\bar{\mathbf{X}}^j\}$，$\{\bar{\mathbf{Y}}^j\}$，$j=1,2,\cdots,m$。 $\left.\begin{array}{l}\{\bar{\mathbf{X}}^j\}=(\tilde{\mathbf{X}}^j_{[1]},\tilde{\mathbf{X}}^j_{[2]},\cdots,\tilde{\mathbf{X}}^j_{[r]})\\ \{\bar{\mathbf{Y}}^j\}=(\mathbf{Y}^j_{[1]},\mathbf{Y}^j_{[2]},\cdots,\mathbf{Y}^j_{[r]})\end{array}\right\}j=1,2,\cdots,m.$	nr
这里 $\left.\begin{array}{l}\{\tilde{\mathbf{X}}^j_{[t]}\}=(x_j^{[t]},x_j^{[t]},\cdots,x_j^{[t]})\\ \{\mathbf{Y}^j_{[t]}\}=(y_j^{[t]},y_j^{[t]},\cdots,y_j^{[t]})\end{array}\right\}\begin{array}{l}j=1,2,\cdots,m.\\ t=1,2,\cdots,r_0.\end{array}$	n
其中 $x_j^{[t]}$，$y_j^{[t]}$ 分别表示第 t 个单元的第 j 个节点的 x,y 的坐标。 （3）形成 Jacobi 矩阵 $[\mathbf{J}]$ 的行列式向量 $\{\overline{\det[\mathbf{J}]}\}$。 由 (3.11) 式可知，第 s 个单元的 Jacobi 变换矩阵为	

（续）

算 法 描 述	LEN
$$[\mathbf{J}]_s=\begin{pmatrix}\sum_{j=1}^{m}\partial_\xi N^j x_j^{[s]} & \sum_{j=1}^{m}\partial_\xi N^j y_j^{[s]}\\ \sum_{j=1}^{m}\partial_\eta N^j x_j^{[s]} & \sum_{j=1}^{m}\partial_\eta N^j y_j^{[s]}\end{pmatrix},\ s=1,2,\cdots,r.$$	n
于是可按以下过程计算出这 r 个单元的 Jacobi 变换矩阵的行列式向量，即	
（a）按如下方式形成四组向量 $$\left.\begin{aligned}\{\bar{\mathbf{Z}}_1^j\}&=\{\partial_\xi\tilde{\mathbf{N}}^j\}\times\{\bar{\mathbf{X}}^j\}\\ \{\bar{\mathbf{Z}}_2^j\}&=\{\partial_\eta\tilde{\mathbf{N}}^j\}\times\{\bar{\mathbf{Y}}^j\}\\ \{\bar{\mathbf{Z}}_3^j\}&=\{\partial_\xi\tilde{\mathbf{N}}^j\}\times\{\bar{\mathbf{Y}}^j\}\\ \{\bar{\mathbf{Z}}_4^j\}&=\{\partial_\eta\tilde{\mathbf{N}}^j\}\times\{\bar{\mathbf{X}}^j\}\end{aligned}\right\}j=1,2,\cdots,m.$$	nr
（b）向量求和形成四个向量 $\{\bar{\mathbf{Z}}_i\},i=1,2,3,4.$ $$\{\bar{\mathbf{Z}}_i\}=\sum_{j=1}^{m}\{\bar{\mathbf{Z}}_i^j\},\ i=1,2,3,4.$$	nr
（c）$\{\overline{\det[\mathbf{J}]}\}=\{\bar{\mathbf{Z}}_1\}\times\{\bar{\mathbf{Z}}_2\}-\{\bar{\mathbf{Z}}_3\}\times\{\bar{\mathbf{Z}}_4\}.$	nr
（4）形成形状函数对自然坐标的偏导数向量 $\{\overline{\partial_x\mathbf{N}^j}\}$，$\{\overline{\partial_y\mathbf{N}^j}\}$，$j=1,2,\cdots,m.$	
由(3.13)式可知，第 s 个单元上各形状函数关于自然坐标 x，y 的偏导数与关于母单元坐标 ξ，η 的偏导数有如下变换关系： $$\begin{Bmatrix}\partial_x N^j\\ \partial_y N^j\end{Bmatrix}_{(s)}=[\mathbf{J}]_{(s)}^{-1}\begin{Bmatrix}\partial_\xi N^j\\ \partial_\eta N^j\end{Bmatrix},\quad \begin{aligned}&j=1,2,\cdots,m.\\ &s=1,2,\cdots,r.\end{aligned}$$	
由此可以组织如下的向量运算：	
（a）$\{\hat{\mathbf{Z}}_i\}=\{\bar{\mathbf{Z}}_i\}/\{\overline{\det[\mathbf{J}]}\},\ i=1,2,3,4.$	nr
（b）$$\left.\begin{aligned}\{\tilde{\mathbf{d}}_1^j\}&=\{\partial_\xi\tilde{\mathbf{N}}^j\}\times\{\tilde{\mathbf{Z}}_2\}\\ \{\tilde{\mathbf{d}}_2^j\}&=-\{\partial_\xi\tilde{\mathbf{N}}^j\}\times\{\tilde{\mathbf{Z}}_4\}\\ \{\tilde{\mathbf{d}}_3^j\}&=-\{\partial_\eta\tilde{\mathbf{N}}^j\}\times\{\tilde{\mathbf{Z}}_3\}\\ \{\tilde{\mathbf{d}}_4^j\}&=\{\partial_\eta\tilde{\mathbf{N}}^j\}\times\{\mathbf{Z}_1\}\end{aligned}\right\}j=1,2,\cdots,m.$$	nr

（续）

算　法　描　述	LEN
(c) $\left.\begin{array}{l}\{\partial_x\bar{\mathbf{N}}^j\}=\{\tilde{\mathbf{d}}_1^j\}+\{\tilde{\mathbf{d}}_3^j\}\\ \{\partial_y\bar{\mathbf{N}}^j\}=\{\tilde{\mathbf{d}}_2^j\}+\{\tilde{\mathbf{d}}_4^j\}\end{array}\right\} j=1,2,\cdots,m.$	nr
说明： 由上求得的 $\{\partial_x\bar{\mathbf{N}}^j\}$，$\{\partial_y\bar{\mathbf{N}}^j\}$ 已是所要求的应变位移矩阵的向量形式．实际上，它们的各分量就是 $\{\partial_x\bar{\mathbf{N}}^j\}=(\partial_x\tilde{N}^j_{[1]},\partial_x\tilde{N}^j_{[2]},\cdots,\partial_x\tilde{N}^j_{[r]})$ $=(\partial_x N^j_{[1]_{(1)}},\partial_x N^j_{[1]_{(2)}},\cdots,\partial_x N^j_{[1]_{(n)}},$ $\partial_x N^j_{[2]_{(1)}},\partial_x N^j_{[2]_{(2)}},\cdots,\partial_x N^j_{[2]_{(n)}},$ $\cdots\cdots\cdots\cdots$ $\partial_x N^j_{[r]_{(1)}},\partial_x N^j_{[r]_{(2)}},\cdots,\partial_x N^j_{[r]_{(n)}})$ $j=1,2,\cdots,m.$ 其中 $\partial_x N^j_{[t]_{(s)}}$ 表示 $\partial_x N^j$ 在第 t 个单元第 s 个数值积分点处的值．对 $\{\partial_y\bar{\mathbf{N}}^j\}$ 也可作相似的说明． 第二阶段：计算 r 个单元的刚度系数向量 $\{\bar{\mathbf{K}}^{ij}_{pq}\}$. 根据第一阶段的计算结果，$r$ 个单元的应变位移矩阵 $[\mathbf{B}^j]$ 的元素在各数值积分点上的值可组成向量形式．记用 $\{\partial_x\bar{\mathbf{N}}^j\}$，$\{\partial_y\bar{\mathbf{N}}^j\}$ 分别代替出现在 $[\mathbf{B}]$ 中的 $\partial_x N^j$，$\partial_y N^j$ 后所形成的元素为向量的矩阵 $[\bar{\mathbf{B}}]$，对应 $[\mathbf{B}^j]$ 为 $[\bar{\mathbf{B}}^j]$，$b^j_{u,v}$ 为 $\{\bar{\mathbf{b}}^j_{u,v}\}$，$u=1,2,\cdots,s_0$，$v=1,2,\cdots,d$，$j=1,2,\cdots,m$．这里 $b^j_{u,v}$ 表示 $[\mathbf{B}^j]$ 的 (u,v) 位置处的元素，s_0 是矩阵 $[\mathbf{C}]$ 的阶．于是可继续组织向量运算． (5) 计算矩阵乘积 $[\bar{\mathbf{B}}^i]^T[\mathbf{C}][\bar{\mathbf{B}}^j]$ (a) 按下列公式计算 $[\bar{\mathbf{B}}^i]^T[\mathbf{C}]$ 的积 $[\bar{\mathbf{E}}^i]$．	
$\{\bar{\mathbf{E}}^i_{u,v}\}=\sum_{p=1}^{s_0}\{\bar{\mathbf{b}}^i_{pu}\}*c_{pv},\ u=1,2,\cdots,d,$ $v=1,2,\cdots,s_0,\ i=1,2,\cdots,m.$ (b) 按下列公式计算$[\bar{\mathbf{E}}^i]$与$[\bar{\mathbf{B}}^j]$的乘积$[\bar{\mathbf{F}}^{ij}]$．	nr
$\{\bar{\mathbf{F}}^{ij}_{p,q}\}=\sum_{t=1}^{s_0}\{\bar{\mathbf{E}}^i_{p,t}\}\times\{\bar{\mathbf{b}}^j_{t,q}\},\ p,q=1,2,\cdots,d,$	nr

（续）

算　法　描　述	LEN
$i,j=1,2,\cdots,m$. 根据对称性，只要计算 $\{\bar{\mathbf{F}}^{ij}_{p,q}\}$ 的 $i\geqslant j$ 的那一部分，且当 $i=j$ 时，只需计算 $p>q$ 的那一部分．为说明 $\{\bar{\mathbf{F}}^{ij}_{p,q}\}$ 的形式，以二维八节点等参元为例，设 $n=1$，据(3.10)式，则有	
$[\bar{\mathbf{B}}^i]^T[\bar{\mathbf{C}}][\bar{\mathbf{B}}^j]=\theta_0\times\begin{pmatrix}\partial_x\bar{\mathbf{N}}^i\times\partial_x\bar{\mathbf{N}}^j+\theta_1\times\partial_y\bar{\mathbf{N}}^i\times\partial_y\bar{\mathbf{N}}^j & \nu\times\partial_y\bar{\mathbf{N}}^i\times\partial_x\bar{\mathbf{N}}^j\times\theta_l\times\partial_x\bar{\mathbf{N}}^i\times\partial_y\bar{\mathbf{N}}^j \\ \nu\times\partial_x\bar{\mathbf{N}}^i\times\partial_y\bar{\mathbf{N}}^j+\theta_1\times\partial_y\bar{\mathbf{N}}^i\times\partial_x{}^j\bar{\mathbf{N}} & \partial_x\bar{\mathbf{N}}^i\times\partial_x\bar{\mathbf{N}}^j+\theta_1\times\partial_y\bar{\mathbf{N}}^i\times\partial_y\bar{\mathbf{N}}^j\end{pmatrix}$	
其中　$\theta_0=\frac{E}{1-\nu^2}$, $\theta_1=\frac{1-\nu}{2}$.	
(6) 形成关于 n 个数值积分点上的单元刚度系数向量 $\{\bar{\mathbf{K}}^{ij}_{p,q}\}$.	
(a) 形成权系数向量 $\{\bar{\mathbf{W}}\}$	
$\{\bar{\mathbf{W}}\}=(\tilde{\mathbf{W}}_{[1]},\tilde{\mathbf{W}}_{[2]},\cdots,\tilde{\mathbf{W}}_{[r]})$,	nr
这里	
$\{\tilde{\mathbf{W}}_{[t]}\}=(w_{(1)}\times\det[J]_{[t](1)},\cdots,w_{(n)}\times\det[J]_{[t](n)})$,	n
其中 $\det[\mathbf{J}]_{[t](s)}$ 表示第 t 个单元的 Jacobi 矩阵行列式在第 s 个数值积分点上的值.	
(b) $\{\mathbf{K}^{ij}_{p,q}\}=\{\bar{\mathbf{W}}\}*\{\bar{\mathbf{F}}^{ij}_{p,q}\}$, $i,\ j=1,\ 2,\ \cdots,\ m$, $p,q=1,\cdots,d$. 实际上，$\{\mathbf{K}^{ij}_{p,q}\}$ 可有如下形式:	
$\{\mathbf{K}^{ij}_{pq}\}=(\langle k^{ij}_{pq}\rangle_{[1](1)},\langle k^{ij}_{pq}\rangle_{[1](2)},\cdots,\langle k^{ij}_{pq}\rangle_{[1](n)},\cdots,\langle k^{ij}_{pq}\rangle_{[r](1)},\langle k^{ij}_{pq}\rangle_{[r](2)},\cdots,\langle k^{ij}_{pq}\rangle_{[r](n)})$	
(7) 将 $\{\mathbf{K}^{ij}_{pq}\}$ 按数值积分点 1 到 n 分成 r 段，分别求和可得	
$\{\bar{\mathbf{K}}^{ij}_{pq}\}=\left(\sum_{l=1}^{n}\langle k^{ij}_{pq}\rangle_{[1](l)},\sum_{l=1}^{n}\langle k^{ij}_{pq}\rangle_{[2](l)},\cdots,\sum_{l=1}^{n}\langle k^{ij}_{pq}\rangle_{[r](l)}\right)=(\langle k^{ij}_{pq}\rangle_{[1]},\langle k^{ij}_{pq}\rangle_{[2]},\cdots,\langle k^{ij}_{pq}\rangle_{[r]})$,	r

（续）

算　法　描　述	LEN
$i,j=1,2,\cdots,m,p,q=1,2,\cdots,d.$ 其中 $\langle k_{pq}^{ij}\rangle_{[s]}$就是第 s 个单元的分块单元刚度阵中块 $[\mathbf{K}_{ij}]$ 上 (p,q) 位置处的元素．至此，这 r 个单元的刚度矩阵相同行列位置上的元素已同时求出．	

上面的算法是把 n 个数值积分点的值放在一个向量中进行计算的，从第 (6) 步到第 (7) 步，向量的长度从 $n\times r$ 减到 r. 若 r 相对于 n 取得较大时，这个算法是不利的．因为第 (7) 步相当于做 r 次从 1 到 n 的求和运算．我们知道，求和运算的向量算法效率是较低的．另一方面，向量长度的变化，会影响整个并行运算的效率．为了克服这些不利因素，可以把算法改成针对每个数值积分点分别计算的形式，使得向量的长度在整个计算过程中不发生变化．这样便得到另一算法．

算法 3.2——二维等参数单元刚度矩阵计算的并行算法 ESCYH-2.

算　法　描　述	LEN
第一阶段：计算各数值积分点处 r 个单元关于形状函数的偏导数向量 $\{\partial_x\bar{\mathbf{N}}_{(k)}^j\}$, $\{\partial_y\bar{\mathbf{N}}_{(k)}^j\}$, $j=1,\cdots,m$; $k=1,2,\cdots,n$. (1) 形成母单元形状函数及其偏导数在各数值积分点处的向量 $\{\bar{\mathbf{N}}_{(k)}^j\}\{\partial_\xi\bar{\mathbf{N}}_{(k)}^j\}$, $\{\partial_\eta\bar{\mathbf{N}}_{(k)}^j\}, j=1,2,\cdots,m$, $k=1,2,\cdots,n$. $$\left.\begin{aligned}\{\bar{\mathbf{N}}_{(k)}^j\}&=(N_{(k)}^j,N_{(k)}^j,\cdots,N_{(k)}^j)\\\{\partial_\xi\bar{\mathbf{N}}_{(k)}^j\}&=(\partial_\xi N_{(k)}^j,\partial_\xi N_{(k)}^j,\cdots,\partial_\xi N_{(k)}^j)\\\{\partial_\eta\bar{\mathbf{N}}_{(k)}^j\}&=(\partial_\eta N_{(k)}^j,\partial_\eta N_{(k)}^j,\cdots,\partial_\eta N_{(k)}^j)\end{aligned}\right\}$$ $j=1,2,\cdots,m;\ k=1,2,,n.$ 其中 $N_{(k)}^j$, $\partial_\xi N_{(k)}^j$, $\partial_\eta N_{(k)}^j$ 分别表示 N^j, $\partial_\xi N^j$, $\partial_\eta N^j$ 在	r

（续）

算　法　描　述	LEN
第 k 个数值积分点处的值.	
（2）形成 r 个单元的节点坐标向量 $\{\bar{\mathbf{X}}^j\}$，$\{\bar{\mathbf{Y}}^j\}$，$j=1,2,\cdots,m$. $\left.\begin{aligned}\{\bar{\mathbf{X}}^j\} &= (x_j^{[1]}, x_j^{[2]}, \cdots, x_j^{[r]})\\ \{\bar{\mathbf{Y}}^j\} &= (y_j^{[1]}, y_j^{[2]}, \cdots, y_j^{[r]})\end{aligned}\right\} j = 1, 2, \cdots, m.$	r
其中 $x_j^{[t]}$，$y_j^{[t]}$ 分别表示第 t 个单元第 j 个节点 x, y 的坐标.	
（3）形成 Jacobi 矩阵 $[\mathbf{J}]$ 的行列式在各数值积分点处的向量 $\{\overline{\det[\mathbf{J}]_{(k)}}\}$，$k=1,2,\cdots,n$.	
（a）按如下形式计算四组向量 $\left.\begin{aligned}\{\bar{\mathbf{Z}}^j_{1(k)}\} &= \{\partial_\xi \bar{\mathbf{N}}^j_{(k)}\} \times \{\bar{\mathbf{X}}^j\}\\ \{\bar{\mathbf{Z}}^j_{2(k)}\} &= \{\partial_\eta \bar{\mathbf{N}}^j_{(k)}\} \times \{\bar{\mathbf{Y}}^j\}\\ \{\bar{\mathbf{Z}}^j_{3(k)}\} &= \{\partial_\xi \bar{\mathbf{N}}^j_{(k)}\} \times \{\bar{\mathbf{Y}}^j\}\\ \{\bar{\mathbf{Z}}^j_{4(k)}\} &= \{\partial_\eta \bar{\mathbf{N}}^j_{(k)}\} \times \{\bar{\mathbf{X}}^j\}\end{aligned}\right\} \begin{aligned}&j = 1,2,\cdots,m;\\ &k = 1,2,\cdots,n.\end{aligned}$	r
（b）$\{\bar{\mathbf{Z}}_{i(k)}\} = \sum_{j=1}^{m} \{\bar{\mathbf{Z}}^j_{i(k)}\}$，$i = 1,2,3,4$；$k = 1,2,\cdots,n$.	r
（c）$\{\overline{\det[\mathbf{J}]_{(k)}}\} = \{\bar{\mathbf{Z}}_{1(k)}\}\times\{\bar{\mathbf{Z}}_{2(k)}\} - \{\bar{\mathbf{Z}}_{3(k)}\}\times\{\bar{\mathbf{Z}}_{4(k)}\}$ $k = 1,2,\cdots,n$.	r
（4）形成形状函数对自然坐标偏导数在各数值积分点处的向量 $\{\partial_x \bar{\mathbf{N}}^j_{(k)}\}$，$\{\partial_y \bar{\mathbf{N}}^j_{(k)}\}$.	
（a）$\{\tilde{\mathbf{Z}}_{i(k)}\} = \{\bar{\mathbf{Z}}_{i(k)}\}/\{\overline{\det[\mathbf{J}]_{(k)}}\}$，$i = 1, 2, 3, 4$；$k = 1,\cdots,n$.	r
（b）$\left.\begin{aligned}\{\tilde{\mathbf{d}}^j_{1(k)}\} &= \{\partial_\xi \bar{\mathbf{N}}^j_{(k)}\} \times \{\tilde{\mathbf{Z}}_{2(k)}\}\\ \{\tilde{\mathbf{d}}^j_{2(k)}\} &= -\{\partial_\xi \bar{\mathbf{N}}^j_{(k)}\} \times \{\tilde{\mathbf{Z}}_{4(k)}\}\\ \{\tilde{\mathbf{d}}^j_{3(k)}\} &= -\{\partial_\eta \bar{\mathbf{N}}^j_{(k)}\} \times \{\tilde{\mathbf{Z}}_{3(k)}\}\\ \{\tilde{\mathbf{d}}^j_{4(k)}\} &= \{\partial_\eta \bar{\mathbf{N}}^j_{(k)}\} \times \{\tilde{\mathbf{Z}}_{1(k)}\}\end{aligned}\right\} \begin{aligned}&j = 1,2,\cdots,m;\\ &k = 1,2,\cdots,n.\end{aligned}$	r

（续）

算　法　描　述	LEN
(c) $\{\partial_x \bar{\mathbf{N}}^j_{(k)}\} = \{\tilde{\mathbf{d}}^j_{1(k)}\} + \{\tilde{\mathbf{d}}^j_{3(k)}\}$，$\{\partial_y \bar{\mathbf{N}}^j_{(k)}\} = \{\tilde{\mathbf{d}}^j_{2(k)}\} + \{\tilde{\mathbf{d}}^j_{4(k)}\}$，$j = 1,2,\cdots,m$；$k = 1,2,\cdots,n$.	r
事实上，$\{\partial_x \bar{\mathbf{N}}^j_{(k)}\}$ 表示成分量形式有 $\{\partial_x \bar{\mathbf{N}}^j_{(k)}\} = (\partial_x \underset{[1]}{N}{}^j_{(k)}, \partial_x \underset{[2]}{N}{}^j_{(k)}, \cdots, \partial_x \underset{[r]}{N}{}^j_{(k)})$，而 $\partial_x \underset{[t]}{N}{}^j_{(k)}$ 则表示 $\partial_x N^j$ 在单元[t]的第 k 个数值积分点处的值. 同理，可说明 $\{\partial_y \bar{\mathbf{N}}^j_{(k)}\}$.	
第二阶段：计算关于 r 个单元的刚度系数向量 $\{\bar{\mathbf{K}}^{ij}_{p,q}\}$，$i, j = 1,2,\cdots,m$；$p, q = 1,2,\cdots,d$.	
(5) 计算矩阵乘积 $[\bar{\mathbf{B}}^i]^T[\mathbf{C}][\bar{\mathbf{B}}^j]$. 设矩阵 $[\bar{\mathbf{B}}^i]^T$ 和 $[\mathbf{C}]$ 的积为 $[\bar{\mathbf{E}}^i]$，则	
$\{\bar{\mathbf{E}}^i_{u,v(k)}\} = \sum\limits_{p=1}^{s_0} \{\bar{\mathbf{b}}^i_{pu(k)}\} \times c_{pv}$，$u = 1,2,\cdots,d$；$v = 1,2,\cdots,s_0$. $i = 1,2,\cdots,m$；$k = 1,2,\cdots,n$.	r
设矩阵 $[\bar{\mathbf{E}}^i]$ 和 $[\bar{\mathbf{B}}^j]$ 的积分 $[\bar{\mathbf{F}}^{ij}]$，则 $\{\bar{\mathbf{F}}^{ij}_{p,q(k)}\} = \sum\limits_{t=1}^{s_0} \{\bar{\mathbf{E}}^i_{pt(k)}\} \times \{\bar{\mathbf{b}}^j_{tq(k)}\}$，$p, q = 1,2,\cdots,d$；$k = 1,2,\cdots,n$；$i, j = 1,2,\cdots,m$.	r
事实上亦只需计算 $\{\bar{\mathbf{F}}^{ij}_{p,q(k)}\}$ 的 $i \geqslant j$ 部分.	
(6) 形成各数值积分点上的单元刚度系数向量 $\{\bar{\mathbf{K}}^{ij}_{p,q(k)}\}$.	
(a) 形成权系数向量 $\{\bar{\mathbf{W}}_{(k)}\}$，$k = 1,2,\cdots,n$. $\{\bar{\mathbf{W}}_{(k)}\} = w_{(k)} \times \{\overline{\det[\mathbf{J}]}_{(k)}\}$，$k = 1,2,\cdots,n$.	r
(b) $\{\bar{\mathbf{K}}^{ij}_{pq(k)}\} = \{\bar{\mathbf{W}}_{(k)}\} \times \{\bar{\mathbf{F}}^{ij}_{pq(k)}\}$，$i, j = 1,2,\cdots,m$；$p, q = 1,2,\cdots,d$；$k = 1,2,\cdots,n$.	r
(7) 将所有 n 个数值积分点上的单元刚度系数向量相加，得 $\{\bar{\mathbf{K}}^{ij}_{pq}\} = \sum\limits_{k=1}^{n} \{\bar{\mathbf{K}}^{ij}_{pq(k)}\}$，$i = 1,2,\cdots,m$；$j = i,\cdots,m$；$p, q = 1,2,\cdots,d$.	r

由算法 ESCYH-2 的整个计算过程可见，向量的长度始终保持 r，即同时计算的单元个数。这是算法 ESCYH-2 不同于算法 ESCYH-1 的地方。从第七章的数值试验中可以看到，随着同时计算的单元个数 r 的增加，算法 ESCYH-2 优于算法 ESCYH-1。

前面已经指出，算法 ESCYH-1 和算法 ESCYH-2 的并行计算方案，本质上都是每次同时计算多个单元刚度矩阵在同一位置处的元素。如每次求出一个向量 $\{\bar{\mathbf{K}}_{p,q}^{ij}\}$，就相当于求出所有 r 个单元的单元刚度矩阵 (i,j) 块 $[\mathbf{K}_{ij}]$ 上 (p, q) 位置处的元素。即每次计算只求得这 r 个单元刚度矩阵一个位置处的元素。下面我们再介绍另一并行计算方法。由于单元刚度矩阵具有图 3.3 所示的分块结构，于是可以每次并行计算单元类型与物理特性一致的多个单元的分块单元刚度阵中各块在同一位置处的元素。为便于理解，把这 r 个单元的分块刚度阵排成图 3.4 的形式(假设 $m=3$, $d=2$)，则这 r 个单元的分块刚度阵各块的同一位置的含义是：阴影部分属于同一位置。并行计算的含义相应是：计算单元 ① 的刚度矩阵 $[\mathbf{K}^{(1)}]$ 中 $[\mathbf{K}_{11}]$ 块上阴影部分位置处的元素时，$[\mathbf{K}^{(1)}]$ 中其它各块 $[\mathbf{K}_{12}]$, $[\mathbf{K}_{13}]$, $[\mathbf{K}_{22}]$, $[\mathbf{K}_{23}]$, $[\mathbf{K}_{33}]$ 上阴影部分位置处的元素也被同时计算出来，且单元刚度阵 $[\mathbf{K}^{(2)}]$, $\cdots$, $[\mathbf{K}^{(r)}]$ 中相应各块上阴影部分位置处的元素也一起被求出来，余类推。

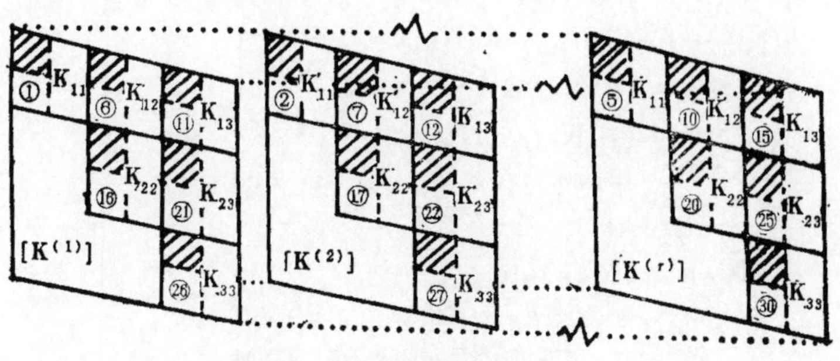

图 3.4 多个单元的刚度阵排列

结果仍用一组向量来存放. 对于一次计算, 只求出 r 个单元的分块刚度阵各块同一位置处的元素,用一向量存放它们,这样要存放这 r 个单元的刚度阵就需要 d^2 个向量,记为 $\{\hat{\mathbf{K}}_{p,q}\}$, $p, q = 1, 2,\cdots,d$. 存放方式按如下格式:

$$
\begin{aligned}
\{\hat{\mathbf{K}}_{ij}\} = [& (k_{ij}^{11})^{[1]},(k_{ij}^{11})^{[2]},\cdots,(k_{ij}^{11})^{[r]},\\
& (k_{ij}^{12})^{[1]},(k_{ij}^{12})^{[2]},\cdots,(k_{ij}^{12})^{[r]},\cdots,\\
& (k_{ij}^{1m})^{[1]},(k_{ij}^{1m})^{[2]},\cdots,(k_{ij}^{1m})^{[r]},\\
& (k_{ij}^{22})^{[1]},(k_{ij}^{22})^{[2]},\cdots,(k_{ij}^{22})^{[r]},\cdots,\\
& (k_{ij}^{2m})^{[1]},(k_{ij}^{2m})^{[2]},\cdots,(k_{ij}^{2m})^{[r]},\cdots,\\
& (k_{ij}^{mm})^{[1]},(k_{ij}^{mm})^{[2]},\cdots,(k_{ij}^{mm})^{[r]}],
\end{aligned}
\tag{3.14}
$$

其中 $(k_{ij}^{st})^{(e)}$ 表示第 e 号单元刚度阵 $[\mathbf{K}_{st}]$ 块上 (i, j) 位置处的元素 $i,j = 1,2,\cdots,d$; $s,t = 1,2,\cdots,m$; $e = 1,2,\cdots,r$. 例如,对应图 3.4, 有

$$\{\mathbf{K}_{2,1}\} = (①,②,\cdots,⑤,⑥,\cdots,⑩,\cdots\cdots,㉖,\cdots,㉚).$$

下面给出算法

算法3.3——二维等参数单元刚度矩阵计算的并行算法ESVC.

<table>
<tr><th>算　法　描　述</th><th>LEN</th></tr>
<tr><td>第一阶段: 形成 r 个单元关于形状函数的偏导数向量 $\{\partial_x\bar{\mathbf{N}}\}$, $\{\partial_y\bar{\mathbf{N}}\}$.
(1) 形成母单元形状函数向量及其偏导数向量 $\{\tilde{\mathbf{N}}^j\}$, $\{\partial_\xi\tilde{\mathbf{N}}^j\}$, $\{\partial_\eta\tilde{\mathbf{N}}^j\}$, $j = 1,2,\cdots,m$.
$$\left.\begin{aligned}\{\tilde{\mathbf{N}}^j\} &= (\tilde{\mathbf{N}}^j_{[1]},\tilde{\mathbf{N}}^j_{[2]},\cdots,\tilde{\mathbf{N}}^j_{[r]})\\ \{\partial_\xi\tilde{\mathbf{N}}^j\} &= (\partial_\xi\tilde{\mathbf{N}}^j_{[1]},\partial_\xi\tilde{\mathbf{N}}^j_{[2]},\cdots,\partial_\xi\tilde{\mathbf{N}}^j_{[r]})\\ \{\partial_\eta\tilde{\mathbf{N}}^j\} &= (\partial_\eta\tilde{\mathbf{N}}^j_{[1]},\partial_\eta\tilde{\mathbf{N}}^j_{[2]},\cdots,\partial_\eta\tilde{\mathbf{N}}^j_{[r]})\\ & j = 1,2,\cdots,m.\end{aligned}\right\}$$</td><td>nr</td></tr>
<tr><td>这里
$$\left.\begin{aligned}\{\tilde{\mathbf{N}}^j_{[t]}\} &= (N^j_{[1]},N^j_{[2]},\cdots,N^j_{[n]})\\ \{\partial_\xi\tilde{\mathbf{N}}^j_{[t]}\} &= (\partial_\xi N^j_{[1]},\partial_\xi N^j_{[2]},\cdots,\partial_\xi N^j_{[n]})\\ \{\partial_\eta\tilde{\mathbf{N}}^j_{[t]}\} &= (\partial_\eta N^j_{[1]},\partial_\eta N^j_{[2]},\cdots,\partial_\eta N^j_{[n]})\end{aligned}\right\}$$</td><td>n</td></tr>
</table>

（续）

算　法　描　述	LEN
$j=1,2,\cdots,m$.　$t=1,\cdots,r$. 其中 $N^j_{[s]},\partial_\xi N^j_{[s]}$，$\partial_\eta N^j_{[s]}$ 分别表示 N^j，$\partial_\xi N^j$ 和 $\partial_\eta N^j$ 在第 s 个数值积分点上的值．	
(2) 形成节点坐标向量 $\{\bar{\mathbf{X}}^j\},\{\bar{\mathbf{Y}}^j\}$, $j=1,2,\cdots,m$.	
$\{\bar{\mathbf{X}}^j\}=(\tilde{\mathbf{X}}^j_{[1]},\tilde{\mathbf{X}}^j_{[2]},\cdots,\tilde{\mathbf{X}}^j_{[r]})$, $j=1,2,\cdots,m$.	nr
$\{\bar{\mathbf{Y}}^j\}=(\mathbf{Y}^j_{[1]},\mathbf{Y}^j_{[2]},\cdots,\tilde{\mathbf{Y}}^j_{[r]})$, $j=1,2,\cdots,m$.	nr
这里 $\left.\begin{array}{l}\{\tilde{\mathbf{X}}^j_{[t]}\}=(x^{[t]}_j,x^{[t]}_j,\cdots,x^{[t]}_j)\\ \{\mathbf{Y}^j_{[t]}\}=(y^{[t]}_j,y^{[t]}_j,\cdots,y^{[t]}_j)\end{array}\right\}\begin{array}{l}j=1,2,\cdots,m;\\ t=1,2,\cdots,r.\end{array}$	n
其中 $x^{[t]}_j$，$y^{[t]}_j$ 分别表示第 t 个单元的第 j 个节点的 x，y 坐标．	
(3) 形成 Jacobi 阵 $[\mathbf{J}]$ 的行列式向量 $\{\overline{\det[\mathbf{J}]}\}$.	
(a) $\left.\begin{array}{l}\{\partial_\xi\tilde{\mathbf{N}}\}=(\partial_\xi\tilde{\mathbf{N}}^1,\partial_\xi\tilde{\mathbf{N}}^2,\cdots,\partial_\xi\tilde{\mathbf{N}}^m)\\ \{\partial_\eta\tilde{\mathbf{N}}\}=(\partial_\eta\tilde{\mathbf{N}}^1,\partial_\eta\tilde{\mathbf{N}}^2,\cdots,\partial_\eta\tilde{\mathbf{N}}^m)\end{array}\right\}$	mnr
$\left.\begin{array}{l}\{\bar{\mathbf{X}}\}=(\bar{\mathbf{X}}^1,\bar{\mathbf{X}}^2,\cdots,\bar{\mathbf{X}}^m)\\ \{\bar{\mathbf{Y}}\}=\{\bar{\mathbf{Y}}^1,\bar{\mathbf{Y}}^2,\cdots,\bar{\mathbf{Y}}^m)\end{array}\right\}$	mnr
(b) $\left.\begin{array}{l}\{\partial\tilde{\mathbf{N}}\}=(\partial_\xi\tilde{\mathbf{N}},\partial_\xi\mathbf{N},\partial_\eta\tilde{\mathbf{N}},\partial_\eta\tilde{\mathbf{N}})\\ \overline{\{\mathbf{XY}\}}=(\bar{\mathbf{Y}},\bar{\mathbf{X}},\bar{\mathbf{Y}},\bar{\mathbf{X}})\end{array}\right\}$	$4mnr$
(c) 向量求积形成一向量 $\{\bar{\mathbf{Z}}\}$，并按以下方式形成等长度向量 $\{\tilde{\mathbf{Z}}^i_j\}$，$i=1,2,\cdots,m$; $j=1,2,3,4$. $\{\bar{\mathbf{Z}}\}=\{\partial\check{\mathbf{N}}\}\times\{\overline{\mathbf{XY}}\}$ $\xrightarrow{\text{分段}}(\tilde{\mathbf{Z}}^1_3,\tilde{\mathbf{Z}}^2_3,\cdots,\tilde{\mathbf{Z}}^m_3 \vert \mathbf{Z}^1_1,\cdots,\tilde{\mathbf{Z}}^m_1, \vert \tilde{\mathbf{Z}}^1_2,\cdots,\tilde{\mathbf{Z}}^m_2 \vert \dot{\mathbf{Z}}^1_4,\cdots,\mathbf{Z}^m_4)$	$4mnr$
(d) $\{\bar{\mathbf{Z}}_j\}=\sum_{i=1}^{m}\{\dot{\mathbf{Z}}^i_j\}$, $j=1,2,3,4$.	nr
$\{\overline{\det[\mathbf{J}]}\}=\{\bar{\mathbf{Z}}_1\}\times\{\bar{\mathbf{Z}}_2\}-\{\bar{\mathbf{Z}}_3\}\times\{\bar{\mathbf{Z}}_4\}$.	nr
(4) 形成向量 $\{\partial_x\bar{\mathbf{N}}\}$，$\{\partial_y\bar{\mathbf{N}}\}$.	
(a) $\{\tilde{\mathbf{Z}}_j\}=\{\bar{\mathbf{Z}}_j\}\times(1/\{\overline{\det[\mathbf{J}]}\})$, $j=1,2,3,4$.	nr

（续）

算　法　描　述	LEN
(b) $\{\breve{\mathbf{Z}}\}=(\tilde{\mathbf{Z}}_2\rightarrow \vert -\tilde{\mathbf{Z}}_4\rightarrow \vert -\tilde{\mathbf{Z}}_3\rightarrow \vert \tilde{\mathbf{Z}}_1\rightarrow)$,	$4mnr$
这里"$\longrightarrow$"表示复制 $(m-1)$ 次.	
(c) 向量积形成向量 $\{\bar{\mathbf{D}}\}$，并按以下方式形成四个同长度的向量 $\{\bar{\mathbf{D}}_i\}$.	
$\{\bar{\mathbf{D}}\}=\{\partial\bar{\mathbf{N}}\}\times\{\tilde{\mathbf{Z}}\}\ \xrightarrow{\text{分段}}\ (\bar{\mathbf{D}}_1\bar{\mathbf{D}}_2\bar{\mathbf{D}}_3\bar{\mathbf{D}}_4)$,	$4mnr$
(d) $\left.\begin{array}{l}\{\partial_x\bar{\mathbf{N}}\}=\{\bar{\mathbf{D}}_1\}+\{\bar{\mathbf{D}}_3\}=(\partial_x\bar{\mathbf{N}}^1,\partial_x\bar{\mathbf{N}}^2,\cdots,\partial_x\bar{\mathbf{N}}^m)\\ \{\partial_y\bar{\mathbf{N}}\}=\{\bar{\mathbf{D}}_2\}+\{\bar{\mathbf{D}}_4\}=(\partial_y\bar{\mathbf{N}}^1,\partial_y\bar{\mathbf{N}}^2,\cdots,\partial_y\bar{\mathbf{N}}^m)\end{array}\right\}$	mnr
说明：因 $[\mathbf{B}]$ 的各非零元素均由形状函数偏导数构成，所以至此已形成了矩阵 $[\mathbf{B}]$. 为叙述方便，用 b 表示 $[\mathbf{B}]$ 的元素. 记用 $\{\partial_x\bar{\mathbf{N}}^j\}$，$\{\partial_y\bar{\mathbf{N}}^j\}$ 分别代替出现在 $\{\mathbf{B}\}$ 中的 ∂_xN^j，∂_yN^j 后所形成的元素为向量的一矩阵为 $[\bar{\mathbf{B}}]$，对应 $[\mathbf{B}^j]$ 为 $[\bar{\mathbf{B}}^j]$，$b^j_{u,v}$ 为 $\{\bar{\mathbf{b}}^j_{u,v}\}$，$u=1,2,\cdots,s_0$，$v=1,\cdots,d$，$j=1,\cdots,m$. 这里 $b^j_{u,v}$ 表示 $[\mathbf{B}^j]$ 的 (u,v) 处的元素.	
第二阶段：$w_{(l)}\det[\mathbf{J}]_{(l)}\ [\mathbf{B}]_{(l)}$ 及 $[\mathbf{B}]^T_{(l)}\ [c]_{(l)}$ 的向量化计算.	
(5) $w_{(l)}\det[\mathbf{J}]_{(l)}[\mathbf{B}]_{(l)}$ 的计算.	
(a) $\{\bar{\mathbf{H}}\}=(\underbrace{\tilde{\mathbf{H}},\tilde{\mathbf{H}},\cdots,\tilde{\mathbf{H}}}_{r\text{个}})$	nr
其中 $\{\tilde{\mathbf{H}}\}=(w_{(1)},w_{(2)},\cdots,w_{(n)})$.	
(b) $\{\bar{\mathbf{W}}\}=\{\bar{\mathbf{H}}\}\times\{\overline{\det[\mathbf{J}]}\}$.	nr
(c) $\{\bar{\mathbf{G}}^j_{u,v}\}=\{\bar{\mathbf{W}}\}\times\{\bar{\mathbf{b}}^j_{u,v}\}$，$u=1,\cdots,s_0$；$v=1,\cdots,d$；$j=1,\cdots,m$.	nr
(d) $\{\bar{\mathbf{E}}_{u,v}\}=\{\underbrace{\bar{\mathbf{G}}^1_{u,v},\cdots,\bar{\mathbf{G}}^1_{u,v}}_{m\text{个}},\vert\underbrace{\bar{\mathbf{G}}^2_{u,v},\cdots,\bar{\mathbf{G}}^2_{u,v}}_{(m-1)\text{个}},\vert$	$\frac{1}{2}m(m+1)nr$

（续）

算　法　描　述	LEN
$\underbrace{\bar{\mathbf{G}}^3_{u,v},\cdots,\bar{\mathbf{G}}^3_{u,v}}_{(m-2)\text{个}},\vdots\cdots,\vdots\underbrace{\bar{\mathbf{G}}^m_{u,v}}_{1\text{个}})$ $u=1,\cdots,s_0;\ v=1,\cdots,d.$	
(6) $[\mathbf{B}]^T_{(l)}[\mathbf{C}]_{(l)}$ 的计算.	
(a) $\{\bar{\mathbf{O}}^j_{u,v}\}=\sum_{p=1}^{s_0}\{\bar{\mathbf{b}}^j_{pu}\}\times c_{pu},u=1,\cdots,d;$ $v=1,\cdots,s_0;\ j=1,\cdots,m.$	nr
(b) $\{\bar{\mathbf{F}}_{u,v}\}=(\underbrace{\bar{\mathbf{O}}^1_{u,v},\bar{\mathbf{O}}^2_{u,v},\cdots,\bar{\mathbf{O}}^m_{u,v}}_{m\text{个}},\vdots\underbrace{\bar{\mathbf{O}}^2_{u,v},\cdots,\bar{\mathbf{O}}^m_{u,v}}_{(m-1)\text{个}}$ $\vdots\ \cdots\ \vdots\underbrace{\bar{\mathbf{O}}^m_{u,v}}_{1\text{个}})$ $u=1,\cdots,d,\ v=1,2,\cdots,s_0.$	$\frac{1}{2}m(m+1)nr$
说明：在第(5)步中，对应 $b^j_{u,v}=0$ 的那些 u,v 没必要形成对应的 $\{\bar{\mathbf{G}}^j_{u,v}\}$, $\{\bar{\mathbf{E}}^j_{u,v}\}$.	
第三阶段：单元刚度系数向量 $\{\tilde{\mathbf{K}}_{pq}\}$ 的产生.	
(7) 形成各单元刚度矩阵的各块在位置 (p, q) 处的元素构成的向量 $\{\mathbf{K}_{pq}\}$.	
(a) $\{\bar{\mathbf{K}}_{p,q}\}=\sum_{t=1}^{s_0}\{\bar{\mathbf{F}}_{pt}\}\times\{\bar{\mathbf{E}}_{tq}\},p,q=1,2,\cdots,d.$ 这时这些向量有以下形式： $\{\bar{\mathbf{K}}_{pq}\}=(\bar{\mathbf{K}}^{11}_{[1]},\bar{\mathbf{K}}^{11}_{[2]},\cdots,\bar{\mathbf{K}}^{11}_{[r]}\vdots\bar{\mathbf{K}}^{21}_{[1]},\bar{\mathbf{K}}^{21}_{[2]},\cdots,\bar{\mathbf{K}}^{21}_{[r]}\vdots\cdots,$ $\vdots\bar{\mathbf{K}}^{m1}_{[1]},\bar{\mathbf{K}}^{m1}_{[2]},\cdots,\bar{\mathbf{K}}^{m1}_{[r]}\vdots\bar{\mathbf{K}}^{22}_{[1]},\bar{\mathbf{K}}^{22}_{[2]},\cdots,\bar{\mathbf{K}}^{22}_{[r]}\vdots\cdots,$ $\vdots\bar{\mathbf{K}}^{m2}_{[1]},\bar{\mathbf{K}}^{m2}_{[2]},\cdots,\bar{\mathbf{K}}^{m2}_{[r]},\vdots\cdots\vdots\bar{\mathbf{K}}^{mm}_{[1]},\bar{\mathbf{K}}^{mm}_{[2]},\cdots,\bar{\mathbf{K}}^{mm}_{[r]}),$ 其中 $\{\bar{\mathbf{K}}^{ij}_{[l]}\}$ 都是长为 n 的向量.	$\frac{1}{2}m(m+1)nr$
(b) 利用 YH-1 的三元符数组，求 $n-1$ 次向量长度为$\frac{1}{2}m(m+1)r$ 的向量和，将 $\{\bar{\mathbf{K}}_{pq}\}$ 的每连续 n 个值压缩成一个值，这时获得的一个长为 $\frac{1}{2}m(m+1)r$ 的向量便是 $\{\tilde{\mathbf{K}}_{pq}\}$.	

以上我们详细讨论了二维等参数单元刚度矩阵的几个并行计算方法．对于不同维的等参数单元类型，完全可类似于构造如上并行算法的思想来组织相应的并行算法，这里不再评述．下面，考虑到杆元、梁元、板元和膜元是实际应用中经常要遇到的，所以我们将就这几种具体的单元讨论其相应适合的并行算法．

3.2.2 杆系结构单元的并行计算

杆系结构的有限元分析方法是基于杆系结构的矩阵位移法发展而来的．对于不同的杆系结构和载荷，矩阵位移法的求解过程都可以写出统一的矩阵公式．将矩阵分析方法推广到连续介质上，即把连续介质离散化为有限个单元的集合进行分析，形成最基本的有限元法．杆系结构，是由杆、梁、柱等构件构成的结构．对于现行的杆单元结构分析方法来说，它是把结构中的杆件看作为自然形成的单元，而不是人为剖分的．它的分析方法基本上仍为矩阵位移方法，解算过程是简单的．因此，杆结构的并行计算方法可直接对串行计算方法向量化而得到．事实上，若直接对自然杆单元进行求解，一是由于杆单元比较简单，二是自然单元的个数总是确定的，故它的并行解法是容易获得的．

对于梁、柱等单元，由于它们不仅要考虑到结构的受拉和受压，还要考虑到扭转的弯曲作用，而有时弯曲所引起的位移和应变比拉、压引起的位移和应变都要大，所以单元的计算往往是比较复杂的．为了精确求解，有时就不把梁、柱看成自然单元，而将它们细剖为许多形状相同的一维小单元．这样，若本身梁、柱构件较多，则单元的数量将会很大．加上单元的复杂，更需要研究它的并行算法．在这一段里，主要讨论平面梁元的并行计算方法．本算法经适当修改，可用于空间梁、柱单元等的并行计算．

我们首先叙述一下平面梁元的刚度矩阵计算过程．与平面等参数单元一样，平面梁元一般也是通过求出局部坐标系下的单元刚度阵，然后经过坐标变换，得到自然坐标系下的单元刚度矩阵．

通常规定梁单元的轴线为单元局部坐标系的 ξ 轴，见图 3.5．

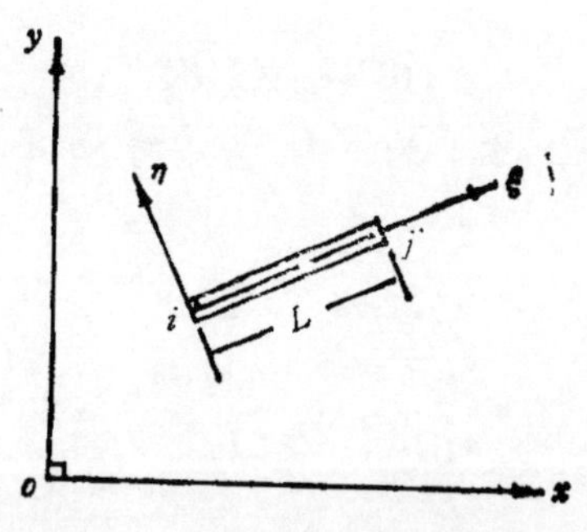

图 3.5 平面梁元的局部坐标系

取 i 节点为局部坐标系的原点，按右手坐标系确定单元局部坐标系的 ξ,η,ζ 轴，并且使 η 轴位于单元所在的 XY 平面内。显然，局部坐标系的 ζ 轴与自然坐标系的 z 轴方向一致。

记单元的节点位移向量为

$$\{\boldsymbol{\delta}\}=(u_i,v_i,\theta_i,u_j,v_j,\theta_j)^T, \tag{3.15}$$

式中 θ_i,θ_j 分别表示节点 i,j 的转角。记单元节点力向量为

$$\{\mathbf{F}\}=(Fx_i,Fy_i,Mz_i,F_{xj},F_{yj},M_{zj})^T. \tag{3.16}$$

为求单元刚度矩阵，规定沿坐标轴 ξ,η 正方向的节点位移分量和节点力为正值，绕 ζ 轴右旋方向的节点转角和节点力矩为正值，反之为负值，如图 3.6。

根据梁元的受力情况分析，可得单元在局部坐标系下的受力

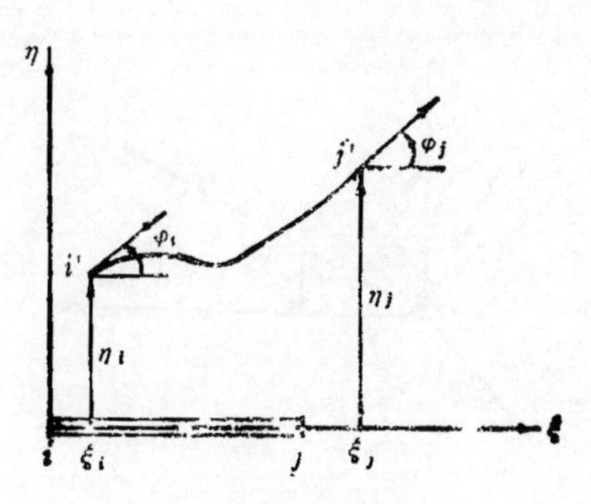

图 3.6 梁单元受力示意图

平衡方程，即

$$\{\tilde{\mathbf{F}}\}=[\mathbf{K}]\{\boldsymbol{\delta}\}, \tag{3.17}$$

其中单元刚度矩阵 $[\mathbf{K}]$ 为

$$[\mathbf{K}]=\begin{bmatrix} \frac{EA}{L} & & & & & \\ 0 & \frac{12EI}{L^3} & & & \text{对称} & \\ 0 & \frac{6EI}{L^2} & \frac{4EI}{L} & & & \\ \frac{-EA}{L} & 0 & 0 & \frac{EA}{L} & & \\ 0 & \frac{-12EI}{L^3} & \frac{-6EI}{L^2} & 0 & \frac{12EI}{L^3} & \\ 0 & \frac{6EI}{L^2} & \frac{2EI}{L} & 0 & \frac{-6EI}{L^2} & \frac{4EI}{L} \end{bmatrix}, \tag{3.18}$$

式中 L 为单元长度，E 为弹性模量，A 为横截面积，I 为惯性矩．而

$$\{\tilde{\mathbf{F}}\}=(F_{\xi i},F_{\eta i},M_{\zeta i},F_{\xi j},F_{\eta j},M_{\zeta j})^T, \tag{3.19}$$

$$\{\boldsymbol{\delta}\}=(\xi_i,\eta_i,\varphi_i,\xi_j,\eta_j,\varphi_j)^T. \tag{3.20}$$

平面梁元节点在自然坐标系中的节点位移分量 u, v, θ 与在局部坐标系中的节点位移分量 ξ, η, φ 之间的关系，可以从图 3.7 中看出是

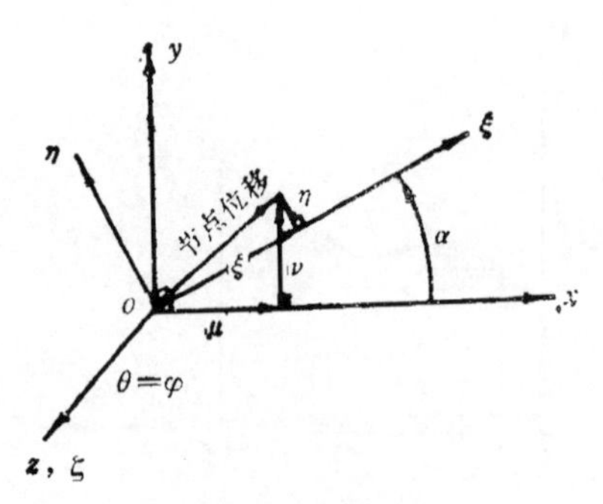

图 3.7 坐标变换

$$\begin{cases}\xi = u\cos\alpha + v\sin\alpha,\\ \eta = -u\sin\alpha + v\cos\alpha,\\ \varphi = \theta,\end{cases} \tag{3.21}$$

式中，α 是从自然坐标轴 x 到局部坐标轴 ξ 的夹角，规定逆时针转向为正值，它可如下表示为矩阵形式

$$\begin{pmatrix}\xi\\ \eta\\ \varphi\end{pmatrix} = \begin{pmatrix}\cos\alpha & \sin\alpha & 0\\ -\sin\alpha & \cos\alpha & 0\\ 0 & 0 & 1\end{pmatrix}\begin{pmatrix}u\\ v\\ \theta\end{pmatrix}. \tag{3.22}$$

同理，平面梁元节点在自然坐标系中的节点力分量 F_x, F_y, F_z 与在局部坐标系中的节点力分量 F_ξ, F_η, M_ζ 的关系为

$$\begin{pmatrix}F_\xi\\ F_\eta\\ M_\zeta\end{pmatrix} = \begin{pmatrix}\cos\alpha & \sin\alpha & 0\\ -\sin\alpha & \cos\alpha & 0\\ 0 & 0 & 1\end{pmatrix}\begin{pmatrix}F_x\\ F_y\\ M_z\end{pmatrix}. \tag{3.23}$$

单元位移矢量在两种坐标系下的变换关系则是

$$\begin{bmatrix}\xi_i\\ \eta_i\\ \varphi_i\\ \xi_j\\ \eta_j\\ \varphi_j\end{bmatrix} = \begin{bmatrix}\cos\alpha & \sin\alpha & 0 & 0 & 0 & 0\\ -\sin\alpha & \cos\alpha & 0 & 0 & 0 & 0\\ 0 & 0 & 1 & 0 & 0 & 0\\ 0 & 0 & 0 & \cos\alpha & \sin\alpha & 0\\ 0 & 0 & 0 & -\sin\alpha & \cos\alpha & 0\\ 0 & 0 & 0 & 0 & 0 & 1\end{bmatrix}\begin{bmatrix}u_i\\ v_i\\ \theta_i\\ u_j\\ v_j\\ \theta_j\end{bmatrix}. \tag{3.24}$$

简写为

$$\{\tilde{\boldsymbol{\delta}}\} = [\mathbf{T}]\{\boldsymbol{\delta}\}. \tag{3.25}$$

式中

$$\{\tilde{\boldsymbol{\delta}}\} = (\xi_i, \eta_i, \varphi_i, \xi_j, \eta_j, \varphi_j)^T \tag{3.26}$$

分别是局部坐标系和自然坐标系下的单元节点位移矢量. $[\mathbf{T}]$ 称为单元坐标变换矩阵，它是一个正交矩阵，即 $[\mathbf{T}]^{-1} = [\mathbf{T}]^T$. 同理，单元节点力向量在自然坐标系和局部坐标系下的变换关系为

$$\{\tilde{\mathbf{F}}\} = [T]\{\mathbf{F}\}, \tag{3.27}$$

式中

$$\{\tilde{\mathbf{F}}\} = (F_{\xi i}, F_{\eta i}, M_{\zeta i}, F_{\xi j}, F_{\eta j}, M_{\zeta j})^T$$

$$\{\mathbf{F}\} = (F_{xi}, F_{yi}, M_{zi}, F_{xj}, F_{yj}, M_{zj})^T,$$

分别是局部坐标系和自然坐标系下的单元节点力向量.

将(3.25),(3.27)式代入(3.17)式,得

$$[\mathbf{T}]\{\mathbf{F}\} = [\mathbf{K}][\mathbf{T}]\{\boldsymbol{\delta}\}. \tag{3.28}$$

考虑到 $[\mathbf{T}]$ 是正交矩阵,上式可写成

$$\{\mathbf{F}\} = ([\mathbf{T}]^T[\mathbf{K}][\mathbf{T}])\{\boldsymbol{\delta}\}, \tag{3.29}$$

简写为

$$\{\mathbf{F}\} = [\mathbf{K}]\{\boldsymbol{\delta}\}, \tag{3.30}$$

式中

$$[\mathbf{K}] = [\mathbf{T}]^T[\mathbf{K}][\mathbf{T}]. \tag{3.31}$$

(3.31)式就是平面梁元的单元刚度矩阵. 它是由局部坐标系中的单元刚度矩阵 $[\mathbf{K}]$ 经坐标变换而得到的.

上面分析了一个梁单元的刚度矩阵计算过程. 为实现并行计算,我们仍然设想是否能够将若干相同的梁单元同时进行计算.为此,将上述的计算过程作适当修改.

将局部坐标系下的单元刚度矩阵 $[\mathbf{K}]$ 写成分块阵形式

$$[\mathbf{K}] = \begin{pmatrix} [\mathbf{K}_1] & [\mathbf{K}_2]^T \\ [\mathbf{K}_2] & [\mathbf{K}_3] \end{pmatrix}, \tag{3.32}$$

其中

$$[\mathbf{K}_1] = \begin{pmatrix} EA/L & 0 & 0 \\ 0 & \dfrac{12EI}{L^3} & \dfrac{6EI}{L^2} \\ 0 & \dfrac{6EI}{L^2} & \dfrac{4EI}{L} \end{pmatrix},$$

$$[\mathbf{K}_2] = \begin{pmatrix} \dfrac{-EA}{L} & 0 & 0 \\ 0 & \dfrac{-12EI}{L^3} & \dfrac{-6EI}{L^2} \\ 0 & \dfrac{6EI}{L^2} & \dfrac{2EI}{L} \end{pmatrix},$$

$$[\mathbf{K}_3]=\begin{pmatrix} EA/L & 0 & 0 \\ 0 & 12EI/L^3 & -6EI/L^2 \\ 0 & -6EI/L^2 & 4EI/L \end{pmatrix}.$$

将矩阵 $[\mathbf{T}]$ 也写成分块阵形式

$$[\mathbf{T}]=\begin{pmatrix} [\mathbf{t}] & \mathbf{0} \\ \mathbf{0} & [\mathbf{t}] \end{pmatrix},\tag{3.33}$$

其中

$$[\mathbf{t}]=\begin{pmatrix} \cos\alpha & \sin\alpha & 0 \\ -\sin\alpha & \cos\alpha & 0 \\ 0 & 0 & 1 \end{pmatrix}.$$

于是有

$$\begin{aligned}[\mathbf{K}] &= \begin{bmatrix} [\mathbf{t}]^T & 0 \\ 0 & [\mathbf{t}]^T \end{bmatrix} \begin{bmatrix} [\mathbf{K}_1] & [\mathbf{K}_2]^T \\ [\mathbf{K}_2]^T & [\mathbf{K}_3] \end{bmatrix} \begin{bmatrix} [\mathbf{t}] & 0 \\ 0 & [\mathbf{t}] \end{bmatrix} \\ &= \begin{bmatrix} [\mathbf{t}]^T[\mathbf{K}_1][\mathbf{t}] & [\mathbf{t}]^T[\mathbf{K}_2]^T[\mathbf{t}] \\ [\mathbf{t}]^T[\mathbf{K}_2][\mathbf{t}] & [\mathbf{t}]^T[\mathbf{K}_3][\mathbf{t}] \end{bmatrix}.\end{aligned}\tag{3.34}$$

这说明只要计算 $[\mathbf{t}]^T[\mathbf{K}_1][\mathbf{t}]$，$[\mathbf{t}]^T[\mathbf{K}_2][\mathbf{t}]$，$[\mathbf{t}]^T[\mathbf{K}_3][\mathbf{t}]$，就可计算单元刚度矩阵 $[\mathbf{K}]$. 又根据矩阵 $[\mathbf{K}_1]$，$[\mathbf{K}_2]$，$[\mathbf{K}_3]$ 的各元素分析,发现它们只存在符号上与个别系数上的很小的差别,如假设定义

$$[\mathbf{K}_1]=\begin{pmatrix} k_{11} & 0 & 0 \\ 0 & k_{22} & k_{23} \\ 0 & k_{23} & k_{33} \end{pmatrix},\tag{3.35}$$

那么

$$[\mathbf{K}_3]=\begin{pmatrix} k_{11} & 0 & 0 \\ 0 & k_{22} & -k_{23} \\ 0 & -k_{23} & k_{33} \end{pmatrix},\tag{3.36}$$

$$[\mathbf{K}_2]=\begin{pmatrix} -k_{11} & 0 & 0 \\ 0 & -k_{22} & -k_{23} \\ 0 & k_{23} & k_{33}/2 \end{pmatrix}.\tag{3.37}$$

特别地，$[\mathbf{K}_1]$，$[\mathbf{K}_2]$，$[\mathbf{K}_3]$ 的零元素位置完全相同，所以，$[\mathbf{t}]^T[\mathbf{K}_1][\mathbf{t}]$，$[\mathbf{t}]^T[\mathbf{K}_3][\mathbf{t}]$，$[\mathbf{t}]^T[\mathbf{K}_2][\mathbf{t}]$ 的计算过程是完全类似的．以此为基础，下面给出同时计算 r 个梁单元的单元刚度矩阵的并行算法．

算法 3.4——平面梁单元刚度矩阵的并行计算方法 EBM-2D．

(0) 根据各单元的物理特性，按如下方法形成 4 个向量

$$\left\{\begin{aligned}\{\bar{\mathbf{K}}_{11}\} &= (E_{[1]}A_{[1]}/L_{[1]},\ E_{[2]}A_{[2]}/L_{[2]},\ \cdots\cdots,\ E_{[r]}A_{[r]}/L_{[r]})^T,\\ \{\bar{\mathbf{K}}_{22}\} &= 12(E_{[1]}I_{[1]}/L^3_{[1]},\ E_{[2]}I_{[2]}/L^3_{[2]},\cdots\cdots,\ E_{[r]}I_{[r]}/L^3_{[r]})^T,\\ \{\bar{\mathbf{K}}_{23}\} &= 6(E_{[1]}I_{[1]}/L^2_{[1]},\ E_{[2]}I_{[2]}/L^2_{[2]},\ \cdots\cdots,\ E_{[r]}I_{[r]}/L^2_{[r]})^T,\\ \{\bar{\mathbf{K}}_{33}\} &= 4(E_{[1]}I_{[1]}/L_{[1]},\ E_{[2]}I_{[2]}/L_{[2]},\ \cdots\cdots,\ E_{[r]}I_{[r]}/L_{[r]})^T,\end{aligned}\right. \tag{3.38}$$

其中 $E_{[s]}$，$A_{[s]}$，$I_{[s]}$ 和 $L_{[s]}$ 分别表示第 s 个单元的弹性模量、横截面积、惯性矩和长度．

(1) 形成如下 5 个长均为 r 的向量

$$\left\{\begin{aligned}\{\mathbf{K}_{11}\} &= \cos^2\alpha \times \{\bar{\mathbf{K}}_{11}\} + \sin^2\alpha \times \{\bar{\mathbf{K}}_{22}\},\\ \{\mathbf{K}_{21}\} &= \sin\alpha\cos\alpha \times (\{\bar{\mathbf{K}}_{11}\} - \{\bar{\mathbf{K}}_{22}\}),\\ \{\mathbf{K}_{31}\} &= -\sin\alpha \times \{\bar{\mathbf{K}}_{23}\},\\ \{\mathbf{K}_{22}\} &= \sin^2\alpha \times \{\bar{\mathbf{K}}_{11}\} + \cos^2\alpha \times \{\bar{\mathbf{K}}_{22}\},\\ \{\mathbf{K}_{32}\} &= \cos\alpha \times \{\bar{\mathbf{K}}_{23}\}.\end{aligned}\right. \tag{3.39}$$

(2) 根据 (1)，就可同时得到这 r 个单元的单元刚度矩阵．

$$[\bar{\mathbf{K}}] = \begin{bmatrix} \mathbf{K}_{11} & & & & & \\ \mathbf{K}_{21} & \mathbf{K}_{22} & & & \text{对称} & \\ \mathbf{K}_{31} & \mathbf{K}_{32} & \bar{\mathbf{K}}_{33} & & & \\ -\mathbf{K}_{11} & -\mathbf{K}_{21} & -\mathbf{K}_{31} & \mathbf{K}_{11} & & \\ -\mathbf{K}_{21} & -\mathbf{K}_{22} & -\mathbf{K}_{32} & \mathbf{K}_{21} & \mathbf{K}_{22} & \\ \mathbf{K}_{31} & \mathbf{K}_{32} & \bar{\mathbf{K}}_{33}/2 & -\mathbf{K}_{31} & -\mathbf{K}_{32} & \bar{\mathbf{K}}_{33} \end{bmatrix}$$

$$\xrightarrow{\text{记为}} [\mathbf{K}^*_{ij}], \tag{3.40}$$

矩阵 $[\bar{K}]$ 的元素 $\{\mathbf{K}^*_{ij}\}$ 写成分量形式有

$$\{\mathbf{K}^*_{ij}\} = (k^{[1]}_{ij}, k^{[2]}_{ij}, \cdots, k^{[r]}_{ij})^T,\ i,j = 1,2,\cdots,6,$$

这里 $k_{ij}^{[s]}$, $s=1, 2, \cdots, r$ 就表示第 s 个单元的单元刚度矩阵 (i, j) 位置处的元素值，所以每次计算就可同时计算出多个单元刚度矩阵同一位置处的元素。

从上述算法的计算过程可以看出，r 个单元的刚度矩阵向量元素只需计算 5 个，从而大大减少了计算量，并充分发挥了向量计算机的效率。

3.2.3 板膜结构单元的并行计算

板、膜或壳结构的有限元分析是有限元方法中最复杂的。一是本身描述这些结构受力状态的微分方程很复杂，二是要根据力学理论构造的单元必须满足某些特定条件。有关板、膜单元的类型是很丰富的。这里主要以三角形膜元为例，概括地将板、膜或壳结构单元刚度矩阵的并行计算加以叙述。

我们仍然是要并行计算 r 个单元的刚度矩阵。为此，首先要并行计算 r 个单元的弹性矩阵 $[\bar{\mathbf{C}}]$，应变矩阵 $[\bar{\mathbf{B}}]$。这里 $[\bar{\mathbf{C}}]$, $[\bar{\mathbf{B}}]$ 仍然表示元素本身为向量的矩阵。即 $[\bar{\mathbf{C}}]=[\bar{\mathbf{C}}_{ij}]$, $[\bar{\mathbf{B}}]=[\bar{\mathbf{B}}_{ij}]$，而

$$\{\bar{\mathbf{C}}_{ij}\}=(c_{ij}^{[1]},c_{ij}^{[2]},\cdots\cdots,c_{ij}^{[r]})^T,$$
$$\{\bar{\mathbf{B}}_{ij}\}=(b_{ij}^{[1]},b_{ij}^{[2]},\cdots\cdots,b_{ij}^{[r]})^T,$$

其中 $c_{ij}^{[s]}$, $b_{ij}^{[s]}$ 分别表示第 s 个单元的弹性矩阵 $[\mathbf{C}]$ 和应变矩阵 $[\mathbf{B}]$ 在 (i, j) 位置处的元素值。下面给出并行计算的基本计算过程[90]。

(1) 对于 $i=1, 2, 3$

(i) 并行选取节点编号向量

$$\{\bar{\mathbf{I}}_i\}=(I_{i[1]},I_{i[2]},\cdots,I_{i[r]})^T, \tag{3.41}$$

其中 $I_{i[s]}$ 是第 s 个单元的第 i 个节点的编号。

(ii) 并行选取节点的坐标向量

$$\begin{cases}\{\bar{\mathbf{X}}_i\}=(x_{i[1]},x_{i[2]},\cdots,x_{i[r]})^T,\\ \{\bar{\mathbf{Y}}_i\}=(y_{i[1]},y_{i[2]},\cdots,y_{i[r]})^T,\\ \{\bar{\mathbf{Z}}_i\}=(z_{i[1]},z_{i[2]},\cdots,z_{i[r]})^T,\end{cases} \tag{3.42}$$

其中 $x_{i[s]}$, $y_{i[s]}$, $z_{i[s]}$分别表示第 s 个单元的第 i 个节点的 x,y,z 的坐标值.

(iii) 并行选取弹性模量向量 $\{\bar{\mathbf{E}}\}$, 泊松比向量 $\{\bar{\mathbf{V}}\}$ 和膜元厚度向量 $\{\bar{\mathbf{t}}\}$.

$$\begin{cases}\{\bar{\mathbf{E}}\} = (E_{[1]}, E_{[2]}, \cdots, E_{[r]})^T, \\ \{\bar{\mathbf{V}}\} = (v_{[1]}, v_{[2]}, \cdots, v_{[r]})^T, \\ \{\bar{\mathbf{t}}\} = (t_{[1]}, t_{[2]} \cdots, t_{[r]})^T,\end{cases} \tag{3.43}$$

其中 $E_{[s]}, v_{[s]}$ 与 $t_{[s]}$ 分别表示第 s 个单元的弹性模量,泊松比和厚度.

(2) 并行计算

$$\begin{cases}\{\bar{\mathbf{X}}_{ij}\} = \{\bar{\mathbf{X}}_j\} - \{\bar{\mathbf{X}}_i\}, \\ \{\bar{\mathbf{Y}}_{ij}\} = \{\bar{\mathbf{Y}}_j\} - \{\bar{\mathbf{Y}}_i\}, \quad i = 1, \ j = 2,3. \\ \{\bar{\mathbf{Z}}_{ij}\} = \{\bar{\mathbf{Z}}_j\} - \{\bar{\mathbf{Z}}_i\}.\end{cases} \tag{3.44}$$

(3) 并行计算膜元面积向量

$$\{\bar{\mathbf{A}}\} = (\{\bar{\mathbf{\Delta}}_1\}^2 + \{\bar{\mathbf{\Delta}}_2\}^2 + \{\bar{\mathbf{\Delta}}_3\}^2)^{1/2}/2, \tag{3.45}$$

其中

$$\begin{cases}\{\bar{\mathbf{\Delta}}_1\} = \{\bar{\mathbf{Y}}_{12}\} \times \{\bar{\mathbf{Z}}_{13}\} - \{\bar{\mathbf{Y}}_{13}\} \times \{\bar{\mathbf{Z}}_{12}\}, \\ \{\bar{\mathbf{\Delta}}_2\} = \{\bar{\mathbf{X}}_{13}\} \times \{\bar{\mathbf{Z}}_{12}\} - \{\bar{\mathbf{X}}_{12}\} \times \{\bar{\mathbf{Z}}_{13}\}, \\ \{\bar{\mathbf{\Delta}}_3\} = \{\bar{\mathbf{X}}_{12}\} \times \{\bar{\mathbf{Y}}_{13}\} - \{\bar{\mathbf{X}}_{13}\} \times \{\bar{\mathbf{Y}}_{12}\}.\end{cases} \tag{3.46}$$

将 $\{\bar{\mathbf{A}}\}$ 表示成分量形式,有

$$\{\bar{\mathbf{A}}\} = (A_{[1]}, A_{[2]}, \cdots, A_{[r]})^T,$$

其中 $A_{[s]}(s = 1,2,\cdots,r)$表示第 s 个单元的面积.

(4) 并行计算

$$\begin{cases}\{\bar{\mathbf{L}}_2\} = (\{\bar{\mathbf{X}}_{12}\}^2 + \{\bar{\mathbf{Y}}_{12}\}^2 + \{\bar{\mathbf{Z}}_{12}\}^2)^{1/2}, \\ \{\bar{\mathbf{L}}_3\} = (\{\bar{\mathbf{X}}_{13}\}^2 + \{\bar{\mathbf{Y}}_{13}\}^2 + \{\bar{\mathbf{Z}}_{13}\}^2)^{1/2}, \\ \{\bar{\mathbf{E}}_3\} = (\{\bar{\mathbf{X}}_{12}\} \times \{\bar{\mathbf{X}}_{13}\} + \{\bar{\mathbf{Y}}_{12}\} \times \{\bar{\mathbf{Y}}_{13}\} \\ \qquad + \{\bar{\mathbf{Z}}_{12}\} \times \{\bar{\mathbf{Z}}_{13}\})/\{\bar{\mathbf{L}}_2\}, \\ \{\bar{\mathbf{E}}_4\} = (\{\bar{\mathbf{L}}_3\}^2 - \{\bar{\mathbf{E}}_3\}^2)^{1/2}, \\ \{\bar{\mathbf{E}}_5\} = \{\bar{\mathbf{E}}_4\} - \{\bar{\mathbf{E}}_3\}, \\ \{\bar{\mathbf{E}}_2\} = \{\bar{\mathbf{L}}_2\}.\end{cases} \tag{3.47}$$

(5) 并行计算

$$\begin{cases}(\bar{\mathbf{T}}_{x_1},\bar{\mathbf{T}}_{x_2},\bar{\mathbf{T}}_{x_3})^T = (\bar{\mathbf{X}}_{12},\bar{\mathbf{Y}}_{12},\bar{\mathbf{Z}}_{12})^T/\{\bar{\mathbf{L}}_2\} \\ (\bar{\mathbf{T}}_{y_1},\bar{\mathbf{T}}_{y_2},\bar{\mathbf{T}}_{y_3})^T = \frac{1}{2}\times([\bar{\mathbf{X}}_{13},\bar{\mathbf{Y}}_{13},\bar{\mathbf{Z}}_{13}]^T\times\{\bar{\mathbf{L}}_2\} \\ \quad -[\bar{\mathbf{X}}_{12},\bar{\mathbf{Y}}_{12},\bar{\mathbf{Z}}_{12}]^T\times\{\bar{\mathbf{E}}_3\})/\{\bar{\mathbf{A}}\}\end{cases} \tag{3.48}$$

(6) 并行计算应变矩阵 $[\bar{\mathbf{B}}]$

$$[\bar{\mathbf{B}}]=[[\bar{\mathbf{a}}_1]^T,[\bar{\mathbf{a}}_2]^T,[\bar{\mathbf{a}}_3]^T]^T, \tag{3.49}$$

其中

$$[\bar{\mathbf{a}}_1]=\begin{bmatrix}-\frac{1}{2}\times[\bar{\mathbf{T}}_{x_1},\bar{\mathbf{T}}_{x_2},\bar{\mathbf{T}}_{x_3}]^T\times\{\bar{\mathbf{E}}_4\}/\{\bar{\mathbf{A}}\} \\ \frac{1}{2}\times[\bar{\mathbf{T}}_{y_1},\bar{\mathbf{T}}_{y_2},\bar{\mathbf{T}}_{y_3}]^T\times\{\bar{\mathbf{E}}_5\}/\{\bar{\mathbf{A}}\} \\ \frac{1}{2}\times([\bar{\mathbf{T}}_{x_1},\bar{\mathbf{T}}_{x_2},\bar{\mathbf{T}}_{x_3}]^T\times\{\bar{\mathbf{E}}_5\}-[\bar{\mathbf{T}}_{y_1},\bar{\mathbf{T}}_{y_2},\bar{\mathbf{T}}_{y_3}]^T \\ \times\{\bar{\mathbf{E}}_4\})/\{\bar{\mathbf{A}}\},\end{bmatrix}$$

$$[\bar{\mathbf{a}}_2]=\begin{bmatrix}\frac{1}{2}\times[\bar{\mathbf{T}}_{x_1},\bar{\mathbf{T}}_{x_2},\bar{\mathbf{T}}_{x_3}]^T\times\{\bar{\mathbf{E}}_4\}/\{\bar{\mathbf{A}}\} \\ -\frac{1}{2}\times[\bar{\mathbf{T}}_{y_1},\bar{\mathbf{T}}_{y_2},\bar{\mathbf{T}}_{y_3}]^T\times\{\bar{\mathbf{E}}_3\}/\{\bar{\mathbf{A}}\} \\ \frac{1}{2}\times([\bar{\mathbf{T}}_{y_1},\bar{\mathbf{T}}_{y_2},\bar{\mathbf{T}}_{y_3}]^T\times\{\bar{\mathbf{E}}_4\}-[\bar{\mathbf{T}}_{x_1},\bar{\mathbf{T}}_{x_2},\bar{\mathbf{T}}_{x_3}]^T \\ \times\{\bar{\mathbf{E}}_3\})/\{\bar{\mathbf{A}}\},\end{bmatrix}$$

$$[\bar{\mathbf{a}}_3]=\begin{bmatrix}[0,0,0]^T \\ \frac{1}{2}\times[\bar{\mathbf{T}}_{y_1},\bar{\mathbf{T}}_{y_2},\bar{\mathbf{T}}_{y_3}]^T\times\{\bar{\mathbf{E}}_2\}/\{\bar{\mathbf{A}}\} \\ \frac{1}{2}\times[\bar{\mathbf{T}}_{x_1},\bar{\mathbf{T}}_{x_2},\bar{\mathbf{T}}_{x_3}]^T\times\{\bar{\mathbf{E}}_2\}/\{\bar{\mathbf{A}}\}\end{bmatrix}.$$

(7) 并行计算弹性矩阵 $[\bar{\mathbf{C}}]$

$$[\bar{\mathbf{C}}]=\frac{\{\bar{\mathbf{E}}\}\times\{\bar{\mathbf{t}}\}\times\{\bar{\mathbf{A}}\}}{1-\{\mathbf{V}\}^T\{\mathbf{V}\}}\begin{pmatrix}\{\bar{\mathbf{I}}\} & \{\bar{\mathbf{V}}\} & 0 \\ \{\bar{\mathbf{V}}\} & \{\bar{\mathbf{I}}\} & 0 \\ 0 & 0 & (\{\bar{\mathbf{I}}\}-\{\bar{\mathbf{V}}\})/2\end{pmatrix}, \tag{3.50}$$

其中 $\{\bar{\mathbf{I}}\} = (1,1,\cdots,1)^T$ 是 r 维向量.

(8) 并行计算单元刚度矩阵 $[\bar{\mathbf{K}}]$

$$[\bar{\mathbf{K}}] = [\bar{\mathbf{B}}]^T[\bar{\mathbf{C}}][\bar{\mathbf{B}}]. \tag{3.51}$$

在上述的并行计算中,向量长度是同时计算的单元个数 r. 所以对中、大型结构分析问题,膜单元刚度矩阵的并行计算过程的向量化程度是非常高的,因而并行计算的效率也是很好的.

至此,我们已经讨论了三类单元的单元刚度矩阵的向量化计算方法. 尽管单元的类型不同,但进行并行化处理的思想是一致的. 这就是:设法同时计算若干个单元刚度矩阵若干相同行列位置处的元素,而这些相同行列位置处的元素是以向量形式表达的,并且是由相同阶数的一系列向量之间的运算而得到的. 同时计算的单元数量 r 的大小,可视具体的并行计算机而定. 对于纵向加工向量机如 STAR-100 或 CYBER-205 并行机来说, r 取得越大越好,而对于纵横加工向量机如 CRAY-1 或 YH-1 并行机来说, r 最好取其寄存器长度的整数倍. 总之,单元刚度矩阵的向量化算法的效率取决于整个计算过程中向量运算所占的比重和向量运算中向量长度的大小.

此外,还有一点要说明的是,目前大型结构分析问题中,往往采取多种类型的单元将结构剖分. 这样会给并行计算带来一些麻烦. 采取的措施是:将各类型的单元进行归类,使相同类型的单元集中在一起,将各类单元的数据有选择地按单元进行分配. 最后,按各类单元刚度矩阵的并行计算方法分别进行计算.

3.2.4 单元质量矩阵的并行计算

在结构动力分析中,还需要考虑结构的质量因素,即对每个单元还要计算单元质量矩阵,对总体结构计算总质量矩阵. 总质量矩阵 $[\mathbf{M}]$ 是通过各单元质量矩阵 $[\mathbf{M}^{(e)}]$迭加而得到的. 单元质量矩阵的形成一般有两种方式. 一种是集中质量法,形成的单元质量矩阵为对角矩阵. 另一种是利用与计算单元刚度矩阵相同的形状函数来计算,形成所谓的一致质量矩阵,它是由对角子矩阵组成的块阵. 两种单元质量矩阵在力学上各有特点. 为了便于组织向量化计算,采用后一种类型. 以二维等参元为例予以研究. 这时,单元质量矩阵的数学表达式为

$$[\mathbf{M}^{(e)}] = \int_{\Omega^{(e)}} [\mathbf{\Phi}]^T[\mathbf{P}][\mathbf{\Phi}]\det[\mathbf{J}]d\Omega, \qquad (3.52)$$

式中 $[\mathbf{\Phi}]$ 是形状函数矩阵, 由单元的形状函数构成; $[\mathbf{P}]$ 为密度矩阵,它是对角阵. 为求出数值解, 对 (3.52) 式应用 Gauss 数值求积公式,得

$$[\mathbf{M}^{(e)}] = \sum_{l=1}^{n} w_{(l)}\det[\mathbf{J}]_{(l)}[\mathbf{\Phi}]_{(l)}^T[\mathbf{P}]_{(l)}[\mathbf{\Phi}]_{(l)}, \qquad (3.53)$$

其中$[\mathbf{\Phi}] = [\mathbf{\Phi}^1\mathbf{\Phi}^2\cdots\mathbf{\Phi}^m]$,$[\mathbf{\Phi}^j] = N^j\cdot[\mathbf{I}]$, $j = 1, 2, \cdots, m$. $[\mathbf{I}]$ 是 $d\times d$ 阶单位矩阵, d 为节点上的自由度. 如果将 $[\mathbf{M}^{(e)}]$ 表示为同 $[\mathbf{K}^{(e)}]$ 一致的分块矩阵,则有

$$[\mathbf{M}^{(e)}] = \begin{pmatrix} [\mathbf{M}_{11}] & & & \\ [\mathbf{M}_{21}] & [\mathbf{M}_{22}] & & \text{对称} \\ \vdots & \vdots & & \\ [\mathbf{M}_{m1}] & [\mathbf{M}_{m2}] & \cdots & [\mathbf{M}_{mm}] \end{pmatrix}$$

图 3.8 线性结构的单元质量矩阵

且其中各块 $[\mathbf{M}_{ij}]$ 可分别用下式计算:

$$[\mathbf{M}_{ij}] = \sum_{l=1}^{n} w_{(l)}\det[\mathbf{J}]_{(l)}[\mathbf{\Phi}^i]_{(l)}^T[\mathbf{P}]_{(l)}[\mathbf{\Phi}^j]_{(l)}. \qquad (3.54)$$

与单元刚度矩阵的并行计算思想相似, 单元质量矩阵的并行计算也是设法每次同时计算多个单元质量矩阵的某一或若干相同位置处的元素. 进一步,对比 (3.54) 与 (3.3) 式,可以看出单元质量矩阵某块 $[\mathbf{M}_{ij}]$ 的计算与单元刚度矩阵某块 $[\mathbf{K}_{ij}]$ 的计算有完全一致的计算格式, 所以前面介绍的组织单元刚度矩阵的并行计算的方法完全适用于组织单元刚度矩阵的并行计算. 但事实上, 因为 $[\mathbf{\Phi}^j]$,$j = 1, 2, \cdots, m$ 以及 $[\mathbf{P}]$ 都是对角阵,较 $[\mathbf{B}^j]$,

$j=1,2,\cdots,m$ 和 $[\mathbf{C}]$ 有较简单的结构，由此计算出的块 $[\mathbf{M}_{ij}]$ 不再象 $[\mathbf{K}_{ij}]$ 那样是一 $d\times d$ 的满矩阵，而是一对角阵，即 $[\mathbf{M}^{(e)}]$ 是一由对角子矩阵组成的块阵，如图 3.9 所示。所以，单元质量矩阵的计算比单元刚度矩阵的计算相对要简单些，可以设计更为简单的单元质量矩阵并行计算方法。

下面，首先介绍二个每次同时计算多个单元质量矩阵同一位置处的元素的并行计算方法。这二个算法分别以算法 ESCYH-1 和 ESCYH-2 为基础，我们称之为算法 EMCYH-1 和 EMCYH-2。

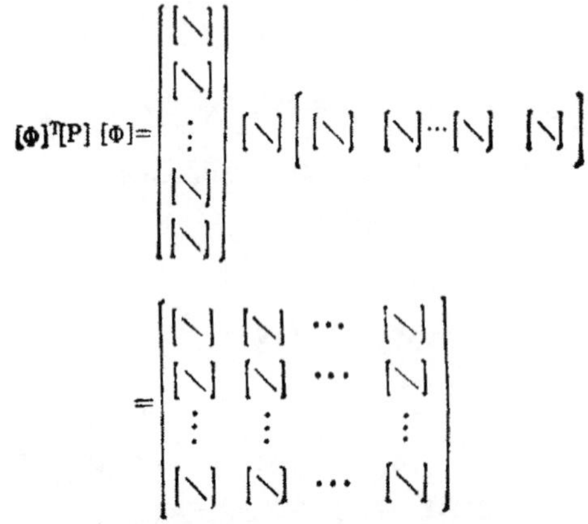

$$[\Phi]^T[P][\Phi]=\begin{bmatrix}[\diagdown]\\ [\diagdown]\\ \vdots\\ [\diagdown]\\ [\diagdown]\end{bmatrix}[\diagdown]\begin{bmatrix}[\diagdown] & [\diagdown]\cdots[\diagdown] & [\diagdown]\end{bmatrix}$$

$$=\begin{bmatrix}[\diagdown] & [\diagdown] & \cdots & [\diagdown]\\ [\diagdown] & [\diagdown] & \cdots & [\diagdown]\\ \vdots & \vdots & & \vdots\\ [\diagdown] & [\diagdown] & \cdots & [\diagdown]\end{bmatrix}$$

图 3.9 $[\mathbf{M}^{(e)}]$ 的块结构形式

算法 3.5——二维等参元单元质量矩阵的并行计算方法 EMCYH-1.

算　法　描　述	LEN
第一阶段：计算母单元形状函数向量 $\{\tilde{\mathbf{N}}^j\}$, $j=1,2,\cdots,m$。 (1) 取算法 3.1 中的 $\{\tilde{\mathbf{N}}^j\}$，即 $\{\tilde{\mathbf{N}}^j\}=(\tilde{\mathbf{N}}^j_{[1]},\tilde{\mathbf{N}}^j_{[2]},\cdots,\tilde{\mathbf{N}}^j_{[r]})$, $j=1,2,\cdots,m$, 其中	nr

（续）

算法描述	LEN
$\{\tilde{\mathbf{N}}^j_{[t]}\} = (N^j_{(1)}, N^j_{(2)}, \cdots, N^j_{(n)}),$ $j = 1,2,\cdots,m;\ t = 1,2,\cdots,r,$ 而 $N^j_{(s)}$ 表示 N^j 在第 s 个数值积分点处的值。	n
第二阶段：计算 r 个单元的质量系数向量 $\{\bar{\mathbf{M}}^p_{ij}\}$，$i$，$j=1,2,\cdots,m$；$p=1,2,\cdots,d$，$i \geqslant j$。 （2）$\{\mathbf{M}_{ij}\} = \{\tilde{\mathbf{N}}^i\} \times \{\tilde{\mathbf{N}}^j\}$，$i \geqslant j, j = 1,2,\cdots,m$.	nr
（3）形成权系数向量 $\{\bar{\mathbf{W}}\}$（$\{\bar{\mathbf{W}}\}$ 的形式同算法 3.1 中的权系数向量 $\{\bar{\mathbf{W}}\}$ 的选取），并计算 $\{\mathbf{T}_{ij}\} = \{\bar{\mathbf{W}}\} \times \{\mathbf{M}_{ij}\}$，$i \geqslant j$，$j = 1,2,\cdots,m$。 这时 $\{\mathbf{T}_{ij}\}$ 写成分量形式有 $\{\tilde{\mathbf{T}}_{ij}\} = ((t_{ij})^{[1]}_{(1)}, (t_{ij})^{[1]}_{(2)}, \cdots (t_{ij})^{[1]}_{(n)}, (t_{ij})^{[2]}_{(1)}, (t_{ij})^{[2]}_{(2)}, \cdots, (t_{ij})^{[2]}_{(n)}, \cdots, (t_{ij})^{[r]}_{(1)}, (t_{ij})^{[r]}_{(2)}, \cdots, (t_{ij})^{[r]}_{(n)})$.	nr
（4）分段求和，形成向量 $\{\bar{\mathbf{M}}_{ij}\}(i \geqslant j, j = 1,\cdots,m)$. $\{\bar{\mathbf{M}}_{ij}\} = \left(\sum_{l=1}^{n} (t_{ij})^{[1]}_{(l)},\ \sum_{l=1}^{n} (t_{ij})^{[2]}_{(l)},\ \cdots,\ \sum_{l=1}^{n} (t_{ij})^{[r]}_{(l)}\right)$.	r
（5）求出 r 个单元的质量矩阵 (i,j) 块中第 p 个对角元位置处的质量系数向量 $\{\bar{\mathbf{M}}^p_{ij}\}$，$i \geqslant j, j = 1,\cdots,m, p=1,2,\cdots,d$。 (a) 如果这 r 个单元的材料密度均匀，均为 ρ，那么这时 $\{\bar{\mathbf{M}}^p_{ij}\} = \rho\{\bar{\mathbf{M}}_{ij}\}$，$i \geqslant j, j = 1,2,\cdots,m;$ $p = 1,2,\cdots,d$。	r
(b) 如果密度不均匀，那么 $\{\bar{\mathbf{M}}^p_{ij}\} = \rho_p\{\bar{\mathbf{M}}_{ij}\}$，$i \geqslant j$，$j = 1,2,\cdots,m;$ $p = 1,2,\cdots,d$。 这里 ρ_p 是 $[\mathbf{P}]$ 的第 p 个对角元。	r

算法 3.6——二维等参元单元质量矩阵的并行计算方法 EM CYH-2

算　法　描　述	LEN
第一阶段：形成各数值积分点处 r 个单元的母单元形状函数向量 $\{\bar{\mathbf{N}}^j_{(k)}\}$，$j=1,2,\cdots,m$；$k=1,\cdots,n$.	
(1) 取算法 3.2 中的 $\{\bar{\mathbf{N}}^j_{(k)}\}$，$j=1,2,\cdots,m$，$k=1,\cdots,n$，即 $\{\bar{\mathbf{N}}^j_{(k)}\}=(N^j_{(k)},N^j_{(k)},\cdots,N^j_{(k)})$.	r
第二阶段：计算 r 个单元的质量系数向量 $\{\bar{\mathbf{M}}^p_{ij}\}$，$i\geqslant j$，$j=1,2,\cdots,m$；$p=1,2,\cdots,d$.	
(2) $\{\tilde{\mathbf{M}}_{ij}(k)\}=\{\bar{\mathbf{N}}^i_{(k)}\}\times\{\bar{\mathbf{N}}^j_{(k)}\},i\geqslant j$，$j=1,2,\cdots,m$；$k=1,2,\cdots,n$.	r
(3) 形成权系数向量 $\{\bar{\mathbf{W}}_{(k)}\}$，$k=1,2,\cdots,n$. ($\{\bar{\mathbf{W}}_{(k)}\}$ 的形式同算法 3.2 中的权系数向量 $\{\bar{\mathbf{W}}_{(k)}\}$ 的选取),并计算 $\{\tilde{\mathbf{T}}_{ij(k)}\}=\{\bar{\mathbf{W}}_{(k)}\}\times\{\tilde{\mathbf{M}}_{ij(k)}\}$，$i\geqslant j$，$j=1,2,\cdots,m$；$k=1,\cdots,n$.	r
(4) 向量求和,形成向量 $\{\bar{\mathbf{M}}_{ij}\}$. $\{\bar{\mathbf{M}}_{ij}\}=\sum_{k=1}^{n}\{\tilde{\mathbf{T}}_{ij(k)}\}$，$i\geqslant j$，$j=1,2,\cdots,m$.	r
(5) 求出 r 个单元的质量矩阵 (i,j) 块中第 p 个对角元位置处的质量系数向量 $\{\bar{\mathbf{M}}^p_{ij}\}$，$i\geqslant j$，$j=1,2,\cdots,m$；$p=1,2,\cdots,d$.	
(a) 如果这 r 个单元的材料密度均匀均为 ρ，那么 $\{\bar{\mathbf{M}}^{ij}_p\}=\rho\{\bar{\mathbf{M}}_{ij}\}$，$i\geqslant j$，$j=1,2,\cdots,m$；$p=1,\cdots,d$.	r
(b) 如果密度不均匀,那么 $\{\bar{\mathbf{M}}^{ij}_p\}=\rho_p\{\bar{\mathbf{M}}_{ij}\}$，$i\geqslant j,j=1,2,\cdots,m$；$p=1,\cdots,d$.	r

其次再介绍一个每次同时计算 r 个单元的分块单元质量矩阵各块在同一位置处的系数的并行计算方法。这个算法与算法 ES-VC 相对应，称之为算法 EMVC.

算法3.7——二维等参元单元质量矩阵的并行计算方法EMVC.

算　法　描　述	LEN
这里 ρ_p 是 $[\mathbf{P}]$ 的第 p 个对角元.	
第一阶段：形成母单元形状函数向量 $\{\tilde{\mathbf{N}}^j\}, j=1,2,\cdots,m$.	
(1) 取算法 3.3 中的 $\{\tilde{\mathbf{N}}^j\}$，即 $\{\tilde{\mathbf{N}}^j\}=(\tilde{\mathbf{N}}^j_{[1]},\tilde{\mathbf{N}}^j_{[2]},\cdots,\tilde{\mathbf{N}}^j_{[r]}), j=1,2,\cdots,m$.	nr
第二阶段：$w_{(l)}\det[\mathbf{J}]_{(l)}[\boldsymbol{\Phi}]^T_{(l)}$ 的计算，形成向量 $\{\tilde{\mathbf{T}}^j\}, j=1,2,\cdots,m$.	
(2) 取算法 3.3 中的权系数向量 $\{\bar{\mathbf{W}}\}$，计算 $\{\tilde{\mathbf{T}}^j\}=\{\bar{\mathbf{W}}\}\times\{\tilde{\mathbf{N}}^j\}, j=1,2,\cdots,m$.	nr
第三阶段：计算 r 个单元的质量系数向量 $\{\bar{\mathbf{M}}_p\}, p=1,2,\cdots,d$.	
(3) 首先形成以下两个向量 $\{\tilde{\mathbf{A}}\}$，$\{\mathbf{B}\}$. $\{\mathbf{A}\}=(\underbrace{\mathbf{T}^1,\tilde{\mathbf{T}}^1,\cdots,\tilde{\mathbf{T}}^1}_{m个} \vdots \underbrace{\tilde{\mathbf{T}}^2,\tilde{\mathbf{T}}^2,\cdots,\tilde{\mathbf{T}}^2}_{m-1个}, \vdots \underbrace{\mathbf{T}^3,\tilde{\mathbf{T}}^3,\cdots,\mathbf{T}^3}_{m-2个} \vdots \cdots, \vdots \underbrace{\tilde{\mathbf{T}}^{m-1},\tilde{\mathbf{T}}^{m-1}}_{2个} \vdots \underbrace{\tilde{\mathbf{T}}^m}_{1个}),$	$\frac{n}{2}m(m+1)r$
$\{\tilde{\mathbf{B}}\}=(\underbrace{\tilde{\mathbf{N}}^1,\tilde{\mathbf{N}}^2,\cdots,\tilde{\mathbf{N}}^m}_{m个}, \vdots \underbrace{\tilde{\mathbf{N}}^2,\tilde{\mathbf{N}}^3,\cdots,\tilde{\mathbf{N}}^m}_{m-1个}, \vdots \underbrace{\tilde{\mathbf{N}}^3,\tilde{\mathbf{N}}^4,\cdots,\tilde{\mathbf{N}}^m}_{m-2个}, \vdots \cdots \vdots \underbrace{\tilde{\mathbf{N}}^{m-1},\tilde{\mathbf{N}}^m}_{2个}, \vdots \underbrace{\tilde{\mathbf{N}}^m}_{1个}).$	$\frac{n}{2}m(m+1)r$
其次形成一个向量 $\{\tilde{\mathbf{C}}\}$， $\{\tilde{\mathbf{C}}\}=\{\mathbf{A}\}\times\{\tilde{\mathbf{B}}\}.$	$\frac{n}{2}m(m+1)r$
(4) 单元质量系数向量 $\{\bar{\mathbf{M}}_p\}$ 的产生.	

（续）

算法描述	LEN
(a) 分段求和，进行 $n-1$ 次向量长度为 $\frac{1}{2}m(m+1)r$ 的向量和，把 $\{\tilde{\mathbf{C}}\}$ 的每连续 n 个值压缩成一个值，最后得到一长度为 $\frac{1}{2}m(m+1)r$ 的向量 $\{\tilde{\mathbf{M}}\}$， $\{\tilde{\mathbf{M}}\}=(m^{11}_{[1]},m^{11}_{[2]},\cdots,m^{11}_{[r]},\ m^{21}_{[1]},m^{21}_{[2]},\cdots,m^{21}_{[r]},\ \cdots,$ $m^{m1}_{[1]},m^{m1}_{[2]},\cdots,m^{m1}_{[r]},\ m^{22}_{[1]},m^{22}_{[2]},\cdots,m^{22}_{[r]},\ \cdots,$ $m^{mm}_{[1]},m^{mm}_{[2]},\cdots,m^{mm}_{[r]})$.	$\frac{1}{2}m(m+1)r$
(b) 求出 r 个单元的分块质量矩阵的各块在第 p 个对角元处的质量系数向量 $\{\bar{\mathbf{M}}_p\}$，$p=1,2,\cdots,d$. (i) 如果材料的密度均匀，这时只需计算与存储一个 $\{\bar{\mathbf{M}}_p\}$，即 $\{\bar{\mathbf{M}}_1\}=\{\bar{\mathbf{M}}_2\}=\cdots=\{\bar{\mathbf{M}}_d\}=\rho\times\{\tilde{\mathbf{M}}\}$.	$\frac{1}{2}m(m+1)r$
(ii) 如果密度不均匀，那么 $\{\bar{\mathbf{M}}_p\}=\rho_p\times\{\tilde{\mathbf{M}}\}$，$p=1,2,\cdots,d$ 这里 ρ_p 是 [P] 的第 p 个对角元.	$\frac{1}{2}m(m+1)r$

§3.3 总刚度矩阵的并行装配

单元分析完成之后，接着就是建立总平衡方程组以求出各节点的位移，其主要内容就是装配总刚度矩阵．对大型结构分析问题，以往的串行有限元分析过程均不是在计算机内存中一次建立总平衡方程组；因为当问题规模极大，从而节点总数目也很大时，总刚度矩阵的阶数太大，以致在计算机内存中无法存储下．为此，串行处理时一般有两类方法，一种是采用把总刚度矩阵分块存储在外存中的方法，SAP 系列程序库中就是用的这一方法.另一种是采用所谓的波前法，其过程是边进行有限单元分析边消去，从而避免总刚度矩阵的生成，ANSYS 程序系统中就采用了这一方法. 不过，这两种方法都需要内外存之间的频繁的数据交换，所以进行一次较大规模的问题的计算往往是很费时的.然而，当在并行计算机上进行有限元分析时，由于现代巨型并行机一般也相应带有相当大的内存，所以在内存中一次形成总刚度矩阵一般是可能的.这就为我们讨论总刚度矩阵的并行计算创造了条件. 即使问题的规模大得不能在内存中装下总刚度矩阵，考虑分块方法，而且每块本身可以相当大，只要内存能装得下各块，就可以解决问题. 所以本节讨论的重点是在内存中能够完全存储下总刚度矩阵的情形.

3.3.1 总刚度矩阵装配的并行性分析

众所周知，总刚度矩阵是将所有单元刚度矩阵按照其节点编号依据“对号入座”的原则进行装配而得来的.

$$[\mathbf{K}] = \Sigma[\mathbf{K}^{(e)}]. \tag{3.55}$$

由于相邻单元之间存在共同节点，总刚度矩阵的装配不能象单元分析阶段那样完全是并行的，即所有单元的单元刚度矩阵不可能向总刚度阵中实现一次性迭加，否则就有可能在计算过程中发生存取冲突和计算错误.

进一步分析知道，总刚度矩阵装配阶段最大的并行只能在于每次同时迭加互相没有共同节点的多个单元的刚度阵的所有元素，或者每次同时迭加所有单元刚度阵中那些不致于导致存取冲突和计算结果错误，能保证总刚度阵各位置处的元素在每次的同时计算中只被一个单元所影响的所有元素. 当然，根据具体情况，在实际计算过程中也可采用不同方案. 如

① 每次同时迭加一个单元刚度矩阵多个位置处的元素；

② 每次同时迭加多个单元刚度矩阵在同一位置处的元素；

③ 每次同时迭加多个单元刚度矩阵在多个位置处的元素.

值得指出的是，总刚度矩阵装配与总刚度矩阵的存储格式紧密相关。一般地,对一个大型线性结构分析问题,其相应的总刚度矩阵是对称稀疏的.进一步,如果有限元网格节点编号遵循某种适当的规则,它还是带状的(等带宽或变带宽)。于是,正如在下一章中将要指出的，目前在计算机上常用的总刚度矩阵存储格式有二种，一是等带宽存储格式,一是变带宽存储格式.

下面,首先以算法 ESCYH-1 和算法 ESCYH-2 为基础，介绍一个等带宽格式下总刚度矩阵装配的并行计算方法。本质上它是每次同时迭加多个单元刚度矩阵同一位置处的元素。然后以算法 ESVC 为基础,介绍一个变带宽存储格式下总刚度矩阵装配的并行计算方法。其本质上则是每次同时迭加多个单元刚度阵多个位置处的元素.

3.3.2 等带宽存储格式下总刚度矩阵的并行装配[93]

1. 等带宽存储格式下总刚度矩阵的并行装配思想

经过算法 ESCYH-1 或算法ESCYH-2 的计算，得到一组向量 $\{\bar{\mathbf{K}}_{pq}^{ij}\}, i \geqslant j,\ j=1,2,\cdots,m; p、q=1,2,\cdots,d$。其中 $\{\bar{\mathbf{K}}_{pq}^{ij}\}$ 就是由同时计算的那 r 个单元的分块单元刚度阵中块 $[\mathbf{K}_{ij}]$ 上 (p,q) 位置处的元素组成的向量。本段构造总刚度矩阵并行装配方法的目的就是每次同时将某一个向量 $\{\bar{\mathbf{K}}_{pq}^{ij}\}$ 中的所有元素迭加到总刚度矩阵中去。注意一个特别情形，$r=\text{nel}$，nel 是单元总数时，这时如上的并行装配相当于每次迭加所有单元的单元刚度矩阵同一位置处的元素。于是我们自然要问，同时迭加这所有单元刚度矩阵同一位置处的元素是否满足前段所指出的要求，即是否能保证总刚度矩阵中各位置处的元素在每次的同时计算中只被一个单元所影响。事实上,一般来讲是不满足的,相应也就不能实现所设想的并行装配。但是,当在算法 ESCYH-1 或算法 ES-CYH-2 中的节点计算顺序满足一定的条件时，上述要求是可以满足的。这个条件就是同时计算的 r 个单元“相同位置”上的节点没有相同的。这个条件也可以通过单元节点编号矩阵 [E] 来描述．所谓单元节点编号矩阵是指将各单元的各节点号按节点计算顺序排成一行行，然后将这 nel 行按单元顺序组成起来所形成的矩阵．如对应图 3.1，则有

$$[\mathbf{E}] = \begin{pmatrix} 1 & 2 & 5 & 4 \\ 2 & 3 & 6 & 5 \\ 4 & 5 & 8 & 7 \\ 5 & 6 & 9 & 8 \end{pmatrix}. \tag{3.56}$$

这时上述条件就是计算时所用的节点编号矩阵 [E] 的同一列上没有同一的节点号，而这时“相同位置”的节点则理解为单元节点编号矩阵同一列上的节点．显然，(3.56) 式所示的矩阵 [E] 满足上述条件．

进一步可以知道，如果定义与某节点有联系的单元个数为此节点的相关单元数，那么当单元的节点数 m 大于或等于最大的节点相关单元数时，各单元总存在一种节点计算顺序，使得相应的矩阵 [E] 能满足条件．但是当单元的节点数 m 小于最大的节点相关单元数时，不论如何安排各单元的节点计算顺序，其节点编号阵 [E] 总无法满足上述条件．如图 4.12 所示的网格结构就是如此。

根据以上分析知道，要想每次同时将某一个向量 $\{\bar{\mathbf{K}}_{pq}^{ij}\}$ 中的所有元素迭加到总刚度矩阵中，相应的网格结构应满足给出的条件．注意到平面二维八节点等参矩形元满足此条件，所以本段将特别以二维八节点等参矩形元为单元模型，来讨论等带宽存储格式下总刚度矩阵的并行装配方法．

总刚度矩阵的等带宽存储格式为：

$$[\mathbf{K}_s] = \begin{pmatrix} k_{11} & k_{22} & \cdots & k_{N-b,N-b} & \cdots & k_{N-1,N-1} & k_{NN} \\ k_{21} & k_{32} & \cdots & k_{N-b+1,N-b} & \cdots & k_{N,N-1} & \\ \vdots & & & \vdots & \iddots & & \\ \vdots & & & \vdots & & 0 & \\ k_{b+1,1} & k_{b+2,2} & \cdots & k_{N,N-b} & & & \end{pmatrix}, \tag{3.57}$$

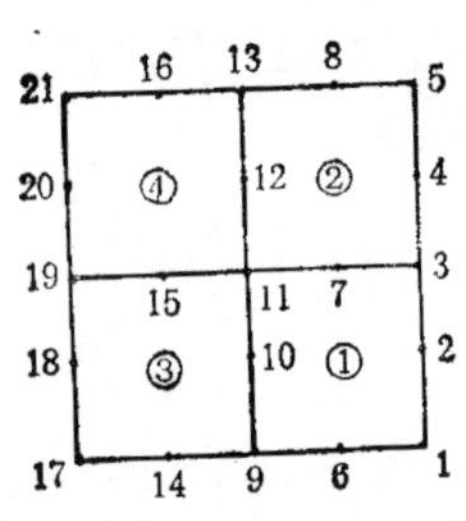

图 3.10(a) 四单元的二维八节点等参元网格

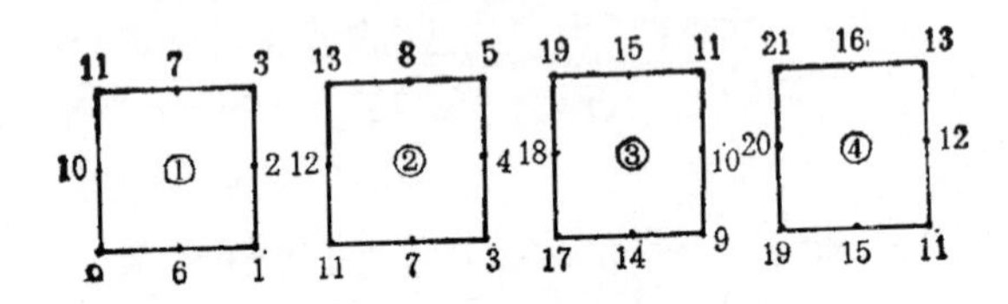

图 3.10(b) 拆开的四个二维八节点等参元

这里 b 是总刚度矩阵的半带宽，N是总刚度矩阵的阶．$[\mathbf{K}_s]$ 的第 1 行是总刚度矩阵中的对角元，第 2 行是总刚度矩阵的第 1 条次对角线元，第 3 行是总刚度矩阵的第 2 条次对角线元，……，如此等等．

我们先来分析并行计算出的单元刚度系数向量 $\{\bar{\mathbf{K}}_{pq}^{ij}\}$ 的特点．为方便说明，不妨以取出四个二维八节点等参元并行计算得到的单元刚度系数向量为例来说明．如图 3.10 表示这四个单元．根据图 3.2，类似可以设想存在一个抽象单元⊗，按其节点“I”到“VIII”的次序同时计算这四个单元的单元刚度系数，便可得到如下的向量组(设 $d=1$，这时 $\{\bar{\mathbf{K}}_{pq}^{ij}\}$ 简化为 $\{\bar{\mathbf{K}}_{ij}\}$)。

节点“I”：

$$
\left.\begin{aligned}
\{\bar{\mathbf{K}}_{11}\} &= (k_{[1]}^{11}, k_{[2]}^{11}, k_{[3]}^{11}, k_{[4]}^{11}),\\
\{\bar{\mathbf{K}}^{21}\} &= (k_{[1]}^{21}, k_{[2]}^{21}, k_{[3]}^{21}, k_{[4]}^{21}),\\
&\vdots\\
\{\bar{\mathbf{K}}^{81}\} &= (k_{[1]}^{81}, k_{[2]}^{81}, k_{[3]}^{81}, k_{[4]}^{81}).
\end{aligned}\right|
$$

节点“II”：

$$
\left.
\begin{aligned}
&\{\bar{\mathbf{K}}^{22}\}=(k_{[1]}^{22},k_{[2]}^{22},k_{[3]}^{22},k_{[4]}^{22}),\\
&\{\bar{\mathbf{K}}^{32}\}=(k_{[1]}^{32},k_{[2]}^{32},k_{[3]}^{32},k_{[4]}^{32}),\\
&\qquad\vdots\\
&\{\bar{\mathbf{K}}^{82}\}=(k_{[1]}^{82},k_{[2]}^{82},k_{[3]}^{82},k_{[4]}^{82}),\\
&\qquad\vdots
\end{aligned}
\right\}
\tag{3.58}
$$

节点“VII”：

$$
\begin{aligned}
&\{\bar{\mathbf{K}}^{77}\}=(k_{[1]}^{77},k_{[2]}^{77},k_{[3]}^{77},k_{[4]}^{77}),\\
&\{\bar{\mathbf{K}}^{87}\}=(k_{[1]}^{87},k_{[2]}^{87},k_{[3]}^{87},k_{[4]}^{87}),
\end{aligned}
$$

节点“VIII”：

$$
\{\bar{\mathbf{K}}^{88}\}=(k_{[1]}^{88},k_{[2]}^{88},k_{[3]}^{88},k_{[4]}^{88}),
$$

式中 $K_{[s]}^{ij}$ 表示单元 s 在刚度阵中 (i, j) 位置处的元素.

先看 $\{\bar{\mathbf{K}}^{jj}\}$, $j=1, 2, \cdots, 8$. 显然 $k_{[s]}^{jj}$ 是单元刚度矩阵 $[\mathbf{K}^{(s)}]$ 的对角元 $s=1,2,3,4$. 根据迭加规则，$K_{[s]}^{jj}$ 也是总刚度矩阵 $[\mathbf{K}]$ 的对角元. 所以 $\{\bar{\mathbf{K}}^{jj}\}$ 的各分量均在 $[\mathbf{K}]$ 的对角线上,即 $[\mathbf{K}_s]$ 的第1行上.

其次看 $\{\bar{\mathbf{K}}^{21}\}$. 根据单元分析原则，$\{\bar{\mathbf{K}}^{21}\}$ 是各单元对应于单元⊗的节点“I”和节点“II”计算出的刚度系数,即 $k_{[1]}^{21}$ 是单元①的节点“1”和“2”的刚度系数，因此它是总刚度矩阵第2行第1列上的元素. $k_{[2]}^{21}$ 是单元②的节点“4”和“3”的刚度系数，在总刚度矩阵的第4行第3列上. 同样可知,$k_{[3]}^{21}$ 在总刚度矩阵的第10行第9列上，$k_{[4]}^{21}$ 在总刚度矩阵的第12行第11列上. 由此可知, $\{\bar{\mathbf{K}}^{21}\}$ 的各分量均在总刚度阵的第1条次对角线上,即$[\mathbf{K}_s]$ 的第2行上.

类似分析可以得到 $\{\bar{\mathbf{K}}^{31}\}$, $\{\bar{\mathbf{K}}^{51}\}$, $\{\bar{\mathbf{K}}^{61}\}$, $\{\bar{\mathbf{K}}^{71}\}$ 的各分量分别在总刚度矩阵的第2条、第10条、第9条和第8条次对角线上,即相应分别在 $[\mathbf{K}_s]$ 的第3行、第11行、第10行和第9行上.但 $\{\bar{\mathbf{K}}^{41}\}$ 的各分量则分布在总刚度矩阵的第6条和第5条次对角线上, $\{\bar{\mathbf{K}}^{81}\}$ 的各分量分布在总刚度矩阵的第5条和第4条次对角线上.

相应地，$\{\bar{\mathbf{K}}^{41}\}$ 与 $\{\bar{\mathbf{K}}^{81}\}$ 的各分量均不在 $[\mathbf{K}_s]$ 的同一行上，而是分别分布在第 7 行、第 6 行和第 6 行、第 5 行上.

对其它向量 $\{\bar{\mathbf{K}}^{ij}\}$ $(i \geqslant j,\ j=2,\cdots,8)$ 作类似分析，可以得到如下结论:

(1) $\{\bar{\mathbf{K}}^{ij}\}$ $(i \geqslant j,\ j=1,2,\cdots 8)$ 当 $i \neq 4,\ 8$ 时，它的各分量总在总刚度矩阵的同一条(次)对角线上，即在 $[\mathbf{K}_s]$ 的同一行上;

(2) $\{\bar{\mathbf{K}}^{ij}\}$ $(i \geqslant j,\ j=1,2,\cdots,8)$ 当 $i=4,\ 8$ 时，它的各分量总不能分布在总刚度矩阵的同一条(次)对角线上，而是分布在两条相邻的次对角线上，亦即分布在 $[\mathbf{K}_s]$ 的相邻两行上.

我们称 $\{\bar{\mathbf{K}}^{ij}\}$ 的以上两个性质为 $\{\bar{\mathbf{K}}^{ij}\}$ 的本质带状性. 所谓本质就是指: 大部分的向量 $\{\bar{\mathbf{K}}^{ij}\}$ 的各分量处于总刚度矩阵的同一条次对角线上，而若干向量 ($\{\bar{\mathbf{K}}^{4j}\}$, $j=1,\ 2,\ 3$; $\{\bar{\mathbf{K}}^{8j}\}$, $j=1,2,\cdots,7$) 的各分量则不处于一条对角线上，而是分处在几条次对角线上. $\{\bar{\mathbf{K}}^{ij}\}$ 的这个性质是非常有用的. 它说明了 $\{\bar{\mathbf{K}}^{ij}\}$ 的各分量在 $[\mathbf{K}_s]$ 中所处的行号及所处的列号有一定的规律可循. 而根据这一规律，如果能获得向量 $\{\bar{\mathbf{K}}^{ij}\}$ 的各分量在 $[\mathbf{K}_s]$ 中所处的行号及所处的列号，就可以实行单元刚度系数向量 $\{\bar{\mathbf{K}}^{ij}\}$ 的并行迭加. 具体来说，如果向量 $\{\bar{\mathbf{K}}^{ij}\}$ 具有性质(1)，那么只要获得向量 $\{\bar{\mathbf{K}}^{ij}\}$ 在 $[\mathbf{K}_s]$ 中所处的行号及其各分量所处的列号组成的向量(记为 $\{\mathbf{Q}_1\}$) 后，就可以在 $\{\mathbf{Q}_1\}$ 的控制下一次迭加 $\{\bar{\mathbf{K}}^{ij}\}$ 的所有元素到总刚度矩阵中. 如果向量 $\{\bar{\mathbf{K}}^{ij}\}$ 具有性质(2)，那么要获得它的各分量所处的行号及列号，然后每次迭加其中同属于 $[\mathbf{K}_s]$ 的某行的那些分量.

最后，我们指出，具有性质(2)的 $\{\bar{\mathbf{K}}^{ij}\}$ 我们称之为"错位的"，而具有性质(1)的 $\{\bar{\mathbf{K}}^{ij}\}$ 称之为"不错位的". 造成错位的原因，一是单元的选取类型，一是单元的节点编号顺序. 关于单元的类型，单元的节点编号顺序与"错位"的关系，文献 [93] 中给予了详细讨论，本书限于篇幅，不再具体介绍了.

2. 等带宽存储格式下总刚度矩阵的并行装配

单元分析后得到一组向量 $\{\bar{\mathbf{K}}_{pq}^{ij}\}$，$i\geqslant j$，$j=1,2,\cdots,m$，$p$、$q=1,2,\cdots,d$. 这一组向量的长度均为 r，r 是同时计算的单元个数. 将这一组向量分成 m 个子组，其中第 j 子组包含向量 $\{\bar{\mathbf{K}}_{pq}^{ij}\}$，$i\geqslant j$，$j=1,2,\cdots,m$，$p$、$q=1,2,\cdots,d$. 如(3.58)式，$\{\bar{\mathbf{K}}^{11}\},\{\bar{\mathbf{K}}^{21}\},\cdots,\{\bar{\mathbf{K}}^{81}\}$ 属于第 1 子组，$\{\bar{\mathbf{K}}^{22}\}$，$\{\bar{\mathbf{K}}^{32}\}$，$\cdots$，$\{\bar{\mathbf{K}}^{82}\}$ 属于第 2 子组,…. 不难得出,第 j 子组 $(j=1,2,\cdots,m)$ 的向量个数为

$$(m-j)d^2+\frac{d(d+1)}{2}, \tag{3.59}$$

式中第一部分表示计算的非对角块向量元素，第 2 部分表示计算的对角块向量元素. 下面讨论如何获得并行装配的信息.

由串行刚度矩阵装配方法可知,在 $[\mathbf{K}]$ 的装配过程中,待装配的元素在 $[\mathbf{K}]$ 中的行列位置与该元素计算时的节点编号有关. 为了实现装配的向量化运算,必须求出 $\{\bar{\mathbf{K}}_{pq}^{ij}\}$ 各分量在 $[\mathbf{K}_s]$ 中的行号和列号. 为此,假设对应网格的单元节点编号矩阵 $[\mathbf{E}]$ 为

$$[\mathbf{E}]=\begin{pmatrix} i_{[1]}^1 & i_{[1]}^2 & \cdots & i_{[1]}^m \\ i_{[2]}^1 & i_{[2]}^2 & \cdots & i_{[2]}^m \\ \vdots & \vdots & & \vdots \\ i_{[\mathrm{nel}]}^1 & i_{[\mathrm{nel}]}^2 & \cdots & i_{[\mathrm{nel}]}^m \end{pmatrix}, \tag{3.60}$$

其中 $i_{[u]}^v$ 表示单元 u 的第 v 个节点的编号.

为便于说明,先设 $d=1$，且先考虑如何迭加各分量在 $[\mathbf{K}_s]$ 阵的同一行上的那些单元刚度系数向量，即“不错位”的向量 $\{\bar{\mathbf{K}}_{pq}^{ij}\}$.

假设当前的计算是对这 r 个单元中各单元的第 t 个节点进行的,而这 r 个单元的编号为 $n_1,n_2,\cdots,n_r$. 这时相当于计算单元刚度阵的第 t 列,形成图3.11 所示的向量组.

显然，此组向量所对应的 r 个单元第 t 个节点的编号为 $i_{[n_1]}^t,i_{[n_2]}^t,\cdots,i_{[n_r]}^t$. 事实上，把这 r 个单元的节点编号从 $[\mathbf{E}]$ 中提取出来形成如下子矩阵[式(3.61)]

$$\begin{bmatrix} \bar{\mathbf{K}}^{tt} \\ \bar{\mathbf{K}}^{t+1,t} \\ \vdots \\ \bar{\mathbf{K}}^{m,t} \end{bmatrix} \begin{matrix} = [k^{tt}_{[n_1]}, k^{tt}_{[n_2]}, \cdots, k^{tt}_{[n_r]}] \\ = [k^{tt}_{[n_1]}, k^{tt}_{[n_2]}, \cdots, k^{tt}_{[n_r]}] \\ \vdots \\ = [k^{mt}_{[n_1]}, k^{mt}_{[n_2]}, \cdots, k^{mt}_{[n_r]}] \end{matrix} \quad \begin{bmatrix} \bar{\mathbf{K}}^{11} & & & & \\ \vdots & \ddots & & \text{对称} & \\ \vdots & & \begin{bmatrix} \bar{\mathbf{K}}^{tt} \\ \vdots \\ \bar{\mathbf{K}}^{mt} \end{bmatrix} & & \\ \vdots & & & \ddots & \\ \bar{\mathbf{K}}^{m1} & \cdots & & & \bar{\mathbf{K}}^{mm} \end{bmatrix} = [\bar{\mathbf{K}}^{(e)}]$$

图 3.11　单元刚度矩阵的第 t 列向量组

$$[\mathbf{E}_r] = \begin{pmatrix} i^1_{[n_1]} & i^2_{[n_1]} & \cdots & i^t_{[n_1]} & \cdots & i^m_{[n_1]} \\ i^1_{[n_2]} & i^2_{[n_2]} & \cdots & i^t_{[n_2]} & \cdots & i^m_{[n_2]} \\ \vdots & \vdots & & \vdots & & \vdots \\ i^1_{[n_r]} & i^2_{[n_r]} & \cdots & i^t_{[n_r]} & \cdots & i^m_{[n_r]} \end{pmatrix}, \tag{3.61}$$

则上述编号恰为矩阵 $[\mathbf{E}_r]$ 的第 t 列元素.

向量 $\{\bar{\mathbf{K}}^{tt}\}$ 表示 r 个单元刚度矩阵对角线 (t, t) 位置处的元素,它的各分量位于 $[\mathbf{K}_s]$ 的第 1 行. 由于 $[\mathbf{K}_s]$ 不改变原总刚度矩阵 $[\mathbf{K}]$ 的列号,根据装配原则, $\{\bar{\mathbf{K}}^{tt}\}$ 的分量分别位于 $[\mathbf{K}_s]$ 的第 $i^t_{[n_1]}$, $i^t_{[n_2]}$, $\cdots i^t_{[n_r]}$ 列. 这说明, $[\mathbf{E}_r]$ 的第 t 列即为 $\{\bar{\mathbf{K}}^{tt}\}$ 的各分量在 $[\mathbf{K}_s]$ 中所处的列的列号组成的向量.

向量$\{\bar{\mathbf{K}}^{t+1,t}\}$表示 r 个单元刚度矩阵某条次对角线$(t+1,t)$处的元素. 假设各单元的第 $t+1$ 个节点与第 t 个节点的编号之差为 h(因为这时考虑的还是"不错位"情形),即

$$i^{t+1}_{[n_1]} - i^t_{[n_1]} = i^{t+1}_{[n_2]} - i^t_{[n_2]} = \cdots = i^{t+1}_{[n_r]} - i^t_{[n_r]} = h, \tag{3.62}$$

那么根据装配原则, $\{\bar{\mathbf{K}}^{t+1,t}\}$ 应位于 $[\mathbf{K}_s]$ 的第 $|h|+1$ 行.又因 $\{\bar{\mathbf{K}}^{t+1,t}\}$ 与 $\{\bar{\mathbf{K}}^{t,t}\}$ 同属一列,故 $\{\bar{\mathbf{K}}^{t+1,t}\}$ 各分量在 $[\mathbf{K}_s]$ 中所在的列号与 $\{\bar{\mathbf{K}}^{tt}\}$ 的相同. 可见, $[\mathbf{E}_r]$ 的第 $t+1$ 列和第 t 列任何一行元素之差的绝对值加 1 表示了向量 $\{\bar{\mathbf{K}}^{t+1,t}\}$ 在 $[\mathbf{K}_s]$ 矩阵中的行号,第 t 列则表示了 $\{\bar{\mathbf{K}}^{t+1,t}\}$ 各分量在 $[K_s]$ 矩阵中的列号向量.

对于其它"不错位"的向量,可作同样的分析,而得出一般的结论: 设 $\{\bar{\mathbf{K}}^{ij}\}$ 是"不错位的",那么 $[\mathbf{E}_r]$ 的第 i 列和第 j 列任何

一行元素之差的绝对值加 1 表示了向量 $\{\overline{\mathbf{K}}^{ij}\}$ 在 $[\mathbf{K}_s]$ 阵中的行号，第 j 列则表示了 $\{\overline{\mathbf{K}}^{ij}\}$ 的各分量在 $[\mathbf{K}_s]$ 阵中的列号向量. 对"错位"的向量也可作类似的分析，可以知道 $[E_r]$ 仍然可以完全确定 $\{\overline{\mathbf{K}}^{ij}\}$ 的各分量在 $[\mathbf{K}_s]$ 中的装配位置.

现在继续来看如何计算一般情况 $(d \neq 1)$ 下的 $\{\overline{\mathbf{K}}^{ij}_{pq}\}$ 在矩阵$[\mathbf{K}_s]$ 中的并行装配位置. 不失一般性,设矩阵 $[\mathbf{E}_r]$ 就是当前 r 个被同时计算的单元的节点编号矩阵，而这 r 个单元的编号为 1, 2 $\cdots$, r. 首先,仍暂不考虑"错位"情况.

为便于叙述,对第 t 子组向量 $\{\overline{\mathbf{K}}^{it}_{pq}\}$, $i=t, t+1, \cdots m$, p、$q=1,2,\cdots, d(t=1,2,\cdots,m)$ 进一步表示成形如图 3.12 所示的几块.

$$[\overline{\mathbf{K}}^{tt}]\text{ 块}\qquad\qquad [\overline{\mathbf{K}}^{t+1,t}]\text{ 块}$$

$$\begin{bmatrix} \overline{\mathbf{K}}^{tt}_{11} & & & \text{对称} \\ \overline{\mathbf{K}}^{tt}_{21} & \overline{\mathbf{K}}^{tt}_{22} & & \\ \vdots & \vdots & \ddots & \\ \overline{\mathbf{K}}^{tt}_{d1} & \overline{\mathbf{K}}^{tt}_{d2} & \cdots & \overline{\mathbf{K}}^{tt}_{dd} \end{bmatrix}, \begin{bmatrix} \overline{\mathbf{K}}^{t+1,t}_{11} & \overline{\mathbf{K}}^{t+1,t}_{12}, & \cdots & \overline{\mathbf{K}}^{t+1,t}_{1d} \\ \overline{\mathbf{K}}^{t+1,t}_{21} & \overline{\mathbf{K}}^{t+1,t}_{22} & \cdots & \overline{\mathbf{K}}^{t+1,t}_{2d} \\ \vdots & \vdots & & \vdots \\ \overline{\mathbf{K}}^{t+1,t}_{d1} & \overline{\mathbf{K}}^{t+1,t}_{d2} & \cdots & \overline{\mathbf{K}}^{t+1,t}_{dd} \end{bmatrix}\cdots,$$

$$[\overline{\mathbf{K}}^{m,t}]\text{ 块}$$

$$\begin{bmatrix} \overline{\mathbf{K}}^{mt}_{11} & \overline{\mathbf{K}}^{mt}_{12} & \cdots & \overline{\mathbf{K}}^{mt}_{1d} \\ \overline{\mathbf{K}}^{mt}_{21} & \overline{\mathbf{K}}^{mt}_{22} & \cdots & \overline{\mathbf{K}}^{mt}_{2d} \\ \vdots & & & \\ \overline{\mathbf{K}}^{mt}_{d1} & \overline{\mathbf{K}}^{mt}_{d2} & \cdots & \overline{\mathbf{K}}^{mt}_{dd} \end{bmatrix}$$

图 3.12 向量 $\{\overline{\mathbf{K}}^{it}_{pq}\}$ 的组块 $(i=t, t+1,\cdots,m)$

由对称性可知,对角块$[\overline{\mathbf{K}}^{tt}]$只要计算出下三角部分. 这时,这一子组各块中的向量的计算都有确定的节点计算顺序. 即 $[\overline{\mathbf{K}}^{tt}]$ 块的每个向量 $\{\overline{\mathbf{K}}^{tt}_{pq}\}$ 的计算是关于第 t 个节点自身的,而$[\overline{\mathbf{K}}^{t+1,t}]$ 块中的每个向量 $\{\overline{\mathbf{K}}^{t+1,t}_{pq}\}$ 的计算则是关于第 $t+1$ 和第 t 个节点的,$\cdots$,$[\overline{\mathbf{K}}^{mt}]$ 块相应则是第 m 和第 t 个节点进行计算的结果. 这就说明，每个块中的各向量在 $[\mathbf{K}_s]$ 中的位置都围绕一个确定的行、列号变动,我们称之为块行号和分量参照列号. 块行号和分量参照列号计算公式如下.

(1) 块行号：根据装配原则，每块中的向量 $\{\overline{\mathbf{K}}_{pq}^{ij}\}$，$p$、$q=1,2,\cdots,d$ 要占去总刚度矩阵的 d 行，又根据 $d=1$ 时的行号计算公式(3.62)，定义

$$
\begin{aligned}
&1,\ |i_{[\otimes]}^{t+1}-i_{[\otimes]}^{t}|\times d+1,\ |i_{[\otimes]}^{t+2}-i_{[\otimes]}^{t}|\times d+1,\cdots,\\
&|i_{[\otimes]}^{m}-i_{[\otimes]}^{t}|\times d+1.
\end{aligned}
\tag{3.63}
$$

分别为块 $[\overline{\mathbf{K}}^{tt}],[\overline{\mathbf{K}}^{t+1,t}],\cdots,[\overline{\mathbf{K}}^{mt}]$ 的块行号，式中⊗表示任取 $1,2,\cdots,r$ 单元中的一个.

由(3.63)式就可以确定每块向量中各向量在 $[\mathbf{K}_s]$ 中的行位置. 具体方法是：若向量 $\{\overline{\mathbf{K}}_{pq}^{ij}\}$ 处于某块的对角线上 $(p=q)$，则该向量在 $[\mathbf{K}_s]$ 阵中的行号等于该块的块行号；若向量处于某块的对角线以下第 g 行，则该向量在 $[\mathbf{K}_s]$ 阵中的行号等于该块的块行号加上 $g-1$；若向量处于某行的对角线以上第 g 行，则该向量在 $[\mathbf{K}_s]$ 阵中的行号等于该块的块行号减去 $d-g$. 如块 $[\overline{\mathbf{K}}^{t+1,t}]$ 中的向量 $\{\overline{\mathbf{K}}_{2,1}^{t+1,t}\}$ 的行号为 $|i_{[\otimes]}^{t+1}-i_{[\otimes]}^{t}|\times d+2$，向量 $\{\overline{\mathbf{K}}_{4,6}^{t+1,t}\}$ 的行号等于 $|i_{[\otimes]}^{t+1}-i_{[\otimes]}^{t}|\times d+5-d$.

(3.63)式的块行号由 $[\mathbf{E}_r]$ 阵的第 t 列，第 $t+1$ 列，…第 m 列分别与第 t 列同一行上的元素相减获得，然后再根据上述规则，将每块的各个向量的行号确定出来. 因此，计算是很方便的.

(2) 分量参照列号：根据装配原则，每块中的向量 $\{\overline{\mathbf{K}}_{pq}^{ij}\}$ $(p,q=1,2,\cdots,d)$ 要占去总刚度矩阵的 d 列. 定义

$$
\begin{aligned}
&(i_{[1]}^{t}-1)\times d+1,\ (i_{[2]}^{t}-1)\times d+1,\cdots,\\
&(i_{[r]}^{t}-1)\times d+1.
\end{aligned}
\tag{3.64}
$$

分别为块 $[\overline{\mathbf{K}}^{tt}],[\overline{\mathbf{K}}^{t+1,t}],\cdots,[\overline{\mathbf{K}}^{mt}]$ 的分量参照列号. 显然，分量参照列号由矩阵 $[\mathbf{E}_r]$ 的第 t 列获取.

由(3.64)式就可确定每块中各向量的分量在 $[\mathbf{K}_s]$ 阵中所处的列位置. 具体方法是：若向量 $\{\overline{\mathbf{K}}^{ij}\}$ 处于某块的第 g 列，则该向量的各分量在 $[\mathbf{K}_s]$ 阵中的列号等于该块的分量参照列号加上 $g-1$.

要指出的是：块行号是随向量不同而变化的，这反映了 $[\mathbf{K}_s]$ 矩阵不能保持原总刚度矩阵的行号的性质．而分量参照列号不随向量不同而变化，即整个块的所有向量中只有一个分量参照列号，这反映了 $[\mathbf{K}_s]$ 阵保持原总刚度矩阵的列号的性质．

以上就"不错位"情形讨论了确定 $\{\bar{\mathbf{K}}_{pq}^{ij}\}$ 在 $[\mathbf{K}_s]$ 阵中的并行装配位置的计算方法．当 $\{\bar{\mathbf{K}}_{pq}^{ij}\}$ 是"错位"的，即其各分量不处于 $[\mathbf{K}_s]$ 阵的同一行上时，对它的并行迭加要复杂些，下面给予详细说明．

事实上，由前面的分析可知，任何块中的向量 $\{\bar{\mathbf{K}}_{pq}^{ij}\}$ 的各分量的列号是不会变化的，即保持原总刚度矩阵的列号．只有行号可能会发生变化．对"不错位"情况，我们已知块行号是 $[\mathbf{E}_r]$ 阵中各列的同一行上的两个元素的差值加 1，而且各差值应该是相同的．但是对"错位"情况，相应的差值是不相同的．如(3.58)式中的 $\{\bar{\mathbf{K}}^{41}\}$ 向量，反映在相应 $[\mathbf{E}_4]$ 阵(如(3.65)式)中第 4 列元素与第 1 列元素的差值就是不完全相同的．在

$$[\mathbf{E}_4]=\begin{pmatrix}1 & 2 & 3 & 7 & 11 & 10 & 9 & 6\\ 3 & 4 & 5 & 8 & 13 & 12 & 11 & 7\\ 9 & 10 & 11 & 15 & 19 & 18 & 17 & 14\\ 11 & 12 & 13 & 16 & 21 & 20 & 19 & 15\end{pmatrix} \tag{3.65}$$

这种情况下，块行号的计算不能只取 $[\mathbf{E}_r]$ 阵的两列元素之差的任意一个来代表，而必须将它们的每一行元素的差值都计算出来，然后将差值相同的归为一类，并记下这类的行号．因此，每块的块

刚度系数向量		单元	节点"I"	节点"IV"	差值	分量	块行号
$\{\bar{\mathbf{K}}^{41}\}$	①	1	7	6	$k^{7,1}$	$6\times d+1$	在 $[\mathbf{K}_s]$ 阵同一行上（①③）
	②	3	8	5	$k^{8,3}$	$5\times d+1$	在 $[\mathbf{K}_s]$ 阵同一行上（②④）
	③	9	15	6	$k^{15,9}$	$6\times d+1$	
	④	11	16	5	$k^{16,11}$	$5\times d+1$	

图 3.13 "错位"向量块行号计算示意图

行号可能有若干个．求出这若干个块行号后，就可按上面讨论过的方法，每次同时将行号相同的那些元素迭加到 $[\mathbf{K}_s]$ 阵中的相应行上．下面仍用四单元结构的例子来说明．

最后，我们以图 3.14 来说明并行装配的具体实施过程．不妨设不错位，$d=1$．

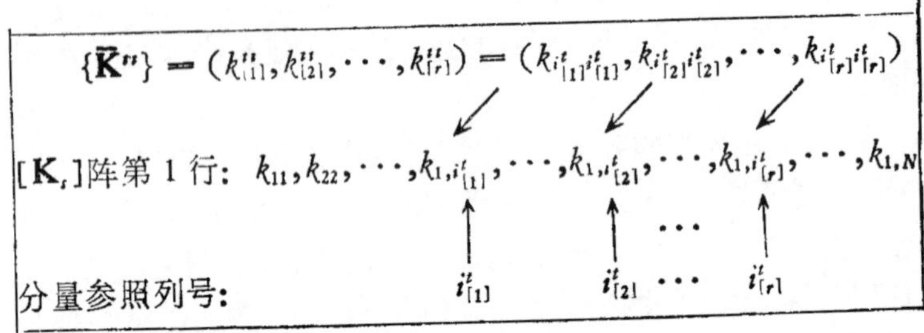

图 3.14(a) 向量 $\{\bar{\mathbf{K}}^{tt}\}$ 的并行迭加(块行号 $h=1$)

图中 N 为最大节点编号．用向量挑选 $[\mathbf{K}_s]$阵第 1 行，取出这 r 个元素与向量 $\{\bar{\mathbf{K}}^{tt}\}$，做向量加法后，再送回 $[\mathbf{K}_s]$ 矩阵的原位置，即实现了向量 $\{\bar{\mathbf{K}}^{tt}\}$ 的并行迭加．

$\{\bar{\mathbf{K}}^{t+1,t}\}=(k^{t+1,t}_{[1]},k^{t+1,t}_{[2]},\cdots,k^{t+1,t}_{[r]})=(k_{i^{t+1}_{[1]}i^{t}_{[1]}},k_{i^{t+1}_{[2]}i^{t}_{[2]}},\cdots,k_{i^{t+1}_{[r]}i^{t}_{[r]}})$

$[\mathbf{K}_s]$ 阵第 h 行: $k_{h,1},\ k_{h,2}\cdots k_{h,i^t_{[1]}}\cdots k_{h,i^t_{[2]}}\cdots k_{h,i^t_{[r]}}\cdots k_{h,N}$

分量参照列号: $i^t_{[1]}$ $i^t_{[2]}$ $\cdots$ $i^t_{[r]}$

图 3.14(b) 向量 $\{\bar{\mathbf{K}}^{t+1,t}\}$ 的并行迭加（块行号 $h=|i^{t+1}_{[1]}-i^t_{[1]}|+1$）

用向量挑选符从 $[\mathbf{K}_s]$ 阵第 h 行取出这 r 个元素与向量 $\{\bar{\mathbf{K}}^{t+1,t}\}$ 做向量加法后，再送回 $[\mathbf{K}_s]$ 阵的原位置，即实现了向量 $\{\bar{\mathbf{K}}^{t+1,t}\}$ 的并行迭加．

对其它的向量，均可同样进行类似的并行迭加，从而完成总刚度矩阵的并行装配．

3.3.3 变带宽存储格式下总刚度矩阵的并行装配[29][30]

以上我们分析了由算法 ESCYH-1，ESCYH-2 计算出的单元刚度系数向量 $\{\bar{\mathbf{K}}_{pq}^{ij}\}$ 的本质带状性，并通过引入块行号及分量参照列号的定义及其计算公式，从而解决了等带宽存储格式下总刚度矩阵的并行装配问题。

当我们采用算法 ESVC 计算单元刚度系数时，相应的单元刚度系数向量 $\{\mathbf{K}_{pq}\}$ 不再具备本质带状性，这时就有必要考虑其它总刚度矩阵的并行装配方法。下面我们以单元分组技术为基础，介绍一个变带宽存储格式下总刚度矩阵的并行装配方法。

1. 变带宽存储格式下总刚度矩阵的并行装配思想

经过算法 ESVC 的计算，得到一组向量 $\{\mathbf{K}_{pq}\}$ p，$q=1, 2,\cdots,d$，其中 $\{\mathbf{K}_{pq}\}$ 就是由同时计算的那 r 个单元的分块单元刚度阵中各块（p，q）位置处的元素组成的向量。本段构造总刚度矩阵并行装配方法的目的也是每次同时将某一个向量 $\{\mathbf{K}_{pq}\}$ 中的所有元素迭加到总刚度矩阵中。这时，也自然要问是否能保证总刚度矩阵中各位置处的元素在每次的同时计算中只被一个单元所影响。事实上，一般也不能保证。但是，当同时计算的 r 个单元满足一定的条件时，则是可以保证的。这个条件就是，这 r 个单元之间不存在共同节点。于是，根据这一原则，将所有单元分成 s 组，使得各组内的所有单元之间不占有相同的节点，然后在单元分析时，利用算法 ESVC 每次同时计算某组中所有单元的分块单元刚度矩阵各块在同一位置处的元素。在装配时，每次同时迭加同组中所有单元的分块单元刚度矩阵各块在同一位置处的元素，这就是本段关于总刚度矩阵并行装配的基本思想。

总刚度矩阵的变带宽格式可以描述为：用一个向量（记为 $\{\mathbf{R}\}$）存放总刚度矩阵带内的元素，元素存放的顺序是先依次存放第 t 行的带内元素（第 t 行的第一个非零元素到对角元之间的所有元素，称为第 t 行的带内元素），再依次存放第 $t+1$ 行的带内元素，另外用一个长为 N 的向量 $\{\mathbf{AD}\}$ 存放总刚度矩阵的各对

角元在向量 $\{\mathbf{R}\}$ 中的位置．关于这一格式可详见第四章．

在变带宽存储格式下，由于总刚度矩阵 $[\mathbf{K}]$ 也是存储在一个向量之内，因此并行迭加某一向量 $\{\tilde{\mathbf{K}}_{pq}\}$ 的计算方案，是据每次所计算的那 r 个单元的节点信息来形成一个确定 $\{\tilde{\mathbf{K}}_{pq}\}$ 的各元素在 $[\mathbf{K}]$ 的一维存储向量 $\{\mathbf{R}\}$ 中的对应位置向量，称为间接控制向量．然后在这个间接控制向量的控制下，一次把 $\{\mathbf{K}_{pq}\}$ 迭加进存储总刚度矩阵的向量 $\{\mathbf{R}\}$ 中，从而实现总刚度矩阵的并行装配．值得指出，下面提出的单元分组技术可保证所形成的间接控制向量的各个分量值互异，以避免存储冲突及计算结果错误．

单元分组的方法可描述为：设第 1 单元属于第 1 组，将其所有节点号置入一空序列 {list} 中．然后考察第 2 单元，若它有某个节点出现在 {list} 中，则它就不属于第 1 组，否则它就属于第 1 组．这时把它的所有节点号加入 {list} 中，再依次考察第 3，第 4 直到最后一个单元，便可分出第 1 组．然后排除已分出的单元并置 {list} 为空，对余下单元重复以上过程，便可逐步分得第 2 组，第 3 组……．显然，单元分组不唯一，为组织高效向量运算，应尽量使分出的组数最少，且使得各组内的单元数相同或接近．如此分组，一可避免单元间的相关性，二兼顾了并行性，可获得较好的并行效果．不过，上述单元分组过程前后依赖性很强，因此几乎不能向量化．但这一过程费时少，对运算效率影响甚微．

关于单元分组不难看出这样一个结论：所有节点相关单元数的最大值就是能划分出的最少组数．如对二维八节点矩形等参元，所有单元可分为四组，对空间八节点砖形单元，所有单元可分为八

1	2	1	2	1	2
3	4	3	4	3	4
1	2	1	2	1	2
3	4	3	4	3	4

图 3.15(a)　矩形单元的分组

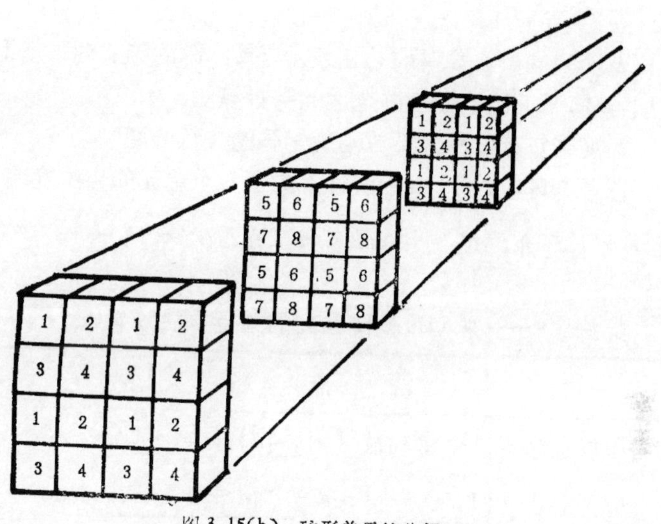

图 3.15(b) 砖形单元的分组

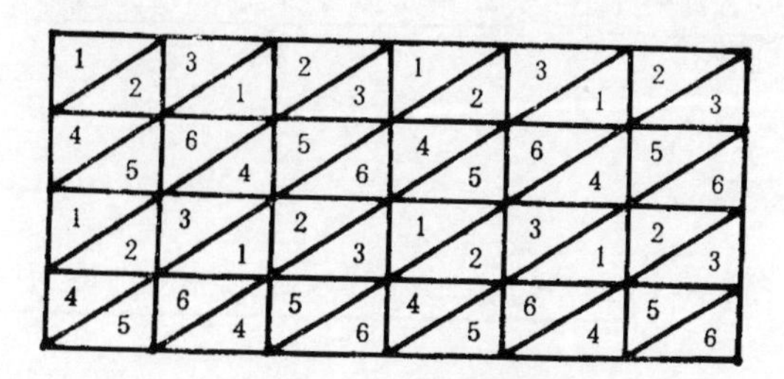

图 3.15(c) 三角形单元的分组

组，如图 3.15(a)、图 3.15(b)；对图 3.15(c) 所示的网格，所有单元则可分为六组.

间接控制向量可通过单元节点编号矩阵 [**E**] 计算，也可通过单元自由度编号矩阵 [**Z**] 来计算. 单元自由度编号矩阵是指将各单元的各节点上对应的自由度号按节点计算顺序排成一行行，然后将这 nel 行按单元顺序组成起来所形成的矩阵. 实际上，[**Z**] 与 [**E**] 之间存在如下紧密关系：

$$\{\mathbf{Z}((i-1)\times d+j)\} = [\{\mathbf{E}(i)\}-1]\times d+j,$$

$$i = 1,2,\cdots,m;\ j = 1,2,\cdots,d. \tag{3.66}$$

$\{\cdot\}$ 表示列向量，如 $\{\mathbf{E}(i)\}$ 表示 $[\mathbf{E}]$ 阵的第 i 列. 基于自由度编号阵,下面给出刚度阵合成的并行算法.

2. 变带宽存储格式下总刚度矩阵的并行装配

以下矩阵 $[\mathbf{NA}]$ 表示所计算的那 r 个单元的自由度编号阵，为 $r\times md$ 阶，$N_2=\frac{1}{2}m(m+1)r$，$N_3=N_2-r$.

算法 3.8——总刚度矩阵装配的并行算法 ESVS.

算 法 描 述	LEN
准备阶段：形成二个常向量 $\{\bar{\mathbf{L}}\}$，$\{\bar{\mathbf{J}}\}$.	
(1) $\{\bar{\mathbf{L}}\}=\Big(\underbrace{1,1,\cdots,1,}_{m个}\ \vdots\ \underbrace{d+1,d+1,\cdots,d+1,}_{m-1个}\ \vdots\ \underbrace{2d+1,\cdots,2d+1,}_{m-2个}\ \vdots\cdots\vdots\ \underbrace{(m-2)d+1,(m-2)d+1}_{2个}\ \vdots\ \underbrace{(m-1)d+1}_{1个}\Big)$	$\frac{1}{2}m(m+1)$
$\{\bar{\mathbf{J}}\}=\Big(\underbrace{1,d+1,\ 2d+1,\cdots,\ (m-1)d+1,}_{m个}\ \vdots\ \underbrace{d+1,2d+1,\cdots,(m-1)d+1}_{m-1个}\ \vdots\cdots\vdots\ \underbrace{(m-2)d+1,\ (m-1)d+1}_{2个}\ \vdots\ \underbrace{(m-1)d+1}_{1个}\Big)$	$\frac{1}{2}m(m+1)$
第一阶段：间接控制向量 $\{\bar{\mathbf{Q}}_i^j\}$ 的产生.	
(2) $\{\tilde{\mathbf{d}}_i^j\}=(\underset{[1]}{d_i^j},\ \underset{[2]}{d_i^j},\ \cdots,\ \underset{[r]}{d_i^j})$，$i=1,\ \cdots,\ m$；$j=1,\cdots,d$.	r
这里 $\underset{[t]}{d_i^j}$ 表示第 t 个单元(在这 r 个单元中的顺序)的第 i	

(续)

算　法　描　述	LEN
个节点的第 i 个自由度在总自由度编号中的自由度号.	
(3) $\{\bar{\mathbf{d}}_c^j\}=(\underbrace{\tilde{\mathbf{d}}_1^j,\ \tilde{\mathbf{d}}_1^j,\ \cdots,\ \tilde{\mathbf{d}}_1^j}_{m个} \mid \underbrace{\tilde{\mathbf{d}}_2^j,\ \cdots,\ \tilde{\mathbf{d}}_2^j}_{m-1个} \mid \cdots\cdots \mid \underbrace{\tilde{\mathbf{d}}_{m-1}^j,\ \tilde{\mathbf{d}}_{m-1}^j}_{2个} \mid \underbrace{\tilde{\mathbf{d}}_m^j}_{1个}),\quad j=1,2,\cdots,d.$	$\frac{1}{2}m(m+1)r$
$\{\bar{\mathbf{d}}_r^j\}=(\underbrace{\tilde{\mathbf{d}}_1^j,\tilde{\mathbf{d}}_2^j,\cdots,\tilde{\mathbf{d}}_m^j}_{m个} \mid \underbrace{\tilde{\mathbf{d}}_2^j,\cdots,\tilde{\mathbf{d}}_m^j}_{m-1个} \mid \cdots \mid \underbrace{\tilde{\mathbf{d}}_{m-1}^j\tilde{\mathbf{d}}_m^j}_{2个} \mid \underbrace{\tilde{\mathbf{d}}_m^j}_{1个}).\quad j=1,2,\cdots,d.$	$\frac{1}{2}m(m+1)r$
(4) 利用向量机上的条件数组赋值语句,比较 $\{\bar{\mathbf{d}}_c^j\}$ 与 $\{\bar{\mathbf{d}}_r^j\}$ 各对应分量的大小,将较大、较小的值分别送入 $\{\bar{\mathbf{P}}_t^j\}$, $\{\bar{\mathbf{C}}_t^j\}$ 的对应各分量.	
(5) 利用向量机上的向量挑选符形成 $\{\bar{\mathbf{Q}}_t^s\}$. $\{\bar{\mathbf{Q}}_t^s\}=\{\overline{\mathbf{AD}}(\{\bar{\mathbf{P}}_t^s\})\}-\{\bar{\mathbf{P}}_t^s\}+\{\bar{\mathbf{C}}_t^s\},$ $s,t=1,2,\cdots,d.$	$\frac{r}{2}m(m+1)$
说明: 实际上只需对 $j=1$ 时进行(2),(3)步的运算,求出 $\{\bar{\mathbf{d}}_c^1\},\{\bar{\mathbf{d}}_r^1\}$ 后,再据以下关系求出 $\{\bar{\mathbf{d}}_c^j\},\{\bar{\mathbf{d}}_r^j\}$, $j=1,2,\cdots,d$. $\left.\begin{array}{l}\{\bar{\mathbf{d}}_c^j\}=\{\bar{\mathbf{d}}_c^1\}+(j-1)\\\{\bar{\mathbf{d}}_r^j\}=\{\bar{\mathbf{d}}_r^1\}+(j-1)\end{array}\right\}$	
实现方面: 利用向量机 FORTRAN 语言中的三元符数组,据 [NA] 便可容易形成 $\{\bar{\mathbf{d}}_c^1\}$, $\{\bar{\mathbf{d}}_r^1\}$ $\left.\begin{array}{l}\{\bar{\mathbf{d}}_c^1\}_{(k:k+N_3:r)}=\mathbf{NA}(k,\{\bar{\mathbf{L}}\})\\\{\bar{\mathbf{d}}_r^1\}_{(k:k+N_3:r)}=\mathbf{NA}(k,\{\bar{\mathbf{J}}\})\end{array}\right\}$ $k=1,2,\cdots,r.$	$\frac{1}{2}m(m+1)$
当 $r\geqslant\frac{1}{2}m(m+1)$ 时, 则适合用下列方式形成 $\{\bar{\mathbf{d}}_c^1\}$,	

（续）

算　法　描　述	LEN
$\{\bar{\mathbf{d}}_r^1\}$, $$\left.\begin{aligned}\{\bar{\mathbf{d}}_c^1\}_{((k-1)r+1:kr)} &= \mathbf{NA}(1:r,\mathbf{I}(k))\\ \{\bar{\mathbf{d}}_r^1\}_{((k-1)r+1:kr)} &= \mathbf{NA}(1:r,\mathbf{J}(k))\end{aligned}\right\}$$ $$k=1,2,\cdots,\frac{1}{2}m(m+1).$$	r
第二阶段：在间接控制向量 $\{\bar{\mathbf{Q}}_s^t\}$ 的作用下，将 $\{\tilde{\mathbf{K}}_{st}\}$ 装配到存储总刚度矩阵的一维向量 $\{\mathbf{R}\}$ 中．	
(6) $\{\mathbf{R}(\{\bar{\mathbf{Q}}_s^t\})\}=\{\mathbf{R}(\{\bar{\mathbf{Q}}_s^t\})\}+\{\tilde{\mathbf{K}}_{st}\}$, $$s,t=1,2,\cdots,d.$$	$\frac{r}{2}m(m+1)$

以上介绍了两种不同存储格式下总刚度矩阵的并行装配方法．对动力分析中的总质量矩阵，当采用一致质量矩阵时，由于它和总刚度矩阵有同样的结构，所以其并行装配方法完全可以参照总刚度矩阵的并行装配方法．本书就不再赘述了．

§3.4　约束条件的并行处理

根据有限元方法算出的总刚度矩阵还不能直接用于对总体平衡方程组的求解．因为，这时的总刚度矩阵是半正定的奇异矩阵，并且这时的总体平衡方程组还不满足给定的位移边界条件，必须消除刚体位移的影响，即修正总体平衡方程组来满足位移边界条件，才能进行求解．

修正总体平衡方程组是通过加入边界条件的方法来解决的．目前加入边界条件的方法通常有如下几种．

(1) 倒换方程式法．它是把与受约束自由度有关的方程式和与未受约束自由度有关的方程式分别集中，重新排列方程组．这种方法不利于在计算机上编程，特别是当采用带状存储格式时，这样的处理更不适宜．

（2）降阶删除法．它是把总刚度矩阵中与受约束自由度有关的行、列都删去．显然，这一方法只对零位移约束有效．对非零位移约束，则不能直接使用此方法．如果受约束的那些自由度编号有一定的规律，那么可适当进行并行约束处理．

（3）置大数法．这种方法需要的运算很少，当不需要求反力且有非零约束位移时，此法是很可取的．它也是许多大型通用计算机程序中所使用的方法．其过程是在总刚度矩阵中的与给定的约束节点自由度有关的对角项上乘上一个大数，同时在右端对应项上换成给定的节点约束位移乘上同样的大数再乘上相应的总刚度矩阵的对角项．由于本方法的有效性且其应用又很广泛，所以下面详细讨论它的并行处理方法．

设结构的位移向量和载荷向量分别为

$$\{\bar{\boldsymbol{\delta}}\} = (\delta^1, \delta^2, \cdots, \delta^N)^T,$$

$$\{\bar{\mathbf{F}}\} = (f^1, f^2, \cdots f^N)^T.$$

我们先以等带宽格式存储总刚度矩阵情形来说明并行处理方法．

（1）并行计算约束位移向量 $\{\bar{\boldsymbol{\delta}}_0\}$

$$\{\bar{\boldsymbol{\delta}}_0\} = (\delta_0^1, \delta_0^2, \cdots, \delta_0^N)^T,$$

其中

$$\begin{cases}\delta_0^i = 0，\text{当第 } i \text{ 个自由度是无约束时；}\\ \delta_0^i \neq 0，\text{当第 } i \text{ 个自由度是有约束时(值为 } \delta_0^i\text{)。}\end{cases}$$

（2）并行形成位串向量 $\{\bar{\boldsymbol{\delta}}_1\}$

$$\{\bar{\boldsymbol{\delta}}_1\} = (\delta_1^1, \delta_1^2, \cdots, \delta_1^N)^T,$$

其中

$$\delta_1^i = \begin{cases}0，\text{当第 } i \text{ 个自由度是无约束时；}\\ 1，\text{当第 } i \text{ 个自由度是有约束时．}\end{cases}$$

（3）并行选取总刚度矩阵的主对角元向量 $\{\bar{\mathbf{K}}\}$

$$\{\bar{\mathbf{K}}\} = (k^{11}, k^{12}, \cdots, k^{1N})^T,$$

事实上，$\{\bar{\mathbf{K}}\}$ 就是 $[\mathbf{K}_s]$ 矩阵的第 1 行元素组成的向量．

（4）并行修改总刚度矩阵

$$\{\bar{\mathbf{K}}\} = \alpha\{\bar{\boldsymbol{\delta}}_1\}\{\bar{\mathbf{K}}\},$$

其中 α 是一很大的常数.

(5) 并行修改右端向量

$$\{\bar{\mathbf{F}}\} = \alpha\{\bar{\bar{\boldsymbol{\delta}}}_0\}\{\bar{\mathbf{K}}\}.$$

当用变带宽格式存储总刚度矩阵时，并行约束处理方法则可描述为

(1) 同上形成向量 $\{\bar{\bar{\boldsymbol{\delta}}}_0\}$.

(2) 同上形成向量 $\{\bar{\bar{\boldsymbol{\delta}}}_1\}$.

(3) $\{\mathbf{R}(\{\mathbf{AD}\})\} = \alpha\{\bar{\bar{\boldsymbol{\delta}}}_1\}\{\mathbf{R}(\{\mathbf{AD}\})\}$.

(4) $\{\bar{\mathbf{F}}\} = \alpha\{\bar{\bar{\boldsymbol{\delta}}}_0\}\{\mathbf{R}(\{\mathbf{AD}\})\}$.

事实上,有更有利的并行约束处理方法. 假设向量 $\{\bar{\mathbf{G}}\}$ 是由受约束的那些自由度号组成的向量，$\{\bar{\mathbf{H}}\}$ 是相应受到的约束位移组成的向量，那么变带宽存储格式下约束的并行处理可以描述为

(1) 计算 $\{\mathbf{R}(\{\mathbf{AD}(\{\bar{\mathbf{G}}\})\})\} = \alpha\{\mathbf{R}(\{\mathbf{AD}(\{\bar{\mathbf{G}}\})\})\}$,

(2) 计算 $\{\bar{\mathbf{F}}(\{\bar{\mathbf{G}}\})\} = \alpha\{\bar{\mathbf{H}}\}\{\mathbf{R}(\{\mathbf{AD}(\{\bar{\mathbf{G}}\})\})\}$.

而在等带宽存储格式下约束的并行处理则可描述为

(1) 计算 $\{\mathbf{K}(\{\bar{\mathbf{G}}\})\} = \alpha\{\mathbf{K}(\{\bar{\mathbf{G}}\})\}$,

(2) 计算 $\{\bar{\mathbf{F}}(\{\bar{\mathbf{G}}\})\} = \alpha\{\bar{\mathbf{H}}\}\{\mathbf{K}(\{\bar{\mathbf{G}}\})\}$.

第四章　大型稀疏有限元方程组直接解法的并行处理

§4.1　引言

在第一章中，我们已经指出，在线性结构分析问题中往往会涉及一个线代数方程组的求解问题．具体来说，在应用有限单元法研究结构静力分析问题时，在刚度矩阵 $[\mathbf{K}]$ 与载荷向量 $\{\mathbf{f}\}$ 形成之后，其次是解下列线代数方程组

$$[\mathbf{K}]\{\mathbf{x}\}=\{\mathbf{f}\}. \tag{4.1}$$

而对于计算结构瞬态响应一类的结构动力分析问题，当刚度矩阵 $[\mathbf{K}]$、质量矩阵 $[\mathbf{M}]$、阻尼矩阵 $[\mathbf{C}]$ 以及载荷向量 $\{\mathbf{R}(t)\}$ 形成之后，虽然并不直接导出形如(4.1)式的线代数方程组，但是在经过诸如中心差分法、Newmark 方法、Wilson-θ 方法等直接积分法的离散化处理后，同样会导出形如(4.1)式的一个线代数方程组

$$[\mathbf{K}]\{\mathbf{x}\}=\{\tilde{\mathbf{f}}\}. \tag{4.2}$$

这里 $[\tilde{\mathbf{K}}]$ 被称为等效刚度矩阵，它由 $[\mathbf{M}]$，$[\mathbf{C}]$，$[\mathbf{K}]$ 的线性组合而成，与 $[\mathbf{K}]$ 有同样结构的稀疏性，$\{\tilde{\mathbf{f}}\}$ 被称为等效载荷向量，它由 $\{\mathbf{R}(t)\}$，$[\mathbf{M}]$，$[\mathbf{C}]$ 等计算得出．因此，在结构分析问题中，应用有限单元法求近似解，往往需求解离散后的线代数方程组．

另一方面，随着工程结构分析问题愈来愈复杂，在结构分析中，为了保证数值解的精度，在用有限单元法离散化处理时，往往要用大量的高阶单元将结构剖分得很密，这时相应的代数方程组(4.1)或(4.2)的系数矩阵的阶数很高．即使用目前速度最快的串行机来进行求解，费时仍然太多且问题的规模受内存容量限制．实

践经验表明：有限元结构分析的大部分计算时间花费在求解离散方程上，有资料统计，即使是结构静力分析问题，方程组求解的计算时间都占整个问题求解时间的70%以上；对结构动力分析问题，由于在每一时间步上都要求解一次线代数方程组，这时花在方程组求解上的时间在整个问题求解时间中所占的比例更高．当所计算的时间步数较多时，方程组求解的时间甚至是决定性的．因此，在串行机上解有限元结构分析问题，由于其运算速度和内存容量的限制，就往往束缚了有限单元法在大型结构分析问题中的应用．巨型并行机的出现则使大型结构分析的计算成为可能．这时如何结合巨型并行机的特点研究相应的大型结构分析的计算方法具有重大意义，而有限元方程组的求解作为有限元结构分析的一个关键过程，研究它们的并行处理就更具有重大现实意义．

求解大型结构分析问题导出的有限元方程组目前比较流行的是直接解法，而且由于有限元方程组的系数矩阵的对称正定性，习惯采用的都是 Cholesky 分解解法，即 LDL^T 分解解法．譬如，目前国际上一些著名的大型有限元结构分析系统如 SAP 系列，MSC/NASTRAN，ADINA 中有限元方程组的求解几乎采用的都是这一方法．这主要是由于以下二方面的原因：(1) 系数矩阵的对称正定，保证了 Gauss 消去法和三角分解法都能控制住舍入误差的积累，能保证数值稳定且能达到较好的精度，而且分解消去时不必经过选主元，计算量也较少；(2) 对于动力分析问题，直接法还有一个优点，即只要经过一次矩阵分解，其后在每一时间步上求解有限元方程组时，就可反复利用已经分解好的结果，从而只需一次前推与回代，就能很快得到问题的解．在并行处理时，还由于并行性为它们用于解更大规模的问题创造了条件因而使它们更富有竞争力．

然而，虽然从理论上讲，直接解法在进行有限次运算之后，如果所有计算都没有舍入误差，那么就可以得到线性方程组的精确解，而迭代法则要经过无限次迭代才能收敛到精确解，但是由于在计算机运算中只能是有限位的计算，不可避免地在运算过程中要产生舍入误差，所以要保证一定的求解精度，限制误差的积累，直接解法的解题规模就要受到一定的限制．相反，迭代法虽比直接解法运算次数多，但它每次都是从头开始运算，没有误差积累，因此对收敛的迭代解法而言，总可以达到所要求的求解精度．此外，直接解法的分解、消去过程一般会产生填充（filled-in），需较大的存储量，而迭代法则无所谓填充，对存储量要求较小，甚至可以不必形成系数矩阵，所以迭代法也有许多优点．当线性方程组高达数万阶，且系数阵是高度稀疏、对角占优的矩阵时，采用迭代法较好．因此，直接解法与迭代解法在应用于结构分析问题时各有千秋，应视具体问题区别对待．

目前，基于各类并行处理系统的并行有限元方程组求解方法发展很快．关于它们的研究与实践人们已做了大量工作，提出了一些适合不同计算机体系结构的并行方法，包括（1）并行直接法：主要有并行 Gauss-Jordan 法[36,37]，并行 Gauss 法[95,96]，并行多波前法[97]，其中并行 G-J 法适用于自带存储器的多处理机系统，而并行 Gauss 法和多波前法则适用于共享存储器的多处理机系统，至于基于流水线型向量机的有限元方程组向量化求解方法，A. K. Noor, R. Voigt, A. George 和梁维泰等人也做过相当的研究与实践[22][28][98,99]；（2）并行迭代法：这里面研究得最多的是并行预处理共轭梯度法[54][142][100－104][109]，如 O. O. Storaasli 的工作就包含有适合 CRAY-α, CRAY-YMP 的几种常用的并行预处理共轭梯度法．与此同时，将子结构技术，EBE (Element-By-Element)技术应用到有限元方程组的并行直接法或并行迭代法中的研究也有了一定的发展[50][100][105－106]，这些方法特别适合于共享存储的多处理机系统，对于自带存储器的多处理机系统，文献[107]则提出了两种较适用的 EBE 预处理共轭梯度法．

正如上面已经指出的，我们研究一种并行算法，应针对一类特定的并行或向量机的系统结构，或设计新的算法或对已有算法重新组织计算过程．进一步，我们还应考虑到特定的具体问题．本章和下一章针对工程结构分析问题中的有限元方程组，特别是大型稀疏带状有限元方程组，重点介绍适合在流水线型向量并行机上求解的并行直接解法和并行预处理共轭梯度法.

本章第2节、第3节将分别介绍等带宽存储总刚度矩阵时矩阵的 LDL^T 分解和三角形方程组求解的并行处理方法.而在第4节，第5节中则分别介绍变带宽存储总刚度矩阵时矩阵的 LDL^T 分解和相应三角形方程组求解的并行处理方法. 有关数值试验将在第七章作专门介绍.

§4.2 等带宽存储格式下矩阵 LDL^T 并行分解算法

对一对称正定矩阵进行 Cholesky 分解，本质上是一个消去过程. 由于熟知的串行计算使用的消去法具有内在的并行性，对它们无需改变基本方法而只需提出并行实现或向量化处理的实际方案. 这类算法是稳定的.

4.2.1 对称正定矩阵的 Cholesky 分解

Gauss 消去法等价于首先将矩阵 $[\mathbf{A}]$ 分解成

$$[\mathbf{A}]=[\mathbf{L}][\mathbf{U}], \tag{4.3}$$

其中 $[\mathbf{L}]$ 是单位下三角矩阵，$[\mathbf{U}]$ 为上三角矩阵，然后解下列三角形方程组

$$\begin{cases}[\mathbf{L}]\{\mathbf{y}\}=\{\mathbf{b}\}, \\ [\mathbf{U}]\{\mathbf{x}\}=\{\mathbf{y}\}.\end{cases} \tag{4.4}$$

如果 $[\mathbf{A}]$ 对称正定,则通常应用 Cholesky 分解

$$[\mathbf{A}]=[\mathbf{L}][\mathbf{D}][\mathbf{L}]^T, \tag{4.5}$$

其中 $[\mathbf{L}]$ 是单位下三角矩阵，$[\mathbf{D}]$ 是对角矩阵. 通过前推与回代

$$\begin{cases}[\mathbf{L}]\{\mathbf{y}\}=\{\mathbf{b}\}, \\ [\mathbf{L}]^T\{\mathbf{x}\}=[\mathbf{D}]^{-1}\{\mathbf{y}\}=\{\tilde{\mathbf{y}}\},\end{cases} \tag{4.6}$$

得到线性方程组 $[\mathbf{A}]\{\mathbf{x}\}=\{\mathbf{b}\}$ 的解.

分解 $[\mathbf{A}]$ 成(4.5)式的计算公式为

$$
\begin{cases}
d_{11} = a_{11}, \\
l_{ij} = \left(a_{ij} - \sum_{k=1}^{i-1} l_{ki} d_{kk} l_{kj} \right) / d_{ii}, \quad i = 1, 2, \cdots, j-1; \\
d_{jj} = a_{jj} - \sum_{k=1}^{j-1} l_{kj} d_{kk} l_{kj}, \qquad j = 2, 3, \cdots, n.
\end{cases}
\tag{4.7}
$$

而从方程组 $[\mathbf{L}][\mathbf{D}][\mathbf{L}]^T\{\mathbf{x}\} = \{\mathbf{b}\}$ 求解未知量 $\{\mathbf{x}\}$ 的计算过程则为:

第一步: 前推运算

命中间向量 $\{\mathbf{y}\} = [\mathbf{D}][\mathbf{L}]^T\{\mathbf{x}\}$, 则方程组可改写成 $[\mathbf{L}]\{\mathbf{y}\} = \{\mathbf{b}\}$, 由此可顺序求得中间向量 $\{\mathbf{y}\}$ 的元素 $y_1, y_2, \cdots, y_n$. 计算公式为

$$
\begin{cases}
y_1 = b_1, \\
y_j = b_j - \sum_{i=1}^{j-1} l_{ji} y_i, \quad j = 2, 3, \cdots, n.
\end{cases}
\tag{4.8}
$$

第二步: 回代运算

求出向量 $\{\mathbf{y}\}$ 后,由方程 $[\mathbf{D}][\mathbf{L}]^T\{\mathbf{x}\} = \{\mathbf{y}\}$, 便可求解出解向量 $\{\mathbf{x}\}$. 计算公式为

$$
\tilde{y}_j = y_j / d_{jj}, \quad j = 1, 2, \cdots, n,
$$

$$
\begin{cases}
x_n = \tilde{y}_n, \\
x_j = \tilde{y}_j - \sum_{i=j+1}^{n} l_{ij} x_i, \quad j = n-1, n-2, \cdots, 1.
\end{cases}
\tag{4.9}
$$

在 $[\mathbf{A}]$ 是对称矩阵的情况下,只需要存储 $[\mathbf{A}]$ 的上三角或下三角部分. LDL^T 分解后, l_{ki} 就存放在 a_{ki} 的位置上或转置后存放在 a_{ik} 的位置上.

当 $[\mathbf{A}]$ 是稠密矩阵的时候,相应的 Cholesky 分解解法的并行处理人们研究得已比较透彻,这里不再赘述.

关于向量运算平均向量长度. 对 $[\mathbf{A}]$ 为满阵时的 Cholesky 分解解法,修改第 j 列元素时可并行执行的向量长度为 $n-j+1$, 由于在算法的第 j 步 $(j=2, \cdots, n)$, 有 $j-1$ 次向量长度

为 $n-j+1$ 的向量操作，因此可以知道 Cholesky 分解法的向量运算平均向量长度为 $O\left(\frac{n}{3}\right)$. 但如果 [**A**] 是带状矩阵，其半带宽为 b（在 4.2.2 中定义），这时排除些不必要的零运算之后，Cholesky 分解解法中向量运算的平均向量长度为 $O(b)$. 于是当 b 较小时,就需考虑某些特殊解法,如关于三对角、块三对角线性方程组的一些特别的求解技术。不过，本书的目的是针对大型复杂的工程结构分析问题,相应有限元方程组的半带宽都比较大,所以下面仍采取 Cholesky 分解解法来讨论有限元方程组的并行求解. 读者可参阅其它文献，了解一些小带宽的对称正定带状方程组的并行求解方法[1].

4.2.2 等带宽存储格式

第三章中,我们已经指出,对一个线性结构分析问题，其刚度矩阵 [**K**] 是对称的,相应的有限元方程组的系数矩阵 [**A**] 是对称正定的. 对于大型结构问题，它还是稀疏的。进一步如果有限元网格节点编号遵循某种适当的规则,那么它还可以是带状的.具体来讲,对一个规则结构,矩阵[**A**]一般有图 4.1 所示形式的结构,

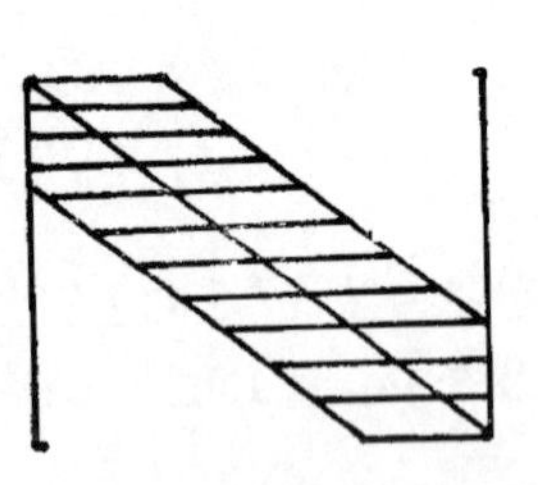
图 4.1 规则结构导出的有限元方程组系数阵

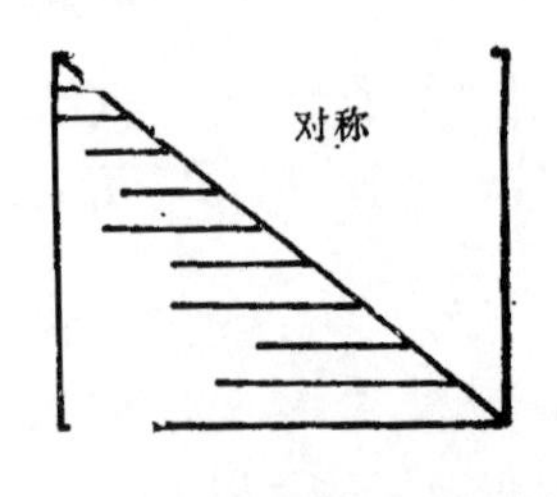

图 4.2 不规则结构导出的有限元方程组系数阵

而对一个不规则结构,矩阵[**A**]则一般具有图4.2所示形式的结构.

矩阵 [**A**] 的上述特点在结构分析的数值算法中，可以结合具体的计算机体系结构和具体问题的特性来考虑它的存储格式.

这些存储格式的选取非常重要,因为不同的存储格式,可以导出不同的线代数方程组的求解技术. 目前在串行计算机上已经成熟的存储格式和方程组求解技术有

(1) 标准存储格式及其各类求解算法(格式简单);

(2) 等带宽存储格式及其各类求解算法(格式较简单);

(3) 变带宽存储格式及其各类求解算法(格式较复杂);

(4) 若干类稀疏矩阵的特殊存储及其各类求解算法(格式复杂).

上述各种存储格式及其相应的方程组求解技术各有利弊,需要针对不同的问题来考虑. 目前,在串行计算机上常用的是(2)、(3)两种存储格式,其中变带宽存储格式更见常用,通用结构分析程序包中的存储方案基本上都是这种格式.但是在并行计算机上,由于并行机有着超高速的处理能力和超大容量的存储能力,因此适用于串行计算的就不一定还适合于并行计算. 在具有超大容量的并行计算机上,首要的是要考虑适合高速运算使运行时间尽可能少的存储格式及其各类求解算法. 不难想象,变带宽存储格式下的并行算法的效率肯定没有等带宽存储格式、标准存储格式时的高,因而对于一些较为规则的工程结构分析问题,为达到最少的运算时间,是宜于用等带宽存储格式的. 但是,对于一些形状不规则或很特别的工程结构问题,变带宽格式甚至更复杂的存储格式都是必要的. 因为这不仅仅可以节省大量存储量,而且由于可以排除大量的不必要的零运算,即使并行效率有所降低,但仍能保证运算时间比采用标准存储格式、等带宽存储格式的少. 考虑到这些原因,本章我们首先以等带宽存储格式为前提讨论方程组的直接解法,然后以变带宽存储格式为基础讨论相应的问题.

为叙述方便,先给出以下定义:

定义 4.1 矩阵 [**A**] 的半带宽 b 定义为

$$b = \max_{1\leqslant i,j\leqslant n} \{|i-j|, a_{ij}\neq 0\}. \tag{4.10}$$

如果 [**A**] 是 n 阶方阵,且 $b \ll n$,则称以 [**A**] 为系数矩阵的方

程组为带状方程组.

注意：关于半带宽的定义一般有两种，一种是包含对角元的，一种是不包含对角元的. 由(4.10)式定义的半带宽不包含对角元.

假设有限元方程组的系数矩阵 [**A**] 是一半带宽为 b 的对称正定带状矩阵，如(4.11)式.

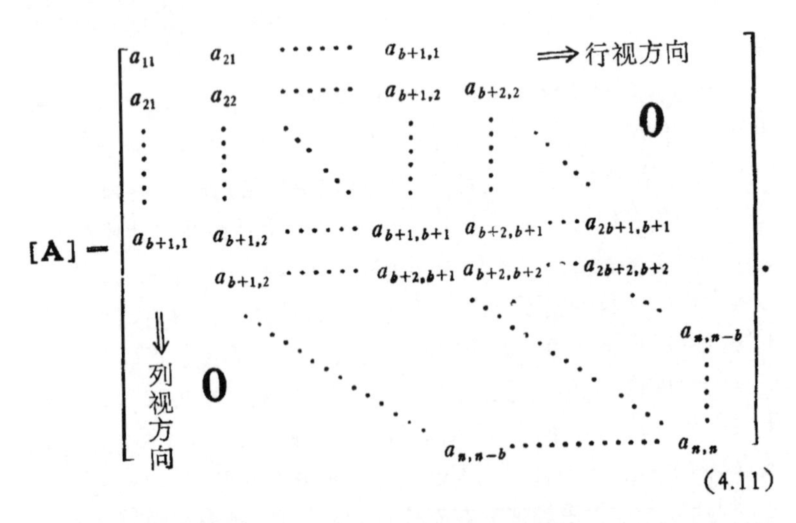

(4.11)

矩阵的这种带状性质可以被用来节省存储量. 如果我们只存储矩阵 [**A**] 的带内元素，即图 4.1 中阴影部分所示位置处的元素，那么存储矩阵 [**A**] 的存储量约为 $n\times(2b+1)$ 个数. 当 $b\ll n$ 时，它比标准存储格式时所要求的存储量 n^2 个数小得多. 如果利用对称性，只存储 [**A**] 的一个半带部分，则存储量可进一步减小为 $n\times(b+1)$.

具体存储时，在计算机中又有两种格式. 一种是按 [**A**] 的行视方向进行，存储其上半带，排列成高矩阵 [$\mathbf{A}'_r$]. [$\mathbf{A}'_r$] 保持 [**A**] 的行号，列号的变化规律是 $j'=i-j+1$，如图 4.3(a).

这种情况下，[**A**] 的非零元素 a_{ij} 与 [$\mathbf{A}'_r$] 的元素 a'_{ij} 之间的关系是

$$a_{ij}=a_{ji}=\begin{cases}a'_{j,i-j+1}, & (i\geqslant j),\\ a'_{i,j-i+1}, & (i<j).\end{cases}\tag{4.12}$$

实际计算时，在计算机中，矩阵 $[\mathbf{A}'_i]$ 是按以下顺序存放在内存或其它存储设备中的，即

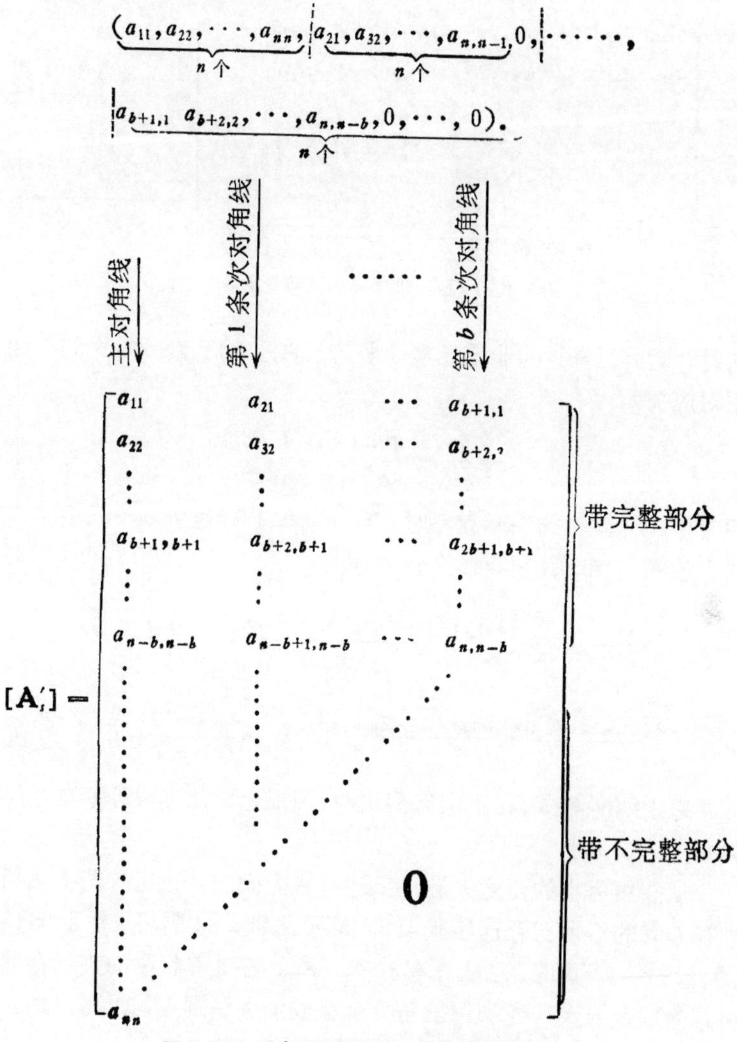

图 4.3(a) [A] 的行视方向等带宽存储格式

另一种是按矩阵 [**A**] 的列视方向进行，存储其下半带，排列成长矩阵 [$\mathbf{A}_s$]. [$\mathbf{A}_s$] 保持 [**A**] 的列号，行号的变化规律为 $i' = j - i + 1$，如图 4.3(b).

[$\mathbf{A}_s$] =

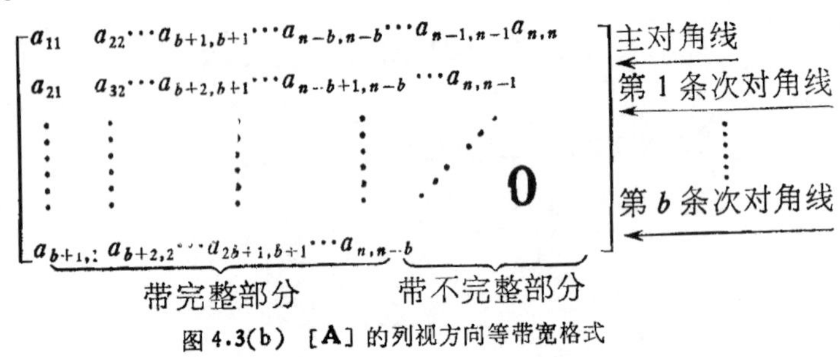

图 4.3(b) [**A**] 的列视方向等带宽格式

这时，矩阵 [**A**] 的非零元素 a_{ij} 与 [$\mathbf{A}_s$] 的元素 a^s_{ij} 之间有如下对应关系：

$$a_{ij} = a_{ji} = \begin{cases} a^s_{i-j+1,j}, & i \geqslant j, \\ a^s_{j-i+1,i}, & i < j. \end{cases} \tag{4.13}$$

相应地在计算机的实际存储时，矩阵 [$\mathbf{A}_s$] 则是按以下顺序和方式存放在内存或其它存储设备中，即

$$(\underbrace{a_{11}, a_{21}, \cdots, a_{b+1,1}}_{b+1\text{个}}, \Big| \underbrace{a_{22}, a_{32}, \cdots, a_{b+2,2}}_{b+1\text{个}} \Big| \cdots\cdots \Big|$$

$$\underbrace{a_{n-b,n-b}, a_{n-b+1,n-b}, \cdots, a_{n,n-b}}_{b+1\text{个}} \Big| \cdots\cdots \Big| \underbrace{a_{nn}, 0, \cdots, 0}_{b+1\text{个}})$$

以上两种格式，在不引起混淆时，习惯上都被称为等带宽存储格式.

从高级语言的角度来看，上述行视方向的等带宽存储格式与列视方向的等带宽存储格式没有本质区别，只需将 [$\mathbf{A}'_s$] 看作 [$\mathbf{A}_s$] 的转置即可. 但是 [$\mathbf{A}_s$] 和 [$\mathbf{A}'_s$] 在计算机中的实际存储格式差别则很大. 当利用三角分解法或消去法解方程组时，适应的消元修改过程也不一样. 这一点可从下面的分析看出.

对称正定矩阵的 Cholesky 分解是逐列进行的. 众所周知, Cholesky 分解本质上就是一个 Gauss 消去过程. 但是在具体消去某列(不妨设为第 k 列)的过程中,则有两种方式,一种是行向修改方式,一种是列向修改方式,如图 4.4 所示. 若用行向修改方式,则修改第 l 行 ($l > k$) 后,接着修改第 $l+1$ 行; 若用列向修改方式,则修改第 l 列 ($l > k$) 后, 接着修改第 $l+1$ 列. 如果采用行向修改方式, 可以看出无论是利用行视方向的等带宽存储格式还是利用列视方向的等带宽存储格式, 都不能保证修改过程中参加向量运算的向量是连续向量, 即向量的元素在计算机中的位置是连续的. 譬如,如图 4.5, 在行向修改过程中, 虽然向量{①}在列视方向等带宽存储下是连续向量,但向量 $\{\mathbf{s}^{(l)T}\}$ 则不是连续向量,而在行视方向等带宽存储下, 向量 {①} 与向量 $\{\mathbf{s}^{(l)T}\}$ 都不是连续向量. 如果采用列向修改方式, 则可以类似看出虽然在行视方向等带宽存储格式下,向量{②}和向量 $\{\mathbf{r}^{(l)}\}$ 都不是连续向量,但在列视方向等带宽存储格式下,它们则都是连续向量. 由于连续向量在计算过程中的存取对应着连续寻址, 较非连续向量存取的间隔寻址要快,所以综合如上分析,我们可以看到, 对对称正定带状矩阵进行 Cholesky 分解, 宜采用列视方向等带宽存储格式和列向修改方式.

下面,我们采用列视方向等带宽存储格式,相应地在消元分解时采用列向修改方式来讨论矩阵 LDL^T 分解的并行处理方法.

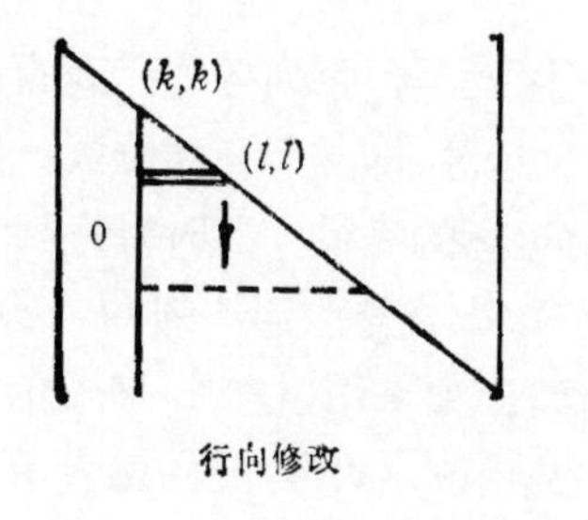

行向修改

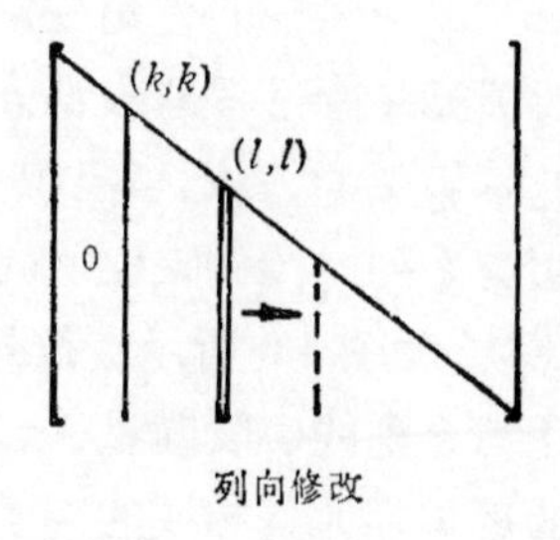

列向修改

图 4.4 消元时的两种修改方式

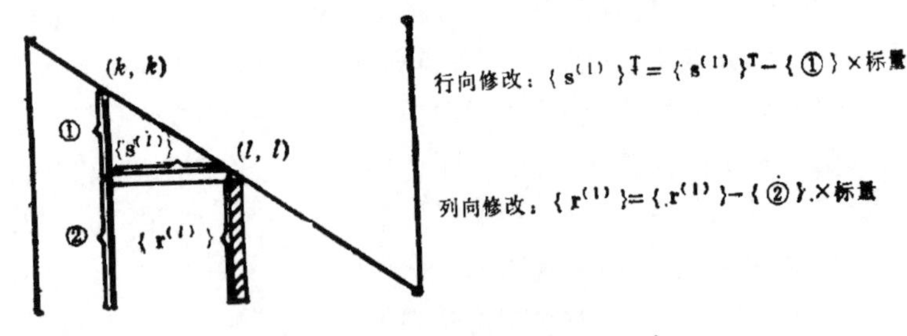

图 4.5 消元修改的两种向量化形式

4.2.3 等带宽存储格式下矩阵 LDL^T 分解的并行计算思想

在列视方向等带宽存储格式下，矩阵 $[\mathbf{A}_s]$ 与标准存储格式的矩阵 $[\mathbf{A}]$ 的关系密切，元素之间的对应关系很有规律，这时标准存储格式下的有效并行解法就可比较容易修改成适合等带宽格式的算法。下面具体描述修改方法。

在逐列进行 Cholesky 分解的过程中，如图 4.6，消去第 1 列对角元以下的元素时，第 1 块直角三角形“◺”内的其它元素要做相应的改变，同样消去第 2 列对角元以下的元素时，第 2 块直角三角形“◺”内的其它元素要做相应的改变，……，如此等等，直到消完最后一列。计算的结果是形成对角阵 $[\mathbf{D}]$ 和单位下三角阵 $[\mathbf{L}]$。若 $[\mathbf{A}]$ 是带状矩阵，则 $[\mathbf{L}]$ 也是带状。由于 $[\mathbf{A}_s]$ 保持 $[\mathbf{A}]$ 的列号，上述消元修改过程同样适用于 $[\mathbf{A}_s]$，如图 4.7. 但因行号有变化，故图 4.6 中的呈“◺”形的直角三角形变为图 4.7 中呈“◸”形的直角三角形.

对消元修改过程进一步分析可以发现，每列各个元素的计算是彼此不相关的，因此可组织向量化运算，即并行三角分解。我们以消去第 k 列时为例来说明向量化运算的途径，这时待修改的块为第 k 块，如图 4.8 所示。按列向修改方式修改第 l 列 $(l>k)$ 时，要利用第 k 列的②段向量，记为 $\{②\}$。如果用 $\{\mathbf{r}^{(l)}\}$ 来表示第 k 块中的第 l 列元素构成的向量，那么修改 $\{\mathbf{r}^{(l)}\}$ 的向量表示下的计算公式为(式(4.14))

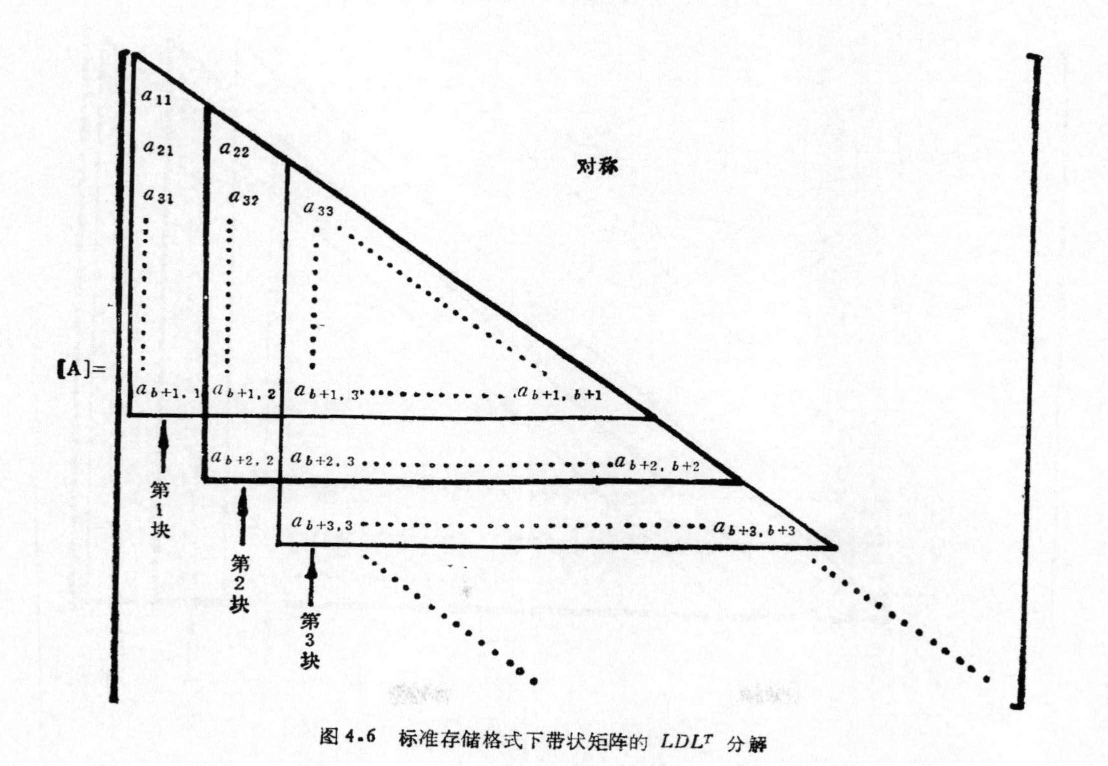

图 4.6　标准存储格式下带状矩阵的 LDL^T 分解

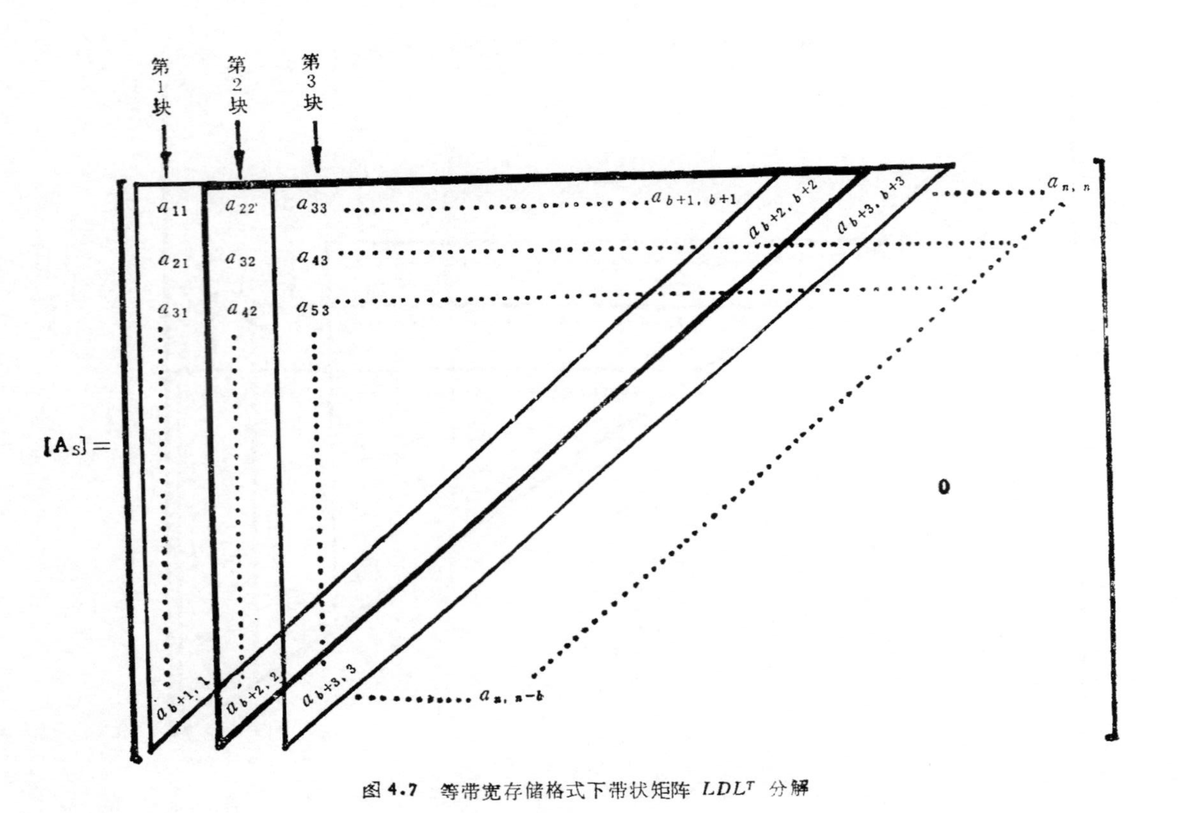

图 4.7 等带宽存储格式下带状矩阵 LDL^T 分解

$$\{\mathbf{r}^{(l)}\} = \{\mathbf{r}^{(l)}\} - \frac{a_{k,l}^{(k-1)}}{a_{k,k}^{(k-1)}} \times \{②\}, \tag{4.14}$$

其中向量 {②} 用 $[\mathbf{A}^{(k-1)}]$ 的元素表示为

$$\{②\} = (a_{k,l}^{(k-1)}, a_{k,l+1}^{(k-1)}, \cdots\cdots, a_{k,k+b}^{(k-1)})^T。 \tag{4.15}$$

注意到向量 $\{\mathbf{r}^{(l)}\}$ 和向量 {②} 都是连续向量，特别地，若记 $[\mathbf{A}_s^{(k-1)}]$ 表示第 $k-1$ 列消元结束后对应矩阵 $[\mathbf{A}^{(k-1)}]$ 的等带宽存储格式下的长矩阵，那么随着 l 由 $k+1$ 递增到 $k+b$，对应的向量 {②} 就由 $[\mathbf{A}_s^{(k-1)}]$ 的第 k 列组成的向量 $\{\mathbf{r}^{(k)}\}$ 每次从前部分递减一个元素而得，而向量 $\{\mathbf{r}^{(l)}\}$ 则由 $[\mathbf{A}_s^{(k-1)}]$ 的第 l 列的前 $(k+b-l+1)$ 个元素组成。从这里，一方面我们可以看出组织消元修改的向量化计算是直接的，另一方面也可以看出在修改某一块内的元素时，b 次向量运算的向量长度由 b 逐次减少到 1，因此修改一个块内的元素的向量化运算的平均向量长度为 $\frac{b+1}{2}$。

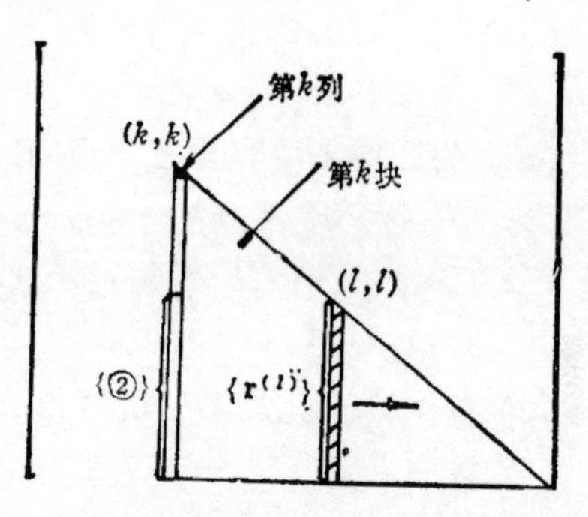

图 4.8 等带宽存储格式下带状矩阵向量化 LDL^T 分解示意

4.2.4 等带宽存储格式下矩阵的并行 LDL^T 分解解法 MPLDLT[28]

在以下算法描述中，设 $[\mathbf{A}_s]$ 被分解为 $[\mathbf{L}_s][\mathbf{D}_s][\mathbf{L}_s]^T$，$[\mathbf{D}_s] = \mathrm{diag}(d_1', d_2', \cdots, d_n')$，$[\mathbf{L}_s] = (l_{ij}')(i \geqslant j)$。

算法 4.1——等带宽存储格式下矩阵并行 LDL^T 分解解法 MPLDLT。

(1) 第 1 列消元及第 1 块直角三角形内的元素修改

(i) 求 d_1'，$(d_1')^{-1}$

$$\begin{cases} d'_1 \leftarrow a'_{1,1}, \\ a'_{1,1} \leftarrow (d'_1)^{-1} = 1/a'_{1,1}. \end{cases} \tag{4.16}$$

(ii) 保存 $[\mathbf{A}_s]$ 的第 1 列元素到一中间向量 $\{\mathbf{c}\}$，其中

$$c_j \leftarrow a'_{j,1}, j = 2,3,\cdots,b+1. \tag{4.17}$$

(iii) 求 $[\mathbf{L}_s]$ 的第 1 列元素

$$a'_{j,1} \leftarrow l'_{j,1} = a'_{j,1} \times a'_{1,1}, j = 2,3,\cdots,b+1. \tag{4.18}$$

(iv) 修改第 1 块直角三角形内的元素

$$a'_{j,i} \leftarrow a^*_{j,i} = a'_{j,i} - c_i \times a'_{j+1,1},$$

$$i = 2,3,\cdots,b+1,\ j = 1,2,\cdots,b+2-i, \tag{4.19}$$

…………

(2) 第 t 列消元及第 t 块直角三角形内的元素修改

(i) 求 d'_t，$(d'_t)^{-1}$

$$\begin{cases} d'_t \leftarrow a'_{1,t}, \\ a'_{1,t} \leftarrow (d'_t)^{-1} = 1/a'_{1,t}. \end{cases} \tag{4.20}$$

(ii) 保存 $[\mathbf{A}_s]$ 的第 t 列元素到一中间向量 $\{\mathbf{c}\}$，其中

$$c_j \leftarrow a'_{j,t},\ j = 2,3,\cdots,b+1. \tag{4.21}$$

(iii) 求 $[\mathbf{L}_s]$ 的第 t 列元素

$$a'_{j,t} \leftarrow l'_{j,t} = a'_{j,t} \times a'_{1,t},\ j = 2,3,\cdots,b+1. \tag{4.22}$$

(iv) 修改第 t 块三角形内的元素

$$a'_{i,j} \leftarrow a^*_{j,i} = a'_{j,i} - c_i \times a'_{j+1,t},$$

$$i = 2,3,\cdots,b+1,\ j = 1,2,\cdots,b+t-i+1, \tag{4.23}$$

……………．

考察算法 4.1 中的一般步的计算过程：第 t 列消元及第 t 块直角三角形内的元素修改．除第 (i) 步即 (4.20) 的计算是一标量运算外，其余各步的运算都可向量化．且第 (ii)，第 (iii) 步的向量长度为 b．第 (iv) 步共可组织成 b 次向量运算，这 b 次向量运算的向量长度从 b 开始每次减 1 直到 1．因此，所给算法是完全向量化的．注意到第 (iv) 步中的每次向量运算实际上由一次标量向量乘积向量运算和一次向量减向量运算组成，故整个算法的向量平均长度为

$$(b+b+2[b+(b-1)+\cdots+1])/(2b+2)\approx b/2. \tag{4.24}$$

(当消元到第 $n-b+1$ 列后，以上各步向量运算的向量长度逐渐减小，但当 $n\gg b$ 时，这一变化对平均向量长度的影响可以忽略). 根据算法，分解结束后，结果仍存于 $[\mathbf{A}_s]$ 内，即 $[\mathbf{A}_s]$ 的第1行为 $[\mathbf{D}_s^{-1}]$ 的 n 个对角元，第2行到第 $b+1$ 行为 $[\mathbf{L}_s]$ 的下半带元素。由(4.24)式知，当 b 较小时，向量计算的平均向量长度不高，计算效率将大受影响. 这时，正如前面已经指出的，需考虑某些特殊的解法。这里不加详述。

对小带宽情形，通过充分利用机器的特点，可适当提高计算效率。以具有向量"链接"功能的流水线型并行机为例，通过利用其向量"链接"工作方式，可使上述算法计算的向量有效长度增大，进一步提高并行计算效率，具体实现如下：

(1) 公式：将第(iv)步每一式都记为

$$\{\mathbf{K}^*\}=\{\mathbf{K}_1\}-\alpha*\{\mathbf{K}_2\}, \tag{4.25}$$

($\{\mathbf{K}_1\}$ 与 $\{\mathbf{K}_2\}$ 的长度相同，α 是某一标量).

(2) 目标：使向量"*"运算和向量"—"运算合成一条流水线.

(3) 措施：$\{\mathbf{K}_2\}$ 读入向量寄存器 V_2，$\{\mathbf{K}_1\}$ 读入向量寄存器 V_1，标量 α 读入标量寄存器 S。为了能"链接"，需将"*"运算的结果数作为"—"运算的操作数。于是

$$V_2\leftarrow S*V_2\quad (V_2\ \text{是结果数}), \tag{4.26}$$

$$V_1\leftarrow V_1-V_2\ (V_2\ \text{是操作数}). \tag{4.27}$$

(4) 寻址：由于计算要考虑各向量和标量寄存器的使用，因此必须考虑各寄存器对内存的寻址问题。由 MPLDLT 算法可知，分解是按 $[\mathbf{A}_s]$ 的列逐列进行的，寻址从 $[\mathbf{A}_s]$ 的一维计算机存储形式的首址开始。由于 $[\mathbf{A}_s]$ 的一维存储形式恰好是 $[\mathbf{A}_s]$ 逐列排序而成，所以寄存器对向量 $\{\mathbf{K}_1\}$，$\{\mathbf{K}_2\}$ 的存取非常方便，所花费的计算机时间很少，而且每次存取数的地址都按相同的地址增量 $b+1$ 计算，因而也很容易实现.

(5) 结论："链接"工作方式是在汇编语言下实现的。汇编程

序可使运算更加紧凑.由于两次向量运算之间存在一个等待时间,故可在(4.26)与(4.27)式之间插入适当的标量运算,使向量运算"吃掉"这些标量运算. 这样又可进一步提高计算效率. 更主要地是,"链接"技术使算法 MPLDLT 中的第(iv)步运算的向量有效长度增加了一倍,相当于使整个算法 MPLDLT 的向量运算的平均向量长度提高了一倍,略超过了 b,所以并行效率大为提高,所用计算机时间也将大为减少.

关于在流水线型向量机上进行带状矩阵的 Cholesky 分解的时间估计方面的一些理论结果可参阅文献[110].

§4.3 对称带状线性方程组求解的并行算法

4.3.1 标准存储格式下三角形方程组的并行求解

当系数矩阵 $[\mathbf{A}]$ 分解成 $[\mathbf{L}][\mathbf{D}][\mathbf{L}]^T$ 后,方程组求解分为两部分,即

$$[\mathbf{A}]\{\mathbf{x}\}=\{\mathbf{b}\}\Longrightarrow\begin{cases}[\mathbf{L}]\{\mathbf{y}\}=\{\mathbf{b}\}, & (4.28)\\ [\mathbf{L}]^T\{\mathbf{x}\}=[\mathbf{D}]^{-1}\{\mathbf{y}\}=\{\mathbf{y}'\}, & (4.29)\end{cases}$$

其中(4.28)式为前推,(4.29)式为回代,每一部分都是求解单位三角形带状方程组.

标准存储格式存储矩阵 $[\mathbf{A}]$ 时,三角形方程组求解的并行算法代表性的有列扫描法、对角线消去法、Sameh-Brent 方法[58],而且还可以通过把三角形方程组求解问题转化为一个多级线性递推关系问题,然后通过递推问题的并行算法如倍增法、分段法和循环加倍法来进行并行计算.

这些求解三角形方程组的并行计算方法各有其特点. 列扫描法结构简单,很容易在流水线向量机上实现. 且当带宽 b 较大时,计算效率也很高,但 b 较小时,并行效果就很差. 对角线消去法的思想是按先后顺序逐次消去与 $[\mathbf{A}]$ 的对角线最近的那些次对角线上的系数,结构较列扫描法复杂,但不受带宽的影响. Sameh-Brent 算法结构很复杂,但它与对角线消去法相比,虽然并行计算时间几乎一致,可是在阵列机上计算时,只需要比对角线消去法少

得多的处理机台数，而且其中的第二部分还很宜于解带状方程组。

在上一节中介绍的等带宽存储格式下，列扫描法与对角线消去法容易实现。这里首先简单介绍一下这二种方法。

1. 列扫描法

在方程组 (4.28) 中以 $y_1 = b_1$ 代入其余各方程，且与对应的常数项求和，这样就相当于消去了系数矩阵的第 1 列而将其转化为一个 $n-1$ 阶下三角形方程组(关于未知变量 $y_2, y_3, \cdots, y_n$) 的求解；接着由第 2 个方程解出 y_2，将 y_2 代入其余各方程，并与其对应的常数项求和，这时就相当于消除了系数矩阵的第 2 列，而将其转化为一个 $n-2$ 阶的关于未知变量 $y_3, y_4, \cdots, y_n$ 的下三角形方程组的求解，……，如此类推，直到求出 y_n。这个方法就好象从左往右逐列对各列扫描，扫描过的列的影响被消除，一直到最后一列，所以称此法为列扫描法。其一般计算过程可描述为

```
      do 10  j = 1, n - 1
      do 10  i = j + 1, n
      b_i = b_i - l_ij × b_j                        (4.30)
10    continue
```

显然内循环可组织向量运算，即 (4.30) 式可改写为

do 10 $j = 1, n-1$

$$\begin{pmatrix} b_{j+1} \\ b_{j+2} \\ \vdots \\ b_n \end{pmatrix} = \begin{pmatrix} b_{j+1} \\ b_{j+2} \\ \vdots \\ b_n \end{pmatrix} - b_j \times \begin{pmatrix} l_{j+1,j} \\ l_{j+2,j} \\ \vdots \\ l_{n,j} \end{pmatrix} \tag{4.31}$$

10 continue

从这里可看出对满阵情形，向量运算的向量长度由 $n-1$ 逐减到 1. 另外列扫描法显然是稳定的。

2. 对角线消去法

对角线消去法是 Gauss-Jordan 消去法的一个变形。用此法解 (4.28)，其过程可描述为

(1) $\{\mathbf{row}_i\} = \{\mathbf{row}_i\}/l_{ii}$, $i = 1,2,\cdots,n$, $l = 1$;

(2) $j = 2^{l-1}$;

(3) $\{\mathbf{row}_i\} = \{\mathbf{row}_i\} - \sum_{k=j}^{2^l-1} l_{i,i-k} \times \{\mathbf{row}_{i-k}\}$, (4.32)

$i = j+1, j+2, \cdots, n$;

(4) $j = j+1$, j 若大于 $n-1$, 则转 (6),

j 若大于 $2^l - 1$, 则转 (5), 否则转 (3);

(5) $l = l+1$, 转 (2);

(6) $y_i = l_{i,n+1}$, $i = 1,2,\cdots,n$.

在上述描述中, $l_{ij} = 0$(当 $i \leqslant 0$ 或 $j \leqslant 0$), 初始时有 $l_{i,n+1} = b_i$. $\{\mathbf{row}_i\}$ 表示矩阵第 i 行组成的向量. 对角线消去法的消去过程是: 第 1 次循环 ($l = 1$), 将消去矩阵 [**L**] 对角线附近的第 1 条次对角线上的系数, 第 2 次循环 ($l = 2$), 将消去矩阵 [**L**]的第 2 条, 第 3 条次对角线上的系数. 一般地, 第 m 次循环($l=m$), 将消去矩阵 [**L**] 的第 2^{m-1} 条, 第 $2^{m-1}+1$ 条, ……, 第 $2^m - 1$条次对角线上的系数.

至于上三角形方程组求解的列扫描法与对角线消去法与下三角形情况下的列扫描法和对角线消去法没有本质区则. 这里不再详述.

上面已经指出, 列扫描法当 b 较小时, 并行效率不好. 但由于本书针对的主要问题是大型结构分析问题, 相应情况下问题的带宽一般较大. 所以列扫描法为本书所取的首选算法.

上面给出的列扫描法的计算过程是基于标准存储格式的. 当 [**A**] 是带状矩阵而采用等带宽存储格式时, 应做一些修改.

4.3.2 等带宽存储格式下三角形方程组求解的并行计算思想

在解 (4.30) 式即前推时, 列扫描法逐列进行. 由于列视方向等带宽存储格式保持标准存储格式下的矩阵的列号, 因此这时可以将列扫描法直接应用于 [$\mathbf{A}_s$] 格式, 如图 4.9.

这时, 对应 (4.31) 式有列扫描法的计算过程

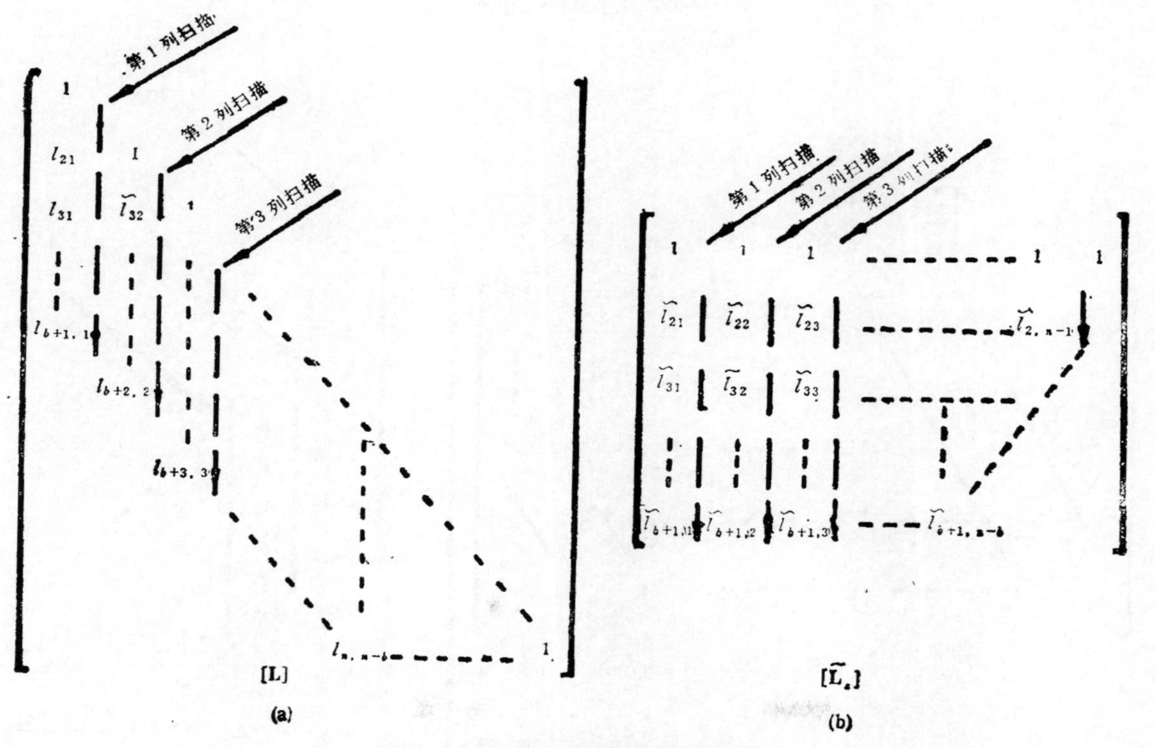

图 4.9 带状矩阵列扫描前推求解示意图

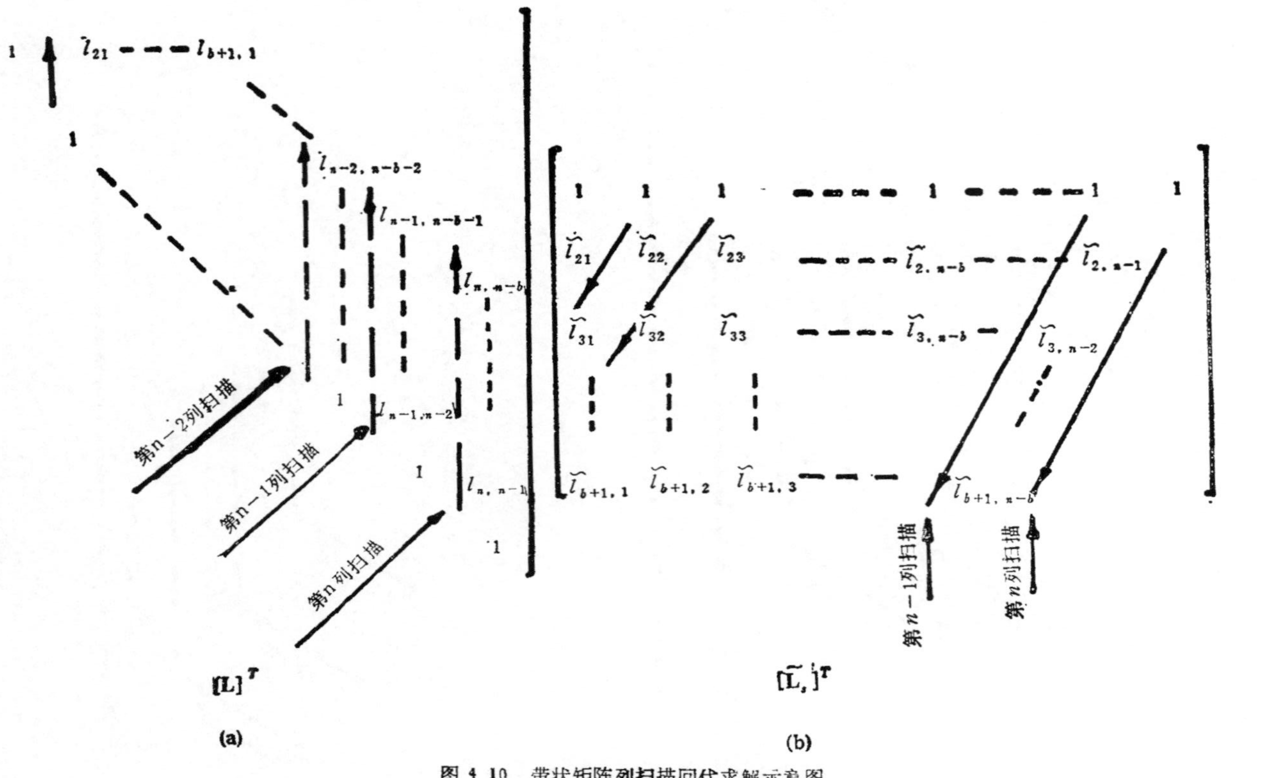

图 4 10　带状矩阵列扫描回代求解示意图

```
do 10 j = 1, n - 1
```

$$\begin{pmatrix} b_{j+1} \\ b_{j+2} \\ \vdots \\ b_{j+b} \end{pmatrix} = \begin{pmatrix} b_{j+1} \\ b_{j+2} \\ \vdots \\ b_{j+b} \end{pmatrix} - b_j \times \begin{pmatrix} l_{j+1,j} \\ l_{j+2,j} \\ \vdots \\ l_{j+b,j} \end{pmatrix} \tag{4.33}$$

```
10 continue
```

注意这时向量 $(l_{j+1,j}, l_{j+2,j}, \cdots, l_{j+b,j})^T$ 恰是 $[\mathbf{L}_s]$ 的一列，所以向量化计算是直接的。

在解 (4.29) 式即回代时，列扫描法仍逐列进行，次序恰好与前推相反。由于 $[\mathbf{L}_s]$ 不保持 $[\mathbf{L}]^T$ 的列号，故原算法不可直接应用于 $[\mathbf{L}_s]$ 格式，如图 4.10 所示。

这时，对应 (4.31) 的列扫描法的计算过程为

```
do 10 j = n, 2, -1
```

$$\begin{pmatrix} y'_{j-b} \\ y'_{j-b+1} \\ \vdots \\ y'_{j-1} \end{pmatrix} = \begin{pmatrix} y'_{j-b} \\ y'_{j-b+1} \\ \vdots \\ y'_{j-1} \end{pmatrix} - y'_j \times \begin{pmatrix} l_{j,j-b} \\ l_{j,j-b+1} \\ \vdots \\ l_{j,j-1} \end{pmatrix} \tag{4.34}$$

```
10 continue
```

注意这时向量 $(l_{j,j-b}, l_{j,j-b+1}, \cdots, l_{j,j-1})^T$ 不再是 $[\mathbf{L}_s]$ 的一列，而是图 4.10(b) 所示的一条斜线位置上的元素组成的向量，这样其向量化计算就不是直接的。如果采用对角线消去法，也有同样的问题。这时可对 $[\mathbf{L}_s]$ 做适当处理，处理成一个新矩阵 $[\mathbf{L}_s^*]$，使得向量 $(l_{j,j-b}, l_{j,j-b+1}, \cdots, l_{j,j-1})^T$ 是 $[\mathbf{L}_s^*]$ 的一列。显然，一个很直接的处理方法就是将 $[\mathbf{L}_s]$ 逐行进行移位，如图 4.11。

$[\mathbf{L}_s^*]$ 保持 $[\mathbf{L}_s]$ 的行号，列号改变，二者元素间的关系为

$$l_{ij}^* = \tilde{l}_{i,j-i}, \quad i = 1, \cdots, b+1; \; j = i, \cdots, n. \tag{4.35}$$

这时，$[\mathbf{L}_s^*]$ 格式就能适合回代时的列扫描法的要求。不过，生成 $[\mathbf{L}_s^*]$ 要增加很大存储量。如果计算机容量够，这一解决办法是合算的，因为移位时赋值向量运算的向量长度很长(分别为 $n-2$,

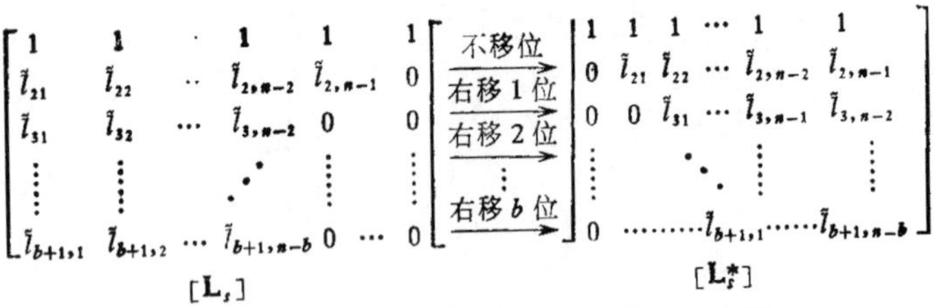

$$\begin{bmatrix} 1 & 1 & \cdots & 1 & 1 & 1 \\ \tilde{l}_{21} & \tilde{l}_{22} & \cdots & \tilde{l}_{2,n-2} & \tilde{l}_{2,n-1} & 0 \\ \tilde{l}_{31} & \tilde{l}_{32} & \cdots & \tilde{l}_{3,n-2} & 0 & 0 \\ \vdots & \vdots & \iddots & \vdots & & \vdots \\ \tilde{l}_{b+1,1} & \tilde{l}_{b+1,2} & \cdots & \tilde{l}_{b+1,n-b} & 0 \cdots & 0 \end{bmatrix} \left[\begin{array}{c} \xrightarrow{\text{不移位}} \\ \xrightarrow{\text{右移 1 位}} \\ \xrightarrow{\text{右移 2 位}} \\ \vdots \\ \xrightarrow{\text{右移 } b \text{ 位}} \end{array}\right. \begin{bmatrix} 1 & 1 & 1 & \cdots & 1 & 1 \\ 0 & \tilde{l}_{21} & \tilde{l}_{22} & \cdots & \tilde{l}_{2,n-2} & \tilde{l}_{2,n-1} \\ 0 & 0 & \tilde{l}_{31} & \cdots & \tilde{l}_{3,n-1} & \tilde{l}_{3,n-2} \\ \vdots & & & \ddots & \vdots & \vdots \\ 0 & \cdots & \cdots & \tilde{l}_{b+1,1} & \cdots & \tilde{l}_{b+1,n-b} \end{bmatrix}$$

$[\mathbf{L}_s]$ $[\mathbf{L}_s^*]$

图 4.11 矩阵$[\mathbf{L}_s]$ 移位生成 矩阵$[\mathbf{L}_s^*]$ 示意图

$n-3, \cdots, n-b$)，并行处理极快，与方程组求解时间相比，这一计算耗时极少．但是如果存储容量不够，就必须考虑用别的方法．如对各个方程进行并行内积运算等等．这些方法的计算效率远不如列扫描法，是一个局限．

4.3.3 等带宽存储格式下三角形方程组求解的并行列扫描法 MCSA

下面我们给出解

$$\begin{cases}[\mathbf{L}_s]\{\mathbf{y}\} = \{\mathbf{b}\}, \\ [\mathbf{L}_s]^T\{\mathbf{x}\} = [\mathbf{D}_s]^{-1}\{\mathbf{y}\}\end{cases} \tag{4.36}$$

的并行列扫描法．这里 $[\mathbf{L}_s]$ 的元素仍以 $\tilde{l}_{ij}$ 表示．

算法 4.2 —— 等带宽带状三角形方程组并行列扫描解法 MCSA．

第一阶段：前推

第 1 列扫描求 y_2：$b_j \leftarrow b_j^* = b_j - \tilde{l}_{j,1} \times b_1$，$j = 2, 3, \cdots, b+1$； (4.37)

……

第 t 列扫描求 y_{t+1}：$b_{j+t-1} \leftarrow b_{j+t-1}^* = b_{j+t-1} - \tilde{l}_{j,t} \times b_t$，$j = 2, \cdots, b+1$； (4.38)

……

直到第 $n-1$ 列扫描求得 y_n．

第二阶段：回代

生成矩阵 $[\mathbf{L}_s^*]$，设其元素用 $\tilde{l}_{ij}^*$ 表示，再求 $[\mathbf{D}_s]^{-1}\{\mathbf{y}\}$，结果用 $\{\mathbf{y}'\}$ 表示，然后进行方程组 $[\mathbf{L}_s^*]\{\mathbf{x}\} = \{\mathbf{y}'\}$ 的

求解.

第 n 列扫描求 x_{n-1}:

$$y'_{n-j+1} \leftarrow y'^{*}_{n-j+1} = y'_{n-j+1} - \tilde{l}^{*}_{j,n} \times y'_{n},$$
$$j = b+1, b, \cdots, 2; \qquad (4.39)$$

……

第 $n-t$ 列扫描求 x_{n-t+1}:

$$y'_{n-t-j+2} \leftarrow y'^{*}_{n-t-j+2} = y'_{n-t-j+2} - \tilde{l}^{*}_{j,n-t+1} \times y'_{n-t+1},$$
$$j = b+1, b, \cdots, 2; \qquad (4.40)$$

……

直到第 2 列扫描求得 x_1.

结果仍存放于向量 $\{\mathbf{y}'\}$ 中.

应该指出：对前推过程当扫描从左往右进行到第 $n-b+1$ 列后和对回代过程当扫描从右往左进行到第 b 列后，即进入带不完整部分时，算法应略作调整．不过，这种调整不是本质性的，只要适当改变向量运算的向量长度．这里就不特别介绍了．

从以上描述的 MCSA 算法的计算过程可以看出，无论是前推还是回代都要进行 $n-1$ 次扫描．每次扫描均由标量向量乘运算和向量减运算构成．不考虑带不完整部分，向量长度为 b．因此，就整个 MCSA 算法而言，其向量运算的平均向量长度为 b．当然与分解阶段一样，当充分利用机器的特点，采用向量"链接"技术后，可使向量运算的有效向量长度增长．

本节最后我们给出当计算机的内存容量有限不能生成 $[\mathbf{L}^{*}_{i}]$，回代要用内积型算法的计算过程．此时是求解

$$[\mathbf{L}^{T}_{i}]\{\mathbf{x}\} = [\mathbf{D}_{s}]^{-1}\{\mathbf{y}\} = \{\mathbf{y}'\},$$

内积型算法可描述为

初始值：$y'_n(=x_n)$,

由第 $n-1$ 个方程求 x_{n-1}: $y'_{n-1} \leftarrow x_{n-1} = y'_{n-1} - \tilde{l}_{2,n-1} \times y'_{n}$,

$$(4.41)$$

……

由第 $n-b+1$ 个方程求 x_{n-b+1}:

$$y'_{n-b+1} \leftarrow x_{n-b+1} = y'_{n-b+1} - \sum_{j=2}^{b+1} (\tilde{l}_{j,n-b+1} \times y'_{n-b+j-1}),$$

(4.42)

以上是带不完整部分．对完整部分

由第 $n-b$ 个方程求 x_{n-b}：

$$y'_{n-b} \leftarrow x_{n-b} = y'_{n-b} - \sum_{j=2}^{b+1} (\tilde{l}_{j,n-b} \times y'_{n-b+j-2}), \quad (4.43)$$

……

由第 1 个方程求 x_1：

$$y'_1 \leftarrow x_1 = y'_1 - \sum_{j=2}^{b+1} (\tilde{l}_{j,1} \times y'_j). \quad (4.44)$$

对内积型算法，由于 $n \gg b$，所以带不完整部分所占的比例很小,只要讨论带完整部分．从(4.43)式和(4.44)式看，每一式都是由两个向量作内积再由两个标量减构成．向量内积运算时，长度为 b，因此每一式的计算步数为 $2\lceil \lg(b+1) \rceil$，即经过这么多步计算方出一个结果，这里 $\lceil x \rceil$ 表示不小于 x 的最小整数．显然此算法的计算效率比列扫描法低得多．

§4.4　变带宽存储格式下矩阵 LDL^T 并行分解算法

前二节,我们针对规则或较规则的工程结构分析问题,介绍了等带宽存储矩阵格式下有限元方程组直接解法的并行处理方法．由于在实际应用中，大量存在不规则的结构分析问题，这时相应有限元方程组的系数矩阵不再具有等带宽或近似等带宽的带状结构,如果仍利用前面的等带宽存储格式及其对应的算法求解,由于不能排除大量的不必要的零运算,因此计算效果往往不是很好.这时就有必要研究适合不规则工程结构分析问题的存储格式及其相应解法．而变带宽存储格式及其相应解法就是途径之一．

4.4.1　变带宽存储格式

在 4.2.2 中已经指出，对一个不规则线性结构分析问题,在有限元网格节点编号适当的情况下，相应的有限元方程组的系数矩阵具有如图 4.2 所示的变带宽带状结构.

下面我们首先给出一些定义和概念.

定义 4.2　考察 [**A**] 的下三角部分，对每个 i，设

$$a_{ij}=0,\ j=1,2,\cdots,k_i,\ a_{i,k_i+1}\neq 0,$$

则定义

$$\beta_i=i-k_i\ (i=1,2,\cdots,n)$$

是 [A] 的第 i 行的局部半带宽，而

$$\beta_{\max}=\max_{1\leqslant j\leqslant n}\beta_j,\ \beta_{\min}=\min_{1\leqslant j\leqslant n}\beta_j,\ \beta_{\text{ave}}=\left(\sum_{j=1}^{n}\beta_j\right)/n,$$

则分别定义为 [**A**] 的最大、最小和平均半带宽.

注意：这里关于变带宽矩阵的半带宽定义同定义 4.1 中关于等带宽矩阵的半带宽定义略有差别，即这里包含对角元，定义 4.1 中不包含对角元. 以后各章节的内容均有此区别.

对不规则结构，由于最大半带宽与最小半带宽、平均半带宽相差很大，这时若利用等带宽存储格式，那么由于此时带宽 b 需以最大半带宽记. 这样一来，就将导致大量的不必要的零元素参加了存储，从而使得在计算时要进行大量的零运算. 所以应该针对矩阵的变带宽带状结构特点，采用相应的存储格式和相应的算法. 一个很典型的例子是图 4.12 所示的结构和有限元网格，其刚度矩阵 [**K**] 从而相应有限元方程组的系数矩阵 [**A**] 有图 4.13 所示的形

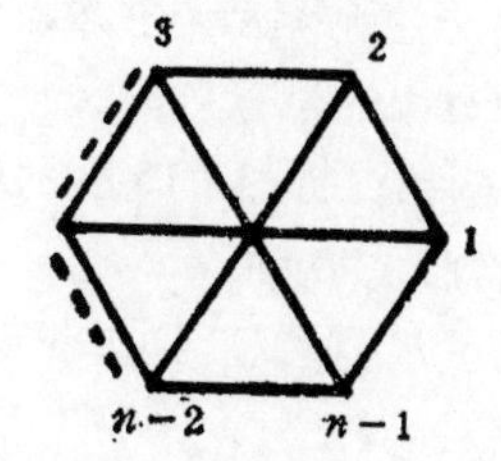

图 4.12　一个模型结构及其有限元网格

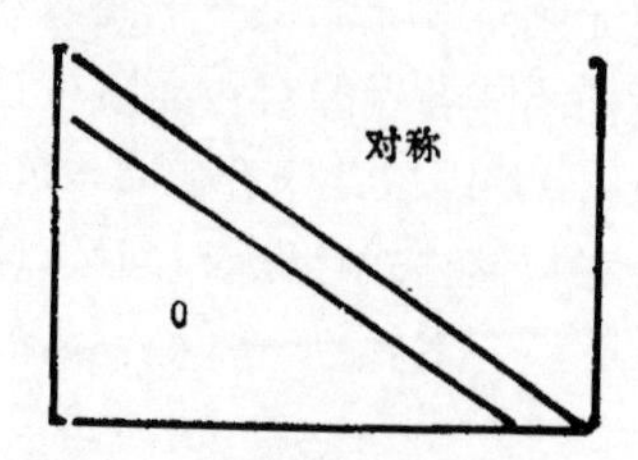

图 4.13　形如图 4.12 的结构的总刚度矩阵

式(设节点自由度 d 为 1)．这时，如采用等带宽存储格式，由于 $b=n$，则不仅存储了下三角形矩阵的所有元素，而且由等带宽存储格式的存储特点，还可知这时还要额外存贮根本不是矩阵元素的零元素．如果采用下面将要介绍的变带宽存储格式，则只要存储 图 4.13 中三条线所在的位置上的元素．这样，显然要远远优于等带宽存储格式．

图 4.14 所示的一些结构都宜于用变带宽存储格式．

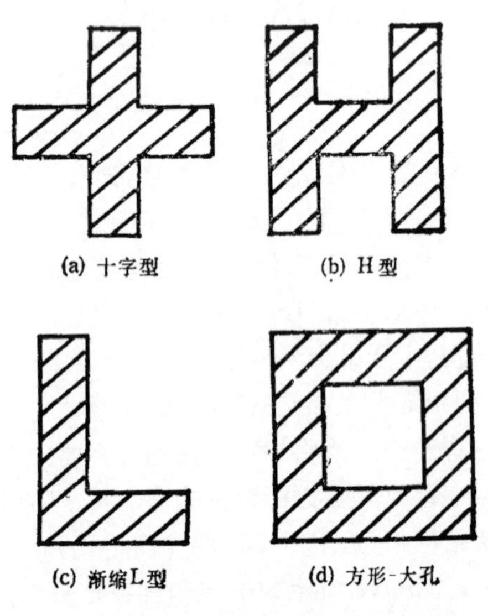

图 4.14　几种典型的不规则结构形式

所谓变带宽存储格式就是：在矩阵的各行中，将左边第 1 个非零元到对角元的每一个元素一行接一行地排成一个向量 $\{\mathbf{R}\}$，同时把矩阵各行的对角元素在这个向量中的位置号排成一个地址向量 $\{\mathbf{AD}\}$ 以此来存储这一矩阵．例如，将图 4.15 所示矩阵用变带宽存储格式存储时，向量 $\{\mathbf{R}\}$ 的形式即为

$$\{\mathbf{R}\}_{(1:17)}=(k_{11},k_{21},k_{22},k_{31},0,k_{33},k_{43},k_{44},k_{55},\\ k_{62},0,0,0,k_{66},k_{75},0,k_{77})^T,$$

而相应的存放对角元位置的地址向量 $\{\mathbf{AD}\}$ 则为

$$\{\mathbf{AD}\}_{(1:7)} = (1,3,6,8,9,14,17)^T.$$

$$[\mathbf{K}] = \begin{bmatrix} k_{11} & & & & & & \\ k_{21} & k_{22} & & & \text{对称} & & \\ k_{31} & 0 & k_{33} & & & & \\ 0 & 0 & k_{43} & k_{44} & & & \\ 0 & 0 & 0 & 0 & k_{55} & & \\ 0 & k_{62} & 0 & 0 & 0 & k_{66} & \\ 0 & 0 & 0 & 0 & k_{75} & 0 & k_{77} \end{bmatrix}$$

图 4.15

一般地，矩阵 $[\mathbf{K}]$ 的元素 k_{ij}，可以通过 i，j，$\{\mathbf{AD}\}$ 在 $\{\mathbf{R}\}$ 中找到. 当 $\mathbf{AD}(i) - i + j > \mathbf{AD}(i-1)$ 时，$\mathbf{AD}(i) - i + j$ 就是 k_{ij} 在 $\{\mathbf{R}\}$ 中的位置；如果不等式不满足，则 $k_{ij}(i \neq j)$ 不在带形区域内，因而就为零，没有存储在向量 $\{\mathbf{R}\}$ 中，所以 k_{ij} 与 $\{\mathbf{R}\}$ 的各分量的对应关系为

$$k_{ij} = \begin{cases} \mathbf{R}(\mathbf{AD}(i) - i + j), & \text{当 } \mathbf{AD}(i) - i + j > \mathbf{AD}(i-1) \text{ 时}, \\ 0, & \text{当 } \mathbf{AD}(i) - i + j \leqslant \mathbf{AD}(i-1) \text{ 时}. \end{cases} \tag{4.45}$$

另外简单计算后，有

(1) 第 i 行第一个非零元所在的列号为

$$\mathbf{AD}(i-1) - \mathbf{AD}(i) + i + 1. \tag{4.46}$$

(2) 第 i 行局部半带宽为

$$\beta_i = \mathbf{AD}(i) - \mathbf{AD}(i-1). \tag{4.47}$$

这里 $\mathbf{AD}(0) = 0$. 注意这时与等带宽格式相比，增加了一个向量 $\{\mathbf{AD}\}$. 但是这一增加的向量的长度仅仅是矩阵的阶 n，因此不影响变带宽存储格式的优越性.

在变带宽矩阵中，常把每一行的第一个非零元素形成的一根折线称为轮廓线，如图 4.16 中的 B_0B_1 线，并将轮廓线外的零元素称为第一类零元素，而在轮廓线内的零元素称为第二类零元素.

关于第一类零元素，有如下定理：

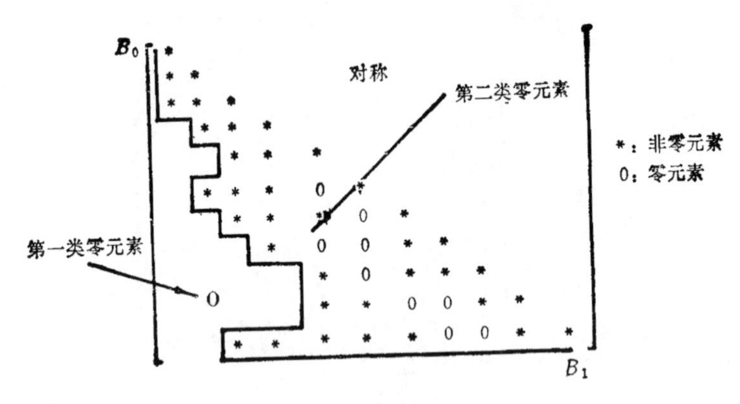

图 4.16

定理 4.1 对称正定矩阵 [**A**] 经过 LDL^T 分解后，在第一类零元素的位置上不会产生非零元。

定理 4.1 的证明可用归纳法。

假设 $a_{ij}(i \geqslant j)$ 是矩阵 [**A**] 的某一个第一类零元素，其特征为

$$a_{ik} = 0,\ k = 1,\ 2,\ \cdots,\ j-1,\ j.$$

那么我们只要证明对 l_{ij} 同样有

$$l_{ik} = 0,\ k = 1, 2, \cdots, j-1, j.$$

事实上，当 $k = 1$ 时，

$$l_{i1} = a_{i1}/d_1 = 0.$$

设对任一个 $m(m < j)$，已成立

$$l_{ik} = 0,\ k = 1, 2, \cdots, m.$$

这时由 (4.7) 式知，对 $k = m + 1$ 时

$$l_{i,m+1} = \left(a_{i,m+1} - \sum_{s=1}^{m} l_{i,s} d_{s,s} l_{m+1,s} \right) / d_{ii}.$$

由于 $a_{i,m+1} = 0$，且 $l_{is} = 0 (s = 1, 2, \cdots, m)$，故显然

$$l_{i,m+1} = 0.$$

应用归纳法，便知

$$l_{i,k} = 0,\ k = 1, 2, \cdots, j-1, j.$$

所以定理成立.

根据定理 4.1, 若 [**A**] 有 LDL^T 分解,那么矩阵 [**L**] 与矩阵 [**A**] 有同样的变带宽带状结构,但第二类零元素,经过分解则有可能变为非零元素, 即所谓的"填充". 根据这一性质, 在利用 LDL^T 分解解法求解有限元方程组时, 就可以采用与 [**A**] 一致的存储格式来存储矩阵 [**L**], 而且为了节省存储,可以把 [**L**] 阵存放于原来用于存放矩阵 [**A**] 的存储单元中,而矩阵 [**D**] 则合并入 [**L**] 的对角线参加存储.

但是对某些情况,直接采用以上的变带宽存储格式显然不利,如图 4.17 所示的矩阵. 若采用这种存储格式, 其结果仍是存储了矩阵下三角部分的所有元素. 这时有两种解决办法. 一是将原网格节点进行逆向编号,即原来的第 j 号节点改编为第 $\mathrm{nod}-j+1$ 号节点,这里 nod 表示网格中的节点总数, $j=1, 2, \cdots, \mathrm{nod}$. 经过这一处理, 就相当于对原有限元方程组的系数矩阵进行了第 1 与第 n, 第 2 与第 $n-1$…… 之间的行列交换,从而可使之变成图 4.13 所示的形式,就宜于用上一种存储格式来存储了. 另一种解决办法是采用另一种形式的变带宽存储格式, 即在矩阵的各列中, 将对角线元到下面的最后一个非零元之间的每个元素按顺序一列接一列地排成一个向量, 同时把矩阵各列的对角元在这个向量中的位置序号排成一个地址向量以此来存放这种矩阵. 本质上来讲, 这种变带宽存储格式与前一种变带宽存储格式是一致的. 习惯可称前一种为行变带宽存储格式, 后一种为列变带宽存储格式. 这两种形式有时人们也称作一维数组紧凑存储格式.

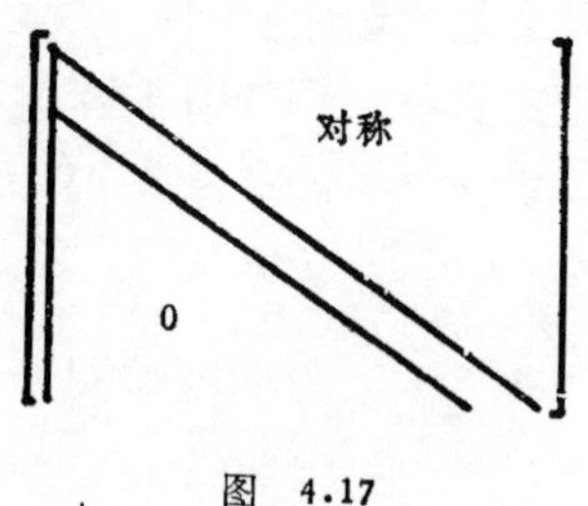

图 4.17

对列变带宽存储格式,可类似建立局部列半带宽,最大、最小、平均半带宽,轮廓线,第一类、第二类零元素的概念. 但有一点应特别注意,这时为保证第一类零元素不在分解过程中改变,必须从矩阵的右下角往左上角进行 UDU^T 分解。本书仅以行变带宽存储格式为基础来进行论述。

4.4.2 半带宽选大

由于选用行变带宽存储格式存储总刚度矩阵，所以在合成总刚度矩阵之前，就必须事先确定出总刚度矩阵的各行局部半带宽，从而确定出存放总刚度矩阵的向量的长度，总刚度矩阵的各元素在这个向量中的位置以及地址向量 $\{\mathbf{AD}\}$ 后方能进行总刚度矩阵的合成。

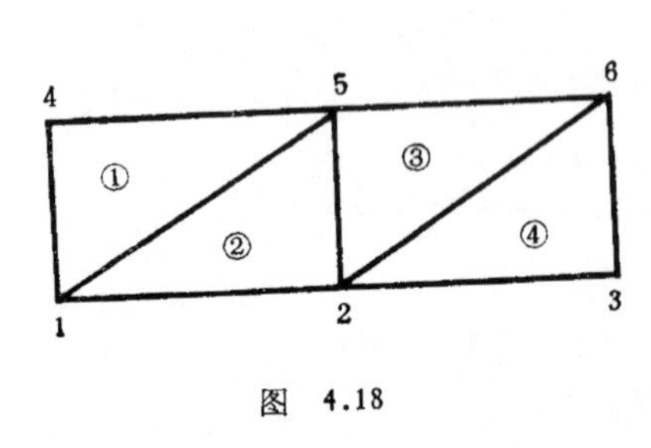

图 4.18

在合成总刚度矩阵时，单元刚度矩阵的系数 $k_{ii}^{[e]}$ 总是在总刚度矩阵 [**K**] 的对角线上，不妨设在 (t,t) 位置处，而 $k_{ij}^{[e]}(i \neq j)$ 则总是分布在对角线的两侧。这样单元刚度矩阵中的系数 $k_{ii}^{[e]}$ 和所有满足 $j < i$ 的系数 $k_{ij}^{[e]}$ 就分布在总刚度矩阵 [**K**] 的第 t 行上，这里假设这一单元的第 j 个节点的节点号小于第 i 个节点的节点号，且 $d = 1$。$k_{ii}^{[e]}$ 与所有 $j < i$ 的 $k_{ij}^{[e]}$ 在 [**K**] 的第 t 行上的位置差的最大值加 1，就称为这一单元对总刚度矩阵第 t 行的半带宽贡献。例如图 4.18 所示的结构。

设 $d = 1$，考虑其中②号单元，其单元刚度矩阵为

$$[\mathbf{K}^{(2)}] = \begin{pmatrix} k_{11}^{[2]} & & \text{对称} \\ k_{21}^{[2]} & k_{22}^{[2]} & \\ k_{31}^{[2]} & k_{32}^{[2]} & k_{33}^{[2]} \end{pmatrix},$$

$k_{32}^{[2]}$ 在 [**K**] 中的贡献在第 5 行第 5 列，$k_{31}^{[2]}$，$k_{32}^{[2]}$ 分别是第 5 行第 1 列，第 5 行第 2 列，所以该单元对 [**K**] 的第 5 行的局部半带宽贡献就为 5，同理该单元对第 2 行的半带宽贡献为 2． 类似分析有第①，第③，第④单元对[**K**]的第 5 行的半带宽贡献分别为 5，4，1．

注意到 [K] 的第5行的局部半带宽恰为5．事实上，所有单元对 [K] 的某行的半带宽贡献的最大值就是这行的局部半带宽．这样为确定出 [K] 的各行局部半带宽，对每一行，就都必须在所有单元对它的半带宽贡献中进行选大，这就是半带宽选大．

注意到上面的分析都不涉及单元刚度系数的具体值，所以半带宽选大可以通过单元节点编号矩阵或单元自由度编号矩阵来进行．比如，基于单元自由度编号矩阵 [**Z**]，有如下计算各行局部半带宽的串行算法．

算法 4.3——串行半带宽选大算法．

(1) $\beta_j = 0$, $j = 1, 2, \cdots, n$;

(2) $e = 1$, $i = 1$, $j = 1$;

(3) (i) $ia = \mathbf{Z}(e, i)$, $ja = \mathbf{Z}(e, j)$,

(ii) 如果 $ia \geqslant ja$，转 (iv),

(iii) $ia \to ic$, $ja \to ia$, $ic \to ja$,

(iv) 如果 $\beta_{ia} \geqslant ia - ja$，转 (4),

(v) $\beta_{ia} = ia - ja$;

(4) $j = j + 1$, j 若小于 i，转 (3)，否则

(5) $j = 1$, $i = i + 1$, i 若小于 $m \times d$，转 (3)，否则

(6) $j = 1$, $i = 1$, $e = e + 1$, e 若小于 nel，转 (3)，否则停止．这里 nel 仍然表示单元总数．

在半带宽选大的过程中，计算各单元对 [K] 的各行的半带宽贡献在理论上是完全独立的．如果在多处理机上进行，一台处理机处理一个单元，则可以达到完全并行．但要真正组织起高效的向量型运算在 SIMD 机上实现则不容易．不过，如果节点编号矩阵从而自由度编号矩阵也满足同一列中没有相同的节点号（自由度号）这一条件时，还是可容易地实现向量型运算．而这个条件，正如在第三章中已指出的，一般是可以设法安排各单元节点计算顺序而使之满足的．如 (4.48)式定义的矩阵 [E] 就满足条件（对应图 4.18）．

$$[\mathbf{E}]=\begin{bmatrix}1 & 5 & 4\\ 5 & 1 & 2\\ 2 & 6 & 5\\ 6 & 2 & 3\end{bmatrix}. \tag{4.48}$$

在所述条件满足时，组织向量型运算的基本过程可以描述为如下算法 PBDW.

算法 4.4——并行半带宽选大算法 PBDW[30].

(1) 由网格划分形成单元节点编号矩阵 $[\mathbf{E}]=(\{\boldsymbol{\alpha}_1\}\{\boldsymbol{\alpha}_2\}\cdots\{\boldsymbol{\alpha}_m\})$，其中 $\{\boldsymbol{\alpha}_j\}$，$j=1,2,\cdots,m$ 是有 nel 个分量的列向量；

(2) 由节点编号矩阵依据(3.66)式形成单元自由度编号矩阵 $[\mathbf{Z}]$

$$[\mathbf{Z}]=(\{\boldsymbol{\beta}_1^1\}\{\boldsymbol{\beta}_2^1\}\cdots\{\boldsymbol{\beta}_d^1\}\{\boldsymbol{\beta}_1^2\}\{\boldsymbol{\beta}_2^2\}\cdots \{\boldsymbol{\beta}_d^2\}\cdots\cdots\{\boldsymbol{\beta}_1^m\}\cdots\{\beta_d^m\}),$$

其中 $\{\boldsymbol{\beta}_j^i\}=(\{\boldsymbol{\alpha}_i\}-1)\times d+j$，$i=1, 2, \cdots, m$；$j=1,2, \cdots, d$；

(3) 置向量 $\{\mathbf{BDW}\}$ 的所有分量值为 1；

(4) 依次取矩阵 $[\mathbf{Z}]$ 的各列作向量 $\{\mathbf{a}\}$，进行如下运算

(i) 依次取矩阵 $[\mathbf{Z}]$ 的其它列作向量 $\{\mathbf{b}\}$（循环开始时，$\{\mathbf{a}\}$ 总取(4)中确定的 $\{\mathbf{a}\}$）.

(ii) 利用条件数组赋值语句,交换 $\{\mathbf{a}\},\{\mathbf{b}\}$ 的某些分量值，使 $\{\mathbf{a}\}$ 的各分量值不小于 $\{\mathbf{b}\}$ 的对应分量的值.

(iii) 利用条件数组赋值语句,比较 $\{\mathbf{BDW}(\{\mathbf{a}\})\}$ 与 $\{\mathbf{a}\}-\{\mathbf{b}\}+1$ 对应分量间的值的大小,如果前者的值小于后者,则用后者的值代替前者对应的分量的值.

利用这一算法，便能求得总刚度矩阵各行半带宽组成的向量 $\{\mathbf{BDW}\}$. 在此基础上,便可很容易地生成对角元在向量 $\{\mathbf{R}\}$ 中的地址向量 $\{\mathbf{AD}\}$. 串行计算公式为

$$\begin{cases}\mathbf{AD}(1)=\mathbf{BDW}(1),\\ \mathbf{AD}(j)=\mathbf{AD}(j-1)+\mathbf{BDW}(j),\end{cases} \tag{4.49}$$
$$j=2,3,\cdots,n.$$

这是一个一阶递归过程,其相应的并行算法已很成熟，如倍增法、分段法等. 另外,从算法的过程还可以看出，第(3),第(4)步的向量长度为 nel，而第(2)步的向量长度为 $m \times$ nel. 因此对大型结构分析问题,向量长度还是较长的.

4.4.3 变带宽存储格式下矩阵 LDL^T 分解的并行处理思想

正如在 4.2.2 中已经看到的，在逐列对一正定矩阵 $[\mathbf{A}]$ 进行 Cholesky 分解时，宜于采用列视方向等带宽存储格式及列向修改方式. 同样的,对变带宽带状矩阵,通过类似的分析，可以得到类似的结论：当采用行变带宽存储格式时,列向修改较为有利.

如图 4.5，在行向修改方式下，修改第 l 行元素时要利用第 k 列的第一段向量{①},而在列向修改方式下,修改第 l 列元素时要利用第 k 列的第二段向量{②}.由于我们采用行变带宽存储格式,于是并非每次都必须对向量 $\{\mathbf{s}^{(l)T}\}$或 $\{\mathbf{r}^{(l)}\}$ 中的所有元素进行修改,而只需修改向量 $\{\mathbf{s}^{(l)T}\}$ 中与{①}中非零元素对应的那些元素或$\{\mathbf{r}^{(l)}\}$ 中与{②}中非零元素对应的那些元素. 具体来说,设{①}的非零元素所在的行的行号组成向量 $\{\mathbf{IV}_2\}$，则确定{①}中的非零元素所组成的向量在向量 $\{\mathbf{R}\}$ 中的位置向量可经一次向量挑选 $\{\mathbf{AD}(\{\mathbf{IV}_2\})\} - \{\mathbf{IV}_2\} + k$ 而得,而这时 $\{\mathbf{s}^{(l)T}\}$ 中相应应修改的元素组成的向量在向量 $\{\mathbf{R}\}$ 中的位置向量可通过 $\mathbf{AD}(l) - l + \{\mathbf{IV}_2\}$ 来计算;相应地,设{②}的非零元素所在的行的行号组成向量 $\{\mathbf{IV}_1\}$，则确定{②}中的非零元素所组成的向量在向量 $\{\mathbf{R}\}$ 中的位置向量可经一次向量挑选 $\{\mathbf{AD}(\{\mathbf{IV}_1\})\} - \{\mathbf{IV}_1\} + k$ 而得，而相应 $\{\mathbf{r}^{(l)}\}$ 中应修改的元素组成的向量在 $\{\mathbf{R}\}$ 中的位置向量可用$[\{\mathbf{AD}(\{\mathbf{IV}_1\})\} - \{\mathbf{IV}_1\} + k] + (l - k)$ 来计算.从这里我们就可以看出，列向修改稍为有利. 与等带宽情形区别较大的一点是：在变带宽存储格式下，无论是行向修改方式还是列向修改方式,参加向量运算的 $\{\mathbf{s}^{(l)}\}$ 中的元素或 $\{\mathbf{r}^{(l)}\}$ 中的元素都不一定是连续在一起的. 因此,一般来讲，总要涉及间隔寻址,甚至一般还是非等间距的间隔寻址.

根据以上分析，当采用行变带宽存储格式时，采用列向修改方式进行逐列分解过程。这样主要问题便是如何确定每次消元修改时，对应向量{②}中不为零的那些元素所在的行的行号组成的向量 $\{\mathbf{IV}_1\}$？这一问题，可依据半带宽信息，利用向量机上的“压缩”功能来解决。

首先，根据 Cholesky 分解的过程，不难发现，对变带宽矩阵，在按列进行第 1 列消元时，所涉及的只有第一个非零元在第 1 列上的那些行与对应列的交叉位置处的元素。如图 4.19 中阴影位置上的元素；进行第 2 列消元时，所涉及的则是原矩阵第一个非零元在第 2 列上的那些行及对应列（包括本行、本列），以及原矩阵中第一个非零元在第 1 列上的那些行及对应列上的交叉元素（第 1 行、第 1 列除外）；同理进行第 3 列消元时，所涉及的元素只是原矩阵中第一个非零元素在前 3 列的那些行与对应列上的交叉位置上的元素（前 2 行 2 列除外）。一般而言，进行第 k 列消元时，所涉及的只是原矩阵中第一个非零元在前 k 列上的那些行与对应列上的交叉位置上的元素（前 $k-1$ 行，$k-1$ 列除外）。因此，在每列消元之前，首要的是要确定与这次消元有关的那些行（列）的行号（列号），而且同时还可以看出，这个过程仅需利用矩阵的半带宽信息。

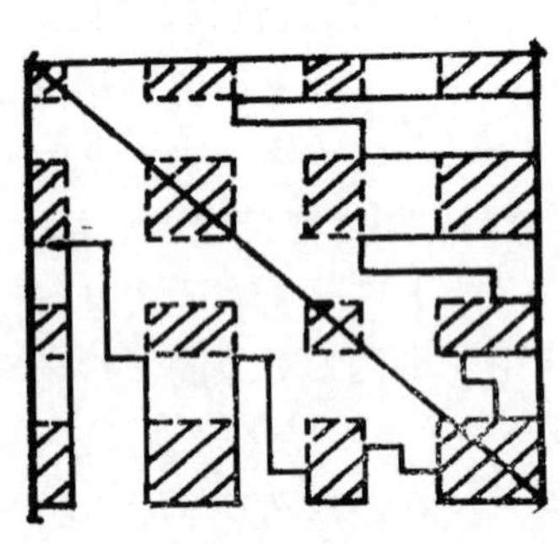

图 4.19 LDL^T 分解中第 1 列消元时所涉及的元素位置示意图

具体来看，设向量 $\{\mathbf{IH}\}$ 表示各行的第一个非零元素所在的列的列号组成的向量。其中特别是，若第 k 行第一个非零元素就是对角元，那么定义 $\mathbf{IH}(k)=0$。事实上，向量 $\{\mathbf{IH}\}$ 可通过

$$\mathbf{IH}(j)=\mathbf{AD}(j-1)-\mathbf{AD}(j)+j+1,\quad j=1,2,\cdots,n \tag{4.50}$$

来计算。特别地，当 $\mathbf{AD}(j)=\mathbf{AD}(j-1)+1$ 时，定义

$\mathbf{IH}(j)=0$.

考察第1列消元,这时所涉及的行和列就是使 $\mathbf{IH}(j)=1$ 满足的那些 j 所定义的行和列. 这时据条件 $\mathbf{IH}(j)=1$, $j=1,2,\cdots,n$ 对向量 $\{\mathbf{NN}\}=(1,2,\cdots,n)^T$ 进行“压缩”,就得到消去第1列时将涉及到的其它列的列号组成的向量 $\{\mathbf{IV}_0\}$. 于是从左往右逐步修改相关列 $\{\mathbf{r}^{(l)}\}$, $l\in\{\mathbf{IV}_0\}$ 时,对应{②}的 $\{\mathbf{IV}_1\}$ 就由 $\{\mathbf{IV}_0\}$ 从前方逐次删除一个元素而得. 在第1列消元完成后,进行第2列消元时,将涉及的行和列不仅是满足 $\mathbf{HI}(j)=2$, $j=3,\cdots,n$ 的那些 j 确定的行和列,而且也包括使 $\mathbf{IH}(j)=1$, $j=3,\cdots,n$ 满足的那些 j 确定的行和列.为了统一,提出这样一个解决办法,即在第1列消元完成后进行

$$\begin{cases}\{\mathbf{IH}(\{\mathbf{IV}_0\})\}=\{\mathbf{IH}(\{\mathbf{IV}_0\})\}+1,\\ \mathbf{IH}(2)=0\end{cases}\tag{4.51}$$

的处理. 这样在第2列消元时,要涉及的行(列)号组成的向量 $\{\mathbf{IV}_0\}$ 就仍然可以据条件 $\mathbf{IH}(j)=2$, $j=1,2,\cdots,n$ 对向量 $\{\mathbf{NN}\}$ “压缩”而得. 这时对应向量{②}的 $\{\mathbf{IV}_1\}$ 仍由 $\{\mathbf{IV}_0\}$ 从前方逐次删除一个元素而得. 此后的过程类似可知.

为叙述方便,记向量 $\{\mathbf{IV}_0^{(j)}\}$ 表示第 j 列消元时有关的行(第 j 行除外)的行号组成的向量. $\{\mathbf{IP}\}$则表示这样一个向量: $\mathbf{IP}(j)$ 表示 $\{\mathbf{IH}\}$ 中值等于 j 的分量的个数, $j=1,2,\cdots,n$, 但如果 $\mathbf{IH}(j)=0$, 则 $\mathbf{IP}(j)$ 值加1. 应该指出,生成向量 $\{\mathbf{IH}\}$, $\{\mathbf{IP}\}$ 的时间是极少的. 这时便有如下确定 $\{\mathbf{IV}_0^{(j)}\}$ 的算法 CNVA.

算法 4.5——确定行号向量的并行算法 CNVA[30].

(1) $\mathrm{len}_1=0$, $j=1$;

(2) $\mathrm{len}_1=\mathrm{len}_1+\mathbf{IP}(j)-1$, $0\to\mathbf{IH}(j)$;

(3) 据条件 $\{\mathbf{IH}\}$ 是否等于 j, 对向量 $\{\mathbf{NN}\}$ 进行“压缩”操作,“压缩”出的个数由 len_1 控制,结果就为 $\{\mathbf{IV}_0^{(j)}\}$;

(4) $\{\mathbf{IH}(\{\mathbf{IV}_0^{(j)}\})\}=\{\mathbf{IH}(\{\mathbf{IV}_0^{(j)}\})\}+1$;

(5) $j=j+1$, j 若大于 n, 停止,否则转(2).

关于第(3)步,在 YH-1 机上可利用以下一条语句来实现

$$\text{where}(\{\mathbf{IH}\}-j\cdot\text{eq}\cdot\mathbf{o})\ \text{pack}(\{\mathbf{IV}_0^{(j)}\}=\{\mathbf{NN}\},\text{len}=\text{len}_1).$$

下面就来讨论 LDL^T 分解过程中消去第 k 列时的向量化处理过程，以此建立并行 LDL^T 分解解法。

4.4.4 变带宽存储格式下矩阵并行 LDL^T 分解算法 VPLDLT

标准格式下 LDL^T 分解消去矩阵第 k 列时的公式为

$$[\mathbf{A}]=[\mathbf{A}^{(0)}]=[\mathbf{L}][\mathbf{U}],[\mathbf{L}]=(l_{ij}),[\mathbf{A}]=(a_{ij}),$$

$$\begin{cases} l_{s,k}=A_{s,k}^{(k-1)}/A_{k,k}^{(k-1)},\quad s\in\{\mathbf{IV}_0^{(k)}\}, & (4.52)\\ A_{s,t}^{(k)}=A_{s,t}^{(k-1)}-A_{k,t}^{(k-1)}\times A_{s,k}^{(k-1)}/A_{k,k}^{(k-1)} & (4.53)\\ \qquad =A_{s,t}^{(k-1)}-A_{k,t}^{(k-1)}\times l_{s,k},\quad s,t\in\{\mathbf{IV}_0^{(k)}\}. \end{cases}$$

通过向量挑选符，不难把 (4.52) 式和 (4.53) 式改写成如下向量形式公式，

$$\begin{cases} l_{(\{\mathbf{IV}_0^{(k)}\},k)}=\mathbf{A}_{(\{\mathbf{IV}_0^{(k)}\},k)}^{(k-1)}/A_{k,k}^{(k-1)}, & (4.54)\\ \mathbf{A}^{(k)}(\{\mathbf{IV}_0^{(k)}\},t)=\mathbf{A}^{(k-1)}(\{\mathbf{IV}_0^{(k)}\},t)-\mathbf{A}^{(k-1)}(k\cdot t) & (4.55)\\ \qquad\times l_{(\{\mathbf{IV}_0^{(k)}\},k)},\ t\in\{\mathbf{IV}_0(k)\}. \end{cases}$$

如果采用标准格式存储，那么 (4.53)，(4.55) 中参加向量运算的向量长度就都是 $\{\mathbf{IV}_0^{(k)}\}$ 的元素个数。但由于本书这里采用变带宽存储格式，且利用了对称性，只存储下三角部分，因此对应 (4.53) 式中，若 $t\in\{\mathbf{IV}_0^{(k)}\}$ 取定后，则不计算 (4.53) 式中 $s<t$ 的那些 $A_{s,t}^{(k)}$ 的值，反映在 (4.55) 中就是随着 t 的增大（$\{\mathbf{IV}_0^{(k)}\}$ 的元素值是从小到大的正整数），参加向量运算的向量的长度递减，一直到 1，如图 4.20 所示.

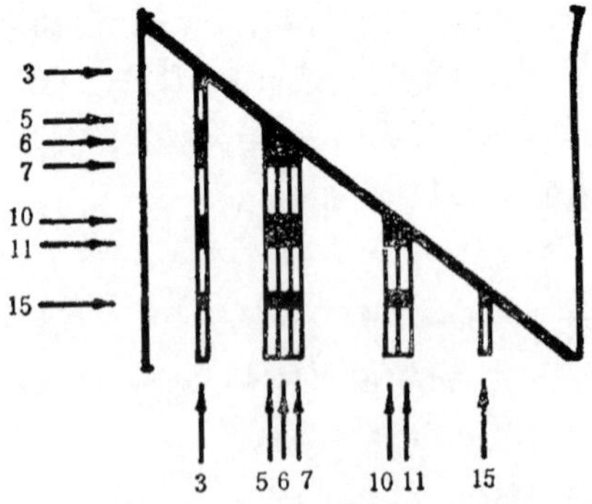

设 $\{\mathbf{IV}_0^{(2)}\}=(3,5,6,7,10,11,15)$

图 4.20 第 2 列消元时应修改的元素

图中各列阴影部分组成的向量就表示在 (4.55) 式中将修改的部分，它们的长度从 7 依次递减到 1．所以，应对 (4.55) 式作些修改，修改为

$$\mathbf{A}^{(k)}(\{\mathbf{IV}_k^{(t)}\},t) = \mathbf{A}^{(k-1)}(\{\mathbf{IV}_k^{(t)}\},t) - A_{k,t}^{(k-1)} \times l_{(\{\mathbf{IV}_k^{(t)}\},k)},\ t \in \{\mathbf{IV}_0^{(k)}\}. \tag{4.56}$$

式中，$\{\mathbf{IV}_k^{(t)}\}$ 表示由 $\{\mathbf{IV}_0^{(k)}\}$ 除掉前方相应个元素后组成的向量．不难看出，其分量值均不小于 t．例如对上例，假设是对第 2 列消元，且 $\{\mathbf{IV}_0^{(2)}\} = (3,5,6,7,10,11,15)^T$，则向量 $\{\mathbf{IV}_2^{(t)}\}$ 随 t 的增大分别为 $(3,5,6,7,10,11,15)^T$，$(5,6,7,10,11,15)^T$，$(6,7,10,11,15)^T,\cdots,(11,15)^T$，$(15)^T$．

我们已经知道，采用行变带宽存储格式时，矩阵经过 LDL^T 分解后，仍保持原矩阵的变带宽带状结构，即矩阵 $[\mathbf{L}]$ 与原矩阵 $[\mathbf{A}]$ 有同样的各行局部半带宽，这样可完全类似于标准存储格式时用矩阵 $[\mathbf{L}]$ 逐步覆盖 $[\mathbf{A}]$ 的处理，即用原存储矩阵 $[\mathbf{A}]$ 的向量(以下均用 $\{\mathbf{R}\}$ 表示)来存储矩阵 $[\mathbf{L}]$．因此下面的问题就是如何将 (4.54) 式和 (4.56) 式中标准存储时的位置转化为变带宽存储时的位置．而由 (4.46) 式知，在带内的一个矩阵元素 A_{ij} 在向量 $\{\mathbf{R}\}$ 中的存储位置是 $\mathbf{AD}(i)-i+j, i \geqslant j$ 或 $\mathbf{AD}(j)-j+i,\ i \leqslant j$．于是更一般地 $\mathbf{A}(\{\mathbf{a}\},t)$，这里 $\{\mathbf{a}\}$ 的各分量值均不小于 t，在向量 $\{\mathbf{R}\}$ 中的位置不妨记为 $\{\mathbf{AD}(\{\mathbf{a}\})\}-\{\mathbf{a}\}+t$．注意用 $[\mathbf{L}]$ 覆盖 $[\mathbf{A}]$ 时所带来的一点问题，便有以下变带宽存储格式下矩阵的向量化 LDL^T 分解算法．其中 $\{\mathbf{S}\}$，$\{\mathbf{IV}_3\}$，$\{\mathbf{IV}_4\}$ 是工作向量．

算法 4.6——变带宽带状矩阵并行 LDL^T 分解算法VPLDLT．

算　法　描　述	说　明
(0) $k=1, \mathrm{len}_1=0$;	
(1) $\mathrm{len}_1=\mathrm{len}_1+\mathbf{IP}(k)-1$;	求向量 $\{\mathbf{IV}_0^{(k)}\}$ 的元素个数
(2) 取向量 $\{\mathbf{IV}_0^{(k)}\}$;	

（续）

算法描述	说明
(3) $\{\mathbf{IV}_3\}=\{\mathbf{AD}(\{\mathbf{IV}_0^{(k)}\})\}-\{\mathbf{IV}_0^{(k)}\}+k$;	位置转换
(4) $\{\mathbf{S}\}_{(1:\mathrm{len}_1)}=\{\mathbf{R}(\{\mathbf{IV}_3\})\}/\mathbf{R}(\mathbf{AD}(k))$;	
(5) j 从 1 到 len_1 循环	
(i) $jj=\mathbf{IV}_0^{(k)}(j)$,	逐次取 $t\in\{\mathbf{IV}_0^{(k)}\}$
(ii) $\{\mathbf{IV}_4\}=\{\mathbf{IV}_0^{(k)}\}_{(j:\mathrm{len}_1)}$,	确定(4.56)中的向量 $\{\mathbf{IV}_k^{(j)}\}$
(iii) $\{\mathbf{IV}_4\}=\{\mathbf{AD}(\{\mathbf{IV}_4\})\}-\{\mathbf{IV}_4\}+jj$,	位置转换
(iv) $\{\mathbf{R}(\{\mathbf{IV}_4\})\}=\{\mathbf{R}(\{\mathbf{IV}_4\})\}-\mathbf{R}(\mathbf{AD}(jj)-jj+k)\times\{\mathbf{S}\}_{(j:\mathrm{len}_1)}$;	进行 (4.56) 式的计算
(6) $\{\mathbf{R}(\{\mathbf{IV}_3\})\}=\{\mathbf{S}\}_{(1:\mathrm{len}_1)}$;	用矩阵 [L] 覆盖 [A]
(7) $k=k+1$;	
(8) $k>n$ 时，停止，否则转 (1).	

考察算法 4.6，可知为了尽可能实现向量化，就必须多次利用向量挑选指令.由于这一指令在计算机上对应着间隔地址存取数，所以很低效，远没有等带宽存储格式下的连续地址存取数或等间距间隔地址存取数快. 这样肯定会导致加速比相对于等带宽情形下降了很多，数值计算结果也说明了这一点.

向量运算长度分析. 首先考虑一个列消元过程（不妨设为第 k 列）. 由 (4.54) 与 (4.56) 式不难知道，涉及 (4.56) 计算的平均向量长度为 $(\mathrm{len}_1+1)/2$，整个过程虽然因 $\{\mathbf{S}\}$ 计算的影响而稍大一点，但平均向量长度仍可近似认为是

$$\mathrm{lave}=\left(\sum_{j=1}^{n}(1+\mathrm{len}_1^{(j)})/2\right)/n, \tag{4.57}$$

这里 $\mathrm{len}_1^{(j)}$ 表示 $\{\mathbf{IV}_0^{(j)}\}$ 中的元素个数. 实际上由 $\{\mathbf{IV}_0^{(j)}\}$,

$j=1, 2, \cdots, n$ 的意义与形成过程可知

$$\sum_{j=1}^{n} \mathrm{len}_1^{(j)} = \sum_{j=1}^{n} (\beta_j - 1) = \left(\sum_{j=1}^{n} \beta_j\right) - n,$$

于是便有

$$\begin{aligned} \mathrm{lave} &= \sum_{j=1}^{n} (1 + \mathrm{len}_1^{(j)})/2n = \left(\sum_{j=1}^{n} \beta_j\right)/2n \\ &= \frac{1}{2}\beta_{\mathrm{ave}}. \end{aligned} \tag{4.58}$$

说明 LDL^T 分解阶段向量运算的平均向量长度是平均半带宽的一半．这一点与等带宽情形下的结果一致．值得指出，当 β_{ave} 较小时，向量计算的效率将受影响．这时也可利用向量“链接”工作方式，将计算的向量有效长度增长，来达到提高并行计算效率的目的．

§4.5 变带宽存储格式下三角形方程组求解的并行算法

4.5.1 变带宽存储格式下三角形方程组求解的并行处理思想

由于 LDL^T 分解不改变矩阵的变带宽带状结构，所以前推、回代过程就分别是求解与原方程组的系数矩阵有同样变带宽带状结构的单位下三角形方程组和单位上三角形方程组． 关于单位上、下三角形方程组的求解，在标准存储格式和等带宽存储格式下都

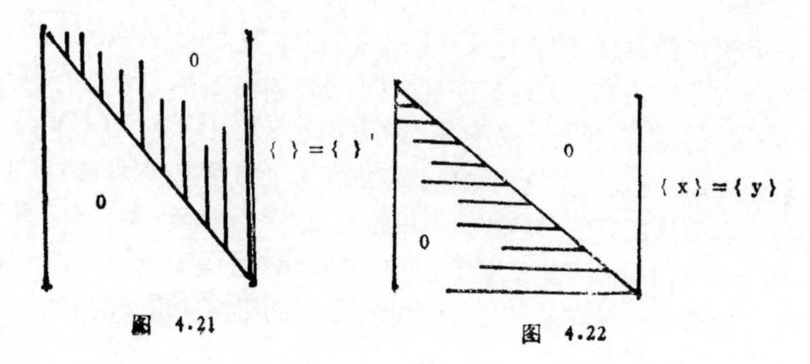

图 4.21　　　　图 4.22

宜于用列扫描法进行并行计算，并且都可以容易地得到实现．但在变带宽存储格式下，这二部分的并行处理则大不一样．先考虑回代部分，是解如图 4.21 所示的一个单位上三角形带状方程组．

由于图示各列的元素在向量 $\{\mathbf{R}\}$ 中的存储位置是从上到下依次排在一起的．一般对第 k 列来讲，其顶端在 $\{\mathbf{R}\}$ 中的位置是 $\mathbf{AD}(k-1)+1$，下端在 $\{\mathbf{R}\}$ 中的位置为 $\mathbf{AD}(k)$，所以这一步完全可以用到列扫描法的思想来并行求解，并且很容易实现．这时平均向量长度就为 $\beta_{ave}-1$．再考虑前推部分，是解如图 4.22所示的一个单位下三角形带状方程组．解这个方程组的一个办法是先求出 x_1，然后将 x_1 代入第 2 个方程求出 x_2，再将 x_1,x_2 代入第 3 个方程求出 x_3，……，这时显然要做内积运算．对变带宽存储格式，利用这种办法的优点是地址确定简单，且参加内积运算的两个向量是连续向量．这种连续向量的存取比通过间接控制向量存取要快，但这种方法中的内积运算一般都较费时间．为避免内积运算，仍用列扫描法的思想．例如求得 x_1 后，就进行

$$\{\mathbf{y}(\{\mathbf{IV}_3\})\}=\{\mathbf{y}(\{\mathbf{IV}_3\})\}-x_1\times\{\mathbf{R}(\{\mathbf{AD}(\{\mathbf{IV}_3\})\}-\{\mathbf{IV}_3\}+1)\},\tag{4.59}$$

这里 $\{\mathbf{IV}_3\}$ 表示第一个非零元的列号为 1 的那些行的行号组成的向量(第 1 行除外)．事实上，$\{\mathbf{IV}_3\}$ 就是分解过程中消去第 1 列时的向量 $\{\mathbf{IV}_0^{(1)}\}$．经此求得 x_2 后，就进行

$$\{\mathbf{y}(\{\mathbf{IV}_3\})\}=\{\mathbf{y}(\{\mathbf{IV}_3\})\}-x_2\times\{\mathbf{R}(\{\mathbf{AD}(\{\mathbf{IV}_3\})\}-\{\mathbf{IV}_3\}+2)\},\tag{4.60}$$

这里的 $\{\mathbf{IV}_3\}$ 则表示第一个非零元的列号为 1 或为 2 的那些行的行号组成的向量(前 2 行除外)．事实上，这时的 $\{\mathbf{IV}_3\}$ 就是分解过程中消去第 2 列时的向量 $\{\mathbf{IV}_0^{(2)}\}$，如此等等．因此，在内存容许的情况下，我们存储下消元时的各个向量 $\{\mathbf{IV}_0\}$，即 $\{\mathbf{IV}_0^{(j)}\}$，$j=1,2,\cdots,n$，把它们也依次存放在一个向量中，这时也不难看出，存放这所有的 $\{\mathbf{IV}_0^{(j)}\}$ 需用的存储量与存储 $\{\mathbf{R}\}$ 的一致．必须指出，即使增加了这样一个向量，相对于等带宽格式，一般仍可以节省大量存储量．整个前推过程的平均向量长度仍然是

$\beta_{ave}-1$.

4.5.2 变带宽存储格式下三角形方程组求解的并行列扫描法 VPCSA

不失一般性,假设解

$$\begin{cases}[L]\{\mathbf{y}\}=\{\mathbf{r}\}, & (4.61)\\ [\mathbf{L}]^T\{x\}=[\mathbf{D}]^{-1}\{\mathbf{y}\}=\{\mathbf{y}^*\}. & (4.62)\end{cases}$$

且假设矩阵 $[\mathbf{L}]$ 按行变带宽存储格式存储在向量 $\{\mathbf{l}\}$ 中,这样(4.62)的求解步骤可描述为

(0) $j=n$;

(1) $d_1=\mathbf{AD}(j-1)+1$,

$d_2=\mathbf{AD}(j)-1$,

$d_0=\mathbf{AD}(j-1)-\mathbf{AD}(j)+j-1$

$=d_1-d_2+j-3$;

(2) $\{\mathbf{y}^*\}_{(d_0:j-1)}=\{\mathbf{y}^*\}_{(d_0:j-1)}-\{\mathbf{l}\}_{(d_1:d_2)}\times y_j^*$;

(3) $j=j-1$;

(4) j 若小于 2, 停止,否则转 (1).

经过以上步骤计算,问题(4.62)的解 $\{\mathbf{x}\}$ 便求出来了,但仍存放在向量 $\{\mathbf{y}^*\}$ 中. 而(4.61)的求解步骤则可描述为

(0) $j=1$;

(1) 取向量 $\{\mathbf{IV}_0^{(j)}\}$;

(2) $\{\mathbf{IV}_3\}=\{\mathbf{AD}(\{\mathbf{IV}_0^{(j)}\})\}-\{\mathbf{IV}_0^{(j)}\}+j$;

(3) $\{\mathbf{r}(\{\mathbf{IV}_0^{(j)}\})\}=\{\mathbf{r}(\{\mathbf{IV}_0^{(j)}\})\}-r_j\times\{\mathbf{l}(\{\mathbf{IV}_3\})\}$;

(4) $j=j+1$;

(5) j 若大于 $n-1$, 停止,否则转 (1).

上述前推、回代过程的列扫描法综合在一起,就构成了变带宽存储格式下线性方程组求解的并行列扫描法 VPCSA.

算法 4.7——变带宽带状三角形方程组并行列扫描法 VPCSA[30].

算法描述	说明
第一阶段：(4.61)的前推求解	设矩阵 [L] 按行变带宽存储格式存放于向量 {l} 中
(0) $j=1$;	
(1) 取向量 $\{\mathbf{IV}_0^{(j)}\}$;	
(2) $\{\mathbf{IV}_3\}=\{\mathbf{AD}(\{\mathbf{IV}_0^{(j)}\})\}-\{\mathbf{IV}_0^{(j)}\}+j$;	位置转换
(3) $\{\mathbf{r}(\{\mathbf{IV}_0^{(j)}\})\}=\{\mathbf{r}(\{\mathbf{IV}_0^{(j)}\})\}-r_j\times\{\mathbf{l}(\{\mathbf{IV}_3\})\}$;	第 j 列扫描
(4) $j=j+1$;	
(5) j 若大于 $n-1$，转下段，否则转 (1).	前推结束后，解存放于向量 {r} 中
第二阶段：(4.62)的回代求解	
(6) $j=n$;	
(7) $d_1=\mathbf{AD}(j-1)+1$, $d_2=\mathbf{AD}(j)-1$, $d_0=d_1-d_2+j-1$;	位置转换
(8) $\{\mathbf{r}\}_{(d_0:j-1)}=\{\mathbf{r}\}_{(d_0:j-1)}-r_j\times\{\mathbf{l}\}_{(d_1:d_2)}$;	第 j 列扫描
(9) $j=j-1$;	
(10) j 若小于 2，停止，否则转 (7).	求解结束后，解向量 {x} 存放于 {r} 中

由前面的分析可知，在算法 VPCSA 中，向量运算的平均向量长度就是 $\beta_{ave}-1$.

第五章　大型稀疏有限元方程组求解的并行预处理迭代解法

§5.1　引言

我们已经知道,有限元方程组的系数矩阵大都是稀疏矩阵,对大型问题而言更是如此. 但迄今为止, 大多数有限元结构分析系统中,方程组的求解方法用的都是直接解法. 在一定的情况下,直接解法确有其优点,譬如必能在有限量的计算中得到问题的解. 特别地考虑有限元结构分析领域, 在解由线性结构动力分析问题或者考虑多种不同载荷工况时的静力分析问题导出的有限元方程组时,用直接解法求解,消元和矩阵分解过程只要进行一次就可以得到各离散时间步上的数值解或者各种不同载荷工况下的数值解. 这时所用的计算机时间就较少。但是在某些情况下, 直接解法并不一定最有效. 例如,对非线性结构动力分析问题,因为在每一时间步上都要重新计算单元刚度矩阵、总刚度矩阵来重新形成有限元方程组,因此当采用直接解法求解时,相应地在每一时间步上就要重新进行消元或矩阵分解过程. 另外,对较大的问题,如果有限元网格节点编号不当,尤其对某些特殊问题,如结构的几何形状极不规则的结构分析问题,无论有限元网格节点编号如何,都将导致相应有限元方程组的系数阵的非零元素的分布较为紊乱, 即这些非零元素不能集中分布在某等带宽或变带宽的带状内且带内的零元素相对较少,或者其分布没有较一定的规律可循. 这时,用直接解法求解有限元方程组就有一个极大的缺陷, 就是在消元或分解过程中将有大量的第二类零元素变为非零元素. 由此一来, 不仅使存储量的要求很大,同时也会使得计算量很大. 此外,随着巨型并行机的出现与发展,由于直接解法相对于迭代解法,其并行化的程度较低,所以当在并行计算机上解大型结构分析问题时,用直接解法的效率也不一定最好．鉴于以上种种原因，近年来人们对用迭代法求解大型稀疏有限元方程组开始有了一定的兴趣．M. A. Crisfeild 在文献 [111] 中对此作了一定的介绍．

然而，在大多数情况下，直接采用经典的迭代解法如共轭梯度法，Gauss-Seidel 法，SOR 法等，由于有限元方程组的系数矩阵虽然对称正定，但条件数往往不好，所以不能较快地收敛到问题的解．于是针对这种情况，人们提出了预处理迭代法．即首先通过选择一合适的预处理矩阵作用在原方程组的两边以改善系数阵的条件数，然后再用迭代法求解．而要使预处理迭代法有效，关键在于选择好的预处理矩阵．

共轭梯度法 (Conjugate Gradient Method, 简称 CG 法)是解大型稀疏线性方程组的一种有效算法．它具有

(1) 存储量要求少；

(2) 不必事先估计某些参数；

(3) 利用了迭代算子的特征值分布；

(4) 与 SOR 方法相比，要使方法具有最佳性态，对系数矩阵 [**A**] 的限制较少；

(5) 程序编制简单．

上述特点[112] 容易适用于各种类型的问题．此外，该方法还有一个重要的性质，即理论上它是有限步终止的．具体来说，就是精确计算时，此法在至多 n 步内必能收敛到问题的精确解．即有

定理 5.1　若系数矩阵 [**A**] 仅有 $k \leqslant n$ 个相异特征值，那么 CG 法在 k 步内能得到问题的解．

因此，如果没有舍入误差的影响，CG 法本质上是一直接解法．然而，由于实际计算过程中总存在舍入误差，所以 CG 法不一定确能保证在至多 n 步内得到问题的解．于是习惯上认为 CG 法还是一种迭代解法．

CG 法由 M. R. Hestenes 和 E. Stiefel 于 1952 年提出[129]．起初它并没有引起人们的重视．它真正得到足够重视和广泛应用还是近十多年的事，这主要是受有限元方法的冲击，使得大型稀疏

问题成为重要课题．同时多变量非线性最优化问题的不断出现也使得 CG 法有了用武之地．具体来说，CG 法的发展大致可以分为三个阶段．第一阶段是从 1952 年提出这一方法到六十年代中期(1964)，这一时期 CG 法的研究对象主要是线性问题，并在抽象空间中得到了一些结果．第二阶段是从 1964 年到七十年代初(1971 年)，这一时期 CG 法的主要进展是推广到了非二次目标函数的极小化问题，并获得一些好的理论结果．但是总的来讲，CG 法仍未能得到足够的重视，更没有获得广泛的应用．第三阶段从 1971 年到现在，这一时期以 J. K. Reid 的工作[112]为起点，以预处理技术成功地应用于 CG 法形成一类新的方法——预处理共轭梯度法为标志，从而使得 CG 法在大型稀疏线性、非线性问题中得到了人们的普遍重视和广泛应用．

近十余年来，预处理共轭梯度法 (Preconditioned Conjugate Gradient Method，简称 PCG 法)得到了迅速发展，形成了各种各样的 PCG 法，如 ICCG 法[113-114]，SSOR-PCG 法[115]，P-PCG 法[116](多项式预处理 CG 法)，块 PCG 法[117]，以及一些适合各自特殊问题的 PCG 法．尤其是随着并行机、并行算法的出现与发展，在 PCG 法并行处理的研究与实践方面人们也做了大量的工作，如 Van Der Vorst 在文献 [118] 中介绍了一种五对角方程组求解的向量化 ICCG 法及其在 CRAY-1 向量机上的实践结果，而 E. L. Poole 等人[119]则利用多色排序技术考虑了 ICCG 法的向量化及其在 CYBER 205 上的实现．L. Adams 在文献 [120] [121] 中介绍了 m 步 SSOR-PCG 法及一般 m 步 PCG 法在向量机和并行机上的计算，并给出了在 CYBER 203/205 机和有限元机器上的实现．关于一般多项式预处理 CG 法的并行处理 Y. Saad 在文献 [122] 中做了探讨．特别地，关于块 PCG 法的并行处理方面，1984 年 G. Meurant 在文献 [123] 中做了详细的研究介绍，1986 年他与 P. Concus 一道在文献 [124] 中进一步改进了这一方法，并在 CYBER 205，CRAY-1 以及 CRAY X-MP 等机上进行了一些数值试验．另外，近年关于块 PCG 法又有了一些新的研究成果．如 P. S. Vassilevski 等人[125]以及 J. C. Diaz 等人[126] 1989 年的工作．其中后者是将块 PCG 法应用到非对称情形的方程组的求解，其计算过程是完全向量化的．此外，关于多种 PCG 法的并行处理之间的比较，文献 [127] [128] 都做了介绍．然而，由于 PCG 法的并行处理与问题的特征和机器的体系结构有很大关系，因而对一般问题，除多项式预处理 CG 法比较容易实现高效的向量化运算外，其它针对串行计算机发展起来的预处理方法大都使其过程中关键步的计算难以向量化．比如在串行计算时很有效的 ICCG 法，如果我们直接把它应用于向量机上，那么大多数情况下向量化效果都不是很好．因而，在开发既能有效改善方程组的性态又能适宜于并行化、向量化计算的预处理技术方面，还有大量工作可做．

本章考虑到结构分析问题的需要，着重介绍 CG 法和几种适合解有限元方程组的 PCG 法，同时讨论它们的向量化或并行化计算方法．关于数值试验，则仍放在第七章中统一介绍．

§5.2 共轭梯度法

解对称正定的线代数方程组

$$[A]\{x\} = \{b\} \tag{5.1}$$

的 CG 法的基本步骤与计算公式为

算法 5.1[132]

(0) 选取 $\{\mathbf{x}^0\} \in \mathbf{R}^n$，计算 $\{\mathbf{p}^0\} = \{\mathbf{r}^0\} = \{\mathbf{b}\} - [\mathbf{A}]\{\mathbf{x}^0\}$，$j = 0$；

(1) $\alpha_j = (\{\mathbf{r}^j\},\{\mathbf{r}^j\})/(\{\mathbf{p}^j\},\ [\mathbf{A}]\{\mathbf{p}^j\})$；

(2) $\{\mathbf{x}^{j+1}\} = \{\mathbf{x}^j\} + \alpha_j\{\mathbf{p}^j\}$；

(3) $\{\mathbf{r}^{j+1}\} = \{\mathbf{r}^j\} - \alpha_j[\mathbf{A}]\{\mathbf{p}^j\}$；

(4) $\beta_j = (\{\mathbf{r}^{j+1}\},\{\mathbf{r}^{j+1}\})/(\{\mathbf{r}^j\},\{\mathbf{r}^j\})$；

(5) $\{\mathbf{p}^{j+1}\} = \{\mathbf{r}^{j+1}\} + \beta_j\{\mathbf{p}^j\}$；

(6) $j = j + 1$，转(1)．

迭代循环过程终止的准则多种多样，常有

$$\|\{\mathbf{r}^{j+1}\}\|_2 \leqslant \varepsilon, \tag{5.2(a)}$$

$$\|\{\mathbf{r}^{j+1}\}\|_\infty / \|\{\mathbf{r}^0\}\|_\infty \leqslant \varepsilon, \tag{5.2(b)}$$

$$\|\{\mathbf{x}^{j+1}\} - \{\mathbf{x}^j\}\|_\infty \leqslant \varepsilon, \tag{5.2(c)}$$

式中 ε 是一小正数,反映精度要求. 关于 CG 法的有关性质可参阅文献 [129], 这里不再详述.

从 CG 法的基本步骤可以看出, 每进行一次迭代循环计算, 所要求的计算量为

(1) 二次内积运算: $(\{\mathbf{p}^j\},[\mathbf{A}]\{\mathbf{p}^j\})$, $(\{\mathbf{r}^j\},\{\mathbf{r}^j\})$;

(2) 三次三元组运算: $\{\mathbf{x}^j\} + \alpha_j\{\mathbf{p}^j\}$, $\{\mathbf{r}^j\} - \alpha_j[\mathbf{A}]\{\mathbf{p}^j\}$, $\{\mathbf{r}^{j+1}\} + \beta_j\{\mathbf{p}^j\}$;

(3) 一次矩阵向量积运算: $[\mathbf{A}]\{\mathbf{p}^j\}$;

(4) 二次标量除运算.

当采用 (5.2(a)) 或 (5.2(b)) 式的终止准则时,则还要求

(5) 一次标量比较.

关于 CG 法, 有各种各样的变形. 这里介绍几种较为适合并行计算的变形格式.

算法 5.2[130]

(0) 选取$\{\mathbf{x}^0\} \in \mathbf{R}^n$,计算 $\{\mathbf{p}^0\} = \{\mathbf{r}^0\} = \{\mathbf{b}\} - [\mathbf{A}]\{\mathbf{x}^0\}$,计算且存储$[A]\{p^0\}$,$\alpha_0 = (\{\mathbf{r}^0\},\{\mathbf{r}^0\})/([\mathbf{A}]\{\mathbf{p}^0\},\{\mathbf{p}^0\})$,$\beta_0 = 0$, $j=1$;

(1) $\{\mathbf{x}^j\} = \{\mathbf{x}^{j-1}\} + \alpha_{j-1}\{\mathbf{p}^{j-1}\}$;

(2) $\{r^j\} = \{\mathbf{r}^{j-1}\} - \alpha_{j-1}[\mathbf{A}]\{\mathbf{p}^{j-1}\}$;

(3) $\{\mathbf{p}^j\} = \{\mathbf{r}^j\} + \beta_{j-1}\{\mathbf{p}^{j-1}\}$;

(4) 计算且存储 $[\mathbf{A}]\{\mathbf{p}^j\}$;

(5) 计算 $([\mathbf{A}]\{\mathbf{p}^j\}, [\mathbf{A}]\{\mathbf{p}^j\})$, $(\{\mathbf{p}^j\}, [\mathbf{A}]\{\mathbf{p}^j\})$及$(\{\mathbf{r}^j\}, \{\mathbf{r}^j\})$;

(6) $\alpha_j = (\{\mathbf{r}^j\},\{\mathbf{r}^j\})/(\{\mathbf{p}^j\},[\mathbf{A}]\{\mathbf{p}^j\})$;

(7) $\beta_j = (\alpha_j^2([\mathbf{A}]\{\mathbf{p}^j\}, [\mathbf{A}]\{\mathbf{p}^j\}) - (\{\mathbf{r}^j\}, \{\mathbf{r}^j\}))/(\{\mathbf{r}^j\}, \{\mathbf{r}^j\})$;

(8) $j = j+1$, 转 (1).

下面我们比较一下算法 5.1 和算法 5.2. 首先, 就计算过程中

内存的访问分析．在算法 5.1 中，向量 $\{\mathbf{x}\}$，$\{\mathbf{r}\}$，$\{\mathbf{p}\}$，$[\mathbf{A}]\{\mathbf{p}\}$ 和矩阵 $[\mathbf{A}]$ 是要存储的，注意到其中 $(\{\mathbf{r}^{j+1}\},\{\mathbf{r}^{j+1}\})$ 的计算必须在 $(\{\mathbf{p}^j\},[\mathbf{A}]\{\mathbf{p}^j\})$ 的计算完成后才能进行，于是不难看出在算法 5.1 中，每次迭代中将涉及主存中的向量 $\{\mathbf{r}\}$，$\{\mathbf{p}\}$，$[\mathbf{A}]\{\mathbf{p}\}$ 的两次访问．而在算法 5.2 中，由于第(1)到第(5)步只涉及这些向量的一次访问，而第(6)到第(8)步仅是标量运算，所以算法 5.2 在这方面较算法 5.1 为优．

其次，我们分析它们的运算量．不难看出，较算法 5.1，算法 5.2 在每次迭代中多了一次内积 $([\mathbf{A}]\{\mathbf{p}^j\},[\mathbf{A}]\{\mathbf{p}^j\})$ 的计算．注意，虽然内积 $(\{\mathbf{r}^j\},\{\mathbf{r}^j\})$ 的计算可由 $\alpha_{j-1}^2([\mathbf{A}]\{\mathbf{p}^j\},[\mathbf{A}]\{\mathbf{p}^j\})-(\{\mathbf{r}^{j-1}\},\{\mathbf{r}^{j-1}\})$ 求出，但这时相应的算法就不能保持稳定．

算法 5.3[130]

(0) 选取 $\{\mathbf{x}^0\}\in\mathbf{R}^n$，计算 $\{\mathbf{p}^{-1}\}=\{\mathbf{r}^0\}=\{\mathbf{b}\}-[\mathbf{A}]\{\mathbf{x}^0\}$，计算且存储 $[\mathbf{A}]\{\mathbf{r}^0\}$，$\alpha_0=(\{\mathbf{r}^0\},\{\mathbf{r}^0\})/([\mathbf{A}]\{\mathbf{r}^0\},\{\mathbf{r}^0\})$，$\beta_{-1}=0$，$j=0$；

(1) $\{\mathbf{p}^j\}=\{\mathbf{r}^j\}+\beta_{j-1}\{\mathbf{p}^{j-1}\}$；

(2) $[\mathbf{A}]\{\mathbf{p}^j\}=[\mathbf{A}]\{\mathbf{r}^j\}+\beta_{j-1}[\mathbf{A}]\{\mathbf{p}^{j-1}\}$；

(3) $\{\mathbf{x}^{j+1}\}=\{\mathbf{x}^j\}+\alpha_j\{\mathbf{p}^j\}$；

(4) $\{\mathbf{r}^{j+1}\}=\{\mathbf{r}^j\}-\alpha_j[\mathbf{A}]\{\mathbf{p}^j\}$；

(5) 计算且存储 $[\mathbf{A}]\{\mathbf{r}^{j+1}\}$；

(6) 计算 $(\{\mathbf{r}^{j+1}\},\{\mathbf{r}^{j+1}\})$，$([\mathbf{A}]\{\mathbf{r}^{j+1}\},\{\mathbf{r}^{j+1}\})$；

(7) $\beta_j=(\{\mathbf{r}^{j+1}\},\{\mathbf{r}^{j+1}\})/(\{\mathbf{r}^j\},\{\mathbf{r}^j\})$；

(8) $\alpha_{j+1}=(\{\mathbf{r}^{j+1}\},\{\mathbf{r}^{j+1}\})/(([\mathbf{A}]\{\mathbf{r}^{j+1}\},\{\mathbf{r}^{j+1}\})-\dfrac{\beta_j}{\alpha_j}(\{\mathbf{r}^{j+1}\},\{\mathbf{r}^{j+1}\}))$；

(9) $j=j+1$，转(1)．

关于这一算法，我们可做类似的分析．可以知道，算法 5.3 中向量 $[\mathbf{A}]\{\mathbf{r}\}$ 也要求存储，所以存储量较前两种形式的都大．不过，同算法 5.2，在算法 5.3 的每次循环过程中，向量 $\{\mathbf{x}\}$，$\{\mathbf{r}\}$，$\{\mathbf{p}\}$，$[\mathbf{A}]\{\mathbf{p}\}$ 以及 $[\mathbf{A}]\{\mathbf{r}\}$ 都只要访问一次．至于运算量，显然

算法 5.3 较基本的 CG 法，每次迭代多了一次三元组运算，而内积运算次数则是一致的。

从以上分析我们看到，就运算量来说，算法 5.2 和算法 5.3 比基本的 CG 法都多。因此，当在串行机上进行计算时，这二种变形显然没有基本算法的效果好。但是，如果利用到并行机上计算，注意到在基本形式中，内积运算不能同时进行而必需先算$(\{\mathbf{r}^{j+1}\}, \{\mathbf{r}^{j+1}\})$，再算$(\{\mathbf{p}^{j+1}\}, [\mathbf{A}]\{\mathbf{p}^{j+1}\})$，但是算法 5.2 和算法 5.3 中的内积运算则可以同时计算，所以这时二种变形算法的效果较基本的 CG 法的效果就要好一些。

从 CG 法及其变形的公式可以看到，迭代一次的运算主要是向量的内积运算、矩阵向量乘运算和三元组运算(向量＋标量×向量)。若矩阵的规模很大，那么 CG 法的计算量主要由矩阵向量积的计算量控制。同时注意到关于两个向量内积运算的并行计算方法研究得已较多，如有倍增法、分段法等，而三元组运算的并行计算是很直接的，比如在 YH-1 向量机上，一个三元组运算只需用一条向量语句就能得以实现。所以，CG 法的并行计算关键还是在于矩阵向量积的并行计算。而关于矩阵向量积的并行计算，我们将在第六章中详细讨论。

内积运算是 CG 法中又一主要运算。由于两个向量的内积本质上是一求和问题，因此当在并行机或向量机上计算时，效果往往不好，尤其在向量长度不高的情况下更是如此。为避免这种直接求和形式的内积运算，结合 CG 法自身的特点，J. V. Rosendale[131] 提出了一个修改的共轭梯度法，可根据先前已计算好且存储起来的信息求得当前迭代中的内积。通过这种改进，文献[131] 中指出了当在具有 n 台或更多台处理机的并行机上计算长为 n 的两个向量的内积时，所需的步数可从未改进时的 $\log(n)$ 步减少到 $\log(\log(n))$ 步。值得指出二点：一是虽然 J. V. Rosendale 是针对 CG 法提出的改进，但其基本思想对 PCG 法也是适用的，至于具体方法还值得进一步研究。二是这种改进后的算法不一定能保证数值稳定。

§5.3 预处理共轭梯度法的并行处理

关于 CG 法，理论上已经有人分析了，由于它的计算过程强烈地依赖于向量组的正交性，因而对舍入误差的影响十分敏感．这样就常常导致这样一种现象：对于一般有限元或条件不很坏的矩阵，用 CG 法求解相应方程组时，其迭代次数往往远小于 n，但是当系数矩阵呈病态时，由于舍入误差的影响，又使得迭代次数往往会超过 n，尽管从理论上来说，CG 法在至多 n 步内便一定能得到问题的真解．例如，对 $[\mathbf{A}]=\left(\frac{1}{i+j}\right)$，$(i,j=1,2,\cdots)$ 情形，有人计算过用 CG 法求解迭代 30 次还没有得到所希望的解．况且 CG 法即使 n 次迭代终止，运算量亦显过大．由于这些原因，直到七十年代，CG 法一直没有得到广泛的应用．也正因为如此，如何在利用 CG 法以前尽可能地但又不过于复杂地改善方程组系数矩阵的条件数，加速收敛，便成为一个引人注目的课题．所谓预处理就是这样的一种方法．由于预处理技术能大大降低系数矩阵的条件数，从而大大加速迭代收敛过程，因此预处理共轭梯度法已成为求解一般有限元方程组的主要的迭代解法．

5.3.1 PCG 方法的一般叙述

1. 基本思想

预处理技术应用于 CG 法以 J. K. Reid 1971 年的工作为起点．其基本思想可以描述为：

对问题 (5.1)，确定非奇异矩阵 $[\mathbf{M}]$，使得方程组

$$[\mathbf{M}]^{-1}[\mathbf{A}]\{\mathbf{x}\}=[\mathbf{M}]^{-1}\{\mathbf{b}\} \tag{5.3}$$

的性态比 (5.1) 的好，然后对 (5.3) 式这一新方程实施 CG 法以达到减少迭代次数和加速收敛的目的．也有另外一种描述方法：

对问题 (5.1)，确定非奇异矩阵 $[\mathbf{M}]$，使得方程组

$$[\mathbf{M}][\mathbf{A}]\{\mathbf{x}\}=[\mathbf{M}]\{\mathbf{b}\} \tag{5.4}$$

的性态比 (5.1) 的好，然后对 (5.4) 式这一新方程实施 CG 法以

达到减少迭代次数和加速收敛的目的．一般采用前一种描述方法．我们后面讨论时也以这种格式为基础．

定义 5.1 (5.3) 式、(5.4) 式所示方程组被称为预处理方程组．相应的矩阵 $[\mathbf{M}]$ 被称为预处理矩阵．

2. 计算公式

将 CG 法应用到预处理方程组 (5.3)，且用M内积 $(\{\mathbf{x}\},\{\mathbf{y}\})_M=\{\mathbf{x}\}^T[\mathbf{M}]\{\mathbf{y}\}$ 代替标准欧几里德内积后得到 PCG 法的基本步骤为

算法 5.4[133]

(0) 选取 $\{\mathbf{x}^0\}\in\mathbf{R}^n$，计算 $\{\mathbf{r}^0\}=\{\mathbf{b}\}-[\mathbf{A}]\{\mathbf{x}^0\},\{\mathbf{p}^{-1}\}$ 任意，$j=0,\beta_0=0$；

(1) 解方程组

$$[\mathbf{M}]\{\mathbf{z}^j\}=\{\mathbf{r}^j\}, \tag{5.5}$$

求得 (5.3) 下的残向量 $\{\mathbf{z}^j\}$；

(2) $\beta_j=(\{\mathbf{r}^j\},\{\mathbf{z}^j\})/(\{\mathbf{r}^{j-1}\},\{\mathbf{z}^{j-1}\})$；

(3) $\{\mathbf{p}^j\}=\{\mathbf{z}^j\}+\beta_j\{\mathbf{p}^{j-1}\}$；

(4) $\alpha_j=(\{\mathbf{r}^j\},\{\mathbf{z}^j\})/([\mathbf{A}]\{\mathbf{p}^j\},\{\mathbf{p}^j\})$；

(5) $\{\mathbf{x}^{j+1}\}=\{\mathbf{x}^j\}+\alpha_j\{\mathbf{p}^j\}$；

(6) $\{\mathbf{r}^{j+1}\}=\{\mathbf{r}^j\}-\alpha_j[\mathbf{A}]\{\mathbf{p}^j\}$；

(7) $j=j+1$，转(1)．

特别地，当 $[\mathbf{M}]=[\mathbf{I}]$ 时，PCG 法退化为基本的 CG 法．这里 $[\mathbf{I}]$ 为单位矩阵．

关于迭代循环终止准则，可采用类似 (5.2(b))，(5.2(c)) 的标准，即当残向量 $\{\mathbf{r}^{j+1}\}=\{\mathbf{b}\}-[\mathbf{A}]\{\mathbf{x}^{j+1}\}$，而不是残向量 $\{\mathbf{z}^{j+1}\}=[\mathbf{M}]^{-1}\{\mathbf{r}^{j+1}\}$ 满足 (5.2(b)) 或解向量 $\{\mathbf{x}^{j+1}\}$，$\{\mathbf{x}^j\}$ 满足 (5.2(c)) 时就终止迭代．但是若采用 (5.2(a)) 的标准，即如果残向量 $\{\mathbf{r}^{j+1}\}$ 满足 $\|\{\mathbf{r}^{j+1}\}\|_2\leqslant\varepsilon$ 就终止迭代，那么在做此判断前，就需要增加计算内积 $(\{\mathbf{r}^{j+1}\},\{\mathbf{r}^{j+1}\})$．与 CG 法不同，内积 $(\{\mathbf{r}^{j+1}\},\{\mathbf{r}^{j+1}\})$ 在预处理 CG 法的其它计算过程中不再出现．所以，为了避免这一内积运算，可以选择 $(\{\mathbf{r}^{j+1}\},\{\mathbf{z}^{j+1}\})=$

$(\{\mathbf{r}^{j+1}\},[\mathbf{M}]^{-1}\{\mathbf{r}^{j+1}\})$作为判断收敛的准则，因为 $(\{\mathbf{r}^{j+1}\},\{\mathbf{z}^{j+1}\})$ 还出现在预处理 CG 法的其它计算过程中，因此不会增加计算量。但这样一来，可能会在 $\|\{\mathbf{r}^{j+1}\}\|_2$ 还没有达到所期望的值时终止迭代。因此，在条件 $(\{\mathbf{r}^{j+1}\},\{\mathbf{z}^{j+1}\})\leqslant\varepsilon^2$ 满足后，还要判别 $\|\{\mathbf{r}^{j+1}\}\|_2$ 是否小于 ε。即这时判断收敛的形式为

$$\begin{aligned}&\text{if}(\{\mathbf{r}^{j+1}\},\{\mathbf{z}^{j+1}\})\geqslant\varepsilon^2,\text{continue}\\&\text{otherwise if}(\{\mathbf{r}^{j+1}\},\{\mathbf{r}^{j+1}\})\geqslant\varepsilon^2,\text{continue}\end{aligned}\tag{5.6}$$

因为 $\{\mathbf{z}^{j+1}\}$ 在第(1)步中算出，所以(5.6)式应放在第(1)步之后。值得指出，应用(5.6)式作为判断收敛的标准时，可能会出现这样的情形：所需的迭代次数比用(5.2(a))式作标准时的多。

初始解向量 $\{\mathbf{x}^0\}$ 可由解方程组 $[\mathbf{M}]\{\mathbf{x}^0\}=\{\mathbf{b}\}$ 确定，这样选择 $\{\mathbf{x}^0\}$ 可以加快 PCG 法的收敛速度[132]。

从预处理 CG 法的基本步骤可以看到，在每一次迭代过程中，所要求的工作量为

(1) 一次线性方程组的求解：$[\mathbf{M}]\{\mathbf{z}^j\}=\{\mathbf{r}^j\}$；

(2) 二次内积：$(\{\mathbf{z}^j\},\{\mathbf{r}^j\}),([\mathbf{A}]\{\mathbf{p}^j\},\{\mathbf{p}^j\})$；

(3) 一次矩阵向量乘：$[\mathbf{A}]\{\mathbf{p}^j\}$；

(4) 三次三元组运算：$\{\mathbf{z}^j\}+\beta_j\{\mathbf{p}^{j-1}\},\{\mathbf{x}^j\}+\alpha_j\{\mathbf{p}^j\}$，$\{\mathbf{r}^j\}-\alpha_j[\mathbf{A}]\{\mathbf{p}^j\}$；

(5) 二次标量除运算；

以及判断是否收敛的有关计算。显然，与 CG 法相比，每次迭代循环中多了一次方程组求解运算。由此亦可看出，在预处理 CG 法中，主要工作量在于(5.5)式所示的方程组的求解以及矩阵向量积 $[\mathbf{A}]\{\mathbf{p}^j\}$ 的计算。

3. 收敛率

关于预处理 CG 法的收敛性由下面定理给出。

定理 5.2 预处理 CG 法第 j 步迭代的误差满足

$$\|\{\mathbf{x}^*\}-\{\mathbf{x}^j\}\|_A<2\left(\frac{\sqrt{\delta}-1}{\sqrt{\delta}+1}\right)^j\|\{\mathbf{x}^*\}-\{\mathbf{x}^0\}\|_A.\tag{5.7}$$

这里，$\delta=\text{cond}([\mathbf{M}]^{-1}[\mathbf{A}])$ 是 $[\mathbf{M}]^{-1}[\mathbf{A}]$ 的条件数，即

$$\mathrm{cond}([\mathbf{M}]^{-1}[\mathbf{A}]) = \|[\mathbf{M}]^{-1}[\mathbf{A}]\|_2\|([\mathbf{M}]^{-1}[\mathbf{A}])^{-1}\|_2, \quad (5.8)$$

而 $\{\mathbf{x}^*\}$ 表示问题的真解.

当 $[\mathbf{M}]^{-1}[\mathbf{A}]$ 对称时,其条件数就为其最大特征值与最小特征值之比.

定理 5.2 的证明可参阅文献 [133].

从 (5.7) 式可以看出,因为条件数 δ 总不小于 1,所以当 δ 愈小时,收敛率

$$\gamma_{\mathrm{PCG}} = (\sqrt{\delta} + 1)/(\sqrt{\delta} - 1) \quad (5.9)$$

就愈高. 这是因为函数 $f(x) = (x-1)/(x+1)$ 当 $x \geqslant 1$ 时是一增函数,相反函数 $g(x) = (x+1)/(x-1)$ 当 $x \geqslant 1$ 时是一减函数. 将 CG 法看成 $[\mathbf{M}] = [\mathbf{I}]$ 时的一种特殊情形,同样由 (5.7) 式,我们知道 CG 法的收敛率为

$$\gamma_{\mathrm{CG}} = (\sqrt{\delta_A} + 1)/(\sqrt{\delta_A} - 1). \quad (5.10)$$

这里δ_A是 $[\mathbf{A}]$ 的条件数. 于是,如果预处理矩阵 $[\mathbf{M}]$ 的确能改善 $[\mathbf{A}]$ 的条件数,即 $\delta([\mathbf{M}]^{-1}[\mathbf{A}]) < \delta([\mathbf{A}])$,那么就不难知道,相应的预处理 CG 法的收敛速度(从迭代次数方面来看)比 CG 法的收敛速度就要快一些,也就是说,相应的预处理方法确能减少迭代次数.

4. 预处理矩阵 $[\mathbf{M}]$ 选取的几个准则以及几种常用的方法与途径.

预处理矩阵 $[\mathbf{M}]$ 的选取方法多种多样,但一般来说,其中有一定的准则. 首先,从预处理矩阵的基本思想来看,我们选取 $[\mathbf{M}]$ 应尽量使得矩阵 $[\mathbf{M}]^{-1}[\mathbf{A}]$ 的条件数最小. 从收敛率的分析我们进一步看出,$[\mathbf{M}]^{-1}[\mathbf{A}]$ 的条件数愈小,则相应预处理 CG 法的收敛速度就愈高. 特别地,如果我们选取 $[\mathbf{M}]$ 使得

$$[\mathbf{M}]^{-1} = a[\mathbf{A}]^{-1} (a \text{ 是非零常数}),$$

那么这时

$$\mathrm{cond}([\mathbf{M}]^{-1}[\mathbf{A}]) = 1$$

达到了最优条件数,从 (5.7) 式我们便可以看出这时只要一步就能收敛到问题的真解,也就是说,这样的预处理矩阵是最好的. 但

是这显然只有理论上的意义，实际应用当中是行不通的．这里有两个方面的问题：

(1) 计算 $[\mathbf{A}]^{-1}$ 的工作量巨大，

(2) 由于 $[\mathbf{A}]$ 自身条件数很大，计算 $[\mathbf{A}]^{-1}$ 也不可行．

事实上，若取 $[\mathbf{M}]^{-1}=a[\mathbf{A}]^{-1}$，那么相应在预处理 CG 法的第(1)步中，方程组 $[\mathbf{M}]\{\mathbf{z}^i\}=\{\mathbf{r}^i\}$ 的求解实际上就是(5.1)的求解途径，显然就没有解决任何问题．不过，从这里我们可以得到一个很好的启发，就是说我们用精确的逆 $[\mathbf{A}]^{-1}$ 作为 $[\mathbf{M}]^{-1}$ 固然不可行，但是否可以得到某种意义下的近似逆呢？而以此作为矩阵 $[\mathbf{M}]^{-1}$？实际上，在现有的各种各样的预处理 CG 法中，选取预处理矩阵 $[\mathbf{M}]$ 基本上都是基于如此的思想．

这里再说明一点，刚才我们介绍的都是说要求 $\mathrm{cond}([\mathbf{M}]^{-1}[\mathbf{A}])$ 比 $\mathrm{cond}([\mathbf{A}])$ 小。但有时也可放宽这一条件，即可允许 $\mathrm{cond}([\mathbf{M}]^{-1}[\mathbf{A}])$ 稍大于 $\mathrm{cond}([\mathbf{A}])$，但要求 $([\mathbf{M}]^{-1}[\mathbf{A}])$ 的特征值分布比 $[\mathbf{A}]$ 的好．在某些情况下，这也是一种有效的策略．不过，就目前而言，这方面的预处理研究得不多．

上面从减少迭代次数的角度我们分析了选择预处理矩阵 $[\mathbf{M}]$ 的思想．但是，正如在前面的分析中已指出的，预处理 CG 法的每次迭代循环中所要求的工作较 CG 法多了一次方程组求解运算．注意到相对于矩阵向量积运算，方程组求解运算也是较费时的运算．因此，如果预处理矩阵选择不当，使得方程组 $[\mathbf{M}]\{\mathbf{z}^i\}=\{\mathbf{r}^i\}$ 的求解时间很多的话，即使相应的预处理 CG 法的迭代次数较 CG 法减少了许多，却仍不能保证总的求解时间一定较 CG 法的少．所以，在选择预处理矩阵时，不仅要使之确能减少迭代次数，而且要保证方程组(5.5)的求解工作量不大． 一般选取矩阵 $[\mathbf{M}]$ 应注意以下几点：

(1) 使 $[\mathbf{M}]^{-1}[\mathbf{A}]$ 的条件数好于 $[\mathbf{A}]$，或者使 $[\mathbf{M}]^{-1}[\mathbf{A}]$ 的特征值分布比 $[\mathbf{A}]$ 的好，保证确能减少迭代次数；

(2) 要求 $[\mathbf{M}]$ 阵易于求逆或 $[\mathbf{M}]\{\mathbf{z}\}=\{\mathbf{r}\}$ 易于求解；

(3) 对大型稀疏问题，要求 $[\mathbf{M}]^{-1}[\mathbf{A}]$ 仍能保持适当的稀疏

性；

(4) 要求建立矩阵 [**M**] 本身的工作量不大.

另外在目前的理论应用中，都要求 [**M**] 还是对称正定的矩阵.

根据以上介绍的选取预处理矩阵 [**M**] 的原则，人们提出了各种各样的选取或构造方法. 总的来看，大部可归为如下几条基本途径:

(1) 取 [**M**] 为 [**A**] 的一个小带宽部分(如三对角)；

(2) 通过矩阵 [**A**] 的各种近似分解(不完全分解：Incomplete Decomposition) 构造矩阵 [**M**]；

(3) 通过矩阵 [**A**] 的分裂，尤其是线性稳定迭代方法中的矩阵 [**A**] 的分裂 (Splitting) 构造矩阵 [**M**]；

(4) 通过矩阵 [**A**] 的多项式构造矩阵 [**M**]；

(5) 子结构、区域分裂、EBE 预处理途径.

其中(1)—(4)又可划分为一类,它们都是针对整体有限差分方程组或有限元方程组来选择预处理矩阵的,而(5)则可认为是针对不形成总体系数阵时来选择预处理矩阵的.

由于小带宽系统的解在向量机或并行机上的效率不高，所以对这样的机器结构来说,我们一般都不采用(1)途径，本书也不拟介绍. 关于(2),(3),(4)途径,近些年有大量的研究. 另外，随着 EBE 技术的发展，EBE 预处理 CG 法方面的研究也取得了一定的进展. 至于子结构或区域分裂预处理方法的研究，近几年来人们也做了大量的研究工作,取得了一些成果.

下面我们将结合有限元结构分析的特点，着重介绍几种常用的预处理 CG 法,并讨论它们的并行化或向量化的处理方法. 其中也简单介绍几种适宜于各特殊情况下方程组求解的预处理 CG 法及其并行化或向量化的方法.

5.3.2 基于矩阵不完全分解的预处理共轭梯度法

经验表明,在串行机上,通过矩阵的不完全分解确定的预处理 CG 法是一最有效的预处理 CG 法. 但是在向量机或并行机上，如果我们直接利用这类方法，则效果一般都不好．于是，就如何组织不完全分解预处理 CG 法中的计算结构以提高其向量化、并行化的程度，人们做了大量的工作．考虑到本书的特点，以下我们仅介绍不完全 Cholesky 分解预处理 CG 法，简称 ICCG 法．

1. 不完全 Cholesky 分解

我们知道，对于一个大型稀疏对称正定的线性方程组来说，Cholesky 分解法是一个很好的直接解法．但是对对称正定矩阵作 Cholesky 分解，在计算过程中往往会引进大量的非零元（填充），从而使得 [**L**] 的稀疏性比 [**A**] 差许多．不完全分解就是根据我们的要求，在分解的过程中强迫矩阵 [**L**] 某些位置处的元素为零而得到

$$[\mathbf{A}] = [\mathbf{L}][\tilde{\mathbf{D}}][\mathbf{L}]^T + [\mathbf{E}], \tag{5.11}$$

这里 [**E**] 是不完全分解引进的误差矩阵；$[\tilde{\mathbf{L}}]$ 是单位下三角阵，可任意指定其稀疏结构；$[\tilde{\mathbf{D}}]$ 是对角阵．注意到我们刚才所说的对一稀疏正定矩阵进行完全 Cholesky 分解时，将有大量的第二类零元素变为非零元素．因此，一种最直接的不完全分解方法就是要求矩阵 [**L**] 与矩阵 [**A**] 有完全一致的稀疏性，也就是说，若 [**A**] 在某一位置 (i,j) 处的元素值为零，那么 [**L**] 在同一位置处的元素值也为零．这样的不完全分解习惯上被称作无填充的不完全 Cholesky 分解(Incomplete Cholesky Decompositio-n)，简称 IC(0) 分解．其计算公式为

$$\begin{cases} \tilde{l}_{ij} = \begin{cases} \left(a_{ij} - \sum_k \tilde{l}_{ik}\tilde{d}_{kk}\tilde{l}_{jk}\right) \Big/ \tilde{d}_{jj}, & a_{ij} \neq 0, \\ 0 & a_{ij} = 0. \end{cases} & (5.12) \\ \tilde{d}_{ii} = a_{ii} - \sum_s \tilde{l}_{is}^2 \tilde{d}_{ss}, & (5.13) \end{cases}$$

式中，k 表示同时使 a_{ik}, a_{jk} 不为零且值小于 j 的那些正整数，s 表示使 a_{is} 不为零且值小于 i 的那些正整数．

一般对给定矩阵元素下标的一个集合

$$\mathbf{P} \subset \mathbf{P}_n = \{(i,j) \mid i \neq j, 1 \leqslant i,j \leqslant n\} \tag{5.14}$$

(称为指标集),可给出更一般的不完全分解策略

$$
\begin{aligned}
&\text{若 } (i,j)\in \mathbf{P},\ \text{计算 } \tilde{l}_{ij},\\
&\text{若 } (i,j)\notin \mathbf{P},\ \text{取} \tilde{l}_{ij}=0.
\end{aligned}
\tag{5.15}
$$

显然,如果

$$
\mathbf{P}=\{(i,j)\,|\,a_{ij}\neq 0,\ i\neq j,\ 1\leqslant i,\ j\leqslant n\},
$$

那么(5.15)式定义的策略退化为 IC(0) 分解策略,而若 $\mathbf{P}=\mathbf{P}_n$,则退化为完全分解. 类似我们可给出一般的不完全 Cholesky 分解计算公式

$$
\begin{cases}
\tilde{l}_{ij}=\begin{cases}\left(a_{ij}-\sum\limits_{k}\tilde{l}_{ik}\tilde{d}_{kk}\tilde{l}_{jk}\right)\Big/\tilde{d}_{jj}, & (i,j)\in\mathbf{P},\\ 0, & (i,j)\notin\mathbf{P},\end{cases} & (5.16)\\
\tilde{d}_{ii}=\ a_{ii}-\sum\limits_{s}\tilde{l}_{is}^{2}\tilde{d}_{ss}, & (5.17)
\end{cases}
$$

其中 k 表示同时满足 $(i,k)\in\mathbf{P}$, $(j,k)\in\mathbf{P}$ 且 $k<j$ 的那些正整数, s 表示同时满足 $(i,s)\in\mathbf{P}$ 且 $s<i$ 的那些正整数.

值得指出,虽然对称正定矩阵 [**A**] 的完全 Cholesky 分解总存在,但它的不完全 Cholesky 分解则不一定存在. 因为当计算 $\tilde{l}_{ij}$ 时,可能会出现 $\tilde{d}_{jj}=0$ 的情况. 这时按(5.16),(5.17)式所确定的不完全 Cholesky 分解就不能进行下去. 所以,一般在上述计算公式中引进一修正因子,修改为

$$
\begin{cases}
\tilde{l}_{ij}=\begin{cases}\left(a_{ij}-\sum\limits_{k}\tilde{l}_{ik}\tilde{d}_{kk}\tilde{l}_{jk}\right)\Big/\tilde{d}_{jj}, & (i,j)\in\mathbf{P},\\ 0 & (i,j)\notin\mathbf{P},\end{cases} & (5.18)\\
\tilde{d}_{ii}=(1.0+\omega)a_{ii}-\sum\limits_{s}\tilde{l}_{is}^{2}\tilde{d}_{ss}, & (5.19)
\end{cases}
$$

这里 ω 便是控制参数,用来控制计算过程中的稳定性. 选择适当的 ω 便能保证不完全分解过程能进行到底. 一般 ω 取较小的数 $|\omega|\leqslant 0.1$. 但是,对某些特殊的正定矩阵,总存在(5.16),(5.17)式所定义的不完全分解.

定义 5.2　如果矩阵 [**A**] 的元素 $a_{ij}\leqslant 0$, $i\neq j$, 且 $[\mathbf{A}]^{-1}$ 非负,则称 [**A**] 为 M-矩阵.

定义 5.3　如果矩阵 [**A**], [**B**] 满足

$$b_{ij}=\begin{cases}a_{ij}, & i=j,\\ -|a_{ij}|, & i\neq j,\end{cases}$$

且 [**B**] 是一 M-矩阵,那么称 [**A**] 为 H-矩阵.

定义 5.4　如果 [**P**] 是非奇异矩阵且 $[\mathbf{P}]^{-1}\geqslant 0, [\mathbf{R}]\geqslant 0$, 则称 $[\mathbf{A}]=[\mathbf{P}]-[\mathbf{R}]$ 是 [**A**] 的一个正则分裂 (Regular Splitting).

通过这些定义,下述定理可保证不完全分解的存在.

定理 5.3[113]　如果 [**A**] 是对称的 M-矩阵,则对每个指标集 $\mathbf{P}\subset\mathbf{P}_n$ (当然 **P** 应有如下性质: 若 $(i,j)\notin\mathbf{P}$, 则 $(j,i)\notin\mathbf{P}$), 总能唯一确定下三角阵 $[\tilde{\mathbf{L}}]=(\tilde{l}_{ij})$, 对角阵 $[\tilde{\mathbf{D}}]=(\tilde{d}_{ij})$ 和非负对称矩阵 [**E**], 使得

$$\tilde{l}_{ij}=0,\ (i,j)\notin\mathbf{P},$$
$$e_{ij}=0,\ (i,j)\in\mathbf{P},$$

且 $[\mathbf{A}]=[\tilde{\mathbf{L}}][\mathbf{D}][\tilde{\mathbf{L}}]^T-[\mathbf{E}]$ 是 [**A**] 的一个正则分裂.

从上面可以看出,对不同的指标集 **P**, 会有不同的计算结果. 一般从数值稳定性考虑总要求在预处理时,若 [**A**] 对称正定, 那么同时也要使得预处理矩阵 [**M**] 正定. 对不完全分解预处理 CG 法, 相应就是要求 $\tilde{d}_{ii}>0,\ i=1,2,\cdots,n$. 为此, 我们引入下述定义:

定义 5.5　对于指标集 **P**, 若在 [**A**] 的不完全 Cholesky 分解中有 $\tilde{d}_{ii}>0,\ i=1,2,\cdots,n$, 那么称这个不完全分解对 **P** 具有正性.

然后,有如下定理:

定理 5.4[113]　如果 [**A**] 为 M-矩阵,它的完全分解为

$$[\mathbf{A}]=[\mathbf{L}][\mathbf{D}][\mathbf{U}],[\mathbf{L}]=\mathrm{diag}(d_{11},\ d_{22},\cdots,d_{nn});$$

对于指标集 **P**, [**A**] 的不完全分解为

$$[\mathbf{A}]=[\tilde{\mathbf{L}}][\mathbf{D}][\tilde{\mathbf{U}}]+[\mathbf{R}],[\mathbf{D}]=\mathrm{diag}(\tilde{d}_{11},\tilde{d}_{22},\cdots,\tilde{d}_{nn}),$$

那么有

$$0<d_{ii}\leqslant\tilde{d}_{ii},\ i=1,2,\cdots,n,$$

$$l_{ji} \leqslant \tilde{l}_{ji} \leqslant 0,\ i = 1,2,\cdots,n,\ j = i+1,\ i+2,\cdots,n,$$
$$u_{ij} \leqslant \tilde{u}_{ij} \leqslant 0,\ i = 1,2,\cdots,n,\ j = i+1,\ i+2,\cdots,n.$$

这一定理说明，若 $[\mathbf{A}]$ 是 M-矩阵，则对任何指标集 $\mathbf{P}$，$[\mathbf{A}]$ 的不完全分解都具有正性，且至少与完全分解一样稳定 $(0<d_{ii} \leqslant \tilde{d}_{ii})$.

对 $[\mathbf{A}]$ 是 H-矩阵的情况，可以得到比上面稍弱一点的结果． 另一方面当 $[\mathbf{A}]$ 为 M-矩阵，$\mathbf{P}_1 \subseteq \mathbf{P}_2$ 为两个指标集，对应于这两个指标集，$[\mathbf{A}]$ 分别有

$$[\mathbf{A}] = [\mathbf{M}_1] - [\mathbf{R}_1],\ [\mathbf{A}] = [\mathbf{M}_2] - [\mathbf{R}_2],$$

那么可以证明

$$[\mathbf{A}]^{-1} \geqslant [\mathbf{M}_2]^{-1} \geqslant [\mathbf{M}_1]^{-1} \geqslant 0.$$

这说明随着指标集 $\mathbf{P}$ 的扩大，它的不完全分解后的矩阵 $[\mathbf{M}]^{-1}$ 逐项接近于 $[\mathbf{A}]^{-1}$. 这是很有意义的结果. 关于这些内容的详细介绍，可参阅文献 [134].

2. ICCG 算法

接下来我们就来介绍不完全Cholesky分解共轭梯度法-ICCG法. 这方面完整系统的工作应首推 J. A. Meijerink 与 H. V. Van Der Vorst 的工作[113]和 T.A. Manteuffel 的工作[134].

据系数矩阵 $[\mathbf{A}]$ 的不完全 Cholesky 分解 (5.11), 可选择预处理矩阵 $[\mathbf{M}]$ 为

$$[\mathbf{M}] = [\tilde{\mathbf{L}}][\tilde{\mathbf{D}}][\tilde{\mathbf{L}}]^T. \tag{5.20}$$

相应的预处理 CG 法就称为不完全 Cholesky 分解共轭梯度法，简称为ICCG算法. 特别地，如果不完全分解采用无填充的IC(0)分解，则称相应的 ICCG 算法为 ICCG(0) 算法.

在 ICCG 方法中，方程组 $[\mathbf{M}]\{\mathbf{z}^j\} = \{\mathbf{r}^j\}$ 的求解运算就可以转化为一个前推、回代过程的计算，即

$$\begin{aligned} &[\tilde{\mathbf{L}}]\{\mathbf{y}\} = \{\mathbf{r}^j\}, \\ &[\mathbf{L}]^T\{\mathbf{z}^j\} = \{\tilde{\mathbf{D}}\}^{-1}\{\mathbf{y}\} = \{\mathbf{y}^*\}. \end{aligned} \tag{5.21}$$

在 ICCG 法中，与 CG 法相同或类似的部分，可采用与 CG 法相同的并行和向量计算方案. 至于难以向量化的不完全分解过

程可在迭代开始前完成,并将 [L], [$\tilde{D}$] 存储起来，所以分解过程只要进行一次. 至于 (5.21) 求解的向量化计算，与 [L] 的具体结构有很大关系. 特别地，对于一般有限元方程组，当采用 ICCG(0) 算法求解时,由于 [$\tilde{L}$] 与 [A] 有同样的结构,所以它们可以用同样的存储格式存储. 值得指出,由于带内存在零元素,所以用与 [A] 一致的存储格式存储 [L] 矩阵,在等带宽、变带宽情形下,将存储一些零元素,导致存储量的增加. 不过，由于带内零元素相对较少,而非零元素较为稠密,这样处理虽然导致了存储量的小量增加,但却便利了向量化计算. 因此,从一定意义上看是值得的. 而此时关于(5.21)式所示的前推、回代求解的向量化计算在前一章中已做了介绍,于此不再重复.

在 ICCG 法中,当系数矩阵的带宽不大时，$[\mathbf{M}]\{\mathbf{z}^i\} = \{\mathbf{r}^i\}$ 求解的向量化程度一般不高. 比如，在等带宽或变带宽情形下，$[\mathbf{M}]\{\mathbf{z}^i\} = \{\mathbf{r}^i\}$ 的向量化求解过程中向量运算的平均向量长度不超过 $\beta_{ave}-1$，这里 β_{ave} 是平均半带宽. 当带宽较小时,向量化程度显然不高. 于是针对一些特殊问题，人们提出了各种各样的 ICCG 算法的变形形式或修改形式. 例如有 G. Rodrigue 和 D. Wolitzer[135], T. Jordan[136], D. Kershaw[137] 等针对块三对角阵(其中每个块又是一个三对角阵,从而 [A] 是一具有九条非零对角线的矩阵) 提出的不完全块循环约化方法或不完全块奇偶约化方法;其中 D. Kershaw 给出了对某些试验问题,在 CRAY-1 机上，其提出的向量化算法的加速比可达 6; O. Axelesson[138] 基于精确逆的带状近似针对块三对角矩阵提出的不完全块 LU 分解预处理 CG 方法; A. Lichnewsky[139], R. Schreiber 和 W. Tang[140], E.L. Poole 等[129]基于方程的重排序，多色排序分别针对块三对角矩阵等提出的预处理 CG 法; E. Reiter 和 G. Rodrigue[141] 基于矩阵 [A] 的变换提出的不完全块 Cholesky 分解预处理 CG 法; H. A. Van Der Vorst[118] 针对椭圆型偏微分有限差分方程组(五点差分格式)-“五对角” 形式，提出的一个 ICCG 法的向量化变形 VICCG 法等.

下面我们将着重介绍 VICCG 算法与不完全块 Cholesky 分解预处理 CG 法.

3. VICCG 算法[118]

设 [**A**] 是对称正定的块三对角矩阵

$$[\mathbf{A}]=\begin{bmatrix}[\mathbf{D}_1] & [\mathbf{A}_2]^T & & & \\ [\mathbf{A}_2] & [\mathbf{D}_2] & [\mathbf{A}_3]^T & & \\ & \ddots & \ddots & \ddots & \\ & & [\mathbf{A}_{m-1}] & [\mathbf{D}_{m-1}] & [\mathbf{A}_m]^T \\ & & & [\mathbf{A}_m] & [\mathbf{D}_m]\end{bmatrix}, \tag{5.22}$$

其中每一块都是 s 阶方阵, $n=m\times s$. 下面我们仅考虑 $[\mathbf{D}_j]$, $j=1,2,\cdots,m$ 是三对角矩阵, $[\mathbf{A}_j]$, $j=2,3,\cdots,m$ 是对角阵的情形,即 [**A**] 有图 5.1 所示的形状, 但其思想同样适用于一般情况.

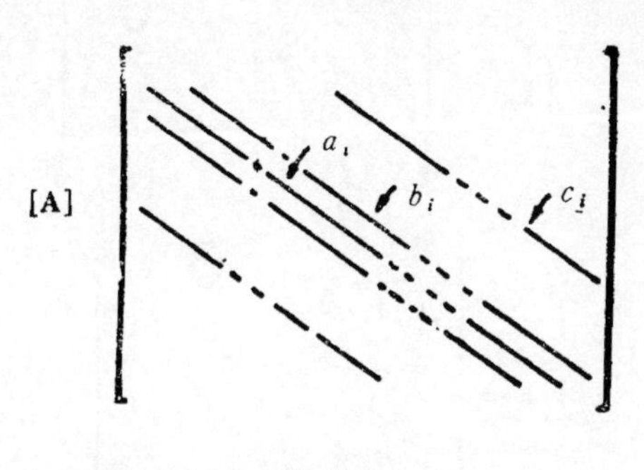

图 5.1

不妨设 diag([**A**]) = [**I**]. 将 [**A**] 分裂成

$$[\mathbf{A}]=[\mathbf{M}]+[\mathbf{R}]=([\mathbf{I}]-[\mathbf{E}]-[\mathbf{F}])([\mathbf{I}]-[\mathbf{E}]-[\mathbf{F}])^T+[\mathbf{R}], \tag{5.23}$$

这里 $(-[\mathbf{E}])^T$ 是与 [**A**] 有相同的第一条上次对角线元素, 其它元素为零的矩阵, $(-[\mathbf{F}])^T$ 是与 [**A**] 有相同的第 k 条次对角线元素而其它元素为零的矩阵. 这时,预处理矩阵就取为

$$[\mathbf{M}]=([\mathbf{I}]-[\mathbf{E}]-[\mathbf{F}])([\mathbf{I}]-[\mathbf{E}]-[\mathbf{F}])^T. \tag{5.24}$$

(5.23) 式中的矩阵 $[\mathbf{R}]$ 代表用 $[\mathbf{M}]$ 近似矩阵 $[\mathbf{A}]$ 时的误差矩阵. 这时, $[\mathbf{M}]\{\mathbf{z}^j\}=\{\mathbf{r}^j\}$ 的求解就转化为如下两个三角形方程组的求解

$$
\begin{cases}
([\mathbf{I}]-[\mathbf{E}]-[\mathbf{F}])\{\mathbf{u}\}=\{\mathbf{r}^j\}, & (5.25)\\
([\mathbf{I}]-[\mathbf{E}]-[\mathbf{F}])^T\{\mathbf{z}^j\}=\{\mathbf{u}\}. & (5.26)
\end{cases}
$$

按分块形式可写为

$$
\begin{cases}
\{\mathbf{u}_0\}=0,\\
([\mathbf{I}]-[\mathbf{E}_i])\{\mathbf{u}_i\}=\{\mathbf{r}_i^j\}+[\mathbf{F}_i]\{\mathbf{u}_{i-1}\},\quad i=1,2,\cdots,m,\\
([\mathbf{I}]-[\mathbf{E}_i]^T)\{\mathbf{z}_i^j\}=\{\mathbf{u}_i\}+[\mathbf{F}_{i+1}]^T\{\mathbf{z}_{i+1}^j\},\\
\qquad\qquad i=m,m-1,\cdots,1,\\
\{\mathbf{z}_{m+1}^j\}=0.
\end{cases}
\tag{5.27}
$$

这里 $[\mathbf{E}]$, $[\mathbf{F}]$ 按分块形式可写为

$$
[\mathbf{E}]=\begin{bmatrix}
[\mathbf{E}_1] & & & \mathbf{0}\\
 & [\mathbf{E}_2] & & \\
 & & \ddots & \\
\mathbf{0} & & & [\mathbf{E}_m]
\end{bmatrix},
$$

$$
[\mathbf{F}]=\begin{bmatrix}
0 & & & & \mathbf{0}\\
[\mathbf{F}_2] & 0 & & & \\
 & [\mathbf{F}_3] & 0 & & \\
 & & & \ddots & \\
\mathbf{0} & & & [\mathbf{F}_m] & 0
\end{bmatrix},
\tag{5.28}
$$

$[\mathbf{F}_1]=[\mathbf{F}_{m+1}]=0$.

形式为 $([\mathbf{I}]-[\tilde{\mathbf{E}}])\{\mathbf{v}\}=\{\mathbf{w}\}$ 的方程组可用截断幂级数来求解. 这是因为在我们讨论的情况里, $[\tilde{\mathbf{E}}]$ 的谱范数小于 1, 从而

$$
\begin{aligned}
\{\mathbf{v}\}&=([\mathbf{I}]-[\tilde{\mathbf{E}}])^{-1}\{\mathbf{w}\}=([\mathbf{I}]+[\tilde{\mathbf{E}}]+[\tilde{\mathbf{E}}]^2+\cdots)\{\mathbf{w}\}\\
&\approx([\mathbf{I}]+[\tilde{\mathbf{E}}]+[\tilde{\mathbf{E}}]^2+\cdots+[\tilde{\mathbf{E}}]^t)\{\mathbf{w}\},
\end{aligned}
\tag{5.29}
$$

(5.27) 式相应改变为

$$\begin{cases}\{\mathbf{u}_i\} = ([\mathbf{I}] + [\mathbf{E}_i] + \cdots + [\mathbf{E}_i]^t)(\{\mathbf{r}_i^j\} + [\mathbf{F}_i]\{\mathbf{u}_{i-1}\}), \\ \{\mathbf{z}_i^j\} = ([\mathbf{I}]+[\mathbf{E}_i]^T+\cdots+[\mathbf{E}_i]^{Tt})(\{\mathbf{u}_i\}+[\mathbf{F}_{i+1}]^T\{\mathbf{z}_{i+1}^j\}).\end{cases} \tag{5.30}$$

从(5.30)式可以看到近似解 $([\mathbf{I}] + [\mathbf{E}_i]+\cdots+[\mathbf{E}_i]^t)(\{\mathbf{r}_i^j\}+[\mathbf{F}_i]\{\mathbf{u}_{i-1}\})$和$([\mathbf{I}] + [\mathbf{E}_i]^T+\cdots+[\mathbf{E}_i]^{Tt})(\{\mathbf{u}_i\} + [\mathbf{F}_{i+1}]^T\{\mathbf{z}_{i+1}^j\})$实际上已是完全向量化的形式。这时我们主要要考虑的是，是否存在这样的一个 t 值，使得 (5.30) 式的计算不是太费时的同时，又能保证这种截断不会导致对应 ICCG 算法的迭代次数的大量增加。

下面我们根据使得截断误差与近似误差$[\mathbf{R}]$相比相对较小的原则来决定截断幂级数的选取。假设用 $([\mathbf{I}]+[\mathbf{E}]+\cdots+[\mathbf{E}]^t)$近似$([\mathbf{I}] - [\mathbf{E}])^{-1}$，利用关系式

$$\begin{aligned}&([\mathbf{I}] + [\mathbf{E}] + \cdots + [\mathbf{E}]^t)^{-1} \\ &\quad = ([\mathbf{I}] - [\mathbf{E}])([\mathbf{I}] - [\mathbf{E}]^{t+1})^{-1},\end{aligned} \tag{5.31}$$

可将(5.23)式改写为

$$[\mathbf{A}] = [\tilde{\mathbf{M}}] + [\mathbf{S}] + [\mathbf{R}], \tag{5.32}$$

这里 $[\tilde{\mathbf{M}}]$ 由下式给出

$$\begin{aligned}[\mathbf{M}] = &(([\mathbf{I}] - [\mathbf{E}])([\mathbf{I}] - [\mathbf{E}]^{t+1})^{-1} - [\mathbf{F}]) \\ &(([\mathbf{I}] - [\mathbf{E}])([\mathbf{I}] - [\mathbf{E}]^{t+1})^{-1} - [\mathbf{F}])^T,\end{aligned} \tag{5.33}$$

$[\mathbf{S}]$ 是由于截断导入的误差矩阵

$$[\mathbf{S}] = [\mathbf{M}] - [\mathbf{M}]. \tag{5.34}$$

同时设矩阵 $[\mathbf{S}_1]$ 由

$$\begin{aligned}&([\mathbf{I}] - [\mathbf{E}])([\mathbf{I}] - [\mathbf{E}]^{t+1})^{-1} \\ &= ([\mathbf{I}] - [\mathbf{E}])([\mathbf{I}] + [\mathbf{E}]^{t+1} + [\mathbf{E}]^{(2t+1)} + \cdots) \\ &= ([\mathbf{I}] - [\mathbf{E}]) + ([\mathbf{I}] - [\mathbf{E}])[\mathbf{E}]^{t+1}([\mathbf{I}] - [\mathbf{E}]^{t+1})^{-1} \\ &= [\mathbf{I}] - [\mathbf{E}] + [\mathbf{S}_1]\end{aligned} \tag{5.35}$$

确定。那么由(5.32)式、(5.33)式可以推出

$$\begin{aligned}[\mathbf{S}] = &-[\mathbf{S}_1]([\mathbf{I}] - [\mathbf{E}] - [\mathbf{F}])^T - ([\mathbf{I}] - [\mathbf{E}] \\ &- [\mathbf{F}])[\mathbf{S}_1]^T - [\mathbf{S}_1][\mathbf{S}_1]^T.\end{aligned} \tag{5.36}$$

因为 $[\mathbf{E}]$ 的元素仅仅为 b_i，$[\mathbf{F}]$ 的元素仅仅为 c_i，于是

可有如下的界估计，

$$\|[\mathbf{I}]-[\mathbf{E}]-[\mathbf{F}]\|_\infty \leqslant 1+b+c, \tag{5.37}$$

这里 $b=\max\limits_i b_i$, $c=\max\limits_i c_i$. 从而有

$$\|[\mathbf{S}_1]\|_\infty \leqslant (1+b)b^{t+1}(1-b^{t+1})^{-1} \approx b^{t+1}(1+b). \tag{5.38}$$

如果我们忽略 (5.36) 式中的高阶项 $[\mathbf{S}_1][\mathbf{S}_1]^T$，那么由 (5.36), (5.37),(5.38) 式可以得到

$$\|[\mathbf{S}]\|_\infty \leqslant 2(1+b)(1+b+c)b^{t+1}. \tag{5.39}$$

根据以上分析以及对一些实例的分析比较，我们得到一般当 $t=2$ 时，截断误差 $[\mathbf{S}]$ 与近似误差 $[\mathbf{R}]$ 相当. 而当 $t=3$ 时，截断误差相对于近似误差就比较小了. 所以，从预处理方面考虑，取 $t=3$ 时不会导致相应 ICCG 算法的迭代次数大量增加，另一方面因为 $([\mathbf{I}]+[\mathbf{E}]+[\mathbf{E}]^2+[\mathbf{E}]^3)\{\mathbf{y}\}$ 可以通过$([\mathbf{I}]+[\mathbf{E}]^2)\cdot([\mathbf{I}]+[\mathbf{E}])\{\mathbf{y}\}$ 计算，从而使得其计算量与 $([\mathbf{I}]+[\mathbf{E}]+[\mathbf{E}]^2)\{\mathbf{y}\}$ 的计算量相差不多. 所以，通过这些分析可知，一般可取 $t=3$. 这时可得到 VICCG 算法.

算法 5.5——VICCG 算法[142]

(0) 取初始向量 $\{\mathbf{x}^0\}$，计算 $\{\mathbf{r}^0\}=\{\mathbf{b}\}-[\mathbf{A}]\{\mathbf{x}^0\}, \{\mathbf{p}^{-1}\}$ 任意，$k=0$.

(1) 并行求解 $[\mathbf{M}]\{\mathbf{z}^k\}=\{\mathbf{r}^k\}$，得 $\{\mathbf{z}^k\}$

(a) $\{\mathbf{u}_0\}=0$,

(b) j 从 1 到 m 循环，计算

$$\{\mathbf{u}_j\}=([\mathbf{I}]+[\mathbf{E}_j]^2)([\mathbf{I}]+[\mathbf{E}_j])(\{\mathbf{r}_j^k\}+[\mathbf{F}_j]\{\mathbf{u}_{j-1}\}),$$

(c) $\{\mathbf{z}_{m+1}^k\}=0$,

(d) j 从 m 到 1 循环，计算

$$\{\mathbf{z}_j^k\}=([\mathbf{I}]+[\mathbf{E}_j]^{T^2})([\mathbf{I}]+[\mathbf{E}_j]^T)(\{\mathbf{u}_j\}+[\mathbf{F}_{j+1}]^T\{\mathbf{z}_{j+1}^k\}).$$

(2) $\beta_k=(\{\mathbf{r}^k\},\{\mathbf{z}^k\})/(\{\mathbf{r}^{k-1}\},\{\mathbf{z}^{k-1}\})$, $k\geqslant 1$, $\beta_0=0$.

(3) $\{\mathbf{p}^k\}=\{\mathbf{z}^k\}+\beta_k\{\mathbf{p}^{k-1}\}$.

(4) $\alpha_k=(\{\mathbf{r}^k\},\{\mathbf{z}^k\})/([\mathbf{A}]\{\mathbf{p}^k\},\{\mathbf{p}^k\})$,

(5) $\{\mathbf{x}^{k+1}\} = \{\mathbf{x}^k\} + \alpha_k\{\mathbf{p}^k\}$.

(6) $\{\mathbf{r}^{k+1}\} = \{\mathbf{r}^k\} - \alpha_k[\mathbf{A}]\{\mathbf{p}^k\}$.

(7) $k = k + 1$，转 (1).

从 VICCG 算法的计算过程来看，它是完全向量化的．其中 $[\mathbf{M}]\{\mathbf{z}^k\} = \{\mathbf{r}^k\}$ 求解阶段向量运算的向量长度为 s．最后，我们再一次指出，VICCG 算法适用于当 $[\mathbf{D}_i] - \mathrm{diag}([\mathbf{D}_i])$ 的范数小于 $[\mathbf{D}_i]$ 的范数时，系数矩阵 $[\mathbf{A}]$ 形如 (5.22) 式的线性方程组的求解．

4. 不完全块 Cholesky 分解预处理共轭梯度法

本段的讨论仍针对块三对角矩阵，即 $[\mathbf{A}]$ 有 (5.22) 式所示的形式．首先我们考察它的完全分解．令

$$\begin{cases}[\boldsymbol{\Sigma}_1] = [\mathbf{D}_1], \\ [\boldsymbol{\Sigma}_j] = [\mathbf{D}_j] - [\mathbf{A}_j][\boldsymbol{\Sigma}_{j-1}]^{-1}[\mathbf{A}_j]^T, \quad 2 \leqslant j \leqslant m,\end{cases} \tag{5.40}$$

那么 $[\mathbf{A}]$ 的块 Cholesky 分解为

$$[\mathbf{A}] = ([\boldsymbol{\Sigma}] + [\mathbf{L}])[\boldsymbol{\Sigma}]^{-1}([\boldsymbol{\Sigma}] + [\mathbf{L}])^T. \tag{5.41}$$

这里

$$[\boldsymbol{\Sigma}] = \begin{pmatrix}[\boldsymbol{\Sigma}_1] & & & \\ & [\boldsymbol{\Sigma}_2] & & \\ & & \ddots & \\ & & & [\boldsymbol{\Sigma}_m]\end{pmatrix},$$

$$[\mathbf{L}] = \begin{pmatrix}0 & & & & \\ [\mathbf{A}_2] & 0 & & & \\ & [\mathbf{A}_3] & 0 & & \\ & & & \ddots & \\ & & & [\mathbf{A}_m] & 0\end{pmatrix}. \tag{5.42}$$

因为 $[\mathbf{A}]$ 对称正定，于是上述分解可以进行．

我们感兴趣的是 $[\mathbf{D}_j]$ 是稀疏矩阵的情形，例如 $[\mathbf{D}_j]$ 是三对角矩阵，$[\mathbf{A}_j]$ 是对角阵．不过，尽管如此，由于在块 Cholesky 分解中主要工作量在于 $[\boldsymbol{\Sigma}_j]$ 的计算，且即使 $[\mathbf{D}_j]$($j=1, 2, \cdots$,

m）是三对角的，也只能保证 $[\boldsymbol{\Sigma}_1]=[\mathbf{D}_1]$ 是三对角的，$[\boldsymbol{\Sigma}_1]^{-1}$ 以及 $[\boldsymbol{\Sigma}_j](j\geqslant 2)$ 则是满阵．所以，一般并不采用这种办法求解方程组．因此，我们考虑 $[\mathbf{A}]$ 的不完全块 Cholesky 分解，其基本思想是用一稀疏矩阵 $[\boldsymbol{\Lambda}_{j-1}]$ 代替(5.40)式中的 $[\boldsymbol{\Sigma}_{j-1}]^{-1}$，相应地用矩阵

$$[\boldsymbol{\Delta}]=\begin{pmatrix}[\boldsymbol{\Delta}_1] & & & \\ & [\boldsymbol{\Delta}_2] & & \\ & & \ddots & \\ & & & [\boldsymbol{\Delta}_m]\end{pmatrix} \tag{5.43}$$

代替 $[\boldsymbol{\Sigma}]$．其中

$$\begin{cases}[\boldsymbol{\Delta}_1]=[\mathbf{D}_1], \\ [\boldsymbol{\Delta}_j]=[\mathbf{D}_j]-[\mathbf{A}_j][\boldsymbol{\Lambda}_{j-1}][\mathbf{A}_j]^T,\ 2\leqslant j\leqslant m,\end{cases} \tag{5.44}$$

而这里的 $[\boldsymbol{\Lambda}_{j-1}]$ 则是 $[\boldsymbol{\Delta}_{j-1}]^{-1}$ 的稀疏近似．这时 $[\mathbf{A}]$ 的不完全 Cholesky 分解就可表示为

$$[\mathbf{A}]=([\boldsymbol{\Delta}]+[\mathbf{L}])[\boldsymbol{\Delta}]^{-1}([\boldsymbol{\Delta}]+[\mathbf{L}])^T-[\mathbf{R}]. \tag{5.45}$$

这里的矩阵 $[\mathbf{R}]$ 也是块对角矩阵

$$[\mathbf{R}]=\begin{pmatrix}[\mathbf{R}_1] & & & \\ & [\mathbf{R}_2] & & \\ & & \ddots & \\ & & & [\mathbf{R}_m]\end{pmatrix}, \tag{5.46}$$

其中

$$\begin{cases}[\mathbf{R}_1]=[\boldsymbol{\Delta}_1]-[\mathbf{D}_1], \\ [\mathbf{R}_j]=[\boldsymbol{\Delta}_j]-[\mathbf{D}_j]+[\mathbf{A}_j][\boldsymbol{\Delta}_{j-1}]^{-1}[\mathbf{A}_j]^T,\ 2\leqslant j\leqslant m.\end{cases} \tag{5.47}$$

块预处理共轭梯度法相当于取预处理矩阵 $[\mathbf{M}]$ 为

$$[\mathbf{M}]=([\boldsymbol{\Delta}]+[\mathbf{L}])[\boldsymbol{\Delta}]^{-1}([\boldsymbol{\Delta}]+[\mathbf{L}])^T. \tag{5.48}$$

这样 $[\mathbf{M}]\{\mathbf{z}^k\}=\{\mathbf{r}^k\}$ 的求解就化为求解如下两个方程

$$\begin{cases}([\boldsymbol{\Delta}]+[\mathbf{L}])\{\mathbf{y}\}=\{\mathbf{r}^k\}, \\ ([\mathbf{I}]+[\boldsymbol{\Delta}]^{-1}[\mathbf{L}]^T)\{\mathbf{z}^k\}=\{\mathbf{y}\}.\end{cases} \tag{5.49}$$

写成分块形式有：

$$\begin{cases}[\mathbf{\Delta}_1]\{\mathbf{y}_1\}=\{\mathbf{r}_1^k\},\\ [\mathbf{\Delta}_j]\{\mathbf{y}_j\}=\{\mathbf{r}_j^k\}-[\mathbf{A}_j]\{\mathbf{y}_{j-1}\},\ 2\leqslant j\leqslant m,\end{cases}\tag{5.50}$$

$$\begin{cases}\{\mathbf{z}_m^k\}=\{\mathbf{y}_m\},\\ [\mathbf{\Delta}_j]\{\mathbf{v}_j\}=[\mathbf{A}_{j+1}]^T\{\mathbf{z}_{j+1}^k\},\\ \{\mathbf{z}_j^k\}=\{\mathbf{y}_j\}-\{\mathbf{v}_j\},\ j=m-1,\ m-2,\cdots,1.\end{cases}\tag{5.51}$$

式 (5.48) 中的$([\mathbf{\Delta}]+[\mathbf{L}])$阵是一块下二对角矩阵．假设 $[\mathbf{\Delta}_j]$ 有如下分解

$$[\mathbf{\Delta}_j]=[\mathbf{L}_j][\mathbf{L}_j]^T,\tag{5.52}$$

那么我们可以进一步将矩阵 $[\mathbf{M}]$ 表示为如下乘积形式

$$[\mathbf{M}]=\begin{bmatrix}[\mathbf{L}_1] & & & & \\ [\mathbf{W}_2] & [\mathbf{L}_2] & & & \\ & \ddots & \ddots & & \\ & & [\mathbf{W}_{m-1}] & [\mathbf{L}_{m-1}] & \\ & & & [\mathbf{W}_m] & [\mathbf{L}_m]\end{bmatrix}\times\begin{bmatrix}[\mathbf{L}_1]^T & [\mathbf{W}_2]^T & & & \\ & [\mathbf{L}_2]^T & [\mathbf{W}_3]^T & & \\ & & \ddots & \ddots & \\ & & & [\mathbf{L}_{m-1}]^T & [\mathbf{W}_m]^T\\ & & & & [\mathbf{L}_m]^T\end{bmatrix},\tag{5.53}$$

其中

$$[\mathbf{W}_j]=[\mathbf{A}_j][\mathbf{L}_{j-1}]^T,\ j=2,\cdots,m.\tag{5.54}$$

这种形式的矩阵 $[\mathbf{M}]$ 较 (5.48) 式所表示的矩阵 $[\mathbf{M}]$ 一般来讲更为有效．因为在实际计算时，凡涉及到的 $[\mathbf{W}_j]$ 矩阵向量积均可以通过求解系数矩阵为 $[\mathbf{L}_j]$ 或 $[\mathbf{L}_j]^T$ 的三角形方程组而得，所以事实上没有必要显式求出矩阵 $[\mathbf{W}_j]$, $j=2,\cdots,m$, 相应就是没有必要显式形成 (5.53) 所示的矩阵 $[\mathbf{M}]$.

余下的问题主要有两个方面：一是如何选取 $[\mathbf{\Delta}_{j-1}]^{-1}$ 的稀

疏近似矩阵 $[\Lambda_{i-1}]$? 一是 $[\Delta_i]$ 的形如（5.52）式的分解是否一定存在？

先来看第一个问题. 针对我们感兴趣的情况，即 $[D_i]$ 是三对角矩阵、$[A_i]$ 是对角阵的情况. 当选取 $[\Delta_{i-1}]^{-1}$ 的稀疏近似 $[\Lambda_{i-1}]$ 时，一般也就要求它也是一个三对角矩阵，于是由（5.44）式确定的 $[\Delta_i]$ 就依然是三对角的. 这样一来，讨论 $[\Delta_{i-1}]^{-1}$ 的近似就转化为如何近似一个三对角矩阵逆的问题. 下面我们简单介绍几种近似一个对角占优的三对角矩阵的逆的通用方法.

设

$$[\mathbf{T}]=\begin{bmatrix} a_1 & -b_1 & & & \\ -b_1 & a_2 & -b_2 & & \\ & \ddots & \ddots & \ddots & \\ & & -b_{m-2} & a_{m-1} & -b_{m-1} \\ & & & -b_{m-1} & a_m \end{bmatrix} \tag{5.55}$$

是一非奇异三对角矩阵. 我们假定

假设 5.1　矩阵 $[\mathbf{T}]$ 的元素 a_j, b_j 满足

$$a_j>0,\ 1\leqslant j\leqslant m,$$
$$b_j>0,\ 1\leqslant j\leqslant m-1,$$

且 $[\mathbf{T}]$ 是严格对角占优矩阵，即

$$a_j>b_j+b_{j-1},\ j=1,\cdots,m;\ b_m=b_0=0.$$

当 $[\mathbf{T}]$ 具有如上性质时，求 $[\mathbf{T}]^{-1}$ 的近似通常有以下几种方法.

（1）对角近似. 矩阵 $[\mathbf{T}]^{-1}$ 的一种最简单的近似矩阵 $[\tilde{T}_1]$ 是对角矩阵. 其对角元为

$$(\mathbf{T}_1)_{jj}=1/\mathbf{T}_{jj},\ j=1,2,\cdots,m. \tag{5.56}$$

（2）精确逆的带状近似. 关于 $[\mathbf{T}]$ 的逆矩阵 $[\mathbf{T}]^{-1}$，有如下定理成立.

定理 5.5[117]　存在两个向量 $\{\mathbf{u}\}=(u_1,\ u_2,\cdots,\ u_m)^T$ 和 $\{\mathbf{v}\}=(v_1,\ v_2,\cdots,v_m)^T$，满足

$$(\mathbf{T}^{-1})_{ij} = u_i v_j,\ i \leqslant j, \tag{5.57}$$

即 $[\mathbf{T}]^{-1}$ 可表示为

$$[\mathbf{T}]^{-1} = \begin{bmatrix} u_1v_1 & u_1v_2 & u_1v_3 \cdots\cdots & u_1v_{m-1} & u_1v_m \\ & u_2v_2 & u_2v_3 \cdots\cdots & u_2v_{m-1} & u_2v_m \\ & & u_3v_3 \cdots\cdots & u_3v_{m-1} & u_3v_m \\ & \text{对称} & \ddots & \vdots & \vdots \\ & & & u_{m-1}v_{m-1} & u_{m-1}v_m \\ & & & & u_mv_m \end{bmatrix}. \tag{5.58}$$

在假设 5.1 下，$[\mathbf{T}]$ 从而 $[\mathbf{T}]^{-1}$ 是对称正定矩阵，于是可知 $u_j \neq 0$，$v_j \neq 0$，$j = 1, 2, \cdots, m$. 事实上，当 $[\mathbf{T}]$ 不满足假设 5.1 而只是非退化的(所有 b_i 元素不为零)非奇异矩阵时，定理5.5 仍然成立. 至于向量 $\{\mathbf{u}\}$ $\{\mathbf{v}\}$ 的元素 u_j，v_j，$j = 1, 2, \cdots, m$，则可递推求出. 关于这方面，有如下定理：

定理 5.6[117] 向量 $\{\mathbf{u}\}$,$\{\mathbf{v}\}$的元素 u_j，v_j $(j = 1, 2, \cdots, m)$ 可按下面的关系式计算

$$\begin{cases} u_1 = 1,\ u_2 = a_1/b_1, \\ u_j = (a_{j-1}u_{j-1} - b_{j-2}u_{j-2})/b_{j-1},\ 3 \leqslant j \leqslant m, \\ v_m = 1/(-b_{m-1}u_{m-1} + a_m u_m), \\ v_j = (1 + b_j u_j v_{j+1})/(a_j u_j - b_{j-1}u_{j-1}),\ 2 \leqslant j \leqslant m-1, \\ v_1 = (1 + b_1 u_1 v_2)/a_1 u_1. \end{cases} \tag{5.59}$$

事实上，由于在通过 $[\mathbf{T}]^{-1}$ 构造其带状近似时，只要知道 u_iv_j 的值而没有必要知道 u_i, v_j 的具体值. 为此，有如下直接计算 u_iv_j 的递归计算方法.

定理 5.7 (5.58) 式所表示的矩阵 $[\mathbf{T}]$ 的逆矩阵中的元素 (u_iv_j) 可由下面的方法计算：

$$d_1 = a_1,\ d_i = a_i - b_{i-1}^2/d_{i-1},\ 2 \leqslant i \leqslant m,$$

$$r_i = b_i/d_i,\ 1 \leqslant i \leqslant m,$$

令 $r_0 = 1$，$q_m = r_{m-1}/d_m$，$q_i = r_{i-1}r_iq_{i+1} + r_{i-1}/d_i$，$i = m-1, \cdots, 1$，则有

$$
\begin{cases}
(u_iv_i) = q_i/r_{i-1}, \\
(u_iv_{i+1}) = q_{i+1}, \\
(u_iv_j) = r_ir_{i+1}\cdots r_{j-2}q_j, \ j > i+1.
\end{cases} \tag{5.60}
$$

实际上，r_j，$d_j(j=1,2,\cdots,m)$ 是矩阵 [L]、[D] 的元素

$$
[\tilde{\mathbf{L}}] = \begin{pmatrix} 1 & & & & \\ -r_1 & 1 & & & \\ & -r_2 & 1 & & \\ & & \ddots & \ddots & \\ & & & -r_{m-1} & 1 \end{pmatrix},
$$

$$
[\mathbf{D}] = \begin{pmatrix} d_1 & & & \\ & d_2 & & \\ & & \ddots & \\ & & & d_m \end{pmatrix},
$$

而 $[\tilde{\mathbf{L}}][\mathbf{D}][\tilde{\mathbf{L}}]^T$ 是 [T] 的 Cholesky 分解.

除了 d_i，q_i 的计算以外，(5.60) 的计算是可以完全向量化的，向量长度为 m. 而 q_i 的计算相当于一个线性递归问题，它的并行计算方法已很成熟. 所以关于 (u_iv_j) 计算的向量化程度还是较高的.

所谓精确逆的带状近似，是指取这样的一个矩阵

$$
[\tilde{\mathbf{T}}_2(k)] = [\mathbf{B}([\mathbf{T}^{-1}], k)] \tag{5.61}
$$

作为 [T] 的近似逆矩阵，其中 $[\mathbf{B}([\mathbf{E}], l)]$ 表示由矩阵 [E] 的主对角线及其附近的 $2l$ 条次对角线组成的矩阵，即

$$
(\mathbf{B}([\mathbf{E}], l))_{ij} = \begin{cases} [\mathbf{E}]_{ij} & |i-j| \leqslant l, \\ 0, & \text{其它}. \end{cases} \tag{5.62}
$$

一般 k 取 1 或 2.

我们认为 (5.61) 式确定的矩阵 $[\tilde{\mathbf{T}}_2(k)]$ 是 $[\mathbf{T}]^{-1}$ 的一个近似，是因为有如下定理:

定理 5.8[117] 在假设 5.1 下，序列 $\{u_i\}_{i=1}^m$ 是严格增的，$\{v_i\}_{i=1}^m$ 则是严格下降的.

根据这一定理(实际上,如果矩阵 [**T**] 对角占优,且 $a_1>b_1$, $a_m>b_{m-1}$, 那么它同样成立),我们可以知道,如果 [**T**] 严格对角占优,那么其逆矩阵的元素将沿对角线逐条减小,而且与主对角线的距离越远,下降愈快(参阅文献 [117]). 这样,取 $[\mathbf{T}]^{-1}$ 的一个带作为其近似就有相当的道理.

(3) 基于 Cholesky 分解因子的近似. 设

$$[\mathbf{T}]=[\mathbf{L}][\mathbf{L}]^T, \tag{5.63}$$

其中 [**L**] 为

$$[\mathbf{L}]=\begin{pmatrix} \gamma_1 & & & & \mathbf{0} \\ -\delta_1 & \gamma_2 & & & \\ & \ddots & \ddots & & \\ & & -\delta_{m-2} & \gamma_{m-1} & \\ \mathbf{0} & & & -\delta_{m-1} & \gamma_m \end{pmatrix}. \tag{5.64}$$

不难有

$$\begin{aligned} &\gamma_1^2=a_1,\ \gamma_1\delta_1=b_1, \\ &\delta_{i-1}^2+\gamma_i^2=a_i,\ \gamma_i\delta_i=b_i,\ \ i\geqslant 2. \end{aligned} \tag{5.65}$$

这些 δ_i 是正的,而且 [**T**] 的对角占优性保证了

$$\delta_i<\gamma_i,\ 1\leqslant i\leqslant m-1.$$

矩阵 $[\mathbf{L}]^{-1}$ 是稠密下三角矩阵,我们记为

$$[\mathbf{L}]^{-1}=\begin{pmatrix} 1/\gamma_1 & & & & \mathbf{0} \\ \xi_1 & 1/\gamma_2 & & & \\ \eta_1 & \xi_2 & 1/\gamma_3 & & \\ \vdots & \ddots & \ddots & \ddots & \\ \cdots & \eta_{m-2} & \xi_{m-1} & & 1/\gamma_m \end{pmatrix}. \tag{5.66}$$

同样也不难看到, $[\mathbf{L}]^{-1}$ 的元素可以逐条对角线进行计算,因为

$$\begin{aligned} &\xi_j=\delta_j/\gamma_j\gamma_{j+1},\ 1\leqslant j\leqslant m-1, \\ &\eta_j=\delta_j\xi_{j+1}/\gamma_j,\ 1\leqslant j\leqslant m-2. \end{aligned} \tag{5.67}$$

关于 $[\mathbf{L}]^{-1}$, 有相似于 $[\mathbf{T}]^{-1}$ 的结果.

定理 5.8[117] 矩阵 $[\mathbf{L}]^{-1}$ 每行上的元素满足

$$l_{ij} \leqslant l_{ik},\ i \leqslant k \leqslant i,\ 1 \leqslant i \leqslant m.$$

于是,类似做 $[\mathbf{T}]$ 的带状近似逆的方法,我们可做 $[\mathbf{L}]^{-1}$ 的带状近似 $[\mathbf{B}([\mathbf{L}]^{-1},k)]$,从而得到一种近似 $[\mathbf{T}]$ 的逆矩阵的方法,即取

$$[\tilde{\mathbf{T}}_3(k)] = [\mathbf{B}^T([\mathbf{L}]^{-1},k)][B([\mathbf{L}]^{-1},k)] \tag{5.68}$$

作为 $[\mathbf{T}]^{-1}$ 的一个近似. 其中 k 一般取得很小,如 $k=1$.

至于其它近似方法如多项式近似这里就不介绍了.

基于以上近似对角占优的三对角矩阵的逆的方法,我们便有一般选取 $[\mathbf{\Delta}_{j-1}]^{-1}$ 的稀疏近似的方法. 对应的几种预处理 CG 法,分别简称为 BDIA, INV(k) 和 CHOL(k) 方法.

(1) BDIA 法. 这时对应 (5.56) 所示的对角近似,取

$$(\boldsymbol{\Lambda}_{j-1})_{ii} = \frac{1}{(\mathbf{\Delta}_{j-1})_{ii}},\ i = 1,2,\cdots,s. \tag{5.69}$$

(2) INV(k)法. 这时对应 (5.61) 所示的精确逆的带状近似,取

$$[\boldsymbol{\Lambda}_{j-1}] = [\mathbf{B}([\mathbf{\Delta}_{j-1}]^{-1},k)]. \tag{5.70}$$

(3) CHOL(k) 法. 这时对应 (5.68) 所示的近似,取

$$[\boldsymbol{\Lambda}_{j-1}] = [\mathbf{B}([\mathbf{L}_{j-1}]^{-1},k)]^T[\mathbf{B}([\mathbf{L}_{j-1}]^{-1},k)], \tag{5.71}$$

其中 $[\mathbf{\Delta}_{j-1}] = [\mathbf{L}_{j-1}][\mathbf{L}_{j-1}]^T$.

下面再来看第二个问题,即 (5.52) 所示的 $[\mathbf{\Delta}_i]$ 的分解是否一定存在. 关于这一点有如下定理:

定理 5.9[117] 假设 (5.22) 所示的矩阵 $[\mathbf{A}]$ 满足

(1) 非对角元 $a_{ij}(i \neq j)$ 非正;

(2) 弱对角占优,即 $a_{ii} \geqslant \sum\limits_{j \neq i} |a_{ij}|,\ i = 1,2,\cdots,n$, 且至少存在一个 $k(1 \leqslant k \leqslant n)$, 满足 $a_{kk} > \sum\limits_{j \neq k} |a_{kj}|$;

(3) $[\mathbf{A}_i],\ i = 1,2,\cdots,m$ 的每一列至少有一个非零元,那么由 BDIA 法, INV(k) 法, CHOL(k) 法计算过程中确定的 $[\mathbf{\Delta}_j],\ j = 1,2,\cdots,m$ 都是严格对角占优的,且其对角元为正而非对角元均为非正.

关于这一定理的证明可见文献 [117].

根据定理 5.9，我们可以知道，当 [A] 满足其中的三个条件时，由对角近似、精确逆的带状近似以及基于 Cholesky 分解因子的近似所确定的如 (5.44),(5.45) 所示的不完全块 Cholesky 分解总是存在的，而且如(5.52) 式所示的矩阵分解也总存在，所以，我们可以将预处理矩阵 [M] 选取为 (5.53) 式所示的乘积形式，以提高计算效率.

在上面分析的基础上，(5.50)，(5.51) 中形式为 $[\boldsymbol{\Delta}_j]\{\boldsymbol{y}_j\}=\{\boldsymbol{c}_j\}$ 的方程组的解可由

$$\{\tilde{\boldsymbol{y}}_j\}=[\boldsymbol{\Lambda}_j]\{\mathbf{c}_j\} \tag{5.72}$$

来近似代替，其中 $[\boldsymbol{\Lambda}_j]$ 由 (5.69) 或 (5.70) 或 (5.71) 定义. 这样，$[\mathbf{M}]\{\mathbf{z}^k\}=\{\mathbf{r}^k\}$ 的求解是向量化的，向量的长度是 s. 由于在实际应用当中，基于精确逆的带状近似的 INV(k) 方法用得最多，所以下面我们仅以 (5.70) 为定义来讨论对应不完全分解块预处理 CG 法的并行处理方法. 用 INVV(k) 表示这种向量化的 INV(k) 方法. 它可描述为

算法 5.6[142]——INVV(k) 算法

(1) 取初始向量 $\{\mathbf{x}^0\}$，计算 $\{\mathbf{r}^0\}=\{\mathbf{b}\}-[\mathbf{A}]\{\mathbf{x}^0\}$，任意给定 $\{\mathbf{p}^{-1}\}$，$i=0$.

(2) 令 $[\boldsymbol{\Delta}_1]=[\mathbf{D}_1]$，按以下两步计算 $[\boldsymbol{\Delta}_j]$ ($j=2,3,\cdots,m$):

(a) 按 (5.60),(5.70) 计算 $[\boldsymbol{\Delta}_{j-1}]^{-1}$ 的带状近似 $[\boldsymbol{\Lambda}_{j-1}]$,

$$[\boldsymbol{\Lambda}_{j-1}]_{i,l}=\begin{cases}(\tilde{\Delta}_{j-1})^{-1}{}_{i,l}, & |i-l|\leqslant k,\\ 0, & \text{其它},\end{cases}$$

其中 $[\tilde{\Delta}_{j-1}]$ 是主对角线附近的三条对角线上的元素与 $[\boldsymbol{\Delta}_{j-1}]$ 相同位置上的元素相同而其它元素为零的矩阵.

(b) 计算 $[\boldsymbol{\Delta}_j]=[\mathbf{D}_j]-[\mathbf{A}_j][\boldsymbol{\Lambda}_{j-1}][\mathbf{A}_j]^T$.

(3) 并行求解 $[\mathbf{M}]\{\mathbf{z}^i\}=\{\mathbf{r}^i\}$，$i=0,1,2,\cdots$,

(a) $$\begin{cases}\{\mathbf{y}_1\}=[\boldsymbol{\Lambda}_1]\{\mathbf{r}_1^i\},\\ \{\mathbf{y}_j\}=[\boldsymbol{\Lambda}_j](\{\mathbf{r}_j^i\}-[\mathbf{A}_j]\{\mathbf{y}_{j-1}\}), \quad 2\leqslant j\leqslant m,\end{cases}$$

(b) $\begin{cases}\{\mathbf{z}_m^i\} = \{\mathbf{y}_m\}, \\ \{\mathbf{w}_j\} = [\boldsymbol{\Lambda}_j][\mathbf{A}_{j+1}]^T\{\mathbf{z}_{j+1}^i\}, \quad j = m-1, m-2, \cdots, 1, \\ \{\mathbf{z}_j^i\} = \{\mathbf{y}_j\} - \{\mathbf{w}_j\}.\end{cases}$

(4) $\beta_i = (\{\mathbf{r}^i\}, \{\mathbf{z}^i\})/(\{\mathbf{r}^{i-1}\}, \{\mathbf{z}^{i-1}\}), \quad i \geqslant 1, \quad \beta_0 = 0.$

(5) $\{\mathbf{p}^i\} = \{\mathbf{z}^i\} + \beta_i\{\mathbf{p}^{i-1}\}.$

(6) $\alpha_i = (\{\mathbf{r}^i\}, \{\mathbf{z}^i\})/([\mathbf{A}]\{\mathbf{p}^i\}, \{\mathbf{p}^i\}).$

(7) $\{\mathbf{x}^{i+1}\} = \{\mathbf{x}^i\} + \alpha_i\{\mathbf{p}^i\}.$

(8) $\{\mathbf{r}^{i+1}\} = \{\mathbf{r}^i\} - \alpha_i[\mathbf{A}]\{\mathbf{p}^i\}.$

(9) $i = i + 1$, 转(3).

关于不完全块 Cholesky 预处理 CG 法，高科华[142]注意到，在某些情况下，例如$[\mathbf{D}_i] = \text{tridiag}(-1, 4, -1)$ 是对角线上的元素皆为 4 而次对角线元素为-1的矩阵以及 $[\mathbf{A}_i]$ 是负的单位矩阵情形，利用下面给出的二个定理可以知道，当由(5.60)计算 d_j 时，只要计算 d_j 的前几项，而令 $d_j = d_t (j = t+1, \cdots, m)$. 同样，当由(5.44)计算 $[\Delta_j]$ 时，也只要计算前几个 $[\mathbf{\Delta}_j]^{-1}$，而令 $[\mathbf{\Delta}_j]^{-1} = [\Delta_t]^{-1} (j = t+1, \cdots, m)$. 即相应在算法 INVV($k$) 中，第(2)步的计算可修改为：

(2a) 令 $[\mathbf{\Delta}_1] = [\mathbf{D}_1]$，按以下两步计算 $[\mathbf{\Delta}_j], j = 2, 3, \cdots t$;

(a) 按(5.60),(5.70)式计算$[\mathbf{\Delta}_{j-1}]^{-1}$的带状近似$[\boldsymbol{\Lambda}_{j-1}]$;

(b) 计算 $[\mathbf{\Delta}_j] = [\mathbf{D}_j] - [\mathbf{A}_j][\boldsymbol{\Lambda}_{j-1}][\mathbf{A}_j]^T$;

最后令 $[\boldsymbol{\Lambda}_j] = [\boldsymbol{\Lambda}_{t-1}] (t \leqslant j \leqslant m)$，求出 $[\mathbf{\Delta}_j] (j = t + 1, \cdots, m)$. 与之相关的有如下二个定理：

定理 5.10[142] 设实数 a, b 满足 $a > 2|b|$，定义数列

$$\begin{cases} x_0 = a, \\ x_j = a - \dfrac{b^2}{x_{j-1}}, \quad j = 1, 2, \cdots, \end{cases}$$

那么数列 $\{x_j\}$ 有极限，且有

$$0 < \varepsilon_j < \left(\frac{b}{a}\right)^{2j} \varepsilon,$$

其中 $\varepsilon_j = x_j - \alpha$, $\alpha = (a + \sqrt{a^2 - 4b^2})/2 > |b|$.

定理 5.11[142] 设实矩阵 $[\mathbf{A}]$, $[\mathbf{B}]$ 满足条件：存在正交矩阵 $[\mathbf{Q}]$，使

$$[\mathbf{Q}]^{-1}[\mathbf{A}][\mathbf{Q}] = [\mathbf{D}_A] = \mathrm{diag}(\lambda_1, \lambda_2, \cdots, \lambda_n),$$
$$[\mathbf{Q}]^{-1}[\mathbf{B}][\mathbf{Q}] = [\mathbf{D}_B] = \mathrm{diag}(\mu_1, \mu_2, \cdots, \mu_n),$$

且 $\lambda_j > 2|\mu_j|(j = 1,2,\cdots,n)$. 定义矩阵序列

$$[\mathbf{X}_0] = [\mathbf{A}],$$
$$[\mathbf{X}_j] = [\mathbf{A}] - [\mathbf{B}][\mathbf{X}_{j-1}]^{-1}[\mathbf{B}]^T, \ j = 1,2,3,\cdots,$$

则存在实矩阵 $[\mathbf{C}]$，使

$$[\mathbf{X}_k] \to [\mathbf{C}], \ k \to \infty.$$

关于定理 5.10, 定理 5.11 的证明可参阅文献 [142].

本段最后我们介绍一下修改的 INVV(k) 算法. 令 $[\mathbf{Y}] = [\mathbf{\Delta}]^{-1}$，那么(5.48)式可改写为

$$[\mathbf{M}] = ([\mathbf{I}] + [\mathbf{L}][\mathbf{Y}])[\mathbf{Y}]^{-1}([\mathbf{I}] + [\mathbf{Y}][\mathbf{L}]^T), \tag{5.73}$$

这时 $[\mathbf{M}]\{\mathbf{z}^k\} = \{\mathbf{r}^k\}$ 的解为

$$\begin{aligned}\{\mathbf{z}^k\} &= (([\mathbf{I}] + [\mathbf{L}][\mathbf{Y}])[\mathbf{Y}]^{-1}([\mathbf{I}] + [\mathbf{Y}][\mathbf{L}]^T))^{-1}\{\mathbf{r}^k\} \\ &= ([\mathbf{I}] + (-[\mathbf{Y}][\mathbf{L}]^T) + (-[\mathbf{Y}][\mathbf{L}]^T)^2 \\ &\quad + \cdots)[\mathbf{Y}]([\mathbf{I}] + (-[\mathbf{L}][\mathbf{Y}]) + (-[\mathbf{L}][\mathbf{Y}])^2 \\ &\quad + \cdots)\{\mathbf{r}^k\} \\ &= ([\mathbf{I}] + (-[\mathbf{Y}][\mathbf{L}]^T)^{2^s})\cdots([\mathbf{I}] + (-[\mathbf{Y}][\mathbf{L}]^T))[\mathbf{Y}]([\mathbf{I}] \\ &\quad + (-[\mathbf{L}][\mathbf{Y}]))\cdots([\mathbf{I}] + (-[\mathbf{L}][\mathbf{Y}])^{2^s}\{\mathbf{r}^k\},\end{aligned} \tag{5.74}$$

其中 $s = \lfloor \log_2 m \rfloor - 1$, $\lfloor a \rfloor$ 表示不小于 a 的最小整数. 我们用下式近似计算 $\{\mathbf{z}^k\}$,

$$\begin{aligned}\{\mathbf{z}^k\} &= ([\mathbf{I}] + (-[\mathbf{Y}][\mathbf{L}]^T)^{2^{s_0}})\cdots([\mathbf{I}] \\ &\quad + (-[\mathbf{Y}][\mathbf{L}^T]))[\mathbf{Y}]([\mathbf{I}] + (-[\mathbf{L}][\mathbf{Y}]))\cdots([\mathbf{I}] \\ &\quad + (-[\mathbf{I}][\mathbf{Y}])^{2^{s_0}})\{\mathbf{r}^k\},\end{aligned} \tag{5.75}$$

其中 s_0 取为 2 或 $\left[\frac{s}{2}\right]$. 在实际计算时，我们可以预先计算好 $([\mathbf{L}][\mathbf{Y}])^j$, $j = 1,2,\cdots,2^{s_0}$，并将它们存储起来，这样预处理的工作量大为减少. 该修改算法求解 $[\mathbf{M}]\{\mathbf{z}^k\} = \{\mathbf{r}^k\}$ 是完全向量

化的,向量长度为 n, 我们用 MINVV(k) 表示这一算法.

算法 5.7[142]——MINVV(k) 算法

(1) 取初始向量 $\{\mathbf{x}^0\}$, 计算 $\{\mathbf{r}^0\}=\{\mathbf{b}\}-[\mathbf{A}]\{\mathbf{x}^0\}$, 任意给定 $\{\mathbf{p}^{-1}\}$, $i=0$.

(2) 同 INVV(k) 算法求 $[\Lambda_j]$, $j=1,2,\cdots,m$, 记 $[\mathbf{Y}]=\mathrm{diag}([\Lambda_1],[\Lambda_2],\cdots,[\Lambda_m])$.

(3) 并行求解 $[\mathbf{M}]\{\mathbf{z}^i\}=\{\mathbf{r}^i\}$, 即据 (5.75) 式计算 $\{\mathbf{z}^i\}$, 这里的矩阵向量积的并行计算方法可取对角线计算法或选用本书第六章中介绍的其它方法.

(4) $\beta_i=(\{\mathbf{r}^i\},\{\mathbf{z}^i\})/(\{\mathbf{r}^{i-1}\},\{\mathbf{z}^{i-1}\})$, $i\geqslant 1$, $\beta_0=0$.

(5) $\{\mathbf{p}^i\}=\{\mathbf{z}^i\}+\beta_i\{\mathbf{p}^{i-1}\}$.

(6) $\alpha_i=(\{\mathbf{r}^i\},\{\mathbf{z}^i\})/([\mathbf{A}]\{\mathbf{p}^i\},\{\mathbf{p}^i\})$.

(7) $\{\mathbf{x}^{i+1}\}=\{\mathbf{x}^i\}+\alpha_i\{\mathbf{p}^i\}$.

(8) $\{\mathbf{r}^{i+1}\}=\{\mathbf{r}^i\}-\alpha_i[\mathbf{A}]\{\mathbf{p}^i\}$.

(9) $i=i+1$, 转 (3).

5.3.3 基于矩阵分裂的预处理共轭梯度法

矩阵分裂的含义就是把一个矩阵表示成多个矩阵的和形式. 通过矩阵分裂来构造预处理矩阵也是一种常见的方法. D.J. Evans[143] 早在 1967 年就提出了由矩阵 $[\mathbf{A}]$ 的分裂来确定 $[\mathbf{M}]$ 的方法. 实际上, 他所提出的方法就是后面要介绍的 SSOR-PCG 法. 另外,在前一段中所介绍的 VICCG 法、块预处理 CG 法中, 也已利用了矩阵分裂构造预处理矩阵.

基于矩阵分裂的预处理思想可一般描述为: 假设 $[\mathbf{A}]$ 有分裂

$$[\mathbf{A}]=[\mathbf{P}]-[\mathbf{Q}], \tag{5.76}$$

那么通过矩阵 $[\mathbf{P}]$, $[\mathbf{Q}]$ 来构造预处理矩阵 $[\mathbf{M}]$. 根据我们关于预处理 CG 法的一般论述,预处理矩阵 $[\mathbf{M}]$ 要求对称正定,同时注意到预处理矩阵 $[\mathbf{M}]$ 自身就是 $[\mathbf{A}]$ 的近似,于是 $[\mathbf{A}]$ 可表示为

$$[\mathbf{A}] = [\mathbf{M}] - [\mathbf{Q}'], \tag{5.77}$$

这样的分裂就称为 [**A**] 的对称正定分裂. 因此，基于矩阵分裂的思想也可描述为：假设 [**A**] 有对称正定分裂 (5.77)，那么预处理矩阵就取为 [**M**]. 不过，由于 [**M**] 的确定本身就不直接，所以实用的还是第一种思想. 以下的讨论均以此为前提. 这样一来，第一个问题便是如何选取 [**A**] 的分裂 (5.76). 习惯的方法是取线性稳定迭代法中相对应的 [**A**] 的分裂,比如 Jacobi 分裂 ($[\mathbf{P}]=\mathrm{diag}([\mathbf{A}])$),Gauss-Seidel 分裂 ($[\mathbf{P}]=\mathrm{diag}([\mathbf{A}])-[\mathbf{L}]$, [**L**] 是 [**A**] 的严格下三角部分)，SSOR 分裂等. 下面我们仅以 SSOR 分裂为例来介绍二种预处理 CG 法.

1. SSOR-PCG 法[115]

设对(5.1)式事先进行预处理,使得处理后的系数阵对角元值为 1 且仍对称. 这一点是很容易做到的.例如,假设 $\mathrm{diag}([\mathbf{A}])=[\mathbf{D}]$，那么方程

$$([\mathbf{D}]^{-\frac{1}{2}}[\mathbf{A}][\mathbf{D}]^{-\frac{1}{2}})([\mathbf{D}]^{\frac{1}{2}}\{\mathbf{x}\}) = ([\mathbf{D}]^{-\frac{1}{2}})\{\mathbf{b}\}$$

与方程 (5.1) 是等价的,于是令

$$[\tilde{\mathbf{A}}] = [\mathbf{D}]^{-\frac{1}{2}}[\mathbf{A}][\mathbf{D}]^{-\frac{1}{2}}, \{\mathbf{x}'\} = [\mathbf{D}]^{\frac{1}{2}}\{\mathbf{x}\}, \quad \{\mathbf{b}'\} = [\mathbf{D}]^{-\frac{1}{2}}\{\mathbf{b}\},$$

则方程 (5.1) 就转化为

$$[\tilde{\mathbf{A}}]\{\mathbf{x}'\} = \{\mathbf{b}'\}.$$

而 $[\tilde{\mathbf{A}}]$ 的对角元值为 1，且 [**A**] 仍然对称正定. 所以不失一般性,假设

$$[\mathbf{A}] = [\mathbf{I}] + [\mathbf{L}] + [\mathbf{L}]^T, \tag{5.78}$$

式中 [**L**] 是 [**A**] 的严格下三角部分. 这时我们可取预处理矩阵

$$[\mathbf{M}] = ([\mathbf{I}] + \omega[\mathbf{L}])([\mathbf{I}] + \omega[\mathbf{L}])^T, \tag{5.79}$$

式中 ω 是权,称为预处理因子,用于控制收敛性,一般 $0 < \omega < 2$. 对应的预处理 CG 法就称为 SSOR-PCG 法.

用 $[\mathbf{M}]^{-1}$ 作用在 (5.1) 的两端,有

$$([\mathbf{I}] + \omega[\mathbf{L}])^{-T}([\mathbf{I}] + \omega[\mathbf{L}])^{-1}[\mathbf{A}]\{\mathbf{x}\} = ([\mathbf{I}] + \omega[\mathbf{L}])^{-T}([\mathbf{I}] + \omega[\mathbf{L}])^{-1}\{\mathbf{b}\}, \tag{5.80}$$

进一步变换可得

$$[\mathbf{B}]\{\mathbf{y}\}=\{\mathbf{d}\}, \tag{5.81}$$

这里

$$\begin{cases}[\mathbf{B}]=([\mathbf{I}]+\omega[\mathbf{L}])^{-1}[\mathbf{A}]([\mathbf{I}]+\omega[\mathbf{L}])^{-T}, & (5.82)\\ \{\mathbf{d}\}=([\mathbf{I}]+\omega[\mathbf{L}])^{-1}\{\mathbf{b}\}, & (5.83)\\ \{\mathbf{y}\}=([\mathbf{I}]+\omega[\mathbf{L}])^{T}\{\mathbf{x}\}, & (5.84)\end{cases}$$

显然,这里 $[\mathbf{B}]$ 仍保持对称正定性. 然后用 CG 法求解 (5.81),得到 $\{\mathbf{y}\}$ 后再由 (5.84) 进行一次回代过程就得到原问题的解. 注意到 $\{\mathbf{d}\}$ 的生成相当于一个前推过程,而矩阵 $\{\mathbf{B}\}$ 与某向量的积又可以经一次回代、一次矩阵(原矩阵 $[\mathbf{A}]$) 向量积以及一次前推获得,从而没必要显式生成矩阵 $[\mathbf{B}]$. 事实上,$[\mathbf{B}]\{\mathbf{p}\}=\{\mathbf{q}\}$ 的计算可由以下三步代替

$$\left.\begin{array}{l}\text{回代求解出 }\{\mathbf{v}\}:\ ([\mathbf{I}]+\omega[\mathbf{L}])^{T}\{\mathbf{v}\}=\{\mathbf{p}\};\\ \text{矩阵向量积: }\{\mathbf{u}\}=[\mathbf{A}]\{\mathbf{v}\};\\ \text{前推求得 }\{\mathbf{q}\}:\ ([\mathbf{I}]+\omega[\mathbf{L}])\{\mathbf{q}\}=\{\mathbf{u}\}.\end{array}\right\} \tag{5.85}$$

根据以上分析,可得 SSOR-PCG 法的基本步骤.

算法 5.8——SSOR-PCG 法

(1) 解方程组 $([\mathbf{I}]+\omega[\mathbf{L}])\{\mathbf{d}\}=\{\mathbf{b}\}$.

(2) 选取 $\{\mathbf{y}^0\}\in\mathbf{R}^n$, 计算 $\{\mathbf{p}^0\}=\{\mathbf{r}^0\}=\{\mathbf{d}\}-[\mathbf{B}]\{\mathbf{y}^0\}$, $j=1$, 这里 $[\mathbf{B}]\{\mathbf{y}^0\}$ 的计算按

(a) 解方程 $([\mathbf{I}]+\omega[\mathbf{L}])^{T}\{\mathbf{v}\}=\{\mathbf{y}^0\}$,

(b) $\{\mathbf{u}\}=[\mathbf{A}]\{\mathbf{v}\}$,

(c) 解方程组 $([\mathbf{I}]+\omega[\mathbf{L}])\{\mathbf{q}\}=\{\mathbf{u}\}$, $\{\mathbf{q}\}$ 即为 $[\mathbf{B}]\{\mathbf{y}^0\}$.

(3) $\alpha_j=(\{\mathbf{r}^j\},\{\mathbf{r}^j\})/(\{\mathbf{p}^j\},[\mathbf{B}]\{\mathbf{p}^j\})$, 这里 $[\mathbf{B}]\{\mathbf{p}^j\}$ 的计算按

(a) 解方程组 $([\mathbf{I}]+\omega[\mathbf{L}])^{T}\{\mathbf{v}\}=\{\mathbf{p}^j\}$,

(b) $\{\mathbf{u}\}=[\mathbf{A}]\{\mathbf{v}\}$,

(c) 解方程组 $([\mathbf{I}]+\omega[\mathbf{L}])\{\mathbf{q}\}=\{\mathbf{u}\}$, $\{\mathbf{q}\}$ 即为 $[\mathbf{B}]\{\mathbf{p}^j\}$.

(4) $\{\mathbf{y}^{j+1}\} = \{\mathbf{y}^j\} + \alpha_j\{\mathbf{p}^j\}$.

(5) $\{\mathbf{r}^{j+1}\} = \{\mathbf{r}^j\} - \alpha_j[\mathbf{B}]\{\mathbf{p}^j\}$.

(6) $\beta_j = (\{\mathbf{r}^{j+1}\},\{\mathbf{r}^{j+1}\})/(\{\mathbf{r}^j\},\{\mathbf{r}^j\})$.

(7) $\{\mathbf{p}^{j+1}\} = \{\mathbf{r}^{j+1}\} + \beta_j\{\mathbf{p}^j\}$.

(8) $\|\{\mathbf{y}^{j+1}\} - \{\mathbf{y}^j\}\|_\infty \leqslant \varepsilon$ （或 $\|\{\mathbf{r}^{j+1}\}\|_\infty/\|\mathbf{r}^0\|_\infty \leqslant \varepsilon$ 或 $\|\{\mathbf{r}^{j+1}\}\|_2 \leqslant \varepsilon$）是否已能够成立，若成立转 (10)，否则

(9) $j = j+1$，转 (3).

(10) 解方程组 $([\mathbf{I}] + \omega[\mathbf{L}])^T\{\mathbf{x}\} = \{\mathbf{y}^{j+1}\}$ 得解向量 $\{\mathbf{x}\}$.

从 SSOR-PCG 法的计算过程来看，可知用 SSOR-PCG 法解方程组的基本运算成分除内积运算、三元组运算外，仍然是原矩阵与某向量的积运算以及与原矩阵有同样稀疏结构的两个上、下三角形方程组的求解运算. 于是它的并行计算方法就完全可以通过上一章中所介绍的单位上、下三角形方程组求解的并行计算方法以及在第六章中将要介绍的矩阵向量积的并行计算方法建立起来，这里就不深入加以讨论了.

关于 SSOR-PCG 法，最后我们指出几点. 一是这个方法中预处理因子 ω 的选择对整个算法的收敛情况影响很大. 但到目前为止，关于最佳预处理因子 ω 的选取方法还没有什么进展. 二是预处理矩阵 $[\mathbf{M}]$ 的选取还有另一种形式，即取

$$[\mathbf{M}] = \frac{\omega}{2-\omega}\left(\frac{1}{\omega}[\mathbf{D}] + [\mathbf{L}]\right)[\mathbf{D}]^{-1}\left(\frac{1}{\omega}[\mathbf{D}] + [\mathbf{L}]\right)^T, \tag{5.86}$$

这里，$[\mathbf{D}]$，$[\mathbf{L}]$ 分别是原矩阵 $[\mathbf{A}]$ 的对角部分和严格下三角部分，它适合于 $[\mathbf{A}]$ 不满足 $\mathrm{diag}([\mathbf{A}]) = [\mathbf{I}]$ 的情形. 三是当预处理因子 ω 取为 1 时，(5.85) 表示的 $[\mathbf{B}]\{\mathbf{p}\}$ 的计算可以用另一种方式，减少计算量. 具体来看，因为

$$\begin{aligned}[\mathbf{B}]\{\mathbf{p}\} &= ([\mathbf{I}] + \omega[\mathbf{L}])^{-1}[\mathbf{A}]([\mathbf{I}] + \omega[\mathbf{L}])^{-T}\{\mathbf{p}\} \\ &\overset{\omega=1}{=\!=\!=} ([\mathbf{I}] + [\mathbf{L}])^{-1}(\{\mathbf{p}\} - \{\mathbf{t}\}) + \{\mathbf{t}\},\end{aligned} \tag{5.87}$$

式中 $\{\mathbf{t}\} = ([\mathbf{I}] + [\mathbf{L}])^{-T}\{\mathbf{p}\}$，于是 $[\mathbf{B}]\{\mathbf{p}\}$ 的计算可通过一

次前推、一次回代以及一次向量减法求得，较(5.85)的计算方法少了一次矩阵向量积运算. 因此，当 $\omega = 1$ 时，这种改进是相当有意义的.

2. m 步 SSOR-PCG[120-121]

假设矩阵 $[\mathbf{A}]$ 有分裂(5.76)，它定义了一个线性稳定的迭代方法，其迭代矩阵为 $[\mathbf{G}] = [\mathbf{P}]^{-1}[\mathbf{Q}]$. 那么，一般的 m 步预处理 CG 法相应于其中的预处理矩阵 $[\mathbf{M}]$ 取为

$$[\mathbf{M}]_m = [\mathbf{P}]([\mathbf{I}] + [\mathbf{G}] + [\mathbf{G}]^2 + \cdots + [\mathbf{G}]^{m-1})^{-1}. \tag{5.88}$$

当分裂(5.76)是一个 SSOR 分裂：

$$[\mathbf{A}] = [\mathbf{P}_\omega] - [\mathbf{Q}_\omega],$$

$$[\mathbf{P}_\omega] = \frac{\omega}{2-\omega}\left(\frac{1}{\omega}[\mathbf{D}] + [\mathbf{L}]\right)\left(\frac{1}{\omega}[\mathbf{D}] + [\mathbf{L}]\right)^T$$

时，对应由(5.88)式构造的预处理矩阵为

$$[\mathbf{M}_\omega]_m = [\mathbf{P}_\omega]([\mathbf{I}] + [\mathbf{G}_\omega] + [\mathbf{G}_\omega]^2 + \cdots + [\mathbf{G}_\omega]^{m-1})^{-1}. \tag{5.89}$$

$[\mathbf{M}_\omega]_m$ 就称为 m 步 SSOR 预处理矩阵，相应的预处理 CG 法就称为 m 步 SSOR-PCG 法. 我们取(5.88)式作为预处理矩阵，是因为根据 Neumann 级数展开，有

$$\begin{aligned}[\mathbf{A}]^{-1} &= ([\mathbf{P}] - [\mathbf{Q}])^{-1} = ([\mathbf{I}] - [\mathbf{G}])^{-1}[\mathbf{P}]^{-1} \\ &= ([\mathbf{I}] + [\mathbf{G}] + [\mathbf{G}]^2 + \cdots)[\mathbf{P}]^{-1},\end{aligned} \tag{5.90}$$

从而

$$[\mathbf{A}] = [\mathbf{P}]([\mathbf{I}] + [\mathbf{G}] + [\mathbf{G}]^2 + \cdots)^{-1}. \tag{5.91}$$

因为我们要求预处理矩阵 $[\mathbf{M}]$ 应尽量使 $[\mathbf{M}]^{-1}$ 近似于 $[\mathbf{A}]^{-1}$ 所以据(5.90)式，摒弃高阶项，取 Neumann 级数的一部分作为 $[\mathbf{A}]^{-1}$ 的近似矩阵，即取 $[\mathbf{M}] = [\mathbf{M}]_m$ 满足

$$\begin{aligned}[\mathbf{M}]^{-1} = [\mathbf{M}]_m^{-1} = ([\mathbf{I}] + [\mathbf{G}] + [\mathbf{G}]^2 \\ + \cdots + [\mathbf{G}]^{m-1})[\mathbf{P}]^{-1},\end{aligned} \tag{5.92}$$

于是有

$$[\mathbf{M}] = [\mathbf{M}]_m = [\mathbf{P}]([\mathbf{I}] + [\mathbf{G}] + [\mathbf{G}]^2 + \cdots + [\mathbf{G}]^{m-1})^{-1}.$$

下面我们介绍有关的一些理论结果．这些理论结果适用于一般的m步预处理 CG 法。

因为在预处理 CG 法中，一般要求 $[\mathbf{M}]$ 对称正定，因此我们先给出判断矩阵 $[\mathbf{M}]$ 是否对称正定的定理．

引理 5.1[121]　如果 $[\mathbf{A}]=[\mathbf{B}][\mathbf{C}]$ 对称，$[\mathbf{B}]$ 是对称正定矩阵且 $[\mathbf{C}]$ 的特征值均大于0，那么 $[\mathbf{A}]$ 正定．

由引理 5.1，便有矩阵 $[\mathbf{M}]$ 对称正定的充要条件．

定理 5.12[121]　记 $[\mathbf{A}]=[\mathbf{P}]-[\mathbf{Q}]$ 是对称正定矩阵，$[\mathbf{P}]$ 是对称非奇异矩阵，那么

(1) $[\mathbf{M}]_m$ 是对称的；

(2) 当m是奇数时，$[\mathbf{M}]_m$ 对称正定当且仅当 $[\mathbf{P}]$ 正定；

(3) 当m是偶数时，$[\mathbf{M}]_m$ 对称正定当且仅当 $[\mathbf{P}]+[\mathbf{Q}]$ 正定．

P. F. Dubois 等在文献 [144] 中也考虑了利用$[\mathbf{A}]^{-1}$的截断 Neumann 级数展开来确定预处理矩阵的方法．实际上，这就等价于 Jacobi 分裂下由 (5.88) 构造的预处理矩阵．他们另外证明了当矩阵 $[\mathbf{A}]$ 与 $[\mathbf{P}]$ 都对称正定且 $\rho([\mathbf{G}])<1$ 时，则对所有的 m，$[\mathbf{M}]_m$ 都是对称正定的．对奇数的 m，条件 $\rho([\mathbf{G}])<1$ 是不必要的．条件 $\rho([\mathbf{G}])<1$ 和条件 $([\mathbf{P}]+[\mathbf{Q}])$ 对称正定有如下关系．

定理 5.13[121]　记 $[\mathbf{A}]=[\mathbf{P}]-[\mathbf{Q}]$ 是对称正定矩阵，$[\mathbf{P}]$ 是对称非奇异矩阵，那么 $\rho([\mathbf{P}]^{-1}[\mathbf{Q}])<1$当且仅当 $[\mathbf{P}]+[\mathbf{Q}]$ 正定．

定理 5.12 和定理 5.13 对于我们选择矩阵 $[\mathbf{A}]$ 的分裂，使得 $[\mathbf{M}]_m$ 对称正定是相当有用的．例如，对 Jacobi 分裂而言，因 $[\mathbf{P}]=\mathrm{diag}([\mathbf{A}])$，于是由定理 5.12 可知：当 m 为偶数时，$[\mathbf{P}]+[\mathbf{Q}]$正定方能保证 $[\mathbf{M}]_m$ 正定，而由定理 5.13 又可以知道，$[\mathbf{P}]+[\mathbf{Q}]$ 正定当且仅当 $\rho([\mathbf{G}])<1$．因为 Jacobi 迭代法收敛的充要条件是 $\rho([\mathbf{G}])<1$，所以当m为偶数时，$[\mathbf{M}]_m$ 正定当且仅当相应的 Jacobi 迭代法收敛．然而，对某些问题，Jacobi

方法不一定能保证收敛。因此，对这些问题，只有奇数值的 m 才能产生对称正定的 m 步预处理矩阵。

接下来我们要问，随着 m 的增大，由(5.88)式确定的预处理矩阵 $[\mathbf{M}]_m$ 的预处理效果是否会相应变得愈好。关于这一问题，有如下定理：

定理 5.14[121] 记 $[\hat{\mathbf{A}}]_m=[\mathbf{M}]_m^{-1}[\mathbf{A}]$, $[\hat{\mathbf{A}}]_{m+1}=[\mathbf{M}]_{m+1}^{-1}[\mathbf{A}]$, $[\mathbf{G}]$ 的特征值为

$$-1<\lambda_1\leqslant\lambda_2\leqslant\cdots\leqslant\lambda_n<1,$$

δ 是绝对值最小的那个特征值，那么有

$$\operatorname{cond}([\hat{\mathbf{A}}]_m)=\begin{cases}(1-\lambda_1^m)/(1-\lambda_n^m), & m\text{ 为奇数},\\(1-\delta^m)/(1-\lambda_n^m), & \lambda_n\geqslant|\lambda_1|\text{ 且 }m\text{ 为偶数},\\(1-\delta^m)/(1-\lambda_1^m), & |\lambda_1|\geqslant|\lambda_n|\text{ 且 }m\text{ 为偶数}.\end{cases}\tag{5.93}$$

根据这一定理及具体情况，便可以对当 m 变化时，$\operatorname{cond}([\hat{\mathbf{A}}]_m)$ 的变化情况加以分析。例如，在文献 [121] 中，作者通过定理 5.14 说明了对 m 步 SSOR-PCG 法而言，矩阵 $[\hat{\mathbf{A}}]_m$ 的条件数随着 m 的增大而减少。不过，$\operatorname{cond}([\hat{\mathbf{A}}]_1)$ 与 $\operatorname{cond}([\hat{\mathbf{A}}]_m)$ 的最大比率不超过 m。关于详细分析过程请参阅文献 [121]。

刚才指出了从理论上讲，当 m 增大时，对应的 m 步 SSOR-PCG 法的效果应该愈来愈好。但是经验告诉我们并非如此。不过通过利用文献 [116][120] 中提出的参数化技术，可以大大提高效率。参数化的思想就是预处理矩阵 $[\mathbf{M}]$ 的逆 $[\mathbf{M}]^{-1}$ 不是取成 $[\mathbf{A}]^{-1}$ 的简单的 Neumann 级数展开，而是取成参数化的 Neumann 级数展开的前 m 项，即取

$$[\mathbf{M}]^{-1}=[\mathbf{M}]_m^{-1}=(\alpha_0[\mathbf{I}]+\alpha_1[\mathbf{G}]+\alpha_2[\mathbf{G}]^2+\cdots+\alpha_{m-1}[\mathbf{G}]^{m-1})[\mathbf{P}]^{-1}.\tag{5.94}$$

相应矩阵 $[\mathbf{M}]$ 为

$$[\mathbf{M}]=[\mathbf{M}]_m=[\mathbf{P}](\alpha_0[\mathbf{I}]+\alpha_1[\mathbf{G}]+\alpha_2[\mathbf{G}]^2+\cdots+\alpha_{m-1}[\mathbf{G}]^{m-1})^{-1}.\tag{5.95}$$

参数 $\alpha_0,\alpha_1,\cdots,\alpha_{m-1}$ 选取的基本原则是使得 $([\mathbf{M}]_m^{-1}[\mathbf{A}])$

的特征值为正，且在区间 $[\lambda_1,\lambda_n]$ 内，这里 $[\lambda_1,\lambda_n]$ 是包含 $([\mathbf{P}]^{-1}[\mathbf{A}])$ 的特征值的区间．另外，还应使得在某种意义下尽可能接近于 1．详细讨论可参阅文献 [116]，[120]． 这里我们给出文献 [120] 中给出的一组参数值．

表 5.1 m 步 SSOR-PCG 法的参数值

m	α_0	α_1	α_2	α_3
2	1.00	5.00		
3	1.00	−2.00	7.00	
4	1.00	7.00	−24.50	31.50

当矩阵 $[\mathbf{A}]$ 是具有红黑结构的对称正定矩阵时，D.L. Harrar 和 J.M. Ortega[145] 证明了 m 步 SSOR-PCG 法中预处理矩阵中最佳的预处理因子 ω 为 1．

最后再来看一下 m 步 SSOR-PCG 法的并行计算．因为这时在预处理 CG 法中关于 $[\mathbf{M}]\{\mathbf{z}^k\}=\{\mathbf{r}^k\}$ 的求解可以转化为

$$\{\mathbf{z}^k\}=([\mathbf{M}_\omega]_m)^{-1}\{\mathbf{r}^k\}=\left(\sum_{j=0}^{m-1}\alpha_j[\mathbf{G}_\omega]^j\right)[\mathbf{P}_\omega]^{-1}\{\mathbf{r}^k\}$$

$$=\left(\sum_{j=0}^{m-1}\alpha_j[\mathbf{G}_\omega]^j\right)\{\hat{\mathbf{r}}_\omega^k\}=\alpha_0\{\hat{\mathbf{r}}_\omega^k\}+[\mathbf{G}_\omega](\alpha_1\{\hat{\mathbf{r}}_\omega^k\}$$

$$+[\mathbf{G}_\omega](\alpha_2\{\mathbf{r}_\omega^k]+[\mathbf{G}_\omega]\cdots)),\qquad(5.96)$$

于是不难看出，用 m 步 SSOR-PCG 法求解方程组的基本运算成分仍然是内积运算，三元组运算、矩阵向量积运算以及前推、回代求解运算（出现在 $\{\hat{\mathbf{r}}_\omega^k\}=[\mathbf{P}_\omega]^{-1}\{\mathbf{r}^k\}$ 的计算中）．注意到矩阵向量积 $[\mathbf{G}_\omega]\{\mathbf{y}\}$ 可以通过 $[\mathbf{P}_\omega]^{-1}[\mathbf{Q}_\omega]\{\mathbf{y}\}=[\mathbf{P}_\omega]^{-1}([\mathbf{Q}_\omega]\{\mathbf{y}\})$ 计算以及 $[\mathbf{P}_\omega]$ 的形式，进一步可以看到在基本的矩阵向量积和前推、回代求解运算中的矩阵与原矩阵 $[\mathbf{A}]$ 均有同样的稀疏结构，因此 m 步 SSOR-PCG 法的并行计算方法也就可以通过这些

基本运算成分的并行计算建立起来。

5.3.4 多项式预处理共轭梯度法

1. 基本理论

多项式预处理的基本思想是：选择一个多项式 $s(x)$，预处理矩阵选择为 $[\mathbf{M}]^{-1}=s([\mathbf{A}])$，对应的 PCG 法就称为多项式预处理 CG 法。例如，从 m 步 SSOR-PCG 法中可以看出：假设记 $s^*(x)=\sum_{j=0}^{m-1}\alpha_j x^j$ 是一个 $m-1$ 阶多项式，设

$$s(x)=s^*(1-x)=\sum_{j=0}^{m-1}\alpha_j(1-x)^j,$$

那么当 $[\mathbf{P}]$ 取为 $[\mathbf{I}]$ 时，预处理矩阵 $[\mathbf{M}]_m$ 的逆其实就是矩阵多项式 $s([\mathbf{A}])$。这种以矩阵 $[\mathbf{A}]$ 的多项式作为预处理矩阵 $[\mathbf{M}]$ 的逆的预处理方法很多。显然，m 步 SSOR-PCG 法也可以认为是一种多项式预处理 CG 法。下面我们着重介绍 O. G. Johnson[116]、Y. Saad[122] 等人在多项式预处理 CG 法方面的工作。

显然，首要的问题是如何选取预处理多项式 $s(x)$。我们先介绍 O.G. Johnson 等人的方法。

设 $\lambda_j, j=1,2,\cdots,n$ 是 $[\mathbf{A}]$ 的特征值，于是预处理方程组的系数阵 $[\hat{\mathbf{A}}]=[\mathbf{M}]^{-1}[\mathbf{A}]=s([\mathbf{A}])[\mathbf{A}]$ 的特征值是 $\lambda_j s(\lambda_j)$，$j=1,2,\cdots,n$。O.G. Johnson 等人选择次数不超过 $m-1$ 的多项式 $s(x)$ 使

$$\|[\mathbf{I}]-s([\mathbf{A}])[\mathbf{A}]\|=\max_{\lambda_j\in\sigma([\mathbf{A}])}|1-\lambda_j s(\lambda_j)| \qquad (5.97)$$

在所有次数不超过 $m-1$ 的多项式中达到极小。其中，$\sigma([\mathbf{A}])=\{\lambda_1,\lambda_2,\cdots,\lambda_n\}$。用 $\mathbf{P}^{m-1}$ 表示次数不超过 $m-1$ 的多项式的集合，即选取多项式 $s(x)\in\mathbf{P}^{m-1}$ 满足

$$\|[\mathbf{I}]-s([\mathbf{A}])[\mathbf{A}]\|=\min_{s^*\in\mathbf{P}^{m-1}}\|[\mathbf{I}]-s^*([\mathbf{A}])[\mathbf{A}]\|. \qquad (5.98)$$

但是由于事实上．我们一般并不知道 $[\mathbf{A}]$ 的具体特征值集合 $\sigma([\mathbf{A}])$，所以实际应用时总是假设 $[\mathbf{A}]$ 的特征值所在的一个区

间 $[a, b]$，即 $\sigma([\mathbf{A}])\subset[a,b]$ $(0<a<b)$，然后转而寻求次数不超过 $m-1$ 的多项式 $s(x)$，使

$$\|[\mathbf{I}]-s([\mathbf{A}])[\mathbf{A}]\|=\max_{\lambda\in[a,b]}|1-\lambda s(\lambda)| \tag{5.99}$$

对所有次数不超过 $m-1$ 的多项式达到极小。可以证明：当 $a=\lambda_{\min}, b=\lambda_{\max}$时，由上述方法得到的预处理矩阵 $s([\mathbf{A}])$ 在所有次数不超过 $m-1$ 的矩阵多项式 $s^*([\mathbf{A}])$ 中，可使相应预处理方程组的系数阵 $s^*([\mathbf{A}])[\mathbf{A}]$ 的条件数最小。故从理论上说，由以上方法构造的预处理 CG 法收敛最快，迭代次数最少。然而数值试验的经验表明：能使得多项式预处理 CG 法效果最好的多项式 $s(x)$，远不一定是使得矩阵 $s([\mathbf{A}])[\mathbf{A}]$ 的条件数最小的那一多项式。另外，经验还表明，如果我们代替选取 $\sigma([\mathbf{A}])\subset[a,b]$ 为选取 $[a, b]\subset[\lambda_{\min}, \lambda_{\max})$ 但 a, b 很接近 $\lambda_{\min}, \lambda_{\max}$ 的话，那么相应的收敛过程要快一些。不过，能使得多项式预处理 CG 法的迭代次数最少的最优的参数一般是不知道的，而且目前也还没有任何一种方法可以求得。

关于 O. G. Johnson 等人的这种方法，Y. Saad 在其 1985 年的文章中指出，其相应的迭代次数与 a 近似于 $\lambda_{\min}$，b 近似于 $\lambda_{\max}$ 的程度有很大关系。于是要达到高效，必须做出较好的特征值的估计。为此，Y. Saad 提出了另外一种选取多项式的方法。

假定 $\lambda\in\sigma([\mathbf{A}])$ 满足 $0<a<\lambda<b$，这里 a, b 可用 Gershgorin 圆盘定理来估计。定义内积

$$\langle p,q\rangle=\int_a^b p(\lambda)q(\lambda)\omega(\lambda)d\lambda, \tag{5.100}$$

式中 $p,q\in\mathbf{P}^{m-1}$，ω 是权函数，相应于定义范数

$$\|q\|_\omega=(q,q)^{1/2},\quad q\in\mathbf{P}^{m-1}. \tag{5.101}$$

Y. Saad 选取多项式的原则是选取 $s(x)\in\mathbf{P}^{m-1}$ 满足

$$\|1-\lambda s(\lambda)\|_\omega=\min_{s^*\in\mathbf{P}^{m-1}}\|1-\lambda s^*(\lambda)\|_\omega. \tag{5.102}$$

习惯称由这种方法确定的多项式 $s(x)$ 为最小平方迭代多项式或最小平方多项式，而 $R(x)=1-xs(x)$ 称为最小平方残量多项

式.可以证明,用这种方法选取的 $s(x)$,当阶数 m 增大时,$s([\mathbf{A}])$ 逼近 $[\mathbf{A}]^{-1}$ 的效果会愈好. 而且下面还可以看出,当权函数选择适当时,$s(x)$ 的计算并不困难. 另外, E. L. Stiefel[146] 还指出,这时关于 a, b 的确定并不一定要求它们很好地逼近 $\lambda_{\min}, \lambda_{\max}$.

下面我们进一步讨论最小平方多项式的计算以及权函数的选择方面的问题.

2. 最小平方多项式的计算

关于最小平方多项式的计算至少有如下三种途径:

(1) 通过核多项式公式[146]

$$R_m(\lambda) = \left(\sum_{j=0}^{m} q_j(0)q_j(\lambda)\right) \Big/ \left(\sum_{j=0}^{m} q_j^2(0)\right), \qquad (5.103)$$

其中 $q_j(j=0,1,2,\cdots,m)$ 是一关于权函数 $\omega(\lambda)$ 正交的多项式序列.

(2) 通过形成残量多项式 $R_m(\lambda)$ 应满足的一个三项递归关系式. 实际上,这时最小平方残量多项式关于 $\lambda\omega(\lambda)$ 是正交的. 更详细的讨论可参阅文献 [146].

(3) 通过解对应的法方程式

$$(1-\lambda s_{m-1}(\lambda),\ \lambda\theta_j(\lambda)) = 0, j=0,1,\cdots,m-1, \qquad (5.104)$$

这里 $\theta_j(j=0,1,\cdots,m-1)$ 是线性空间 $\mathbf{P}^{m-1}$ 中的任意一组基. 详细讨论可参阅文献 [147].

以上三种途径有各自适合的情况.第一种途径是最常用的,它适合于显式计算出低阶的最小平方多项式. 对高阶多项式,后二种途径因为数值稳定性较好而常被采用. 其中第二种途径严格限制 $a \geq 0$,而最后一种途径则适合一般情况,包括 $a<0$ 的情况. 由于一般的常用预处理多项式的阶都较低,比如不超过 5 或10,所以着重介绍第一种途径确定最小平方多项式的方法.

设 $q_j(\lambda)$, $j=0,\cdots,n,\cdots$ 是一关于 $\omega(\lambda)$ 正交的多项式序列. 因为阶为 m 的最小平方残量多项式 $R_m(\lambda)$ 由 (5.103) 的核多项式给出,所以

$$s_{m-1}(\lambda) = (1 - R_m(\lambda))/\lambda$$

$$= \left(\sum_{j=0}^{m} q_j(0)t_j(\lambda)\right) \Big/ \left(\sum_{j=0}^{m} q_j^2(0)\right), \quad (5.105)$$

这里

$$t_j(\lambda) = (q_j(0) - q_j(\lambda))/\lambda. \quad (5.106)$$

据(5.105)式,我们可以看出,通过多项式 $t_j(\lambda)$ 的线性组合可以求 $s_{m-1}(\lambda)$. 这样,通过权函数 $\omega(\lambda)$, 可以确定一组正交多项式 $q_j(\lambda)$, $j = 0,1,2,\cdots$, 然后由 q_j 确定出相应的多项式 $t_j(\lambda)$, 最后据(5.105)式就可以计算出 $s_{m-1}(\lambda)$. 事实上, 多项式 $q_j(\lambda)$ 可由以下一个三项递归式确定

$$\beta_{j+1}q_{j+1}(\lambda) = (\lambda - \alpha_j)q_j(\lambda) - \beta_j q_{j-1}(\lambda), \ j = 1,2,\cdots, \quad (5.107)$$

而从此我们又可推导得 $t_j(\lambda)$ 满足下列的递归关系:

$$\beta_{j+1}t_{j+1}(\lambda) = (\lambda - \alpha_j)t_j(\lambda) - \beta_j t_{j-1}(\lambda) + q_j(0), \ j = 1,2,\cdots. \quad (5.108)$$

3. 权函数的选择

权函数 $\omega(\lambda)$ 的选择应保证关于正交多项式 q_j 的三项递归关系(5.107)是明显的或者是容易产生的. 下面我们介绍一类满足这一要求的权函数. 这里首先假定 $a = 0$, $b = 1$.

考虑 Jacobi 权

$$\omega(\lambda) = \lambda^{\alpha-1}(1 - \lambda)^{\beta}, \alpha > 0, \ \beta \geqslant -\frac{1}{2}. \quad (5.109)$$

对这样的权函数可明显看出, 对那些关于 $\omega(\lambda)$, $\lambda\omega(\lambda)$ 或者 $\lambda^2\omega(\lambda)$ 正交的多项式, (5.107)所示的递归关系都是成立的. 于是可以用上面介绍的三种途径中的任一种来求 $s_{m-1}(\lambda)$. 而且还可以证明矩阵 $[\mathbf{A}]s_{m-1}([\mathbf{A}])$ 当 $[\mathbf{A}]$ 正定且 $\alpha - 1 \geqslant \beta \geqslant -\frac{1}{2}$ 时也是正定矩阵. 这时利用 Jacobi 多项式以及 $\{R_m(\lambda)\}$ 序列关于权 $\lambda\omega(\lambda)$ 是正交的性质, 可容易得到最小残量平方多项式 $R_m(\lambda)$ 为[148]

$$R_m(\lambda) = \sum_{j=0}^{m} \mathbf{K}_j^m (1-\lambda)^{m-j}\lambda^j, \tag{5.110}$$

其中

$$\mathbf{K}_j^m = \binom{m}{j} \prod_{i=0}^{j-1} \frac{m-i+\beta}{i+1+\alpha}. \tag{5.111}$$

然后据 (5.110) 式以及 $s_{m-1}(\lambda) = (1 - R_m(\lambda))/\lambda$ 便可求得 $s_{m-1}(\lambda)$. 例如,当 $\alpha = \frac{1}{2}$, $\beta = -\frac{1}{2}$ 时,我们可得到

$$s_0(\lambda) = \frac{4}{3},$$

$$s_1(\lambda) = 4 - \frac{16}{5}\lambda,$$

$$s_2(\lambda) = \frac{2}{7}(28 - 56\lambda + 32\lambda^2),$$

$$s_3(\lambda) = \frac{2}{9}(60 - 216\lambda + 288\lambda^2 - 128\lambda^3).$$

注意,以上结果是以 $a = 0$, $b = 1$ 为前提的. 对 b 一般的情况,只要做一变量变换,将区间 $[0,b]$ 映射成 $[0,1]$, 即 $[0, b]$ 区间中的 m 阶最优多项式为 $\frac{1}{b} s_{m-1}\left(\frac{\lambda}{b}\right)$. 据这一方法,比如就可得到 $[0,4]$ 区间上的前 10 个多项式 $s_{m-1}(\lambda)$, $m = 2, 3, \cdots, 11$ 为

$$s_1(\lambda) = 5 - \lambda,$$

$$s_2(\lambda) = 14 - 7\lambda + \lambda^2,$$

$$s_3(\lambda) = 30 - 27\lambda + 9\lambda^2 - \lambda^3,$$

$$s_4(\lambda) = 55 - 77\lambda + 44\lambda^2 - 11\lambda^3 + \lambda^4,$$

$$s_5(\lambda) = 91 - 182\lambda + 156\lambda^2 - 65\lambda^3 + 13\lambda^4 - \lambda^5,$$

$$s_6(\lambda) = 140 - 378\lambda + 450\lambda^2 - 275\lambda^3 + 90\lambda^4 - 15\lambda^5 + \lambda^6,$$

$$s_7(\lambda) = 204 - 714\lambda + 1122\lambda^2 - 935\lambda^3 + 442\lambda^4 - 119\lambda^5 + 17\lambda^6 - \lambda^7,$$

$$s_8(\lambda) = 285 - 1254\lambda + 2508\lambda^2 - 2717\lambda^3 + 1729\lambda^4 - 665\lambda^5 + 152\lambda^6 - 19\lambda^7 + \lambda^8,$$

$$s_9(\lambda) = 385 - 2079\lambda + 5148\lambda^2 - 7007\lambda^3 + 5733\lambda^4$$

$$-2940\lambda^5+952\lambda^6-189\lambda^7+21\lambda^8-\lambda^9,$$

$$s_{10}(\lambda)=506-3289\lambda+9867\lambda^2-16445\lambda^3+16744\lambda^4-10948\lambda^5+4692\lambda^6-1311\lambda^7+230\lambda^8-23\lambda^9+\lambda^{10}.$$

同样地,如果 $b\neq 4$,那么也需一变量变换,将区间 $[0,b]$ 变换成 $[0,4]$,相应多项式即取 $\frac{4}{b}s_{m-1}\left(\frac{4}{b}\lambda\right)$.

以上结果是当 $\alpha=\frac{1}{2}$,$\beta=-\frac{1}{2}$ 时得到的. 另外一种重要的选取是 $\alpha=1$,$\beta=0$,这时对应的权称为 Legendre 权. 至于更一般情况下相应的多项式的计算,文献 [116] 做了较详细的讨论. 例如,当 $\lambda_{\min}=1-\beta$,$\lambda_{\max}=1+\beta$ 时,有

$$s_1(\lambda)=\frac{2}{2-\beta^2}+\frac{2}{2-\beta^2}\lambda,$$

$$s_2(\lambda)=1+\frac{4}{4-3\beta^2}\lambda+\frac{4}{4-3\beta^2}\lambda^2,$$

$$s_3(\lambda)=\frac{8-8\beta^2}{8-8\beta^2+\beta^4}+\frac{8-8\beta^2}{8-8\beta^2+\beta^4}\lambda+\frac{8}{8-8\beta^2+\beta^4}\lambda^2+\frac{8}{8-8\beta^2+\beta^4}\lambda^3.$$

总之,关于权的选择是一个很有意思的问题.

4. 多项式预处理 CG 法的并行计算

在多项式预处理 CG 法中关键的运算为预处理矩阵 $s([\mathbf{A}])$ 与某向量的乘积运算. 因为,当直接采用 CG 法解预处理方程组时,其中的主要运算为矩阵 $s([\mathbf{A}])[\mathbf{A}]$ 与某向量的乘积运算,而当利用算法 5.4 时,其中的主要运算为 $[\mathbf{M}]\{\mathbf{z}^i\}=\{\mathbf{r}^i\}$ 的求解运算,而它显然就是计算 $\{\mathbf{z}^i\}=s([\mathbf{A}])\{\mathbf{r}^i\}$,将第一种情况中的 $[\mathbf{A}]$ 与某向量的乘积看作一个向量,便可以知道无论采用哪种方案,在多项式预处理 CG 法中主要的运算即为 $s([\mathbf{A}])$ 与某向量的积运算.

在前面的分析中已经指出,大多数针对串行计算机建立起来

的预处理 CG 法，当直接应用到向量机或并行机上时，向量化或并行化的程度不高。但对多项式预处理 CG 法来说，由于预处理矩阵 [**M**] 的独特结构，可以使得其中的关键运算 $s([\mathbf{A}])\{\mathbf{v}\}$ 容易并行化或向量化 下面我们先来讨论 $s([\mathbf{A}])\{\mathbf{v}\}$ 的并行计算方法。

为叙述方便，以一个三次多项式为例，记 $s(\lambda)=\alpha_3(\lambda^3+\alpha_2\lambda^2+\alpha_1\lambda+\alpha_0)$。那么，$s([\mathbf{A}])\{\mathbf{v}\}$ 的计算可用 Horner 法，即通过

$$\begin{cases}\{\mathbf{w}\}=\alpha_2\{\mathbf{v}\}+[\mathbf{A}]\{\mathbf{v}\},\\ [\mathbf{z}]=\alpha_1\{\mathbf{v}\}+[\mathbf{A}]\{\mathbf{w}\},\\ \{\mathbf{t}\}=\alpha_0\{\mathbf{v}\}+[\mathbf{A}]\{\mathbf{z}\},\\ \{\mathbf{t}\}=\alpha_3\{\mathbf{t}\}\end{cases} \tag{5.112}$$

来计算 $\{\mathbf{t}\}=S([\mathbf{A}])\{\mathbf{v}\}$。不考虑 $[\mathbf{A}]\{\mathbf{v}\}$，$[\mathbf{A}]\{\mathbf{w}\}$，$[\mathbf{A}]\{\mathbf{z}\}$ 的计算，(5.112) 式中的运算就是向量长度为 n 的三元组运算，其并行化计算显然。于是，并行计算的主要问题便是如何计算 $[\mathbf{A}]\{\mathbf{v}\}$，$[\mathbf{A}]\{\mathbf{w}\}$ 和 $[\mathbf{A}]\{\mathbf{z}\}$。对于一般矩阵 [**A**]，关于它与向量的乘积运算的并行计算将在第六章中专门讨论。这里我们特别就 [**A**] 是一块三对角矩阵时，向量 $[\mathbf{A}]\{\mathbf{v}\}$，$[\mathbf{A}]\{\mathbf{w}\}$，$[\mathbf{A}]\{\mathbf{z}\}$ 的并行计算加以讨论。注意到 (5.112) 中向量 $\{\mathbf{w}\}$，$\{\mathbf{z}\}$，$\{\mathbf{t}\}$ 的构成，为方便叙述，可以不妨就来讨论 $\{\mathbf{w}\}=[\mathbf{A}]\{\mathbf{v}\}$，$\{\mathbf{z}\}=[\mathbf{A}]^2\{\mathbf{v}\}=[\mathbf{A}]\{\mathbf{w}\}$，$\{\mathbf{t}\}=[\mathbf{A}]^3\{\mathbf{v}\}=[\mathbf{A}]\{\mathbf{z}\}$的并行计算方法。

假设矩阵 [**A**] 有如下的块三对角结构

$$[\mathbf{A}]=\begin{bmatrix}[\mathbf{A}_1] & [\mathbf{B}_2] & & & & & & \\ [\mathbf{B}_2]^T & [\mathbf{A}_2] & [\mathbf{B}_3] & & & & & \\ & [\mathbf{B}_3]^T & [\mathbf{A}_3] & [\mathbf{B}_4] & & & & \\ & & [\mathbf{B}_4]^T & [\mathbf{A}_4] & [\mathbf{B}_5] & & & \\ & & & [\mathbf{B}_5]^T & [\mathbf{A}_5] & [\mathbf{B}_6] & & \\ & & & & [\mathbf{B}_6]^T & [\mathbf{A}_6] & [\mathbf{B}_7] & \\ & & & & & \ddots & \ddots & \ddots\end{bmatrix}, \tag{5.113}$$

对应有向量 $\{\mathbf{v}\},\{\mathbf{w}\},\{\mathbf{z}\},\{\mathbf{t}\}$ 的分块结构．假设 $\{\mathbf{v}_j\}$ $\{\mathbf{w}_j\}$，$\{\mathbf{z}_j\}$，$\{\mathbf{t}_j\}$ 分别是向量 $\{\mathbf{v}\}$，$\{\mathbf{w}\}$，$\{\mathbf{z}\}$，$\{\mathbf{t}\}$ 的相应块．注意到 $[\mathbf{A}]$ 的特殊结构，可以看到 $\{\mathbf{w}_j\}$ 的计算仅利用 $\{\mathbf{v}_{j-1}\}$，$\{\mathbf{v}_j\}$ 和 $\{\mathbf{v}_{j+1}\}$ 块，而且还可以看到当我们根据 $\{\mathbf{v}_{j-1}\}$，$\{\mathbf{v}_j\}$ 和 $\{\mathbf{v}_{j+1}\}$ 块计算 $\{\mathbf{w}_j\}$ 时，我们完全可以同时据 $\{\mathbf{w}_{j-3}\}$，$\{\mathbf{w}_{j-2}\}$ 和 $\{\mathbf{w}_{j-1}\}$ 块计算 $\{\mathbf{z}_{j-2}\}$，以及据 $\{\mathbf{z}_{j-5}\}$，$\{\mathbf{z}_{j-4}\}$ 和 $\{\mathbf{z}_{j-3}\}$ 块计算 $\{\mathbf{t}_{j-4}\}$，如图 5.2 所示．

$\{\mathbf{v}\}$	$\{\mathbf{w}\}=[\mathbf{A}]\{\mathbf{v}\}$	$\{\mathbf{z}\}=[\mathbf{A}]^2\{\mathbf{v}\}$	$\{\mathbf{t}\}=[\mathbf{A}]^3\{\mathbf{v}\}$
$\{\mathbf{v}_1\}$	$\{\mathbf{w}_1\}$	$\{\mathbf{z}_1\}$	$\{\mathbf{t}_1\}$
$\{\mathbf{v}_2\}$	$\{\mathbf{w}_2\}$	$\{\mathbf{z}_2\}$ ——→	$\{\mathbf{t}_2\}$
$\{\mathbf{v}_3\}$	$\{\mathbf{w}_3\}$	$\{\mathbf{z}_3\}$	$\{\mathbf{t}_3\}$
$\{\mathbf{v}_4\}$	$\{\mathbf{w}_4\}$ ——→	$\{\mathbf{z}_4\}$	$\{\mathbf{t}_4\}$
$\{\mathbf{v}_5\}$	$\{\mathbf{w}_5\}$	$\{\mathbf{z}_5\}$	$\{\mathbf{t}_5\}$
$\{\mathbf{v}_6\}$ ——→	$\{\mathbf{w}_6\}$	$\{\mathbf{z}_6\}$	⋮
$\{\mathbf{v}_7\}$	$\{\mathbf{w}_7\}$	⋮	
$\{\mathbf{v}_8\}$	⋮		
⋮			

图 5.2 $[\mathbf{A}]\{\mathbf{v}\}$，$[\mathbf{A}]^2\{\mathbf{v}\}$ 和 $[\mathbf{A}]^3\{\mathbf{v}\}$ 的并行计算

假设计算从上往下进行．由于以上三个运算之间是互相独立的，所以我们可以用三台处理机来计算它们(一般地，对 m 次多项式，要用 m 台处理机)．

进一步考虑到 $[\mathbf{A}]$ 的块三对角的特点，可以发现计算 $\{\mathbf{w}_j\}$ 时仅需利用块 $[\mathbf{A}_j]$，$[\mathbf{B}]_j$ 和 $[\mathbf{B}_{j+1}]^T$．类似地，计算 $\{\mathbf{z}_{j-2}\}$ 时只需利用块 $[\mathbf{B}_{j-2}]$，$[\mathbf{A}_{j-2}]$ 和 $[\mathbf{B}_{j-1}]^T$，计算 $\{\mathbf{t}_{j-4}\}$ 时仅需利用块 $[\mathbf{B}_{j-4}]$，$[\mathbf{A}_{j-4}]$ 和 $[\mathbf{B}_{j-3}]^T$． 于是通过在每台处理机中存放四个矩阵块（$[\mathbf{A}_{j-1}]$，$[\mathbf{B}_j]$，$[\mathbf{A}_j]$，$[\mathbf{B}_{j+1}]$），且每计算一次就依次向前一处理机左移两个块（$[\mathbf{A}_{j-1}]$，$[\mathbf{B}_j]$），那么上述计算就可流水化，如图 5.3 所示．

应该指出，虽然在每次计算时，在每一处理机中只要用到矩阵的三个矩阵块，但是如果存放四个块，那么就可以使处理机间的数据流动简单化． 图 5.3 表示了计算过程中两个连续步中各自

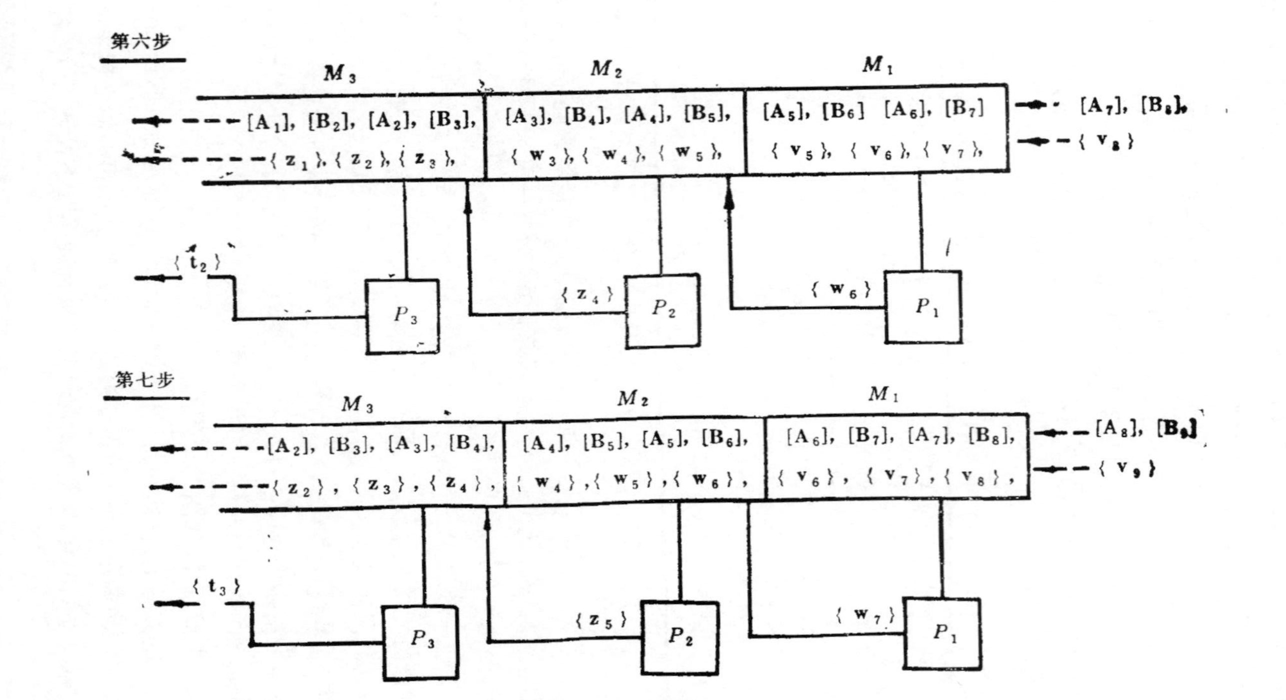

图 5.3 s([A]){v} 的并行计算示意图

数据存储的状态.注意在各处理机中运算是同一的(矩阵块×向量$\{\mathbf{v}\}$,段),只是操作的数据不一样.处理机 P_1用于计算$\{\mathbf{w}\}=[\mathbf{A}]$ P_2 用于计算 $\{\mathbf{z}\}=[\mathbf{A}]\{\mathbf{w}\}$, P_3 用于计算 $\{\mathbf{t}\}=[\mathbf{A}]\{\mathbf{z}\}$. 一旦各向量的一个元素值被计算出来，它们就立即被送到它们左边的处理机中. 例如,在图 5.3 中,当 $\{\mathbf{w}_6\}$ 求出后，它就被送到 P_2 处理机，以便在下一步计算时与 $\{\mathbf{w}_4\}$，$\{\mathbf{w}_5\}$ 一道用于计算 $\{\mathbf{z}_5\}$. 同时，$\{\mathbf{z}_4\}$ 被送到 P_3 处理机而最终结果 $\{\mathbf{t}_2\}$ 则被送到主处理机,参加 CG 法求解的其它步的计算.

关于 $\{\mathbf{w}\}=[\mathbf{A}]\{\mathbf{v}\}$ 的计算，在文献[136]中 T. Jordan 还描述了一个每次仅利用 $[\mathbf{A}]$ 的两个块 $[\mathbf{A}_j]$ 和 $[\mathbf{B}_{j+1}]$ 来计算 $\{\mathbf{w}\}$ 的一个块的方法. 其主要思想是把 $\{\mathbf{w}_j\}=[\mathbf{B}_j]^T\{\mathbf{v}_{j-1}\}+[\mathbf{A}_j]\{\mathbf{v}_j\}+[\mathbf{B}_{j+1}]\{\mathbf{v}_{j+1}\}, j=1,2,\cdots$, 分解成

$$\begin{cases}\{\mathbf{w}_j\}=\{\mathbf{w}'_j\}+[\mathbf{A}_j]\{\mathbf{v}_j\}+[\mathbf{B}_{j+1}]\{\mathbf{v}_{j+1}\},\\ \{\mathbf{w}'_{j+1}\}=[\mathbf{B}_{j+1}]^T\{\mathbf{v}_j\},\end{cases}\tag{5.114}$$

其中 $\{\mathbf{w}'_1\}=0$. 这时，在每台处理机中也就只要存放两个矩阵块，且向量 $\{\mathbf{w}'_{j+1}\}$ 不必移到下一个处理机而只需存放在原处理机中,用于下一步计算 $\{\mathbf{w}_{j+1}\}$.

以上关于 $s([\mathbf{A}])\{\mathbf{v}\}$ 的计算方法有几点优越性: (1) 可获得较高的并行度,且处理机的利用效率很高,即只有在计算开始或结束时才有处理机空闲着. (2) 包含在每台处理机中的运算是高度向量化的. (3) 必需的数据通信是规则的. 而且如果充分利用相应的机器结构特征，那么大部分数据交换时间可为算术计算的时间所覆盖.

上面我们讨论了 $s([\mathbf{A}])\{\mathbf{v}\}$ 的并行计算方法. 当在诸如 CRAY-1, YH-1 等向量机上计算时，$\{\mathbf{t}\}=s([\mathbf{A}])\{\mathbf{v}\}$ 的计算仍然可以通过(5.122)式. 这时 (5.112) 式中的三次三元组运算的向量化是直接的. 所以在这种情况下，$s([\mathbf{A}])\{\mathbf{v}\}$ 的向量化计算仍然在于矩阵 $[\mathbf{A}]$ 与某向量的乘积的向量化计算. 这正是本书第六章中要讨论的主要内容.

下面我们给出多项式预处理 CG 法的计算步骤. 习惯上用

PPCG(m) 表示利用m阶矩阵多项式作为预处理矩阵的预处理 CG 法．它可描述如下．

算法 5.9——PPCG(m) 算法[142]

(1) 取初始向量 $\{\mathbf{x}^0\}$，计算 $\{\mathbf{r}^0\}=\{\mathbf{b}\}-[\mathbf{A}]\{\mathbf{x}^0\}$ 任意给定 $\{\mathbf{p}^{-1}\}, j=0$;

(2) 计算m阶多项式 $s_{m-1}(\lambda)$ 的系数;

(3) 并行求解 $[\mathbf{M}]\{\mathbf{z}^j\}=\{\mathbf{r}^j\}$, 即并行计算

$$\{\mathbf{z}^j\}=s([\mathbf{A}])\{\mathbf{r}^j\};$$

(4) $\beta_j=(\{\mathbf{r}^j\},\{\mathbf{z}^j\})/(\{\mathbf{r}^{j-1}\},\{\mathbf{z}^{j-1}\}), j\geqslant 1, \beta_0=0;$

(5) $\{\mathbf{p}^j\}=\{\mathbf{z}^j\}+\beta_j\{\mathbf{p}^{j-1}\};$

(6) $\alpha_j=(\{\mathbf{r}^j\},\{\mathbf{z}^j\})/([\mathbf{A}]\{\mathbf{p}^j\},\{\mathbf{p}^j\});$

(7) $\{\mathbf{x}^{j+1}\}=\{\mathbf{x}^j\}+\alpha_j\{\mathbf{p}^j\};$

(8) $\{\mathbf{r}^{j+1}\}=\{\mathbf{r}^j\}-\alpha_j[\mathbf{A}]\{\mathbf{p}^j\};$

(9) $j=j+1$，转(3)．

在多项式预处理 CG 法中,除方程组求解运算外，其它各步的运算同 CG 法，相应的并行计算方法也就同 CG 法中相应步的并行计算方法,这里就不再赘述了．

5.3.5 有限元计算中的 EBE 策略及 EBE 预处理共轭梯度法

上面介绍的各种有限元计算方法，都是针对总体有限元方程组进行求解计算．因此,在方程组求解之前,必须首先形成结构的总体系统矩阵(如总刚度矩阵 $[\mathbf{K}]$)．对于大型结构分析问题，尽管可采用一些存储量要求较少的存储技术如变带宽存储技术，但总体系统矩阵所要求的存储量仍然是可观的，从而往往限制了结构分析问题的规模．于是，近几年来人们提出了一些不形成总刚度矩阵情况下的有限元结构分析方法，可以将大规模总体结构的计算分解成若干个相对独立的中小规模局部结构的计算，且使得这些局部计算可由各台处理机相对独立地并行处理．这是针对 MIMD 型计算机环境进行有限元分析的一个重要的研究方向．EBE 技术就是其中一重要的策略．

EBE 策略最初由 T. J. R. Hughes 等人于 1983 年在文献[48] 中提出，主要用于热传导问题的有限元分析中. 尔后，他们又在文献[49]，[149] 中将它推广到了结构力学问题的有限元分析中. 在近期的文章 [50]，[150] [151] 中，T. J. R. Hughes 等人又提出了多种 EBE-PCG 法. 这里的 EBE 策略的特点，在于将总体计算分解到各单元上完成，从而避免了总体系统矩阵的形成，而且各单元上的计算除了在一定时刻要进行一些必要的信息交换(即通讯)外，计算是独立的，从而就可以实行并行处理.

下面我们主要介绍将 EBE 策略应用到共轭梯度法中所得到的 EBE-CG 算法，同时简单介绍一种 EBE-PCG 方法.

1. EBE-CG 方法

设将结构经有限元划分后，共有 nel 个单元，结构的节点总数为 nod. 记 $[\mathbf{K}]$ 为总体结构的总刚度矩阵，$[\mathbf{K}^{(e)}]$ 为第 e 号单元的单元刚度矩阵. 那么有

$$[\mathbf{K}] = \sum_{e=1}^{nel} [\ddot{\mathbf{K}}^{(e)}], \tag{5.115}$$

其中 $[\ddot{\mathbf{K}}^{(e)}]$ 为单元刚度矩阵 $[\mathbf{K}^{(e)}]$ 对总体刚度矩阵 $[\mathbf{K}]$ 的贡献，它与 $[\mathbf{K}^{(e)}]$ 之间的关系可描述为

$$[\ddot{\mathbf{K}}^{(e)}] = [\mathbf{A}_e]^T[\mathbf{K}^{(e)}][\mathbf{A}_e], \tag{5.116}$$

这里矩阵 $[\mathbf{A}_e]$ 称为第 e 号单元系统与总体系统的联系矩阵. 由 (5.115) 式，(5.116) 式有

$$\begin{aligned}[\mathbf{K}] &= \sum_{e=1}^{nel} [\ddot{\mathbf{K}}^{(e)}] = \sum_{e=1}^{nel} [\mathbf{A}_e]^T[\mathbf{K}^{(e)}][\mathbf{A}_e] \\ &= [\mathbf{A}]^T[\mathbf{K}^e][\mathbf{A}],\end{aligned} \tag{5.117}$$

这里

$$[\mathbf{A}]^T = ([\mathbf{A}_1]^T[\mathbf{A}_2]^T\cdots[\mathbf{A}_e]^T,\cdots[\mathbf{A}_{nel}]^T), \tag{5.118}$$

$$[\mathbf{K}^e] = \begin{bmatrix} [\mathbf{K}^{(1)}] & & & \mathbf{0} \\ & [\mathbf{K}^{(2)}] & & \\ & & \ddots & \\ \mathbf{0} & & & [\mathbf{K}^{(nel)}] \end{bmatrix}. \tag{5.119}$$

矩阵 [**A**] 称为单元刚度矩阵与总体刚度矩阵的联系矩阵. 例如,对图 5.4 的结构及单元划分 (nel = 4, nod = 9).

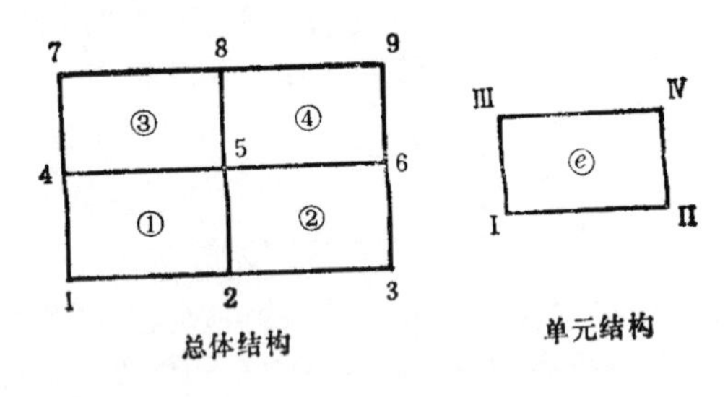

图 5.4

记单元刚度矩阵为

$$[\mathbf{K}^{(e)}]=\begin{bmatrix}[\mathbf{K}_{11}^{(e)}] & [\mathbf{K}_{12}^{(e)}] & [\mathbf{K}_{13}^{(e)}] & [\mathbf{K}_{14}^{(e)}]\\ [\mathbf{K}_{21}^{(e)}] & [\mathbf{K}_{22}^{(e)}] & [\mathbf{K}_{23}^{(e)}] & [\mathbf{K}_{24}^{(e)}]\\ [\mathbf{K}_{31}^{(e)}] & [\mathbf{K}_{32}^{(e)}] & [\mathbf{K}_{33}^{(e)}] & [\mathbf{K}_{34}^{(e)}]\\ [\mathbf{K}_{41}^{(e)}] & [\mathbf{K}_{42}^{(e)}] & [\mathbf{K}_{43}^{(e)}] & [\mathbf{K}_{44}^{(e)}]\end{bmatrix},\quad e=1,2,3,4,$$

块矩阵 $[\mathbf{K}_{ij}^{(e)}]$ 的阶数为节点自由度,这时相应有各单元刚度矩阵 $[\mathbf{K}^{(e)}]$ 对总体刚度矩阵 [**K**] 的贡献,如 $[\mathbf{K}^{(1)}]$ 对 [**K**] 的贡献为

$$[\mathbf{K}^{(1)}]=$$

$$\begin{bmatrix} \overset{1}{[\mathbf{K}_{11}^{(1)}]} & \overset{2}{[\mathbf{K}_{12}^{(1)}]} & \overset{3}{\mathbf{0}} & \overset{4}{[\mathbf{K}_{13}^{(1)}]} & \overset{5}{[\mathbf{K}_{14}^{(1)}]} & \overset{6\quad 7\quad 8\quad 9}{} \\ [\mathbf{K}_{21}^{(1)}] & [\mathbf{K}_{22}^{(1)}] & \mathbf{0} & [\mathbf{K}_{23}^{(1)}] & [\mathbf{K}_{24}^{(1)}] & \mathbf{0} \\ \mathbf{0} & \mathbf{0} & \mathbf{0} & \mathbf{0} & \mathbf{0} & \\ [\mathbf{K}_{31}^{(1)}] & [\mathbf{K}_{32}^{(1)}] & \mathbf{0} & [\mathbf{K}_{33}^{(1)}] & [\mathbf{K}_{34}^{(1)}] & \\ [\mathbf{K}_{41}^{(1)}] & [\mathbf{K}_{42}^{(1)}] & \mathbf{0} & [\mathbf{K}_{43}^{(1)}] & [\mathbf{K}_{44}^{(1)}] & \\ & & \mathbf{0} & & & \mathbf{0} \end{bmatrix}\begin{matrix}1\\2\\3\\4\\5\\6\\7\\8\\9\end{matrix},$$

于是不难得到

$$
\begin{array}{c} \\ [\mathbf{A}_1] = \end{array}
\begin{array}{c}
\begin{array}{ccccccccc} 1 & 2 & 3 & 4 & 5 & 6 & 7 & 8 & 9 \end{array} \\
\left[\begin{array}{ccccccccc}
[\mathbf{I}] & & & & & & & & \\
 & [\mathbf{I}] & & & & & & & \\
 & & & [\mathbf{I}] & & & & & \\
 & & & & [\mathbf{I}] & & & &
\end{array}\right],
\end{array}
$$

同样可以很容易地得到 $[\mathbf{A}_2]$，$[\mathbf{A}_3]$，$[\mathbf{A}_4]$ 和 $[\mathbf{A}]$.

从上例中，可看出联系矩阵 $[\mathbf{A}]$ 有着如下的数据结构特征

(1) $[\mathbf{A}]$ 的元素非零则 1,

(2) $[\mathbf{A}]$ 的每行有且仅有一个非零元,其余元素均为 0,

(3) $[\mathbf{A}]$ 的每一列与一个节点变量相对应,每一列上非零元素的个数等于与其所在列对应的节点分属的单元数相同. 如对应图 5.4 所示的例中,节点 1 分属于单元①，节点 2 分属于单元①和单元②,节点 5 分属于单元①,②,③和单元④,相应 $[\mathbf{A}]$ 的第 1, 2 和第 5 列则将分别有 1 个，2 个和 5 个非零元.

记 $\{\mathbf{x}\}$ 为总体变量数组，$\{\mathbf{x}^e\} = (\{\mathbf{x}^{(1)}\}\{\mathbf{x}^{(2)}\}\cdots\{\mathbf{x}^{(nel)}\})^T$ 为单元变量数组,其中 $\{\mathbf{x}^{(e)}\}$ 为第 e 号单元的变量数组. 下面分析几种矩阵-向量运算.

$$
\begin{aligned}
\text{(i)}\ [\mathbf{A}]\{\mathbf{x}\} &= ([\mathbf{A}_1][\mathbf{A}_2]\cdots[\mathbf{A}_e]\cdots[\mathbf{A}_{nel}])^T\{\mathbf{x}\} \\
&= ([\mathbf{A}_1]\{\mathbf{x}\}[\mathbf{A}_2]\{\mathbf{x}\}\cdots[\mathbf{A}_e]\{\mathbf{x}\}\cdots \\
&\qquad [\mathbf{A}_{nel}]\{\mathbf{x}\})^T.
\end{aligned}
$$

不难看出,运算 $[\mathbf{A}]\{\mathbf{x}\}$ 仅是实施了将总体节点位移向量按单元重新编组，并不发生数值运算，即实现了从总体→单元的一个分配.

$$
\begin{aligned}
\text{(ii)}\ [\mathbf{A}]^T\{\mathbf{x}^e\} &= [\mathbf{A}_1]^T\{\mathbf{x}^{(1)}\} + [\mathbf{A}_2]^T\{\mathbf{x}^{(2)}\} + \cdots \\
&\quad + [\mathbf{A}_e]^T\{\mathbf{x}^{(e)}\} + \cdots + [\mathbf{A}_{nel}]^T\{\mathbf{x}^{(nel)}\}.
\end{aligned}
$$

显然,实质上 $[\mathbf{A}]^T\{\mathbf{x}^{(e)}\}$ 运算结果是将所有单元中对应于同一个总体节点的单元节点变量相加后形成一个总体变量数组，即实施了从单元→总体的合并.

(iii) $[\mathbf{A}][\mathbf{A}]^T\{\mathbf{x}^e\}$.

记 $[\mathbf{A}]^T\{\mathbf{x}^e\} = \{\tilde{\mathbf{x}}\}$，那么

$$
\begin{aligned}
[\mathbf{A}][\mathbf{A}]^T\{\mathbf{x}^e\} &= [\mathbf{A}]\{\tilde{\mathbf{x}}\} \\
&= ([\mathbf{A}_1]\{\tilde{\mathbf{x}}\}[\mathbf{A}_2]\{\tilde{\mathbf{x}}\}\cdots[\mathbf{A}_{\mathrm{nel}}]\{\tilde{\mathbf{x}}\})^T \\
&= (\{\tilde{\mathbf{x}}^{(1)}\}\{\tilde{\mathbf{x}}^{(2)}\}\cdots\{\tilde{\mathbf{x}}^{(\mathrm{nel})}\})^T,
\end{aligned}
$$

其中

$$
\begin{aligned}
\{\tilde{\mathbf{x}}^{(e)}\} &= [\mathbf{A}_e]\{\tilde{\mathbf{x}}\} = [\mathbf{A}_e][\mathbf{A}]^T\{\mathbf{x}^e\} \\
&= \tilde{\sum_{j\in \mathrm{adj}(e)}} \{\mathbf{x}^{(j)}\}\oplus\{\mathbf{x}^{(e)}\},
\end{aligned}
\tag{5.120}
$$

这里符号 $\tilde{\Sigma}$ 和$\oplus$不同于通常意义的向量加法运算．符号 adj(e) 表示与第 e 号单元相接的所有单元的单元号．例如，对图 5.4 所示的例有

$$
\begin{aligned}
\{\tilde{\mathbf{x}}^{(1)}\} &= \tilde{\sum_{j\in \mathrm{adj}(e)}} \{\mathbf{x}^{(j)}\}\oplus\{\mathbf{x}^{(1)}\} \\
&= \{\mathbf{x}^{(1)}\}\oplus\{\mathbf{x}^{(2)}\}\oplus\{\mathbf{x}^{(3)}\}\oplus\{\mathbf{x}^{(4)}\} \\
&= (x_1^{(1)}, x_2^{(1)} + x_1^{(2)}, x_3^{(1)} + x_1^{(3)}, x_4^{(1)} + x_3^{(2)} \\
&\quad + x_2^{(3)} + x_1^{(4)})^T.
\end{aligned}
$$

可见，$[\mathbf{A}][\mathbf{A}]^T\{\mathbf{x}^{(e)}\}$ 实现了单元→单元的迭加运算．

基于以上的分析，下面给出求解有限元方程组 $[\mathbf{K}]\{\mathbf{x}\}=\{\mathbf{b}\}$ 的一个 EBE-CG 算法[54]．这里矩阵 $[\mathbf{K}]$ 为等效刚度矩阵．对应 $[\mathbf{K}^{(e)}]$，$[\mathbf{K}^{(e)}]$，$[\mathbf{K}^e]$ 相应定义．

在第 2 节里我们已给出了求解 $[\mathbf{K}]\{\mathbf{x}\}=\{\mathbf{b}\}$ 的 CG 算法．其基本计算步骤为

(0) $j=0,\{\mathbf{x}^0\}=0,\{\mathbf{p}^0\}=\{\mathbf{r}^0\}=\{\mathbf{b}\}$;

(1) $\alpha_j=(\{\mathbf{r}^j\},\{\mathbf{r}^j\})/(\{\mathbf{p}^j\},[\mathbf{K}]\{\mathbf{p}^j\})$;

(2) $\{\mathbf{x}^{j+1}\}=\{\mathbf{x}^j\}+\alpha_j\{\mathbf{p}^j\}$;

(3) $\{\mathbf{r}^{j+1}\}=\{\mathbf{r}^j\}-\alpha_j[\mathbf{K}]\{\mathbf{p}^j\}$;

(4) $\beta_j=(\{\mathbf{r}^{j+1}\},\{\mathbf{r}^{j+1}\})/(\{\mathbf{r}^j\},\{\mathbf{r}^j\})$;

(5) 若 $\|\{\mathbf{r}^{j+1}\}\|/\|\{\mathbf{r}^j\}\|\leqslant\varepsilon$，则终止，否则进行下一步；

(6) $\{\mathbf{p}^{j+1}\}=\{\mathbf{r}^{j+1}\}+\beta_j\{\mathbf{p}^j\}$;

(7) $j=j+1$，转(1)．

显然，主要运算在于二次内积的计算 $(\{\mathbf{r}^j\},\{\mathbf{r}^j\})$ 和

$(\{\mathbf{p}^j\},[\mathbf{K}]\{\mathbf{p}^j\})$. 下面考虑这二个内积计算的 EBE 处理.

1. 记 $\{\mathbf{r}^j\}=[\mathbf{A}]^T\{\mathbf{r}_e^j\}$, 则

$$(\{\mathbf{r}^j\},\{\mathbf{r}^j\})=\{\mathbf{r}^j\}^T\{\mathbf{r}^j\}=\{\mathbf{r}_e^j\}^T[\mathbf{A}][\mathbf{A}]^T\{\mathbf{r}_e^j\}$$

$$=\{\mathbf{r}_e^j\}^T\{\mathbf{s}_e^j\}=\sum_{e=1}^{\mathrm{nel}}\{\mathbf{r}_{(e)}^j\}^T\{\mathbf{s}_{(e)}^j\},\quad(5.121)$$

其中

$$\{\mathbf{s}_e^j\}=[\mathbf{A}][\mathbf{A}]^T\{\mathbf{r}_e^j\}=(\{\mathbf{s}_{(1)}^j\}\{\mathbf{s}_{(2)}^j\}\cdots\{\mathbf{s}_{(\mathrm{nel})}^j\})^T,\quad(5.122)$$

$$\{\mathbf{s}_{(e)}^j\}=\Big(\tilde{\sum_{k\in\mathrm{adj}(e)}}\{\mathbf{r}_{(k)}^j\}\Big)\oplus\{\mathbf{r}_{(e)}^j\}.\quad(5.123)$$

2. 由于 $[\mathbf{K}]=[\mathbf{A}]^T[\mathbf{K}^e][\mathbf{A}]$, 所以 $[\mathbf{K}]\{\mathbf{p}^j\}=[\mathbf{A}]^T[\mathbf{K}^e][\mathbf{A}]\{\mathbf{p}^j\}$. 从而 $(\{\mathbf{p}^j\},[\mathbf{K}]\{\mathbf{p}^j\})=\{\mathbf{p}^j\}^T[\mathbf{K}]\{\mathbf{p}^j\}$ 可分解成如下三步运算:

(i) $\{\mathbf{p}_e^j\}=[\mathbf{A}]\{\mathbf{p}^j\}=(\{\mathbf{p}_{(1)}^j\}\{\mathbf{p}_{(2)}^j\}\cdots\{\mathbf{p}_{(\mathrm{nel})}^j\})^T$,

(ii) $\{\mathbf{u}_e^j\}=[\mathbf{K}^e]\{\mathbf{p}_e^j\}=(\{\mathbf{u}_{(1)}^j\}\{\mathbf{u}_{(2)}^j\}\cdots\{\mathbf{u}_{(\mathrm{nel})}^j\})^T$,

其中 $\{\mathbf{u}_{(e)}^j\}=[\mathbf{K}^{(e)}]\{\mathbf{p}_{(e)}^j\}$,

(iii) $$\{\mathbf{p}^j\}^T[\mathbf{K}]\{\mathbf{p}^j\}=\{\mathbf{p}^j\}^T[\mathbf{A}]^T\{\mathbf{u}_e^j\}=([\mathbf{A}]\{\mathbf{p}^j\})^T\{\mathbf{u}_e^j\}$$

$$=\{\mathbf{p}_e^j\}^T\{\mathbf{u}_e^j\}=\sum_{e=1}^{\mathrm{nel}}\{\mathbf{p}_{(e)}^j\}^T\{\mathbf{u}_{(e)}^j\}.$$

(5.124)

据此, 当 MIMD 型并行计算机的各台处理机各自负责分管相应的单元计算, 则所有处理机可以并行地执行如下的 EBE-CG 迭代, 即 EBE-CG 算法.

算法 5.10——EBE-CG 算法

(0) (a) $\{\mathbf{x}^{(e)}\}=0, e=1,2,\cdots,\mathrm{nel}$,

(b) $\{\mathbf{r}^{(e)}\}=\{\mathbf{b}^{(e)}\}$ (要求满足 $\{\mathbf{b}\}=[\mathbf{A}]^T\{\mathbf{b}^e\}$),

$\boldsymbol{\gamma}_0=\{\mathbf{b}\}^T\{\mathbf{b}\}, e=1,\cdots,\mathrm{nel}$,

(c) 转 (4).

(1) (a) $\{\mathbf{u}^{(e)}\}=[\mathbf{K}^{(e)}]\{\mathbf{p}^{(e)}\}, e=1,2,\cdots,\mathrm{nel}$,

(b) $\beta_e=\{\mathbf{p}^{(e)}\}^T\{\mathbf{u}^{(e)}\}, e=1,2,\cdots,\mathrm{nel}$,

(c) $\sigma_e = \beta_e/\gamma, e = 1,2,\cdots,\text{nel}.$

(2) (a) $\sigma = \sum_{e=1}^{\text{nel}} \sigma_e,$

(b) $\alpha = 1/\sigma.$

(3) (a) $\{\mathbf{x}^{(e)}\} = \{\mathbf{x}^{(e)}\} + \alpha\{\mathbf{p}^{(e)}\}, e = 1,2,\cdots,\text{nel},$

(b) $\{\mathbf{r}^{(e)}\} = \{\mathbf{r}^{(e)}\} - \alpha\{\mathbf{u}^{(e)}\}, e = 1,2,\cdots,\text{nel}.$

(4) (a) $\{\mathbf{s}^{(e)}\} = \{\mathbf{r}^{(e)}\} \oplus \tilde{\sum_{j \in \text{adj}(e)}} \{\mathbf{r}^{(j)}\}, e = 1,2,\cdots,\text{nel},$

(b) $\rho_e = \{\mathbf{r}^{(e)}\}^T\{\mathbf{s}^{(e)}\}, e = 1,2,\cdots,\text{nel}.$

(5) $\gamma_{\text{new}} = \sum_{e=1}^{\text{nel}} \rho_e.$

(6) (a) 如果 $\gamma_{\text{new}}/\gamma_0 < \varepsilon$, 则终止,否则

(b) $\{\mathbf{p}^{(e)}\} = \{\mathbf{r}^{(e)}\} + \frac{\gamma_{\text{new}}}{\gamma}\{\mathbf{p}^{(e)}\}, e = 1,2,\cdots,\text{nel},$

(c) $\gamma = \gamma_{\text{new}}$, 转 (1).

上面的 EBE-CG 迭代反映了分管第 e 号单元的处理机的计算过程. 在迭代计算过程中,每进行一次迭代循环, 需通讯三次, 即在第(2)步之前各处理机间需交换“σ_e”数据,在第 (4) 步之前各相互有联系的单元对应的处理机之间交换“$\{\mathbf{r}^{(e)}\}$”数据,在第 (5) 步之前各处理机间需交换 “ρ_e” 数据. 不过, 通过一定的处理办法,可以避免有关数据 “σ_e” 和 “ρ_e” 的两次通讯, 但代价是各处理机间需在第(2)步的 (a) 小步和第 (5) 步完成之后分别设置两个同步点. 至于存储方面, 每台处理机只需存储其分管的单元的刚度矩阵和载荷向量等,从而可使解题的规模大为扩大.

2. EBE 预处理共轭梯度法

上面我们介绍了 EBE 策略在CG法中的应用. 类似地, EBE 策略也可应用到预处理 CG 法中. 由于 PCG 算法与 CG 算法的不同之处, 仅在于在 PCG 法中每进行一次迭代循环要求解一次方程组

$$[\mathbf{M}]\{\mathbf{z}\}=\{\mathbf{r}\},\tag{5.125}$$

而其它步的运算类型上都是完全一致的，所以将 EBE 策略应用到 PCG 法中，余下的问题便是：(1)我们如何在不形成总体刚度阵的情况下，构造预处理矩阵 $[\mathbf{M}]$？(2) 这样构造的预处理矩阵 $[\mathbf{M}]$ 如何实现(5.125)所示方程组的并行求解？

先来看头一个问题．显然，选取预处理矩阵的原则仍然是要使得方程组(5.125)容易求解(特别这时是应便于利用 EBE 策略求解)以及要求 $[\mathbf{M}]$ 是总刚度矩阵 $[\mathbf{K}]$ 的一个较合理的近似．从这些原则出发 T. J. R. Hughes 和 J. M. Winget 等人提出了几种适合于 EBE 策略的预处理矩阵 $[\mathbf{M}]$ 的选取方法，相应的 PCG 方法可以广泛地应用于诸如热传导分析，结构静(动)力及流体力学等领域内的有限元计算中，限于篇幅，我们只介绍一种常用的方法，更详细具体的讨论可参阅文献 [49]，[152]．

设

$$[\mathbf{K}]=\sum_e[\mathbf{K}^{(e)}],\tag{5.126}$$

记

$$[\mathbf{W}]=\mathrm{diag}([\mathbf{K}]),[\mathbf{W}^{(e)}]=\mathrm{diag}([\mathbf{K}^{(e)}]),\tag{5.127}$$

定义

$$[\overline{\mathbf{K}}^{(e)}]=[\mathbf{I}]+[\mathbf{W}]^{-1/2}([\mathbf{K}^{(e)}]-[\mathbf{W}^{(e)}])[\mathbf{W}]^{-1/2}.\tag{5.128}$$

假设矩阵 $[\overline{\mathbf{K}}^{(e)}]$ 存在如下的 Crout 分解

$$[\overline{\mathbf{K}}^{(e)}]=[\mathbf{L}^{(e)}][\mathbf{D}^{(e)}][\mathbf{L}^{(e)}]^T,\tag{5.129}$$

那么我们可选取预处理矩阵为

$$[\mathbf{M}]=[\mathbf{W}]^{-1/2}\left(\prod_{e=1}^{\mathrm{nel}}[\mathbf{L}^{(e)}]\right)\left(\prod_{e=1}^{\mathrm{nel}}[\mathbf{D}^{(e)}]\right)\cdot\left(\prod_{e=\mathrm{nel}}^{1}[\mathbf{L}^{(e)}]^T\right)[\mathbf{W}]^{-1/2}.\tag{5.130}$$

由此定义的预处理矩阵就称为 EBE 预处理矩阵，相应的预处理 CG 法就可称为 EBE-预处理 CG 法，简记为 EBE-PCG 法．

最后我们再来看第二个问题．以(5.130)式定义的矩阵[M]为例讨论一下方程组(5.125)的并行求解．事实上，基于第三章中所介绍的单元分组技术可实现方程组(5.125)的分组并行计算，即在采用前推、回代求解预处理方程组(5.125)时，可按组依次计算，涉及同一组内单元的前推(或回代)可实施并行计算．这时预处理矩阵[M]可以按以下方式确定．

假设所有单元分成 s 组，每组内的各单元互不相连接．又设第 s 组内的单元个数为 n_s，这 n_s 个单元的编号为 $n_1^s, n_2^s, \cdots, n_{ns}^s$ 那么预处理矩阵可选取为

$$
\begin{aligned}
[\mathbf{M}] = [\mathbf{W}]^{-1/2}&\left(\prod_{e=n_1^1}^{n_{n_1}^1}[\mathbf{L}^{(e)}]\right)\left(\prod_{e=n_1^2}^{n_{n_2}^2}[\mathbf{L}^{(e)}]\right)\cdots\left(\prod_{e=n_1^s}^{n_{n_s}^s}[\mathbf{L}^{(e)}]\right)\\
&\cdot\left(\prod_{e=n_1^1}^{n_{n_1}^1}[\mathbf{D}^{(e)}]\right)\left(\prod_{e=n_1^2}^{n_{n_2}^2}[\mathbf{D}^{(e)}]\right)\cdots\left(\prod_{e=n_1^s}^{n_{n_s}^s}[\mathbf{D}^{(e)}]\right)\\
&\cdot\left(\prod_{e=n_{n_s}^s}^{n_1^s}[\mathbf{L}^{(e)}]^T\right)\cdots\left(\prod_{e=n_{n_2}^2}^{n_1^2}[\mathbf{L}^{(e)}]^T\right)\left(\prod_{e=n_{n_1}^1}^{n_1^1}[\mathbf{L}^{(e)}]^T\right)\\
&\cdot[\mathbf{W}]^{-1/2}.
\end{aligned}
\tag{5.131}
$$

于是 $[\mathbf{M}]\{\mathbf{z}\}=\{\mathbf{r}\}$ 的求解可以分解为

(i) $\{\mathbf{r}_0^*\}=[\mathbf{W}]^{1/2}\{\mathbf{r}\}$;

(ii) $t=1,2,\cdots,s$ 分别进行前推求解

$$
\left(\prod_{e=n_1^t}^{n_{nt}^t}[\mathbf{L}^{(e)}]\right)\{\mathbf{r}_t^*\}=\{\mathbf{r}_{t-1}^*\};
\tag{5.132}
$$

(iii) $t=1,2,\cdots,s$ 分别进行(设 $\{\mathbf{r}_0^*\}=\{\mathbf{r}_s^*\}$)

$$
\left(\prod_{e=n_1^t}^{n_{n_t}^t}[\mathbf{D}^{(e)}]\right)\{\mathbf{r}_t^*\}=\{\mathbf{r}_{t-1}^*\};
\tag{5.133}
$$

(iv) $t=s,s-1,\cdots,1$ 分别进行回代求解

$$\left(\prod_{e=n_{n_t}^t}^{n_1^t}[\mathbf{L}^{(e)}]^T\right)\{\mathbf{r}_{i-1}^*\}=\{\mathbf{r}_i^*\}, \tag{5.134}$$

(v) $\{z\}=[W]^{1/2}\{r_0^*\}$.

这时 (5.132) 式可以组织并行计算.具体方法可描述为:设$\{\mathbf{r}_i^{*(e)}\}$, $\{\mathbf{r}_{i-1}^{*(e)}\}$ 分别表示 $\{\mathbf{r}_i^*\}$, $\{\mathbf{r}_{i-1}^*\}$ 对应着第 e 号单元 ($e=n_1^t,\cdots,n_{n_t}^t$) 的自由度的分量，于是 (5.132) 式的求解可以分解成 n_t 个互相独立的前推求解运算,即

$$[\mathbf{L}^{(e)}]\{\mathbf{r}_i^{*(e)}\}=\{\mathbf{r}_{i-1}^{*(e)}\},\ e=n_1^t,n_2^t,\cdots n_{n_t}. \tag{5.135}$$

所以,可以在 n_t 台处理机上同时进行 n_t 个前推求解运算. 类似的, (5.133) 式, (5.134) 式的计算也是可以并行执行的. 更详细的讨论就不赘述了.

本章我们讨论了共轭梯度法和几种预处理共轭梯度法. 在第七章中,我们将给出一些数值试验. 众所周知,在串行机上不完全分解预处理方法是较好的一类预处理方法，但是由于该方法中的不完全分解过程一般难以向量化，所以当在并行机上用此法解一次方程组时,其效果一般不会好,而在求解诸如结构动力分析问题中各时间步上的具有相同系数矩阵的方程组时效果则不错. 向量化不完全分解预处理共轭梯度法 VICCG 和向量化的不完全块分解预处理共轭梯度法 INVV(k) 对系数矩阵满足某些特殊的条件,如块三对角矩阵、五对角矩阵的方程组的求解很有效，但是否适用于有效求解一般的，特别地是由不规则结构分析导出的有限元方程组，则还值得进一步研究. 多项式预处理方法是比较有效的方法，它的一个重要特点是可适用于一般的对称正定有限元方程组的求解. 此外,它是可高度向量化的. 不过数值例子表明,这一方法对解有限差分方程组很有效,而对解有限元方程组,尤其是不规则结构分析问题中的有限元方程组,则不是很有效.最后介绍的 EBE 预处理共轭梯度法是一类新的方法，它很适宜于在阵列式机或多处理机上实现. 而且 EBE 预处理共轭梯度法应用于有限元结构分析时,它对结构的几何形状,网格中单元和节点的编号

没有任何限制，所以特别适合于不规则结构分析问题，是有相当发展前途的一类方法。不过，在如何在流水线型向量机上有效实现EBE 技术方面还值得深入探讨。总之，关于既能有效改善方程组的性态，又能适宜向量化或并行化计算，同时又能有较广的适用范围的预处理技术的开发方面，还有大量工作可做。

第六章 矩阵向量积的并行计算

矩阵向量积运算是数值分析领域中经常要用到的一种基本运算．比如，从前一章的分析中就可以看到，在用共轭梯度法和预处理共轭梯度法解线性方程组的时候，将大量涉及矩阵与某一向量的积运算．对结构分析问题而言，当我们采用瞬态直接积分法求结构响应时，在每一时间步上都要计算质量矩阵、阻尼矩阵与向量的积，而当采用子空间迭代法，Lanzcos 法等进行结构的频谱分析时，其间仍会涉及到矩阵向量积运算．另一方面，矩阵向量积运算又往往是某一计算过程的主要工作．比如，用多项式预处理共轭梯度法解线性方程组时的主要工作量，就是矩阵向量积运算．因此，研究矩阵向量积的并行计算具有重要意义．

矩阵向量积运算是矩阵乘法运算的一种特殊情况．关于矩阵乘法的并行化、向量化计算，人们已做了大量的研究工作，文献[58],[82]中作了较详细的介绍．原则上，这些已有的矩阵乘法的并行计算方法也适用于矩阵向量积运算．不过，在以上几部教材中介绍的几种矩阵乘法的并行计算方法都是以用标准存储格式存储矩阵为前提的，而针对一些特定的实际问题中出现的等带宽带状矩阵、变带宽带状矩阵甚至一般的稀疏矩阵向量积运算的并行处理则没有系统介绍．尤其是随着预处理技术和 EBE 技术的发展，近年来人们提出了一些不形成总体刚度矩阵情况下矩阵向量积的并行计算方法．例如，1986 年 L. J. Hayes[153] 提出了不形成总体矩阵而计算总体矩阵与向量乘积的算法及其在 CYBER-205 机上的实现．1988 年 G. F. Carey[154] 进一步讨论了 L. J. Hayes 提出的方法的向量化和并行化，报告了在 CRAY X-MP 和 Alliant FX/8 上的试验结果．1991 年高科华[53]则以 YH-1 机为机器模型讨论了上述矩阵向量积的 EBE 计算方法的向量化，并与形成总体刚度阵情况下进行矩阵向量积运算进行了试验比较等等. 这些内容在国内已有的教材专著中均没有反映出来.

本章第1节，作为本章的基础，我们将介绍几个标准存储格式下矩阵乘法的并行计算方法和相应的矩阵向量积的并行计算方法.第2,3节则拟分别讨论等带宽存储格式下、变带宽存储格式下矩阵向量积的并行处理方法. 接着在第4节里讨论一般稀疏矩阵向量积计算. 最后在第5节中，重点介绍当不形成总体刚度阵时的矩阵向量积的 EBE 并行计算方法.

§6.1 标准存储格式下矩阵向量积的并行计算

以下均假定求矩阵 $[\mathbf{A}]$ 与某向量 $\{\mathbf{x}\}$ 的积 $\{\mathbf{y}\}$,

$$\{\mathbf{y}\} = [\mathbf{A}]\{\mathbf{x}\}. \tag{6.1}$$

矩阵向量积是矩阵乘法的特殊情形.原则上,矩阵乘法的并行计算方法同样适用于矩阵向量积运算，故我们先介绍矩阵乘法的并行计算方法.

矩阵乘法的并行处理，初看起来似乎甚为简单，其实并不尽然. 由于矩阵乘法的工作量很大，它的时间复杂性按串行算法为 $o(n^3)$. 于是,当并行计算时,如何降低其运算量的阶,人们做了不少工作. 如1969年 V. Strassen 基于把矩阵逐次分解为 2×2 的矩阵块的技术，提出的一种矩阵乘法就可减少其中的乘法运算量. 与 V. Strassen 算法相仿，基于同样的技术，S. Winograd 在1973年提出了另一种矩阵乘法方法也可减少乘法运算次数. 不过，下面介绍的是另外三种最基本的矩阵乘法并行计算方法. 关于 V. Strassen 算法与 S. Winograd 算法可参阅文献 [58].

6.1.1 矩阵乘法的并行计算

以下假设求一般的矩阵乘积

$$[\mathbf{C}] = [\mathbf{A}][\mathbf{B}], \tag{6.2}$$

其中, $[\mathbf{A}] = (a_{ij})$ 是 $n\times p$ 矩阵, $[\mathbf{B}] = (b_{ij})$ 是 $p\times m$ 矩阵, 乘积矩阵 $[\mathbf{C}] = (c_{ij})$ 为 $n\times m$ 矩阵. 在数学上,乘积矩阵 $[\mathbf{C}]$

的元素 c_{ij} 可表示如下:

$$c_{ij}=\sum_{k=1}^{p}a_{ik}b_{kj},\ i=1,2,\cdots,n;\ j=1,2,\cdots,m. \tag{6.3}$$

1. 内积方法

在串行计算时,常常用三个 do 循环的嵌套来实现矩阵乘法. (6.3)式直接翻译成 FORTRAN 程序就是

```
      do 10 i = 1, n
      do 10 j = 1, m                                  (6.4(a))
      do 10 k = 1, p
   10 C(i,j) = C(i,j) + A(i,k) × B(k,j)              (6.4(b))
```

这里我们假定矩阵的所有元素 $\mathbf{C}(i,j)$ 在进入程序前均设置为零. 程序(6.4(b))中的赋值语句形成了[**A**]的第 i 行与[**B**]的第 j 列的内积,即

$$\mathbf{C}(i,j)=(a_{i,1},a_{i,2},\cdots,a_{i,p})\begin{pmatrix}b_{1,j}\\ b_{2,j}\\ \vdots\\ b_{p,j}\end{pmatrix}. \tag{6.5}$$

记 $\{\mathbf{a}_{i*}\},\{\mathbf{b}_{*j}\}$ 分别表示矩阵[**A**],[**B**]的第 i 行,第 j 列组成的向量,于是(6.4)式可化为

```
      do 10 i = 1, n
      do 10 j = 1, m                                  (6.6)
   10 C(i,j) = ({a_i*}, {b_*j})
```

基于(6.5)式来进行矩阵乘法的向量化计算方法就称为内积方法. 在流水线向量机上,由于求形如(6.5)式的内积的向量运算的向量长度逐倍减少,所以向量化效果不好,有必要考虑其它方法.

注意到一个矩阵乘法要涉及到 $n\times m$ 个内积的计算. 在内积方法中,每次只涉及到1个内积的计算. 但实际上,这 $n\times m$ 个内积计算可以一次涉及到 n 个或者 $n\times m$ 个. 这就是接着我们要介绍的中积方法和外积方法.

2. 中积方法

通过在程序(6.4)中交换 do 循环的次序，可以改进以上的内积算法。如果把行上循环 i 移到最内层的位置，我们便有并行地计算 [**C**] 矩阵的一列上所有元素内积的程序

$$\begin{aligned}&\text{do}\quad 10\quad j=1,\ m\\&\text{do}\quad 10\quad k=1,\ p\\&\text{do}\quad 10\quad i=1,\ n\end{aligned}\tag{6.7(a)}$$

$$10\quad \mathbf{C}(i,j)=\mathbf{C}(i,j)+\mathbf{A}(i,k)\times\mathbf{B}(k,j)\tag{6.7(b)}$$

循环中的每一项在 i 上可以并行计算，因而循环 (6.7(b)) 可以用一个向量运算式代替。即可以描述为

$$\begin{aligned}&\text{do}\quad 10\quad j=1,\ m\\&\text{do}\quad 10\quad k=1,\ p\end{aligned}\tag{6.8(a)}$$

$$10\quad \{\mathbf{c}_{*j}\}=\{\mathbf{c}_{*j}\}+\mathbf{B}(k,j)\times\{\mathbf{a}_{*k}\}\tag{6.8(b)}$$

(6.8(b)) 是一典型的三元组运算，很宜于向量化实现。这种格式下的并行矩阵乘法就是中积方法。

从(6.8(b))还可以看出，中积方法中向量长度为 n。当 $p=n$ 时，它远远高于原始的内积方法中的向量长度。注意，我们能够把关于 j 的循环移到中间，因而可以并行计算一行的所有内积。但是，由于矩阵在计算机中的实际存储是按列存储的即矩阵的列的元素通常存储在相邻的存储单元中，所以如果在列向量上进行向量操作，就能减少存储体冲突和存取数时间。因此，(6.8) 的程序通常是完美的。

当用汇编语言编程时，中积方法可以在诸如 CRAY-1, YH-1 这类具有向量运算“链接”功能的流水线型计算机上实现最佳的程序。比如在 CRAY-1 上，可以看到它具有 138MFLOPS 的超级向量特性。这意味着在平均的意义上，每一个时钟周期几乎执行两次算术运算操作（对 CRAY-1，每一个时钟周期执行一次操作等价于 80MFLOPS。这是可能的，因为在语句 (6.8(b)) 中乘法和加法操作可以连接成为一个单一的流水线的合成操作，以便在每个时钟周期提供结果向量 $\{\mathbf{c}_{*j}\}$ 的一个元素。

值得注意的是，中积方法要比内积方法具有更好的性能。即

使在无显式向量指令的 CDC 7600 那样的虽不归为并行计算机但却有流水线的运算部件的计算机上也是如此.

3. 外积方法

把程序(6.4)中关于 k 的循环移到外层，便可以得到外积方法

```
      do 10 k = 1, p
      do 10 i = 1, n                              (6.9(a))
      do 10 j = 1, m
10    C(i,j) = C(i,j) + A(i,k) × B(k,j)
                                                  (6.9(b))
```

(6.9(b)) 可以通过单一的类似数组的语句来代替，其中内积的一项可以对 [**C**] 的所有 $n \times m$ 个元素并行计算得到.

用 [**C**] 代表整个数组，$[\tilde{\mathbf{A}}(\cdot,k)]$ 表示通过复制 [**A**] 的第 k 列来作成的 $n \times m$ 矩阵，$[\tilde{\mathbf{B}}(k,\cdot)]$ 表示通过复制 [**B**] 的第 k 行作成的 $n \times m$ 矩阵，则 (6.9) 可表示为

```
      do 10 k = 1,p
10    [C] = [C] + [Ã(·,k)] × [B̃(k,·)]              (6.10)
```

其中乘法操作是二个 $n \times m$ 矩阵的一个元素与一个元素相乘，加法操作是二个 $n \times m$ 矩阵的对应位置上的元素相加. 在 YH FORTRAN 中 (6.10) 的实现是很直接的. 在 DAP FORTRAN 中有直接形成矩阵 $[\tilde{\mathbf{A}}(\cdot,k)]$，$[\tilde{\mathbf{B}}(k,\cdot)]$ 的函数子程序.

外积方法显然很适合于这样的处理机阵列，它的维数和矩阵的阶相同. 在这种场合，硬件的并行度恰好与算法的并行度相匹配. 因为外积方法中的向量长度提高到了 $n \times m$，因而在流水线计算机上外积方法与中积方法相比，也有一定的优越性.

当处理机阵列的维数与矩阵的大小不匹配时，尤其是矩阵的阶为小时，外积方法不是很有效的. 针对这一问题，1980 年 C. R. Jesshope 和 J. A. Craigie 采用一种重要的组合技术用于提高并行度，提出了一种矩阵乘法的并行计算方法. 读者若感兴趣，可参阅文献[82].

将矩阵乘法的向量化计算方法应用到矩阵向量积情况，即

$m=1$ 的情况，便有如下计算矩阵向量积的方法。

以下假设 [A] 为 $n\times n$ 矩阵。

6.1.2 矩阵向量乘积的内积方法

将矩阵乘法的内积方法应用到矩阵向量积，可得到矩阵向量积的内积方法。用程序表示为

$$\begin{aligned}&\text{do}\quad 10\quad i=1,\ n\\10\quad &y_i=(\{\mathbf{a}_{i*}\},\ \{\mathbf{x}\}).\end{aligned}\tag{6.11}$$

6.1.3 矩阵向量积的外积方法

将矩阵乘法的中积方法或外积方法应用到矩阵向量积，可得矩阵向量积的外积方法。用程序表示就是

$$\begin{aligned}&\text{do}\quad 10\quad k=1,n\\10\quad &\{\mathbf{y}\}=\{\mathbf{y}\}+x_k\times\{\mathbf{a}_{*k}\}.\end{aligned}\tag{6.12}$$

6.1.4 矩阵向量积的对角线法

用对角线法求矩阵向量积的过程可表示为（以一个 4×4 的矩阵为例）

$$\begin{bmatrix}a_1 & a_5 & a_9 & a_{13}\\ a_{14} & a_2 & a_6 & a_{10}\\ a_{11} & a_{15} & a_3 & a_7\\ a_8 & a_{12} & a_{16} & a_4\end{bmatrix}\begin{Bmatrix}x_1\\x_2\\x_3\\x_4\end{Bmatrix}$$

$$=\begin{Bmatrix}a_1\\a_2\\a_3\\a_4\end{Bmatrix}\begin{Bmatrix}x_1\\x_2\\x_3\\x_4\end{Bmatrix}+\begin{Bmatrix}a_5\\a_6\\a_7\\a_8\end{Bmatrix}\begin{Bmatrix}x_2\\x_3\\x_4\\x_1\end{Bmatrix}+\begin{Bmatrix}a_9\\a_{10}\\a_{11}\\a_{12}\end{Bmatrix}\begin{Bmatrix}x_3\\x_4\\x_1\\x_2\end{Bmatrix}+\begin{Bmatrix}a_{13}\\a_{14}\\a_{15}\\a_{16}\end{Bmatrix}\begin{Bmatrix}x_4\\x_1\\x_2\\x_3\end{Bmatrix},\tag{6.13}$$

显然，这种计算格式当矩阵 [A] 按对角线存储时，很容易实现．[A] 的对角线存储即把矩阵 [A] 的元素按如下方式存放于某向量中

$$(a_1,a_2,a_3,a_4,a_5,a_6,a_7,a_8,a_9,a_{10},a_{11},a_{12},a_{13},a_{14},a_{15},a_{16})^T.$$

对一般的 $n \times n$ 矩阵 $[\mathbf{A}]$，它与某向量的积的对角线计算法可描述为

$$[\mathbf{A}]\{\mathbf{x}\} = \sum_{j=1}^{n} \{\mathbf{a}_j^*\} * \{\mathbf{x}_j^*\}, \tag{6.14}$$

其中

$$\{\mathbf{a}_j^*\} = (a_{1,j}, a_{2,j+1}, a_{3,j+2}, \cdots, a_{s,n}, a_{s+1,1}, \cdots, a_{n,j-1})^T, \tag{6.15}$$

$$\{\mathbf{x}_j^*\} = (x_j, x_{j+1}, x_{j+2}, \cdots, x_s, x_1, \cdots, x_{j-1})^T,$$

$$j = 1, 2, \cdots, n, s = (n - j + 1). \tag{6.16}$$

这里向量 $\{\mathbf{a}_j^*\}, \{\mathbf{x}_j^*\}$ 的长度均保持 n. 由此可见,对角线计算法的并行度为 n. 当矩阵 $[\mathbf{A}]$ 按对角线格式存储时，较原始的内积方法,它有明显的优点.

§6.2 等带宽存储格式下矩阵向量积的并行计算

在有限元结构分析中，正如前面已指出的，对一个较规则结构,当有限元网格节点编号适当时,相应总体刚度矩阵是一带状矩阵且近似有等带宽，这时就宜用等带宽存储格式来存储总体刚度矩阵. 于是求解这类问题时，可能涉及到的矩阵向量积便是一个等带宽带状矩阵向量积问题. 这一节我们就来讨论等带宽带状矩阵向量积的并行计算问题.

首先,我们考察将标准存储格式下矩阵向量积的计算方法,应用到等带宽存储格式下矩阵向量积的计算当中. 显然，如果利用内积方法，其中的内积运算就是两个向量长度为 $2b$ 的向量内积，当半带宽较小时,并行计算效果是很差的. 如果利用外积方法,其中的向量运算的向量长度仍为 $2b$, 当半带宽 b 不大时，并行效果也不好. 但如果采用对角线计算法，则其中的向量运算的向量长度可保持 n，因此对角线计算法可推广到等带宽带状对称矩阵向量积的计算上. 下面我们就来介绍当采用等带宽存储格式时矩阵向量积的对角线并行计算方法，且假定矩阵 $[\mathbf{A}]$ 按列视方向存储于长矩阵 $[\mathbf{A}_s]$ 中.

如图 6.1 所示，$[\mathbf{A}]\{\mathbf{x}\}$ 可以看成 $[\mathbf{A}]$ 的对角线、次对角线分别与相应的 $\{\mathbf{x}\}$ 的分量的乘积，然后将它们迭加到一起．而根据实际在等带宽存储格式下矩阵 $[\mathbf{A}]$ 的元素存放的格式 $[\mathbf{A}_s]$，就可逐行与 $\{\mathbf{x}\}$ 的相应分量作向量乘积，然后再做向量迭加．这些向量计算的向量长度很长，从 n 到 $n-b$．所以当带宽 b 与方程组的阶 n 相比很小时，效率是很高的．

根据图 6.1，不难有并行计算矩阵向量积的算法 EWMV，其中记 $\{\mathbf{A}_s^{(f)}\}$ 为矩阵 $[\mathbf{A}_s]$ 的第 f 行组成的向量，$f=1,2,\cdots,b+1$．

算法 6.1——等带宽存储格式下矩阵向量积对角线并行算法 EWMV．

$$
\begin{aligned}
f=1:\ & \{\mathbf{y}\}_{(1:n)}=\{\mathbf{A}_s^{(1)}\}*\{\mathbf{x}\}_{(1:n)};\\
f=2:\ & \{\mathbf{y}\}_{(2:n)}=\{\mathbf{y}\}_{(2:n)}+\{\mathbf{A}_s^{(2)}\}_{(1:n-1)}*\{\mathbf{x}\}_{(1:n-1)},\\
& \{\mathbf{y}\}_{(1:n-1)}=\{\mathbf{y}\}_{(1:n-1)}+\{\mathbf{A}_s^{(2)}\}_{(1:n-1)}*\{\mathbf{x}\}_{(2:n)};\\
f=3:\ & \{\mathbf{y}\}_{(3:n)}=\{\mathbf{y}\}_{(3:n)}+\{\mathbf{A}_s^{(3)}\}_{(1:n-2)}*\{\mathbf{x}\}_{(1:n-2)},\\
& \{\mathbf{y}\}_{(1:n-2)}=\{\mathbf{y}\}_{(1:n-2)}+\{\mathbf{A}_s^{(3)}\}_{(1:n-2)}*\{\mathbf{x}\}_{(3:n)};\\
& \vdots\\
f=k:\ & \{\mathbf{y}\}_{(k:n)}=\{\mathbf{y}\}_{(k:n)}+\{\mathbf{A}_s^{(k)}\}_{(1:n-k+1)}*\{\mathbf{x}\}_{(1:n-k+1)},
\end{aligned}
$$

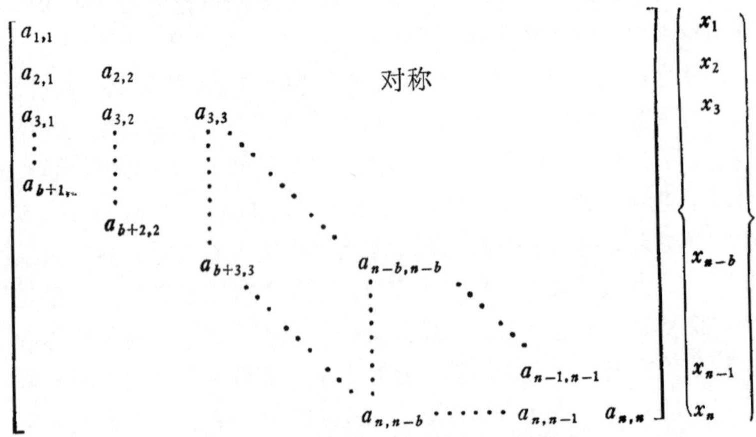

图 6.1(a) 半带宽为 b 的对称矩阵向量积

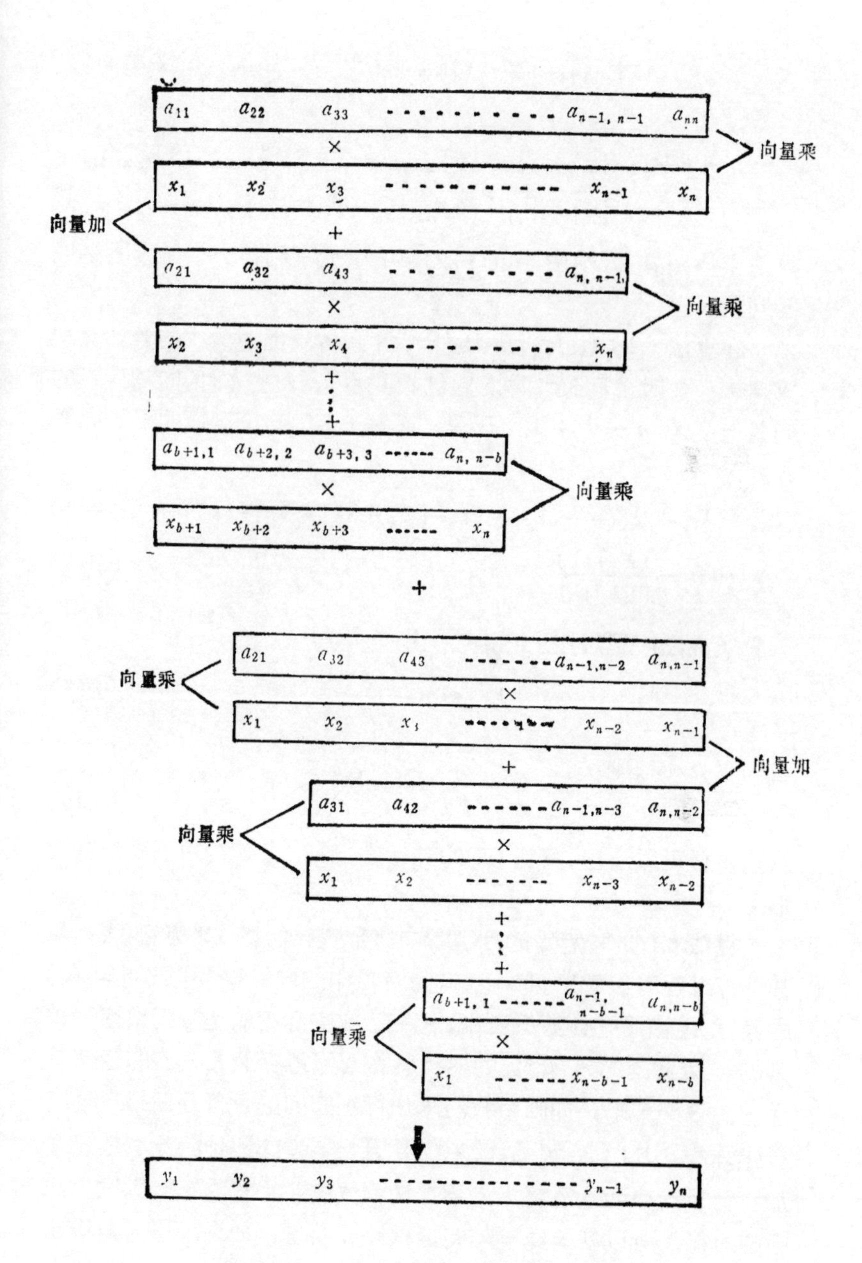

图 6.1(b) $\{\mathbf{y}\}=[\mathbf{A}]\{\mathbf{x}\}$ 向量化运算示意图

$$\{\mathbf{y}\}_{(1:n-k+1)}=\{\mathbf{y}\}_{(1:n-k+1)}+\{\mathbf{A}_s^{(k)}\}_{(1:n-k+1)}\{\mathbf{x}\}_{(k:n)};$$

$$\vdots$$

$$f=b+1:\ \{\mathbf{y}\}_{(b+1:n)}=\{\mathbf{y}\}_{(b+1:n)}+\{\mathbf{A}_s^{(b+1)}\}_{(1:n-b)}\{\mathbf{x}\}_{(1:n-b)},$$

$$\{\mathbf{y}\}_{(1:n-b)}=\{\mathbf{y}\}_{(1:n-b)}+\{\mathbf{A}_s^{(b+1)}\}_{(1:n-b)}\{\mathbf{x}\}_{(b+1:n)}.$$

算法中$\{\bullet\}_{(i:j)}$ 表示由向量$\{\bullet\}$的第 i 个元素到第 j 个元素所组成的向量.

在算法 6.1 中，除 $f=1$ 外，其余各步都由两次向量计算构成. $f=1$ 时，向量计算的向量长度为 n. $f=k$ 时,向量计算的向量长度为 $n-k+1$. 于是，算法 6.1 中向量运算的平均向量长度为

$$l_{\text{ave}}^{(1)}=[n+2((n-1)+(n-2)+\cdots+(n-b))]/(2b+1)$$
$$=n-\frac{(b+1)b}{2b+1}. \tag{6.17}$$

一般来讲,对大型问题 $b\gg 1$，故

$$l_{\text{ave}}^{(1)}\approx n-\frac{b}{2}. \tag{6.18}$$

当 $n\gg b$ 时,则

$$l_{\text{ave}}^{(1)}\approx n. \tag{6.19}$$

从这里便可以看出,算法 6.1 的并行度很高，尤其适用于小带宽情形.

算法 6.1 是以矩阵的列视方向等带宽存储格式为基础的. 从其计算过程可以看出,每一次向量运算中的向量$\{\mathbf{A}_s^{(f)}\}$是矩阵$[\mathbf{A}_s]$的某行,但由于在计算机当中，$[\mathbf{A}_s]$ 的实际存储是按列来逐列排列的，因此这时 $\{\mathbf{A}_s^{(f)}\}$ 的各元素将间隔地存储在机器的存储单元中. 这样一来，如同当我们采用行视方向等带宽存储格式时进行矩阵的 LDL^T 分解那样,不仅要因为不连续地址的存取数而增加计算时间，而且还将大大增加诸如体碰头那样的存储体发生冲突的可能. 所以就单纯矩阵向量积计算而言，如果采用对角线计算的思想,那么列视方向等带宽存储格式不是最好的. 事实上,这

时更适合用行视方向等带宽存储格式.

假设矩阵 $[\mathbf{A}]$ 按行视方向等带宽存储格式存储于高矩阵 $[\mathbf{A}_s']$ 中. 由于 $[\mathbf{A}_s']$ 的第 f 列就是矩阵 $[\mathbf{A}_s]$ 的第 f 行 $\{\mathbf{A}_s^{(f)}\}$，所以只要把算法 6.1 中的向量 $\{\mathbf{A}_s^{(f)}\}$ 理解为矩阵 $[\mathbf{A}_s']$ 的第 f 列组成的向量，就可以直接将算法 6.1 应用到行视方向等带宽存储格式下的矩阵向量积计算上. 所以算法 6.1 中我们不再严格区分是哪一种形式的等带宽存储格式.

在行视方向等带宽存储格式下，算法 6.1 中每次向量运算中的向量 $\{\mathbf{A}_s^{(f)}\}$（理解为 $[\mathbf{A}_s']$ 阵的第 f 列）的元素在计算机中就存储在相邻的存储单元中，因而一可以通过减少存取数的时间来提高计算速度，二可以大大减少存储体冲突. 所以，行视方向等带宽存储格式下的对角线计算法比列视方向等带宽存储格式下的对角线计算法要有效一些.

以上我们讨论的是将对角线计算法推广到带状矩阵向量积时的结果. 如果半带宽 b 较大，可将外积方法应用到带状矩阵向量积计算. 首先，我们给出等带宽带状对称矩阵向量积的外积算法. 记 $\{\mathbf{A}^{(f)}\}$ 表示 $[\mathbf{A}_s]$ 的第 f 列组成的向量，$\{\mathbf{A}_*^{(f)}\}$ 表示由 $[\mathbf{A}_s]$ 逐行移位生成的新矩阵 $[\mathbf{A}_s^*]$ 的第 f 列组成的向量，$\{\mathbf{A}_s^0\}$ 则表示 $[\mathbf{A}_s]$ 的第 1 行组成的向量.

算法 6.2——等带宽存储格式下矩阵向量积外积算法.

(1) $\{\mathbf{y}\}_{(1:n)} = -\{\mathbf{A}_s^0\} * \{\mathbf{x}\}$;

(2) $f = 1, 2, \cdots, n-b$,

$\{\mathbf{y}\}_{(f:f+b)} = \{\mathbf{y}\}_{(f:f+b)} + x_f\{\mathbf{A}^{(f)}\}_f$;

(3) $f = n-b+1, \cdots, n$,

$\{\mathbf{y}\}_{(f:n)} = \{\mathbf{y}\}_{(f:n)} + x_f\{\mathbf{A}^{(f)}\}_{(1:n-f+1)f}$;

(4) $f = 1, 2, \cdots, b$,

$\{\mathbf{y}\}_{(f:1:-1)} = \{\mathbf{y}\}_{(f:1:-1)} + x_f\{\mathbf{A}_*^{(f)}\}_{(1:f)f}$;

(5) $f = b+1, \cdots, n$,

$\{\mathbf{y}\}_{(f:f-b:-1)} = \{\mathbf{y}\}_{(f:f-b:-1)} + x_f\{\mathbf{A}_*^{(f)}\}_f$.

算法 6.2 中 $\{\bullet\}_{(i=j=k)}$ 表示由向量 $\{\bullet\}$ 的第 i 个元素起，每次间隔 k

个元素取出一个元素直到其第 j 个元素，由这些取出的元素组成的向量就记为$\{\bullet\}_{(i:j:k)}$。

类似算法 6.1，当采用行视方向等带宽存储格式时，只要把算法 6.2 中的向量 $\{\mathbf{A}^{(f)}\}$ 理解为矩阵 $[\mathbf{A}'_s]$ 的第 f 行组成的向量，向量 $[\mathbf{A}^{(f)}_*\}$ 理解为由 $[\mathbf{A}'_s]$ 逐列移位生成的新矩阵$[\mathbf{A}'^*_s]$ 的第 f 行组成的向量，就可以把算法 6.2 直接应用到行视方向等带宽存储格式下矩阵向量积的计算上．不过，类似前面的分析可以知道，对外积算法而言，采用列视方向等带宽存储格式比较有利．

算法 6.2 中向量运算的平均向量长度为

$$
\begin{aligned}
l^{(2)}_{\text{ave}} &= \left(n + 2\left[(n-b)(b+1) + \frac{(b+1)b}{2}\right]\right)\Big/(2n+1) \\
&= (2nb + 3n - b^2 - b)/(2n+1) \\
&= \left(b + \frac{3}{2}\right) - \frac{b^2 + 2b + \frac{3}{2}}{(2n+1)}.
\end{aligned}
\tag{6.20}
$$

当 $n \gg b$ 时，

$$
l^{(2)}_{\text{ave}} \approx b + \frac{3}{2} \ll l^{(1)}_{\text{ave}},
$$

说明这种情况下，对角线计算法要好．事实上，通过 (6.17) 式和 (6.20)式可以得到，存在一个值 λ_n．当 $b < \lambda_n$ 时，有 $l^{(1)}_{\text{ave}} > l^{(2)}_{\text{ave}}$；当 $b > \lambda_n$ 时，有 $l^{(1)}_{\text{ave}} < l^{(2)}_{\text{ave}}$．特别地，当 $b = \frac{n}{2}$ 时，有 $l^{(1)}_{\text{ave}} > l^{(2)}_{\text{ave}}$．因此，一般来讲，对角线计算方法比外积方法要好．

§6.3 变带宽存储格式下矩阵向量积的并行计算

对某一不规则结构分析问题，相应总体刚度矩阵是一对称的变带宽的带状矩阵．这时一般就宜于用变带宽存储格式来存储总体刚度矩阵．于是求解这类问题时，就往往会涉及到变带宽带状矩阵向量积的计算．本节我们就来进一步讨论这种变带宽带状对称矩阵向量积的并行计算问题．

6.3.1 对角线型乘积法

标准格式存储下的矩阵向量积对角线计算法，同样可推广到变带宽存储格式下的矩阵向量积计算. 其过程完全相似于等带宽存储时的矩阵向量积的并行计算过程,即依次将矩阵 $[\mathbf{A}]$ 的对角线，各条次对角线与向量 $\{\mathbf{x}\}$ 的对应分量相乘,然后做向量迭加. 不同的在于每次参加运算的那条对角线或次对角线中不是所有的元素都参加运算，而只是本条对角线或次对角线中那些在带内的元素参与与对应分量 x_j 的积运算. 如对 (6.21) 式所示的一个矩阵而言

$$[\mathbf{A}] = \begin{bmatrix} a_{1,1} & & & & & & \\ a_{2,1} & a_{2,2} & & & \text{对称} & & \\ 0 & a_{3,2} & a_{3,3} & & & & \\ a_{4,1} & a_{4,2} & a_{4,3} & a_{4,4} & & & \\ 0 & 0 & a_{5,3} & a_{5,4} & a_{5,5} & & \\ 0 & 0 & a_{6,3} & a_{6,4} & a_{6,5} & a_{6,6} & \\ 0 & 0 & 0 & a_{7,4} & a_{7,5} & a_{7,6} & a_{7,7} \end{bmatrix}, \qquad (6.21)$$

将它看成一个变带宽带状矩阵. 当采用对角线法作它与某向量的乘积时,我们考虑第 2 条次对角线. 这时,实际上只有这条对角线上的元素 $a_{4,2}, a_{5,3}, a_{6,4}$ 和 $a_{7,5}$ 组成的向量 $(a_{4,2}, a_{5,3}, a_{6,4}, a_{7,5})^T$ 与向量 $(x_2, x_3, x_4, x_5)^T$ 相乘，而不是向量 $(a_{3,1}, a_{4,2}, a_{5,3}, a_{6,4}, a_{7,5})^T$ 与向量 $(x_1, x_2, x_3, x_4, x_5)^T$ 相乘.

于是在用对角线法求变带宽带状矩阵向量积时，首要问题便是确定对某条次对角线而言,究竟它的哪些元素在带内.

假设 $\{\mathbf{w}^{(j)}\}$ 是第 j 条次对角线 (下三角部分) 上那些在带内的元素所在的行的行号组成的向量. 如对上例,有 $\{\mathbf{w}^{(2)}\} = (4, 5, 6, 7)^T$. 通过向量 $\{\mathbf{w}^{(j)}\}$, 就可以知道第 j 条次对角线上$(w_k^{(j)}, j)$ 位置处的元素在带内，这里 $w_k^{(j)}, k = 1, 2, \cdots$是 $\{\mathbf{w}^{(j)}\}$ 的分量. 这样问题就转化为如何求向量 $\{\mathbf{w}^{(j)}\}, j = 1, 2, \cdots, \beta_{\max}$. 事实上,它们可以利用半带宽信息来计算. 一般来说,对第 j 条次对

角线上的某个元素 $a_{k,k-j}(j+1\leqslant k\leqslant n)$，如果 $j\leqslant\beta_k$，β_k 是第 k 行局部半带宽,那么它必在带内,否则必在带外。于是，通过矩阵的各行半带宽组成的向量 $\{\mathbf{BDW}\}$，并利用向量机上的压缩功能语句就能容易形成向量$\{\mathbf{w}^{(j)}\}$。在 YH-1 机上，这一过程可示意为

$$\underline{\text{where}}\ (\{\mathbf{BDW}\}-j\cdot\text{ge}\cdot\mathbf{o})\ \underline{\text{pack}}\ (\{\mathbf{w}^{(j)}\}=(1,2,\cdots,n)^T),\tag{6.22}$$

或者

$$\underline{\text{where}}\ (\{\mathbf{BDW}\}_{(1+j:n)}-j\cdot\text{ge}\cdot\mathbf{o})\ \underline{\text{pack}}\ (\{\mathbf{w}^{(j)}\}=(j+1,j+2,\cdots,n)^T).\tag{6.23}$$

当 $\{\mathbf{w}^{(j)}\},j=1,2,\cdots,\beta_{\max}$ 形成之后,便不难看出有：在做 $[\mathbf{A}]\{\mathbf{x}\}$ 的计算时，对应下三角部分的第 j 条次对角线上的元素 $\mathbf{A}(w_1^{(j)},w_1^{(j)}-j),\mathbf{A}(w_2^{(j)},w_2^{(j)}-j),\cdots\cdots$，在带内,在进行矩阵向量积时,它们分别与向量 $\{\mathbf{x}\}$ 的分量

$$\mathbf{x}(w_1^{(j)}-j),\mathbf{x}(w_2^{(j)}-j),\cdots$$

相乘。对应上三角部分的第 j 条次对角线上的元素 $\mathbf{A}(w_1^{(j)}-j,w_1^{(j)})$，$\mathbf{A}(w_2^{(j)}-j,w_2^{(j)}),\cdots\cdots$在带内，在进行矩阵向量积时,它们分别与向量 $\{\mathbf{x}\}$ 的分量 $\mathbf{x}(w_1^{(j)}),\mathbf{x}(w_2^{(j)}),\cdots$相乘。表示成向量运算形式,对应下三角部分第 j 条次对角线的运算为

$$\{\mathbf{A}(\{\mathbf{w}^{(j)}\},\{\mathbf{w}^{(j)}\}-j)\}*\{\mathbf{x}(\{\mathbf{w}^{(j)}\}-j)\},\tag{6.24}$$

而对应上三角部分第 j 条次对角线的运算为

$$\{\mathbf{A}(\{\mathbf{w}^{(j)}\}-j,\{\mathbf{w}^{(j)}\})\}*\{\mathbf{x}(\{\mathbf{w}^{(j)}\})\},\tag{6.25}$$

这里 $\{\mathbf{A}(\{\mathbf{w}^{(j)}\},\{\mathbf{w}^{(j)}\}-j)\}$ 表示向量 $(\mathbf{A}(w_1^{(j)},w_1^{(j)}-j)$，$\mathbf{A}(w_2^{(j)},w_2^{(j)}-j),\cdots,)^T$，$\{\mathbf{A}(\{\mathbf{w}^{(j)}\}-j,\{\mathbf{w}^{(j)}\})\}$ 表示向量 $(\mathbf{A}(w_1^{(j)}-j,w_1^{(j)})$，$\mathbf{A}(w_2^{(j)}-j,w_2^{(j)}),\cdots,)^T$。注意利用对称性有，$\{\mathbf{A}(\{\mathbf{w}^{(j)}\},\{\mathbf{w}^{(j)}\}-j)\}=\{\mathbf{A}(\{\mathbf{w}^{(j)}\}-j,\{\mathbf{w}^{(j)}\})\}$。

结合变带宽存储的特点，便可得到变带宽存储格式下矩阵向量积的对角线计算方法。

算法 6.3——变带宽存储格式下矩阵向量积的对角线型并行算法。

(1) $\{\mathbf{y}\} = \{\mathbf{R}(\{\mathbf{AD}\})\} * \{\mathbf{x}\}$.

(2) j 从 1 到 $\beta_{\max}$ 循环，进行以下各步计算：

(i) 通过(6.22)式或(6.23)式形成向量 $\{\mathbf{w}^{(j)}\}$；

(ii) 确定第 j 条次对角线上在带内的那些元素在向量 $\{\mathbf{R}\}$ 中的位置序号向量 $\{\mathbf{V}_3\}$；

$$\begin{aligned}\{\mathbf{V}_3\} &= \{\mathbf{AD}(\{\mathbf{w}^{(j)}\})\} - \{\mathbf{w}^{(j)}\} + \{\mathbf{w}^{(j)}\} - j \\ &= \{\mathbf{AD}(\{\mathbf{w}^{(j)}\})\} - j; \end{aligned} \tag{6.26}$$

(iii) 计算下三角部分的第 j 条次对角线与对应 $\{\mathbf{x}\}$ 分量的积

$$\begin{aligned}\{\mathbf{y}(\{\mathbf{w}^{(j)}\})\} &= \{\mathbf{y}(\{\mathbf{w}^{(j)}\})\} \\ &\quad + \{\mathbf{R}(\{\mathbf{v}_3\})\} * \{\mathbf{x}(\{\mathbf{w}^{(j)}\} - j)\};\end{aligned}$$

(iv) 计算上三角部分的第 j 条次对角线与对应 $\{\mathbf{x}\}$ 分量的积

$$\begin{aligned}\{\mathbf{y}(\{\mathbf{w}^{(j)}\} - j)\} &= \{\mathbf{y}(\{\mathbf{w}^{(j)}\} - j)\} \\ &\quad + \{\mathbf{R}(\{\mathbf{v}_3\})\} * \{\mathbf{x}(\{\mathbf{w}^{(j)}\})\}.\end{aligned}$$

关于算法 6.3 中向量运算的平均向量长度，虽然每次向量运算的向量长度我们不清楚，但是由于 $(1 + 2\beta_{\max})$ 次向量运算共涉及了 $\left(n + 2\sum_{j=1}^{n} \beta_j\right)$ 个元素，所以向量运算平均向量长度为

$$\begin{aligned} l_{\text{ave}}^{(3)} &= \left(n + 2\sum_{j=1}^{n} \beta_j\right) \Big/ (1 + 2\beta_{\max}) \approx \left(\sum_{j=1}^{n} \beta_j\right) \Big/ \beta_{\max} \\ &= \frac{n}{\beta_{\max}} \beta_{\text{ave}} = \frac{\beta_{\text{ave}}}{\beta_{\max}} n. \end{aligned} \tag{6.27}$$

从这里可以看出，当 $\beta_{\max}$ 较小时，$l_{\text{ave}}^{(3)}$ 较大. 一个特殊情况是 $\beta_{\max} = \beta_{\text{ave}}$ 且 $\beta_{\max}$ 较小时，有 $l_{\text{ave}}^{(3)} \approx n$. 这正是等带宽格式下的结果. 所以算法 6.3 尤其适合平均半带宽较小，且各行的局部半带宽悬殊又不大的矩阵向量积的计算. 而且还可以从(6.27) 式看出，恒成立 $l_{\text{ave}}^{(3)} \geqslant \beta_{\text{ave}}$.

6.3.2 内积-外积型乘积法

通过矩阵 $[\mathbf{A}]$ 的分裂

$$[\mathbf{A}] = [\mathbf{L}] + [\mathbf{U}], \tag{6.28}$$

这里 $[\mathbf{L}]$ 是 $[\mathbf{A}]$ 的严格下三角部分，$[\mathbf{U}]$ 是 $[\mathbf{A}]$ 的上三角部分，可以将矩阵向量积 $[\mathbf{A}]\{\mathbf{x}\}$ 的计算分成二个部分.

$$\{\mathbf{y}\} = [\mathbf{A}]\{\mathbf{x}\} = [\mathbf{L}]\{\mathbf{x}\} + [\mathbf{U}]\{\mathbf{x}\}. \tag{6.29}$$

关于 $[\mathbf{U}]\{\mathbf{x}\}$ 的计算是计算一个上三角形带状矩阵向量积.

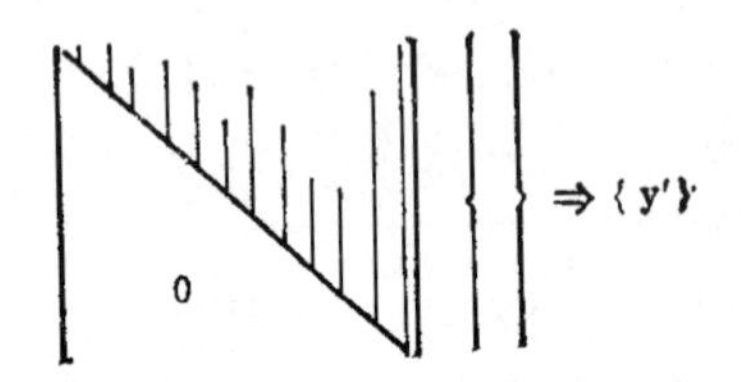

完全同变带宽存储格式下回代求解过程的并行处理分析，可知这一部分矩阵向量积的计算完全可利用列扫描的思想，对应于标准格式存储情形实际上就是外积方法，只是这时向量运算的平均向量长度是 β_{ave}. 而关于另一部分 $[\mathbf{L}]\{\mathbf{x}\}$ 的计算则是计算一个严格下三角形带状矩阵向量积.

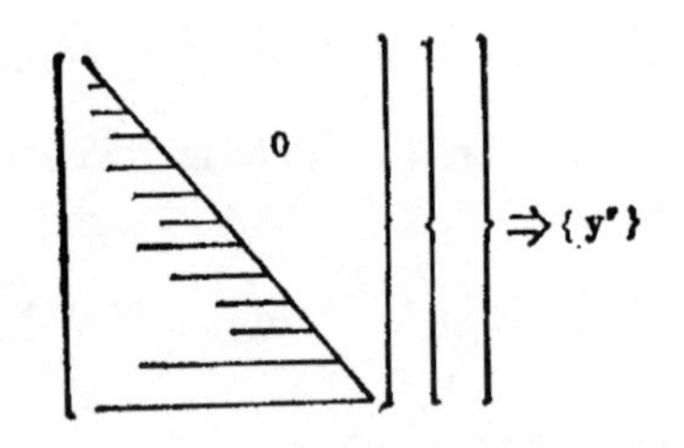

仍类似于变带宽存储格式下前推求解过程的并行计算，有两种求积方式. 一种是内积型的，概括来说，就是求 y_i'' 时是通过向量化计算矩阵 $[\mathbf{L}]$ 的第 i 列与向量 $\{\mathbf{x}\}$ 的对应段向量的内积而得的. 这种求积方法的优点是地址确定简单，且参加内积运算的两个向量的元素在内存里分别都是存储于相邻单元之中的，于是可减少存取数的时间，同时也可降低存储体发生冲突的可能. 一般求 y_i'' 时，参加内积运算的两个向量为$\{\mathbf{x}\}_{(N_4:i-1)}$和$\{\mathbf{R}\}_{(\mathbf{AD}(i-1)+1:\mathbf{AD}(i)-1)}$，这里 $N_4 = \mathbf{AD}(i-1) - \mathbf{AD}(i) + i + 1$,

当(6.29)式的前一部分用内积型求积方式计算而后一部分用外积型方法计算时，就可得到变带宽带状对称矩阵向量积的内积-外积型计算方法.

算法 6.4——变带宽存储格式下矩阵向量积的内积-外积型并行计算方法.

(0) $y_1 = R_1 \times x_1$，其余 $y_i(i = 2,\cdots,n)$ 置为零，$j = 2$.

(1) $d_1 = \mathbf{AD}(j-1)+1$，$d_2 = \mathbf{AD}(j)$，$d_3 = \mathbf{AD}(j)-1$，$d_0 = d_1 - d_2 + j - 1$.

(2) $\{\mathbf{y}\}_{(d_0:j)} = \{\mathbf{y}\}_{(d_0:j)} + x_j\{\mathbf{R}\}_{(d_1:d_2)}x_j$.

(3) 求向量 $\{\mathbf{R}\}_{(d_1:d_3)}$ 与向量 $\{\mathbf{x}\}_{(d_0:j-1)}$ 的内积 s.

(4) $y_j = y_j + s$.

(5) $j = j+1$，j 若大于 n，停止，否则转(1).

6.3.3 外积-外积型乘积法

上段中关于 $[\mathbf{L}]\{\mathbf{x}\}$ 的内积型求积方式虽然程序简单，计算过程中存取数便利，但其中的内积计算过程当向量长度较短时，向量化效果往往不好，从而使得内积的计算要花费很多时间. 类似于前推求解过程的分析，关于 $[\mathbf{L}]\{\mathbf{x}\}$ 的计算可用另一种方式求积，即外积型求积方式. 至于外积型求积方式的思想与基本过程完全相似于前推求解过程列扫描计算方法的思想与基本过程，这里不再重复.

当(6.29)式的前后二部分均用外积型求积方式计算时，便得到变带宽带状对称矩阵向量积的外积-外积型计算方法.

算法 6.5——变带宽存储格式下矩阵向量积的外积-外积型并行计算方法.

(0) $y_1 = R_1 \times x_1$，其余 $y_i(i = 2,\cdots,n)$ 置为零；$j = 1$；

(1) 形成向量 $\{\mathbf{V}_0^{(j)}\}$（如果 $\{\mathbf{V}_0^{(j)}\}$ 已先形成且存储在内存中，则直接取出）；

(2) 形成向量 $\{\mathbf{V}_3\} = \{\mathbf{AD}(\{\mathbf{V}_0^{(j)}\})\} - \{\mathbf{V}_0^{(j)}\} + j$，

$d_1 = \mathbf{AD}(j) + 1$，$d_2 = \mathbf{AD}(j+1)$，$d_0 = d_1 - d_2 + j$；

(3) $\{\mathbf{y}(\{\mathbf{V}_0^{(j)}\})\} = \{\mathbf{y}(\{\mathbf{V}_0^{(j)}\})\} + \{\mathbf{R}(\{\mathbf{V}_3\})\} \times x_j$，

$\{\mathbf{y}\}_{(d_0=j+1)} = \{\mathbf{y}\}_{(d_0=j+1)} + \{\mathbf{R}\}_{(d_1=d_2)} \times x_{j+1}$；

(4) $j = j+1$，j 若大于 n，停止，否则转(1).

算法 6.5 中的向量运算的平均向量长度不难知道为 β_{ave}. 注意到对角线型乘积法中的向量运算的平均向量长度为 $\beta_{\text{ave}} \dfrac{n}{\beta_{\max}}$，它总大于 β_{ave}. 因此，就单纯的矩阵向量积计算而言，对角线型计算法似乎总比外积-外积型计算法优越些. 至于在具体应用时我们应采取那种求积方法，应视具体情况而定. 例如，当我们利用直接积分法计算结构动力响应时，其中要求质量矩阵 [**M**] 与某些向量的积. 由于质量矩阵 [**M**] 与刚度矩阵 [**K**] 有同样的变带宽带状结构，所以当用外积-外积型求积法求它与某向量的积时，就没有必要再经过压缩形成向量 $\{\mathbf{V}_0^{(j)}\}$，而可以直接利用分解过程中已有的中间结果. 但如果用对角线型乘积法计算，就必须利用压缩功能语句形成向量 $\{\mathbf{w}^{(j)}\}$. 因此，在这种情况下，对角线法就不一定最有效.

§ 6.4 一般稀疏矩阵向量积的并行计算

在前面三节中，我们分别针对满矩阵、等带宽带状对称矩阵和变带宽带状对称矩阵，讨论了相应存储格式下矩阵向量积的并行计算问题. 对一般的稀疏矩阵向量积计算，或者我们可以采用更复杂的存储格式比如广义对角线存储，然后设计相应算法；或者可以通过矩阵的行、列交换使得它变换成带状结构的矩阵，然后再利用带状矩阵向量积的计算方法来进行计算. 这一节我们只讨论第一种途径.

为便于讨论比较，首先我们给出等带宽存储格式下 $\{\mathbf{y}\} = [\mathbf{A}]\{\mathbf{x}\}$ 的串行计算程序. 设 [**A**] 存储在高矩阵[**DIAG**] (1:n, 1:$n$diag) 中，这些对角线与主对角线的支距存储在一个长为

$n$diag 的向量 {**IOEF**} 中.

将向量 {**y**} 清零后，{**y**} = [**A**]{**x**} 的计算便可以描述为

$$
\begin{aligned}
&\textbf{do}\quad 10\quad j=1,\ n\text{diag}\\
&\qquad \text{joef} = \mathbf{IOEF}(j)\\
&\qquad \text{do}\quad 20\quad i=1,\ n\\
&\qquad\qquad \mathbf{y}(i) = \mathbf{y}(i) + \mathbf{DIAG}(i,j)\times\mathbf{x}(\text{joef}+i)\\
&\qquad 20\quad \text{continue}\\
&10\quad \text{continue}
\end{aligned}
\tag{6.30}
$$

对一般的稀疏矩阵,当每行的非零元素的个数的最大值 $j$max 较小时,我们可以将矩阵 [**A**] 的非零元素存储在矩阵

$$[\mathbf{COE}](1:n,\ 1:j\text{max})$$

中，同时用另一个整数数组 [**JCOE**]($1:n$, $1:j$ max) 存储 [**COE**]($1:n$, $1:j$ max) 对应位置处的元素的列号. 这种存储格式称为广义对角线存储,有时亦被称为ITPACK/ELLPACK格式. 这时，{**y**} = [**A**]{**x**} 的计算则可描述为

$$
\begin{aligned}
&\text{do}\quad 10\quad j=1,\ j\text{max}\\
&\qquad \text{do}\quad 20\quad i=1,\ n\\
&\qquad\qquad \mathbf{y}(i) = \mathbf{y}(i) + \mathbf{COE}(i,j)*\mathbf{x}(\mathbf{JCOE}(i,j))\\
&\qquad 20\quad \text{continue}\\
&10\quad \text{continue}
\end{aligned}
\tag{6.31}
$$

(6.31)式所示的循环与(6.30)式所示的循环的主要区别在于，在(6.31)式中的最内层循环的计算中出现了不直接的寻址. 注意，如果各行的非零元素的个数变化急剧，那么就要存储很多不必要的零元素,这时这一格式就可能是很低效的.

对从实际应用中得出的那些矩阵,往往具有某种形式的结构. 特别地,对大多数矩阵,其非零元素绝大部分都分布在少数对角线上. 这样，我们可以把这少数的对角线按如上的广义对角线格式来存储，而将剩余的一些非零元素按一般稀疏矩阵存储格式存储.

从某种程度上看，上面所述的存储格式都各自对应某种形式

的矩阵．在很多情况下，它们的效果不错，但是缺乏通用性．进一步我们讨论存储稀疏矩阵最一般的格式，即所谓的索引存储格式．首先，用一个向量 $\{\mathbf{A}\}$ 按行存储矩阵的非零元；其次，用一个整数向量 $\{\mathbf{JA}\}$ 存储向量 $\{\mathbf{A}\}$ 中的元素在矩阵中的列号；最后，形成一个指示向量 $\{\mathbf{IA}\}$，其中 $\mathbf{IA}(k)$ 表示原矩阵中第 k 行在向量 $\{\mathbf{A}\}$ 中的起始位置号．用 nnz 表示矩阵中非零元素总数，那么向量 $\{\mathbf{A}\},\{\mathbf{JA}\}$ 的长度就是 nnz，$\{\mathbf{IA}\}$ 的长度则为 $n+1$．这种存储格式有时又被称为 A,JA,IA 格式．在这种存储格式下，结果向量 $\{\mathbf{y}\}$ 的每个元素可以通过矩阵的各行与向量 $\{\mathbf{x}\}$ 的内积很容易地计算出来．这一过程可以描述为

$$
\begin{aligned}
&\text{do}\quad 10\quad i=1,\ n\\
&\qquad k_1=\mathbf{IA}(i)\\
&\qquad k_2=\mathbf{IA}(i+1)-1\\
&\qquad \mathbf{y}(i)=\langle\{\mathbf{A}\}_{(k_1=k_2)},\{\mathbf{x}(\{\mathbf{JA}\}_{(k_1=k_2)})\}\rangle\\
&10\quad \text{continue}
\end{aligned}
\tag{6.32}
$$

从实现的角度来看，外层关于 i 的循环的计算可以并行化．在象 Alliant FX/8 机器上，外层循环同步化的花销是不大的，这时 (6.32) 式的效果就很好．

在分布式计算机上，可将上述循环的工作分配给各处理机，每台处理机上进行一部分工作．分配的原则是尽量保证各台处理机上的工作量差不多．不过，这里的工作量还应考虑到其它部分的计算工作量，如 CG 法．相应地，原矩阵一开始就被分开存储在各处理机的存储器上．这样一来，当我们在某一处理机上进行矩阵 [A] 的对应部分与向量 $\{\mathbf{x}\}$ 的某一部分的积时，由于 $\{\mathbf{x}\}$ 的这一部分很可能未存储在这一处理机的存储器上，于是各处理机间的内部通讯就是必要的．对一般稀疏矩阵而言，很难有一定的规律来实现这种内部通讯，因此要达到最好的计算效果往往就不是很容易的．

(6.32) 式中内积中的第二个向量所涉及的不直接寻址，可以通过一个特别的计算机指令："Gather" 运算指令来处理． 同量

$\{\mathbf{x}(\{\mathbf{JA}\}_{(k_1:k_2)})\}$ 先通过“Gather”功能从存储器中取出，存放进另一向量．于是内积运算就转换成了两个稠密向量的标准内积运算．

当矩阵按列进行索引格式存储时，$\{\mathbf{y}\}=[\mathbf{A}]\{\mathbf{x}\}$ 的计算可描述为

$$
\begin{aligned}
&\text{do}\quad 10\quad j=1,\ n\\
&\qquad k_1=\mathbf{IA}(j)\\
&\qquad k_2=\mathbf{IA}(j+1)-1\\
&\qquad \{\mathbf{y}(\{\mathbf{JA}\}_{(k_1:k_2)})\}=\{\mathbf{y}(\{\mathbf{JA}\}_{(k_1:k_2)})\}+x(j)*\{\mathbf{A}\}_{(k_1:k_2)}\\
&10\quad \text{continue}
\end{aligned}
\tag{6.33}
$$

显然，这时仍要进行内积运算．不同的是，参加内积运算的向量直接已是稠密向量，但这时也仍然有不直接的寻址．因此，处理过程是，首先通过“Gather”指令将 $\{\mathbf{y}(\{\mathbf{JA}\}_{(k_1:k_2)})\}$ 从存储器中取出，存放在另一向量，不妨记为 $\{\mathbf{y}^*\}$ 中，然后进行一次三元组运算，最后将结果向量通过“Scatter”运算指令，回送到向量 $\{\mathbf{y}\}$ 中对应 $\{\mathbf{JA}\}_{(k_1:k_2)}$ 所决定的那些元素上．

实现(6.33)所示的 FORTRAN 程序的并行计算的主要困难在于本质上它是串行的．首先，外层循环不能并行化，但这一点可以通过将它分成 p 个不同的部分，计算 p 次子和得到 p 个临时的满向量，然后迭加到一起形成结果向量 $\{\mathbf{y}\}$ 这一方法加以改善．更主要地在于内层循环中，包括将结果向量送进由不直接的地址向量 $\{\mathbf{JA}\}$ 所确定的那些存储器单元中．而为了保证计算正确，首先应送 $\mathbf{y}(\mathbf{JA}(1))$，然后送 $\mathbf{y}(\mathbf{JA}(2))$，等等．当然，如果映射 $\mathbf{JA}(i)$ 是一对一的，就可同时回送这些 $\mathbf{y}(\mathbf{JA}(i))$．问题是，编译器没有能力确定是不是这种情况．

对向量机来说，前述的二个求积方法很可能效果都不好．这是因为其中涉及到的向量一般来说都很短．例如，对一个典型的二维问题，假设每个网格点上有一个未知数，那么当利用五点有限差分法离散后，相应方程组的系数矩阵每行的非零元素个数最多是5．这时，一种方法是利用对角线存储或广义带状存储格式，但

下面的格式似乎更常用一些.

我们从 A,JA,IA 格式出发,根据矩阵各行非零元素的多少,由大到小重排矩阵的行. 然后通过建立所谓的"锯齿状的对角线"(Jagged diagonals),简称为 J-对角线,就可以得到一种新的数据结构. 我们将矩阵各行最左边的一个非零元存放在一个稠密向量中,同时建立一个反映这些非零元列位置的整数向量. 这样的一组非零元就构成矩阵的第 1 条"J-对角线". 类似地矩阵各行最左边的第 2 个非零元构成矩阵的第 2 条"J-对角线",如此等等,就可确定所有 $j$max 条"J-对角线". 显然,它们的长度是逐渐减小的. 基于这一格式,矩阵向量积可描述为

$$
\begin{aligned}
&\text{do}\quad 10\quad j=1,\ n\text{diag}\\
&\qquad k_1=\mathbf{IDIAG}(j)\\
&\qquad k_2=\mathbf{IDIAG}(j+1)-1\\
&\qquad k_3=k_2-k_1+1\\
&\qquad \{\mathbf{y}\}_{(1:k_3)}=\{\mathbf{y}\}_{(1:k_3)}+\{\mathbf{A}\}_{(k_1:k_2)}*\mathbf{x}(\{\mathbf{JDIAG}\}_{(k_1:k_2)})\\
&10\quad \text{continue}
\end{aligned}
\tag{6.34}
$$

式中,$\mathbf{IDIAG}(j)$ 表示第 j 条"J-对角线"在向量 $\{\mathbf{A}\}$ 中的起始位置,$\mathbf{JDIAG}(k)$ 表示存储在 $\mathbf{A}(k)$ 上的元素的列的位置.

在 CRAY-2 的一个处理机上,上述过程的渐进速度大约为 39MFLOPS[155]. 注意:因为我们假设矩阵[**A**]的行已经进行了交换,因此对没有交换的矩阵 [**A**] 而言,以上过程相当于计算出的是向量 [**A**]{**x**} 的一个交换. 显然,可以把这个结果向量再进行交换,使之返回到原来的次序. 我们也可以把这一运算放到最终的积向量形成之后再进行,这时整个过程就只要进行两次交换,一次在开始,一次在最后.

本节最后,我们介绍关于本节介绍的各种格式下矩阵向量积计算的一些数值试验上的比较[156].

表 6.1 给出了运用本节前面介绍的各种存储格式下的矩阵向量积计算的方法在 Alliant FX/80 机上进行时所能达到的速度. 表中各方法分别为

1. 行向存储 ((6.32) 式);

2. 列向存储 ((6.33) 式);

3. 对角存储 ((6.30) 式);

4. 广义对角存储 ((6.31) 式);

5. J-对角存储 ((6.34) 式).

试验在 Alliant FX/80 机上进行,采用双精度运算. 对二维和三维情况,分别用 5 点矩阵和 7 点矩阵计算(它们分别对应于二维问题的 5 点差分离散和三维问题的 7 点差分离散).

表 6.1 Alliant FX/80 机上稀疏矩阵向量积计算速度比较(单位 MFLOPS)

网格规模	方法				
	1	2	3	4	5
20×20	6.56	0.19	8.04	9.43	7.11
20×20×10	7.06	0.21	7.01	10.13	4.05
30×30	6.70	0.19	8.98	10.83	8.19
30×30×10	5.42	0.21	6.48	9.69	3.32

从表 6.1 中可以看到,在进行同一计算时, 以上五种方法的巨大差别. 特别是可以看到,在 Alliant FX/80 机上, 方法 2 是最差的. 不过应该强调指出的是, 方法的性能好坏与机器有很大关系. 比如,方法 1 这一内积形式的计算方法在 Alliant FX/80 机上效果最好, 但在向量机上效果就不好了. 表 6.1 中特别应注意的是方法 5,当由二维问题过渡到三维问题时,方法的性能大为下降. 这主要是由于计算所用的数据量很大,不能存放在 128KB 容量的存储器上. 详细分析可参阅文献[156].

§6.5 矩阵向量积的 EBE 并行计算

在前面四节里讨论的矩阵向量积问题中, 矩阵 [**A**] 都是显式存在的. 但是,在实际问题当中,矩阵 [**A**] 往往是由一组矩阵迭加而得到的. 这时,人们自然要问,当不显式生成矩阵 [**A**] 时,如何进行 (6.1) 式的计算? 矩阵向量积的 EBE 计算方法就是针对这一问题提出来的.

将一个总体矩阵向量积计算转化到一组单个矩阵向量积计算的 EBE 计算思想，在早期有关 EBE 技术的文献中已可见到，但是关于其向量化方面的起始工作则当以 L.J. Hayes 和 P.Devloo 1986 年的工作为标志. 在文献 [153] 中，他们以诸如 CYBER 205 或 CRAY 等流水线向量机为机器模型，提出了有限元分析过程中当不形成总体刚度矩阵时，进行稀疏矩阵向量积的 EBE 向量化计算方法，并在 CYBER 205 机上进行了数值试验. 其后，1988 年 G. F. Carey 等人在文献 [154] 中进一步讨论了 L. J. Hayes 等人提出的 EBE 矩阵向量积计算方法. 他们一方面改进了 L. J. Hayes 等提出的向量化计算过程，一方面讨论了 EBE 矩阵向量积计算的并行化，另一方面他们还将矩阵向量积 EBE 计算过程应用到 BCG (Biconjugate Gradient) 方法求解方程组中，同时在诸如 CRAY X-MP 和 Alliant FX/8 这类多处理机上进行了数值试验. 不过，在这二篇文献中，作者都没有给出具体的算法. 以这些工作为基础，以 YH-1 机为机器模型，针对有限元结构分析的特点，高科华在文献 [53] 中进一步研究了在单元刚度矩阵向量化计算基础上，进行矩阵向量积计算的向量化 EBE 计算过程，并就所考虑的情形第一次给出了具体的计算方法，同时将它用于多项式预处理共轭梯度法求解有限元方程组中，并通过在 YH-1 机上的数值试验将整体矩阵向量积计算与 EBE 矩阵向量积计算进行了比较，说明了 EBE 计算方法的有效性.

关于不形成总体矩阵时进行矩阵向量积的计算，K. H. Law 等人[54][102]从另一条途径出发，也提出了一种类似 L. J. Hayes 等提出的 EBE 计算方法的矩阵向量积方法. 主要区别在于各单元矩阵向量积计算完成之后，这一组单元矩阵向量积向量合成方法不一样. K. H. Law 的方法合成这一组积向量是通过所谓的整体动力矩阵或者整体静力矩阵而计算的，而在 L. J. Hayes 的方法中则是直接迭加这一组积向量，这一点在后面将可以看到.

本节我们将只介绍 L. J. Hayes 矩阵向量积计算途径. 首

先描述一下矩阵向量积 EBE 计算的基本思想,以及在 EBE 计算过程中要涉及的有关数组. 然后着重分析 EBE 计算过程中两个主要部分的向量化问题. 其次通过实例说明给出节点自由度为 1 时的 EBE 向量化计算方法,接着推广到一般情况,即节点自由度为 d 时的情况. 最后进一步给出改进的 EBE 计算方法.

6.5.1 算法的基本思想与有关数组

以下我们假设矩阵 $[\mathbf{A}]$ 有如下的多重分裂(Multisplitting)形式:

$$[\mathbf{A}]=\sum_{e}[\mathbf{A}_e]. \tag{6.35}$$

能够表示成多重分裂形式的矩阵在实际问题中是很普遍的. 最明显的例子是当采用有限元技术、边界元技术解实际问题时,总刚度矩阵 $[\mathbf{K}]$ 就有(6.35)式所示的分裂形式,即

$$[\mathbf{K}]=\sum_{e=1}^{\mathrm{nel}}[\mathbf{K}_e], \tag{6.36}$$

其中, $[\mathbf{K}_e]$ 表示第 e 个单元对总刚度矩阵 $[\mathbf{K}]$ 的贡献,为第 e 个单元的单元刚度矩阵, nel 为单元总数. 此外, 多重分裂也可出现在线性系统中, 其中相应的矩阵 $[\mathbf{A}_e]$ 对应着某组未知量的贡献. 另外,当利用 EBE 技术解其它问题时, 也会常常出现矩阵的多重分裂. 不失一般性, 下面我们均称 $[\mathbf{A}_e]$ 为单元矩阵, 而不管它是否来自有限元分析过程, 还是来自其它途径的分析过程.

EBE 矩阵向量积计算的基本思想可用下式描述:

$$\{\mathbf{b}\}=[\mathbf{A}]\{\mathbf{x}\}=\left(\sum_{e}[\mathbf{A}_e]\right)\{\mathbf{x}\}=\sum_{e}([\mathbf{A}_e]\{\mathbf{x}\})$$
$$=\sum_{e}[\mathbf{A}_e]\{\mathbf{x}_e\}=\sum_{e}\{\mathbf{b}_e\}, \tag{6.37}$$

这里, $\{\mathbf{x}_e\}$ 是与 $[\mathbf{A}_e]$ 相应的向量, $\{\mathbf{x}_e\}$ 中的非零元素就是 $\{\mathbf{x}\}$ 中的元素. 例如,假设第 e 号单元与第 $i_1,\ i_2,\cdots,i_m$ 号自由

度有关，那么 $\{\mathbf{x}_e\}$ 就是这样一个向量，

$$\begin{cases}\mathbf{x}_e(i_j)=\mathbf{x}(i_j), & j=1,2,\cdots,m,\\ \mathbf{x}_e(k)=0, & k\neq i_j(j=1,2,\cdots,m).\end{cases}\tag{6.38}$$

矩阵 $[\mathbf{A}_e]$ 是与第 e 号单元的单元矩阵相应的矩阵. 在 $[\mathbf{A}_e]$ 中，只有与第 e 号单元有关的行和列上的元素不为零. 这些不为零的元素就是第 e 号单元的单元矩阵的元素. 所以，$[\mathbf{A}_e]\{\mathbf{x}_e\}$ 完全由第 e 号单元决定. 因此，我们可以同时在"单元级"上计算稠密矩阵 $[\mathbf{A}^e]$ 与相应向量 $\{\mathbf{x}^e\}$ 的乘积(可组织向量化运算)，最后装配成总体向量. 这里 $[\mathbf{A}^e]$ 表示满的单元刚度矩阵，$\{\mathbf{x}^e\}$ 表示与之相应的向量，对应(6.38)式，有

$$\mathbf{x}^e(j)=\mathbf{x}_e(i_j),\ j=1,2,\cdots,m.\tag{6.39}$$

下面，我们均做如下约定:

(1) 带上标的向量表示对应的单元向量或矩阵，

(2) 带下标的向量表示对应整个问题下的全局向量或矩阵.

从(6.37)式我们可以看出，矩阵向量积的 EBE 计算方法本质上是通过将一个大型稀疏矩阵向量积的计算，转化成一组小型稠密矩阵向量积的计算，从而把一个矩阵合成问题转化为一个向量合成问题. 因此，就计算量来说，EBE 计算方法要大. 在传统串行计算机上进行计算. 用这种方法计算比用整体矩阵向量积方法所用的时间就要多. 但是，由于 EBE 计算方法很适宜于向量化计算，因此在向量计算机上 EBE 计算方法则显得较整体矩阵向量积方法要优越一些. 这一点在后面的分析中就可以看到.

从 (6.37) 式还可以进一步看出，矩阵向量积的 EBE 计算过程主要由二部分运算构成. 第一部分是所有单元矩阵 $[\mathbf{A}_e]$ 与它们各自对应的向量 $\{\mathbf{x}_e\}$ 的乘积运算（实际上是 $[\mathbf{A}^e]$ 与 $\{\mathbf{x}^e\}$ 的积运算). 第二部分是这所有单元上的积向量 $\{\mathbf{b}_e\}$（实际上是 $\{\mathbf{b}^e\}$) 的迭加运算. 在向量计算机上，前部分的向量化是相当直接的，而相对来说，后一部分的向量化计算则不是很明显. 在以下二段里，我们将分别讨论这二个部分的向量化计算问题. 在此，首先定义一些辅助数组，并给出这些辅助数组的计算方法.

首先引进相关单元数的概念．对网格中的节点 i，定义 NEC_i 为包含该节点的单元个数． NEC_i 就称为节点 i 的相关单元数．而整个有限元网格的节点相关单元度 NEC 就定义为

$$NEC = \max_{1\leqslant i\leqslant nod} NEC_i, \tag{6.40}$$

式中 nod 表示网格中的节点总数．

其次引进节点单元号的概念． 对网格中的每个节点 i，将包含它的 NEC_i 个单元按任意次序从 1 到 NEC_i 进行编号．为了与整体单元号相区别，称其为与第 i 个节点相关的节点单元号．这样，如果某一单元有 m 个节点，那么它就有一个整体单元号和 m 个节点单元号．

当求出所有节点的相关单元数后，便可以根据相关单元数的大小从大到小把网格中的所有节点进行重新编号，相关单元数相同的节点随机安排前后．在此基础上，引入几个辅助数组：

(1) 数组[**KNOD**] (1:nod,1:NEC)．其中 **KNOD**(i,j) 表示包含网格中第 i 个节点的第 j 个单元的整体单元号．

(2) 数组 [**NODE**] (1:nel, 1:m)．其中 **NODE**(i, j) 表示网格的第 i 个单元中第 j 个节点的整体节点号． 事实上，[**NODE**] 就是节点重编号后的单元节点编号矩阵．

(3) 数组 [**INVN**] (1:nod,1:NEC)．其中 **INVN** (i,j)表示网格中的第 i 个节点在包含该节点的第 j 个单元中的局部节点号．数组 [**INVN**] 与 [**KNOD**] 的第 i 行元素从第 NEC_i+1列起值为零．

(4) 数组 [**NEV**](1:α,1:NNEC)．其中 **NEV**$(1,i)$表示网格中节点的相关单元数序列，**NEV** $(2,i)$ 则表示网格中相关单元数为 **NEV** $(1,i)$ 的节点数目．这里 NNEC 表示相关单元数序列的元素个数． 我们以图 6.2 所示的网格为例对这些数组加以说明．

图 6.2 所示的模型网格，实际上是已根据各节点的相关单元数的大小，将所有节点进行重编号后的结果．对模型网格(一)来

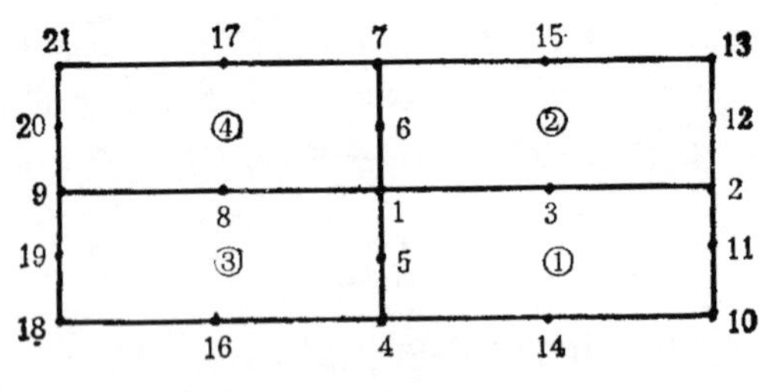

图 6.2　模型网格(一)

说，有

$$
\begin{aligned}
&\mathrm{NEC}_1 = 4,\\
&\mathrm{NEC}_j = 2,\ j = 2,3,\cdots,9,\\
&\mathrm{NEC}_j = 1,\ j = 10,11,\cdots,21,\\
&\mathrm{NEC} = 4,\ \mathrm{NNEC} = 3.
\end{aligned}
$$

假设我们在编包含某一节点 i 的 NEC_i 个单元的节点单元号时，仍按这些单元的整体单元号的大小顺序，那么就可得到以下各辅助数组

[**KNOD**]

$$
=\begin{bmatrix}
1 & 1 & 1 & 1 & 1 & 2 & 2 & 3 & 3 & 1 & 1 & 2 & 2 & 1 & 2 & 3 & 4 & 3 & 3 & 4 & 4\\
2 & 2 & 2 & 3 & 3 & 4 & 4 & 4 & 4 & 0 & 0 & 0 & 0 & 0 & 0 & 0 & 0 & 0 & 0 & 0 & 0\\
3 & & & & & & & & & & \mathbf{0} & & & & & & & & & & \\
4 & & & & & & & & & & & & & & & & & & & &
\end{bmatrix}^T,
$$

$$
[\mathbf{NODE}] = \begin{bmatrix}
10 & 11 & 2 & 3 & 1 & 5 & 4 & 14\\
2 & 12 & 13 & 15 & 7 & 6 & 1 & 3\\
4 & 5 & 1 & 8 & 9 & 19 & 18 & 16\\
1 & 6 & 7 & 17 & 21 & 20 & 9 & 8
\end{bmatrix},
$$

[**INVN**]

$$
=\begin{bmatrix}
5 & 3 & 4 & 7 & 6 & 6 & 5 & 4 & 5 & 1 & 2 & 1 & 2 & 8 & 4 & 8 & 4 & 7 & 6 & 6 & 5\\
7 & 1 & 8 & 1 & 2 & 2 & 3 & 8 & 7 & 0 & 0 & 0 & 0 & 0 & 0 & 0 & 0 & 0 & 0 & 0 & 0\\
3 & & & & & & & & & & \mathbf{0} & & & & & & & & & & \\
1 & & & & & & & & & & & & & & & & & & & &
\end{bmatrix}^T,
$$

$$[\mathbf{NEV}] = \begin{bmatrix} 1 & 2 & 4 \\ 12 & 8 & 1 \end{bmatrix}.$$

[**NODE**] 的作用是从整体向量中挑选出与单元矩阵相应的向量．[**KNOD**]，[**INVN**] 和 [**NEV**] 是为了从单元矩阵向量积合成整体积向量．它们是 EBE 算法的基础．为此，下面我们先给出如何由初始节点信息即单元节点编号矩阵 [**E**] 形成数组 [**NODE**]，[**KNOD**]，[**INVN**] 和 [**NEV**] 的方法．

算法 6.6——辅助数组的计算方法．

(1) 根据矩阵 [**E**] 统计各节点的相关单元数 NEC_i，$i = 1, 2, \cdots, nod$．记向量 {**D**} 表示 $(NEC_1, NEC_2, \cdots, NEC_{nod})^T$，那么可按

$\{\mathbf{D}\} = 0,$

$\{\mathbf{D}(\{\mathbf{e}_j\})\} = \{\mathbf{D}(\{\mathbf{e}_j\})\} + 1,\ j = 1, 2, \cdots, nel$

求出向量{**D**}．其中$\{\mathbf{e}_j\}, j = 1, 2, \cdots, nel$ 是矩阵[**E**]的相应行组成的向量．

(2) 统计最大、最小的相关单元数 max，min． 并据此形成矩阵 [**NEV**]．

(3) 形成中间向量 {**L**}，$\mathbf{L}(j)$ 表示原来为第 j 号的节点经节点重编号后变为第 $\mathbf{L}(j)$ 号节点．具体过程为

$n_1 = 1$

$k = \max, \max - 1, \cdots, \min$

$\quad j = 1, 2, \cdots, nod$

如果 $\mathbf{D}(j) = k$，那么 $\mathbf{L}(j) = n_1$，$n_1 = n_1 + 1$，关于 j 循环；

如果 $\mathbf{D}(j) \neq k$，直接关于 j 循环．

(4) 据向量 {**L**} 和矩阵 [**E**] 形成 [**NODE**] 阵，即

$$[\mathbf{NODE}] = [\mathbf{L}([\mathbf{E}])];$$

表示成向量形式为

设 $[\mathbf{NODE}] = [\{\boldsymbol{\alpha}_1\}\{\boldsymbol{\alpha}_2\}\cdots\{\boldsymbol{\alpha}_m\}]$，

$\qquad [\mathbf{E}] = [\{\boldsymbol{\beta}_1\}\{\boldsymbol{\beta}_2\}\cdots\{\boldsymbol{\beta}_m\}]$，

那么

$$\{\boldsymbol{\alpha}_j\}=\{\mathbf{L}(\{\boldsymbol{\beta}_j\})\},\ j=1,2,\cdots,m.$$

(5) 据 [**NODE**] 形成矩阵 [**KNOD**].

记 $\{\mathbf{r}_j\}$, $j=1,2,\cdots,\text{nel}$ 是 [**NODE**] 的行组成的向量,那么可按以下步骤形成 [**KNOD**].

(i) 赋值 1 给向量$\{\mathbf{g}\}$的各分量, 即 $\{\mathbf{g}\}=1$, 令 $k=1$,

(ii) $\mathbf{KNOD}(\mathbf{r}_k(j),\ \mathbf{g}(\mathbf{r}_k(j)))=k$, $j=1,2,\cdots,m$,

(iii) $\{\mathbf{g}(\{\mathbf{r}_k\})\}=\{\mathbf{g}(\{\mathbf{r}_k\})\}+1$,

(iv) $k=k+1$, k 大于 nel 时停,否则转 (ii).

(6) 据 [**NODE**], [**KNOD**] 等形成 [**INVN**] 矩阵.

$k=1,2,\cdots,\text{nod}$,

$n=1,2,\cdots,NEC_k$,

$e_n=\mathbf{KNOD}(k,n)$,

$j=1,2,\cdots,m$.

如果 $\mathbf{NODE}(e_n,j)=k$, 那么 $\mathbf{INVN}(k,n)=j$, 关于 n 循环;

如果 $\mathbf{NODE}(e_n,j)\neq k$, 那么关于 j 循环;

也可据以下过程计算

(i) 赋值 1 给向量 $\{\mathbf{g}\}$ 的各分量,令 $k=1$,

(ii) $\mathbf{KNOD}[\mathbf{r}_k(j),\ \mathbf{g}(\mathbf{r}_k(j))]=j$, $j=1,2,\cdots,m$,

(iii) $\{\mathbf{g}(\{\mathbf{r}_k\})\}=\{\mathbf{g}(\{\mathbf{r}_k\})\}+1$,

(iv) $k=k+1$, k 大于 nel 时停,否则转 (ii).

[注] 从算法 6.6 的计算步骤可以看出, 第 (5) 步和第(6)步可以合为如下一步,记为 (5*) 步.

(5*) 形成矩阵 [**KNOD**] 和矩阵 [**INVN**].

(i) 设 $\{\mathbf{r}_j\}(j=1,2,\cdots,\text{nel})$ 是 [**NODE**] 的行组成的向量,

(ii) 令 $\{\mathbf{g}\}=1$, 令 $k=1$,

(iii) $$\left.\begin{aligned}\mathbf{INVN}(\mathbf{r}_k(j),\mathbf{g}(\mathbf{r}_k(j)))=j\\ \mathbf{KNOD}(\mathbf{r}_k(j),\mathbf{g}(\mathbf{r}_k(j)))=k\end{aligned}\right\}\ j=1,2,\cdots,m,$$

(iv) $\{g(\{\mathbf{r}_k\})\} = \{\mathbf{g}(\{\mathbf{r}_k\})\} + 1$,

(v) $k = k + 1$, k 大于 nel 时停止，否则转 (ii).

因为(5*)中向量运算的向量长度仅为 m，所以通过交换关于 j, k 的循环，可使向量长度提高到 nel. 这时，相应形成 [**KNOD**] 和 [**INVN**] 的过程以(5#)步记.

(5#) 形成矩阵 [**KNOD**] 和矩阵 [**INVN**].

(i) 设 $\{\mathbf{c}_j\}(j = 1, 2, \cdots, m)$ 是 [**NODE**] 的列组成的向量,

(ii) 令 $\{\mathbf{g}\} = 1$, $j = 1$,

(iii) $\left.\begin{array}{l}\mathbf{INVN}(\mathbf{c}_j(k),\ \mathbf{g}(\mathbf{c}_j(k))) = j \\ \mathbf{KNOD}(\mathbf{c}_j(k), \mathbf{g}(\mathbf{c}_j(k))) = k\end{array}\right\} k = 1, 2, \cdots, \text{nel}$,

(iv) $\{\mathbf{g}(\{\mathbf{c}_j\})\} = \{\mathbf{g}(\{\mathbf{c}_j\})\} + 1$,

(v) $j = j + 1$, j 大于 m 时停止，否则转 (ii).

6.5.2 $[\mathbf{A}^e]\{\mathbf{x}^e\}$ 的向量化计算

如前段指出的，整体矩阵向量积 $[\mathbf{A}]\{\mathbf{x}\}$ 可以通过适当合成单元矩阵向量积 $\{\mathbf{b}^e\} = [\mathbf{A}^e]\{\mathbf{x}^e\}$, $e = 1, 2, \cdots, \text{nel}$ 获得. 因此，首先我们自然希望能简单而有效地计算出单元矩阵向量积. 我们知道，在串行机上计算这一组 $[\mathbf{A}^e]\{\mathbf{x}^e\}$，将涉及一个三层嵌套循环. 最外层的循环是关于 nel 个单元的循环，而在二个内层循环中，则是关于 $m \times d$ 个节点自由度的循环，通过向量内积而求 $[\mathbf{A}^e]\{\mathbf{x}^e\}$. 于是当把内层循环用向量化运算代替时，向量长度仅仅是单元的节点自由度数 $m \times d$. 由于在大多数情况下，$m \times d$ 都较小，所以这样的向量化计算效果是不好的.

为了获得有较长向量长度的向量化计算，我们重新安排循环的内外次序，即把关于单元的循环安排为最内层循环，然后用一次向量计算代替最内层循环，则向量长度可达 nel. 为叙述为便，设 $[\mathbf{A}^e](e=1, \cdots, \text{nel})$ 存放于三维数组 $[\mathbf{A}](1:\text{nel}, 1:m\times d, 1:m\times d)$ 中，相应向量 $\{\mathbf{b}^e\}$ $\{\mathbf{x}^e\}(e = 1, \cdots, \text{nel})$ 则分别存放于二维数组 $[\mathbf{B}](1:\text{nel}, 1:m \times d)$ 和 $[\mathbf{X}](1:\text{nel}, 1:m \times d)$ 中. 于是重新安

排内外循环次序后 $[\mathbf{A}^e]\{\mathbf{x}^e\}(e=1, 2,\cdots,\mathrm{nel})$ 的串行计算过程为

$$
\begin{aligned}
&\text{do}\quad 10\quad k=1,\ m\times d\\
&\text{do}\quad 10\quad j=1,\ m\times d\\
&\text{do}\quad 10\quad e=1,\ \mathrm{nel}\\
&\qquad b_{e,j}=b_{e,j}+a_{e,j,k}\times x_{e,k}\\
&10\quad \text{continue}
\end{aligned}
\tag{6.41}
$$

显然最内层的关于 e 的循环可用一次向量化计算来代替，即若记

$$
\begin{aligned}
\{\mathbf{b}_{*j}\}&=(b_{1,j},b_{2,j},\cdots,b_{\mathrm{nel},j})^T,\\
\{\mathbf{x}_{*k}\}&=(x_{1,k},x_{2,k},\cdots,x_{\mathrm{nel},k})^T,\\
\{\mathbf{a}_{*jk}\}&=(a_{1,j,k},a_{2,j,k},\cdots,a_{\mathrm{nel},j,k})^T,
\end{aligned}
$$

那么(6.41)式可描述为

$$
\begin{aligned}
&\text{do}\quad 10\quad k=1,\ m\times d\\
&\text{do}\quad 10\quad j=1,\ m\times d\\
&\qquad \{\mathbf{b}_{*j}\}=\{\mathbf{b}_{*j}\}+\{\mathbf{a}_{*jk}\}\{\mathbf{x}_{*k}\}\\
&10\quad \text{continue}
\end{aligned}
\tag{6.42}
$$

因为在实际应用当中，nel 都较大，所以对向量计算机来说，这种格式是很有效的。上述过程可用图 6.3 表示。

关于 $[\mathbf{A}^e]\{\mathbf{x}^e\}$ 的向量化计算，L. J. Hayes 和 P. Devloo 提出的是另一种计算格式。其思想相当于将稠密矩阵的对角线计算法应用到 $[\mathbf{A}^e]\{\mathbf{x}^e\}$ 的向量化计算中。以单元刚度矩阵为 4×4 的情形为例说明 L. J. Hayes 和 P. Devloo 的向量化计算方法。当只计算一个单元刚度矩阵与相应向量的积时，对角线计算法可表示为

$$
\begin{bmatrix} A^e_{1,1} & A^e_{1,2} & A^e_{1,3} & A^e_{1,4}\\ A^e_{2,1} & A^e_{2,2} & A^e_{2,3} & A^e_{2,4}\\ A^e_{3,1} & A^e_{3,2} & A^e_{3,3} & A^e_{3,4}\\ A^e_{4,1} & A^e_{4,2} & A^e_{4,3} & A^e_{4,4}\end{bmatrix}\begin{bmatrix} x^e_1\\ x^e_2\\ x^e_3\\ x^e_4\end{bmatrix}=\begin{bmatrix} A^e_{1,1}\\ A^e_{2,2}\\ A^e_{3,3}\\ A^e_{4,4}\end{bmatrix}\begin{bmatrix} x^e_1\\ x^e_2\\ x^e_3\\ x^e_4\end{bmatrix}+\begin{bmatrix} A^e_{1,2}\\ A^e_{2,3}\\ A^e_{3,4}\\ A^e_{4,1}\end{bmatrix}\begin{bmatrix} x^e_2\\ x^e_3\\ x^e_4\\ x^e_1\end{bmatrix}
$$

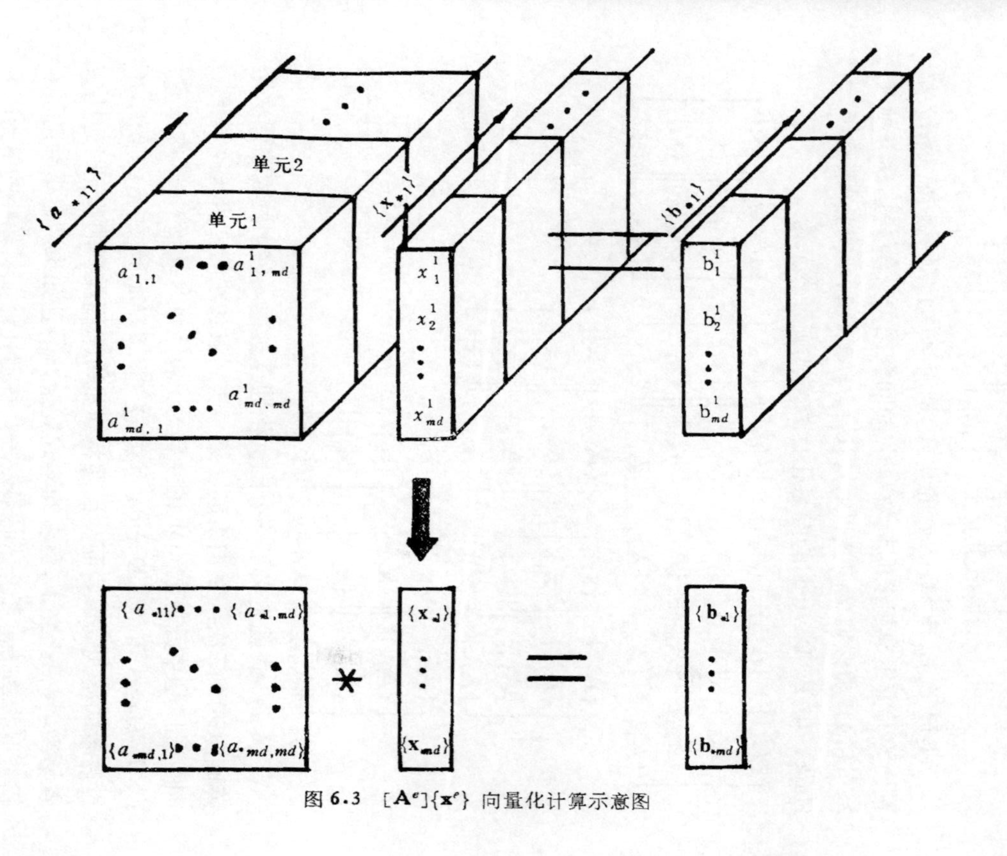

图 6.3 $[\mathbf{A}^e]\{\mathbf{x}^e\}$ 向量化计算示意图

$$
+\begin{bmatrix} A_{1,3}^e \\ A_{2,4}^e \\ A_{3,1}^e \\ A_{4,2}^e \end{bmatrix}\begin{bmatrix} x_3^e \\ x_4^e \\ x_1^e \\ x_2^e \end{bmatrix}+\begin{bmatrix} A_{1,4}^e \\ A_{2,1}^e \\ A_{3,2}^e \\ A_{4,3}^e \end{bmatrix}\begin{bmatrix} x_4^e \\ x_1^e \\ x_2^e \\ x_3^e \end{bmatrix}=\begin{bmatrix} b_1^e \\ b_2^e \\ b_3^e \\ b_4^e \end{bmatrix}. \tag{6.43}
$$

类似于 G. F. Carey 的格式，把所有单元刚度矩阵 (i,j) 位置处的元素组成起来的长为 nel 的向量记为 $\{\mathbf{A}i,j\}$，$i,j=1,2,\cdots,4$，类似定义向量 $\{\mathbf{x}_j\},\{\mathbf{b}_j\}$，$j=1,2,\cdots,4$。那么 L. J. Hayes 和 P. Devloo 的向量化计算格式则可表示为

$$
\begin{bmatrix} \{\mathbf{A}_{1,1}\} & \{\mathbf{A}_{1,2}\} & \{\mathbf{A}_{1,3}\} & \{\mathbf{A}_{1,4}\} \\ \{\mathbf{A}_{2,1}\} & \{\mathbf{A}_{2,2}\} & \{\mathbf{A}_{2,3}\} & \{\mathbf{A}_{2,4}\} \\ \{\mathbf{A}_{3,1}\} & \{\mathbf{A}_{3,2}\} & \{\mathbf{A}_{3,3}\} & \{\mathbf{A}_{3,4}\} \\ \{\mathbf{A}_{4,1}\} & \{\mathbf{A}_{4,2}\} & \{\mathbf{A}_{4,3}\} & \{\mathbf{A}_{4,4}\} \end{bmatrix}\begin{bmatrix} \{\mathbf{x}_1\} \\ \{\mathbf{x}_2\} \\ \{\mathbf{x}_3\} \\ \{\mathbf{x}_4\} \end{bmatrix}=\begin{bmatrix} \{\mathbf{A}_{1,1}\} \\ \{\mathbf{A}_{2,2}\} \\ \{\mathbf{A}_{3,3}\} \\ \{\mathbf{A}_{4,4}\} \end{bmatrix}\begin{bmatrix} \{\mathbf{x}_1\} \\ \{\mathbf{x}_2\} \\ \{\mathbf{x}_3\} \\ \{\mathbf{x}_4\} \end{bmatrix}
$$

$$
+\begin{bmatrix} \{\mathbf{A}_{1,2}\} \\ \{\mathbf{A}_{2,3}\} \\ \{\mathbf{A}_{3,4}\} \\ \{\mathbf{A}_{4,1}\} \end{bmatrix}\begin{bmatrix} \{\mathbf{x}_2\} \\ \{\mathbf{x}_3\} \\ \{\mathbf{x}_4\} \\ \{\mathbf{x}_1\} \end{bmatrix}+\begin{bmatrix} \{\mathbf{A}_{1,3}\} \\ \{\mathbf{A}_{2,4}\} \\ \{\mathbf{A}_{3,1}\} \\ \{\mathbf{A}_{4,2}\} \end{bmatrix}\begin{bmatrix} \{\mathbf{x}_3\} \\ \{\mathbf{x}_4\} \\ \{\mathbf{x}_1\} \\ \{\mathbf{x}_2\} \end{bmatrix}
$$

$$
+\begin{bmatrix} \{\mathbf{A}_{1,4}\} \\ \{\mathbf{A}_{2,1}\} \\ \{\mathbf{A}_{3,2}\} \\ \{\mathbf{A}_{4,3}\} \end{bmatrix}\begin{bmatrix} \{\mathbf{x}_4\} \\ \{\mathbf{x}_1\} \\ \{\mathbf{x}_2\} \\ \{\mathbf{x}_3\} \end{bmatrix}=\begin{bmatrix} \{\mathbf{b}_1\} \\ \{\mathbf{b}_2\} \\ \{\mathbf{b}_3\} \\ \{\mathbf{b}_4\} \end{bmatrix}. \tag{6.44}
$$

(6.44) 式就定义了一个向量化计算过程。整个过程由四次矩阵向量乘和二次向量加组成（第一次向量加法的向量长度增倍）. 向量长度是单元总数 nel 的 4 倍（一般是 $m\times d$ 倍）。就此来看，L. J. Hayes 和 P. Devloo 格式较 G. F. Carey 的格式为优，不过后者的格式简单，而且当网格中出现不同类型的单元时也比较容易实现，相比之下，前者的格式复杂，而且如果网格中采用了不同类型的单元，那么还必须做一些特别处理如将较小的单元刚度矩阵用零填充成最大的单元刚度矩阵那样大小的矩阵，并且在计算时关于这些零元素也都必须进行相应的计算。

最后我们指出，通过一些特别的处理可以进一步增长向量运

算的向量长度．不过，这往往会增加存储量．关于这方面，本书就不再作详细叙述了．

6.5.3 装配过程的向量化计算

当所有单元矩阵向量积的计算完成之后，接着就是装配 $\{\mathbf{b}^e\}$ 到向量 $\{\mathbf{b}\}$ 的计算．在有限元分析中，这相当于把包含某节点的所有单元对它的贡献迭加起来．下面介绍的 $\{\mathbf{b}^e\}$ 的向量化合成过程有以下三个特点：

（1）在合成过程中，只需对所有的向量 $\{\mathbf{b}^e\}$ 进行一次重排序．

（2）可保证最少次数的零元素上的运算．

（3）可保证最少次数的向量运算．

向量化合成过程的第一步是通过相关单元数序列将向量 $\{\mathbf{b}^e\}(e=1,2,\cdots,\text{nel})$ 装配进 NEC 个长为 n 的向量 $\{\mathbf{B}_k\}(k=1,2,\cdots,\text{NEC})$ 中．这里 $\{\mathbf{B}_k\}$ 是通过那些至少有 k 个相关单元的节点贡献而形成的．即如果节点 i 的相关单元数为 NEC_i 那么对应于这 NEC_i 个单元的单元矩阵向量积 $\{\mathbf{b}^e\}$ 中关于节点 i 的单元贡献就将分别装配到前 NEC_i 个 $\{\mathbf{B}_k\}$ 向量之中．至于这 NEC_i 个单元向量积贡献向前 NEC_i 个 $\{\mathbf{B}_k\}$ 向量中装配的次序是无关紧要的．例如，在下一段的例子中，节点 1，2 的相关单元数都是 2，于是单元矩阵向量积 $\{\mathbf{b}^1\}$ 中关于节点 1，2 的贡献装配到向量 $\{\mathbf{B}_1\}$ 中，而单元矩阵向量积 $\{\mathbf{b}^2\}$ 中关于节点 1，2 的贡献则装配到向量 $\{\mathbf{B}_2\}$ 中．相对的，由于节点 3，4，5，6 的相关单元数为 1，所以在 $\{\mathbf{b}^1\}$，$\{\mathbf{b}^2\}$ 中关于它们的贡献就全部装配到向量 $\{\mathbf{B}_1\}$ 中．

当所有的向量 $\{\mathbf{B}_k\}$，$k=1,2,\cdots,\text{NEC}$ 形成之后，原来关于 $\{\mathbf{b}^e\}$ 的合成问题便转化为了 $\{\mathbf{B}_k\}$ 的合成问题．由于 $\{\mathbf{B}_k\}$，$k=1,2,\cdots,\text{NEC}$ 的向量长度为 n，所以有

$$\{\mathbf{b}\}=\sum_{k=1}^{\text{NEC}}\{\mathbf{B}_k\}. \tag{6.45}$$

于是，第二步就是一组长为 n 的向量的求和。其向量化是直接的．在本节第 4 段介绍的基本算法就是以此为基础的．

事实上，我们可进一步看到，关于向量 $\{\mathbf{B}_k\}$ 有这样的特点，即 $\{\mathbf{B}_k\}$ 中有的位置处的元素为零．而且由于事先已按相关单元数的大小对网格中的所有节点进行了重编号，因此 $\{\mathbf{B}_k\}$ 中的固有零元素总是在向量的后一部分．而且我们还可以知道，假设相关单元数不小于 k 的节点数目为 NC_k，那么 $\{\mathbf{B}_k\}$ 向量的前 $\mathrm{NC}_k \times d$ 个元素不为 0，而后面的所有元素值均为 0．这里的 NC_k 可通过

$$\mathrm{NC}_k = \mathrm{nod} - (\mathbf{NEV}(2,1) + \mathbf{NEV}(2,2) + \cdots + \mathbf{NEV}(2,j-1)) \tag{6.46}$$

计算，其中 j 满足 $(\mathbf{NEV}(1,0) = 0)$

$$\mathbf{NEV}(1,j-1) < k \leqslant \mathbf{NEV}(1,j).$$

不过，应特别注意的是，由于每个节点至少有一个相关单元，所以向量 $\{\mathbf{B}_1\}$ 总是一个长为 n 的稠密向量．

考虑到向量 $\{\mathbf{B}_k\}$ 的上述特点，为了减少不必要的零运算，(6.45) 式的求和没必要总是对长为 n 的总体向量进行，而只要对相应的不为 0 的一段进行．下面我们用 $\{\tilde{\mathbf{B}}_k\}$ 表示 $\{\mathbf{B}_k\}$ 向量中前面不为零的 $NC_k \times d$ 个元素组成的向量，然后讨论由这一组 $\{\tilde{\mathbf{B}}_k\}, k = 1,2,\cdots,\mathrm{NEC}$ 向量合成 $\{\mathbf{b}\}$ 的向量化计算方法．

首先显然存在这样一个事实，即向量 $\{\tilde{\mathbf{B}}_i\}$ 的长度不小于向量 $\{\tilde{\mathbf{B}}_j\}$ 的长度(当 $i \leqslant j$ 时)，记为

$$|\{\tilde{\mathbf{B}}_1\}| \geqslant |\{\tilde{\mathbf{B}}_2\}| \geqslant |\{\tilde{\mathbf{B}}_3\}| \geqslant \cdots \geqslant |\{\tilde{\mathbf{B}}_{\mathrm{NEC}}\}|. \tag{6.47}$$

合成这些长度不一的向量 $\{\tilde{\mathbf{B}}_k\}$ 的方法一般有两种．一是当迭加 $\{\tilde{\mathbf{B}}_i\}$ 时，向量加法只在 $\{\mathbf{b}\}$ 的前 $\mathrm{NC}_i \times d$ 个元素组成的向量和 $\{\tilde{\mathbf{B}}_i\}$ 间进行．其过程为

$$\begin{aligned}&\{\mathbf{b}\} = 0\\&\mathbf{do}\quad 10\quad i = 1,\ \mathrm{NEC}\\&\qquad k = NC_i \times d\\&\qquad \{\mathbf{b}\}_{(1:k)} = \{\mathbf{b}\}_{(1:k)} + \{\tilde{\mathbf{B}}_i\}\end{aligned} \tag{6.48}$$

10 continue

后面我们将介绍的改进算法就基于这种处理方法．另一种处理方法是先用零元素适当地将这些 $\{\tilde{\mathbf{B}}_k\}$ 向量进行扩充，然后采用“分而治之”的思想计算．注意，这里所指的扩充不是简单地将 $\{\tilde{\mathbf{B}}_k\}$ 扩充为 $\{\mathbf{B}_k\}$．下面就来介绍这一处理方法． 从下面的介绍中可以看到，它保证了最长的向量长度的同时，也保证了关于填充的零元素上的运算最少．

为了叙述方便，以下假定网格的节点单元相关度 NEC 为 8．对一般情况，思想是一致的．这时，整个 $\{\tilde{\mathbf{B}}_k\}, k=1,2,\cdots,8$，向量的迭加过程可以通过三次向量加法而完成． 第一次加法运算中，实现 $\{\tilde{\mathbf{B}}_1\}$ 和 $\{\tilde{\mathbf{B}}_2\}$，$\{\tilde{\mathbf{B}}_3\}$ 和 $\{\tilde{\mathbf{B}}_4\}$，$\{\tilde{\mathbf{B}}_5\}$ 和 $\{\tilde{\mathbf{B}}_6\}$，$\{\tilde{\mathbf{B}}_7\}$ 和 $\{\tilde{\mathbf{B}}_8\}$ 的迭加，记为 $\{\tilde{\mathbf{B}}_1\}\oplus\{\tilde{\mathbf{B}}_2\}$，$\{\tilde{\mathbf{B}}_3\}\oplus\{\tilde{\mathbf{B}}_4\}$，$\{\tilde{\mathbf{B}}_5\}\oplus\{\tilde{\mathbf{B}}_6\}$ 和 $\{\tilde{\mathbf{B}}_7\}\oplus\{\tilde{\mathbf{B}}_8\}$．为了只在一次向量运算中计算出以上四个迭加，这些 $\{\tilde{\mathbf{B}}_k\}$ 向量排列成图 6.4 所示的形式，相应的向量运算仅对图 6.4 中两虚线间的向量进行． 于是只需在向量 $\{\tilde{\mathbf{B}}_6\}$ 的后面和向量 $\{\tilde{\mathbf{B}}_4\}$ 的前面填充适当个数 $(NC_5+NC_3-NC_6-NC_4)\times d$ 的零元素．当然，若分成两次向量运算，那么可以避免零元素填充过程，如图 6.5 所示．

接着用 $\{\tilde{\mathbf{B}}_{ij}\}$ 表示向量 $\{\tilde{\mathbf{B}}_i\}$ 和 $\{\tilde{\mathbf{B}}_j\}$ 迭加的结果． 当

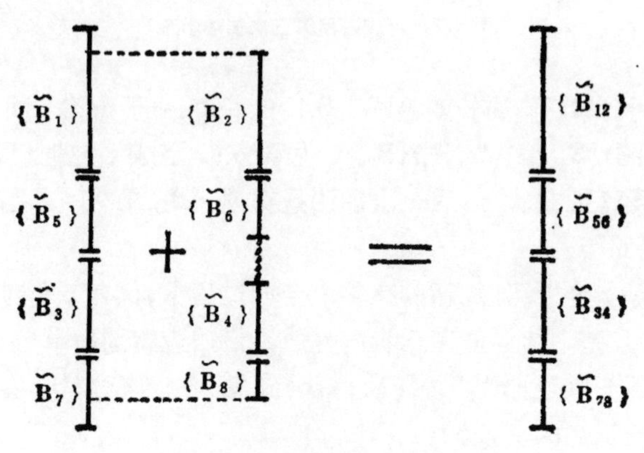

图 6.4 合成过程第一次加法示意

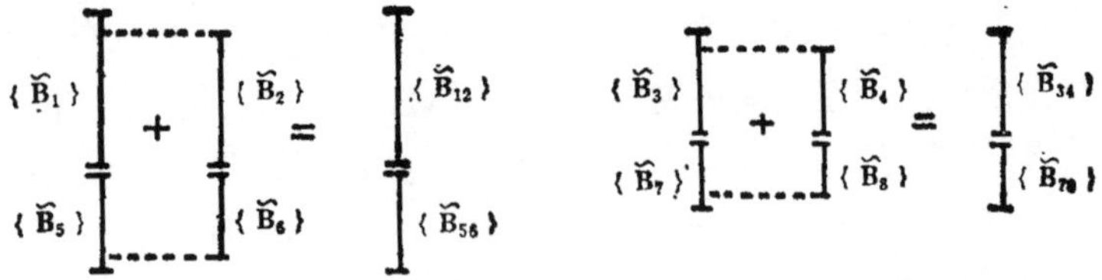

{ $\widetilde{B}_1$ } + { $\widetilde{B}_2$ } = { $\widetilde{B}_{12}$ }
{ $\widetilde{B}_5$ } { $\widetilde{B}_6$ } { $\widetilde{B}_{56}$ }
{ $\widetilde{B}_3$ } + { $\widetilde{B}_4$ } = { $\widetilde{B}_{34}$ }
{ $\widetilde{B}_7$ } { $\widetilde{B}_8$ } { $\widetilde{B}_{78}$ }

图 6.5 合成过程第一次加法另一法示意

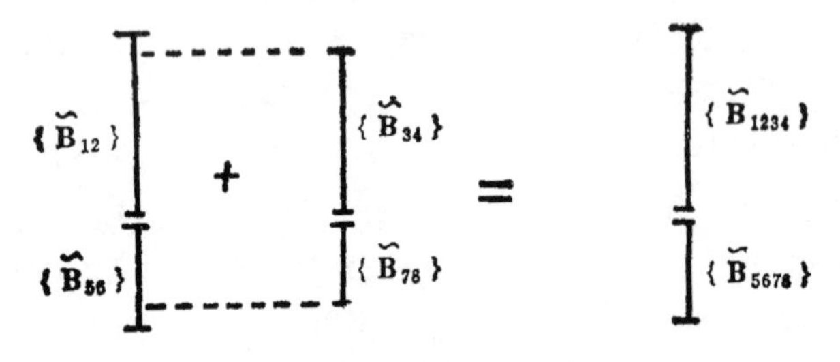

图 6.6 合成过程第二次加法示意

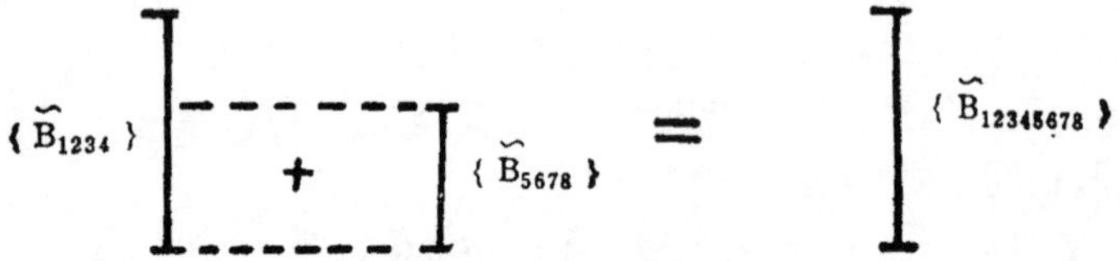

{ $\widetilde{B}_{1234}$ } + { $\widetilde{B}_{5678}$ } = { $\widetilde{B}_{12345678}$ }

图 6.7 合成过程第三次加法示意

$i<j$ 时，$\{\hat{\mathbf{B}}_{ij}\}$ 的长度等同 $\{\check{\mathbf{B}}_i\}$ 的长度．于是第二次加法实现 $\{\tilde{\mathbf{B}}_{12}\}\oplus\{\tilde{\mathbf{B}}_{34}\}$，$\{\tilde{\mathbf{B}}_{56}\}\oplus\{\tilde{\mathbf{B}}_{78}\}$，如图 6.6．注意，这时已没必要进行零元素扩充．最后一次加法是实现 $\{\tilde{\mathbf{B}}_{1234}\}$ 和 $\{\tilde{\mathbf{B}}_{5678}\}$ 的迭加，如图 6.7．

从以上分析可以看到，在整个合成过程中，仅有二个向量进行了扩充，且整个计算能在三步内完成．最后应特别指出，$\{\tilde{\mathbf{B}}_{12345678}\}$ 向量还不一定是 $\{\mathbf{b}\}$．为了获得 $\{\mathbf{b}\}$ 向量，还应该对 $\{\tilde{\mathbf{B}}_{12345678}\}$ 的元素进行一适当的交换．

表 6.2 给出了合成过程中所需的向量运算的数目及相应各步

表 6.2　合成过程中向量运算次数及向量运算的向量长度

NEC	加法次数	加法运算的向量长度			填充的零元个数
		第 一 次	第二次	第三次	
2	1	$\lvert\tilde{\mathbf{B}}_2\rvert$			0
3	2	$\lvert\tilde{\mathbf{B}}_2\rvert$	$\lvert\tilde{\mathbf{B}}_3\rvert$		0
4	2	$\lvert\tilde{\mathbf{B}}_2\rvert+\lvert\tilde{\mathbf{B}}_4\rvert$	$\lvert\tilde{\mathbf{B}}_3\rvert$		0
5	3	$\lvert\tilde{\mathbf{B}}_3\rvert+\lvert\tilde{\mathbf{B}}_4\rvert$	$\lvert\tilde{\mathbf{B}}_3\rvert$	$\lvert\tilde{\mathbf{B}}_5\rvert$	0
6	3	$\lvert\tilde{\mathbf{B}}_2\rvert+\lvert\tilde{\mathbf{B}}_4\rvert+\lvert\tilde{\mathbf{B}}_5\rvert$	$\lvert\tilde{\mathbf{B}}_3\rvert$	$\lvert\tilde{\mathbf{B}}_5\rvert$	$\lvert\tilde{\mathbf{B}}_5\rvert-\lvert\tilde{\mathbf{B}}_6\rvert$
7	3	$\lvert\tilde{\mathbf{B}}_2\rvert+\lvert\tilde{\mathbf{B}}_3\rvert+\lvert\tilde{\mathbf{B}}_5\rvert$	$\lvert\tilde{\mathbf{B}}_3\rvert+\lvert\tilde{\mathbf{B}}_7\rvert$	$\lvert\tilde{\mathbf{B}}_5\rvert$	$\lvert\tilde{\mathbf{B}}_5\rvert-\lvert\tilde{\mathbf{B}}_6\rvert+\lvert\tilde{\mathbf{B}}_3\rvert-\lvert\tilde{\mathbf{B}}_4\rvert$
8	3	$\lvert\tilde{\mathbf{B}}_2\rvert+\lvert\tilde{\mathbf{B}}_3\rvert+\lvert\tilde{\mathbf{B}}_5\rvert+\lvert\tilde{\mathbf{B}}_8\rvert$	$\lvert\tilde{\mathbf{B}}_3\rvert+\lvert\tilde{\mathbf{B}}_7\rvert$	$\lvert\tilde{\mathbf{B}}_5\rvert$	$\lvert\tilde{\mathbf{B}}_5\rvert-\lvert\tilde{\mathbf{B}}_6\rvert+\lvert\tilde{\mathbf{B}}_3\rvert-\lvert\tilde{\mathbf{B}}_4\rvert$

向量运算的向量长度. 表中$|\{\tilde{\mathbf{B}}_i\}|$表示向量 $\{\tilde{\mathbf{B}}_i\}$ 的长度.

6.5.4　基本算法

1. 节点自由度为 1 的实例

本段我们首先就图 6.8 所示的一个简化模型来说明当节点自由度为 1 时矩阵向量积的 EBE 向量化计算过程.

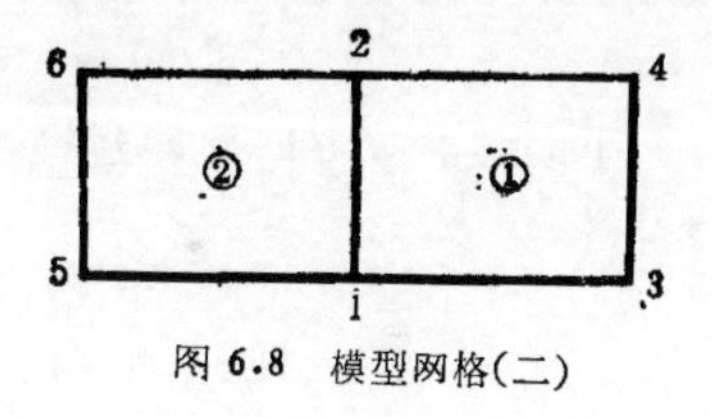

图 6.8　模型网格(二)

对模型网格(二),我们有

$\mathrm{NEC}_1=\mathrm{NEC}_2=2$,

$\mathrm{NEC}_3=\mathrm{NEC}_4=\mathrm{NEC}_5=\mathrm{NEC}_6=1$, $\mathrm{NEC}=2$, $\mathrm{NNEC}=2$,

$$[\mathbf{NODE}]=\begin{bmatrix}1 & 3 & 4 & 2\\5 & 1 & 2 & 6\end{bmatrix},$$

$$[\mathbf{KNOD}]=\begin{bmatrix}1 & 2\\1 & 2\\1 & 0\\1 & 0\\2 & 0\\2 & 0\end{bmatrix},\quad [\mathbf{INVN}]=\begin{bmatrix}1 & 2\\4 & 3\\2 & 0\\3 & 0\\1 & 0\\4 & 0\end{bmatrix},$$

$$[\mathbf{NEV}] = \begin{pmatrix} 1 & 2 \\ 4 & 2 \end{pmatrix}.$$

假设相应于第①单元和第②单元的单元刚度矩阵分别为

$$[\mathbf{K}^1] = \begin{bmatrix} 1 & 0 & 0 & 1 \\ 0 & 1 & 0 & 0 \\ 0 & 0 & 1 & 2 \\ 1 & 0 & 2 & 1 \end{bmatrix}, \quad [\mathbf{K}^2] = \begin{bmatrix} 1 & 0 & 2 & 3 \\ 0 & 2 & 1 & 0 \\ 2 & 1 & 2 & 0 \\ 3 & 0 & 0 & 3 \end{bmatrix}. \tag{6.49}$$

这两个矩阵合成之后的整体刚度矩阵为

$$[\mathbf{K}] = \begin{bmatrix} 3 & 2 & 0 & 0 & 0 & 0 \\ 2 & 3 & 0 & 2 & 2 & 0 \\ 0 & 0 & 1 & 0 & 0 & 0 \\ 0 & 2 & 0 & 1 & 0 & 0 \\ 0 & 2 & 0 & 0 & 1 & 3 \\ 0 & 0 & 0 & 0 & 3 & 3 \end{bmatrix}. \tag{6.50}$$

假定整体向量 $\{\mathbf{x}\}$ 为 $(1,1,1,1,1,1)^T$，则 $[\mathbf{K}]\{\mathbf{x}\}$ 为

$$[\mathbf{K}]\{\mathbf{x}\} = (5,9,1,3,6,6)^T. \tag{6.51}$$

下面考虑 *EBE* 计算过程. $\{\mathbf{x}\}$ 与这二个单元相应的向量 $\{\mathbf{x}_1\},\{\mathbf{x}_2\}$ 为

$$\begin{cases} \{\mathbf{x}_1\} = (1,1,1,1,0,0)^T, \\ \{\mathbf{x}_2\} = (1,1,0,0,1,1)^T. \end{cases} \tag{6.52}$$

事实上,我们并不需要上面两个向量. 我们利用 [**NODE**] 挑选出 $\{\mathbf{x}\}$ 的与单元矩阵相应的向量 $\{\mathbf{x}^1\},\{\mathbf{x}^2\}$.

$$\begin{aligned} &\{\mathbf{NODE}\}(1,:) = (1,3,4,2)^T, \\ &\{\mathbf{x}\} = (1,\ 1,\ 1,\ 1,\ 1,\ 1)^T, \\ &\{\mathbf{x}^1\} = (1,\ 1,\ 1,\ 1)^T, \\ &\{\mathbf{x}^1\} = (1,\ 1,\ 1,\ 1)^T, \\ &\{\mathbf{NODE}\}(2,:) = (5,1,2,6)^T, \\ &\{\mathbf{x}\} = (1,\ 1,\ 1,\ 1,\ 1,\ 1)^T, \\ &\{\mathbf{x}^2\} = (1,\ 1,\ 1,\ 1)^T. \end{aligned} \tag{6.53}$$

在"单元级"上进行稠密矩阵向量积,得

$$\begin{cases}\{\mathbf{b}^1\} = [\mathbf{K}^1]\{\mathbf{x}^1\} = (2,1,3,4)^T, \\ \{\mathbf{b}^2\} = [\mathbf{K}^2]\{\mathbf{x}^2\} = (6,3,5,6)^T.\end{cases} \tag{6.54}$$

将上面的单元积向量中的元素迭加到向量

$$\{\mathbf{B}_k\}, k = 1,2,\cdots,\mathrm{NEC}$$

中. 据

$$[\mathbf{KNOD}](:,1) = (1,1,1,1,2,2)^T,$$
$$[\mathbf{INVN}](:,1) = (1,4,2,3,1,4)^T.$$

可以得到

$$\begin{array}{l}\{\mathbf{b}^1\} = (2,1,3,4)^T,\ \{b^2\} = (6,3,5,6)^T, \\ \{\mathbf{B}_1\} = (2,4,1,3,6,6)^T.\end{array} \tag{6.55}$$

从(6.55)可看到, [KNOD] 决定取哪个单元积向量的元素, [INVN] 则决定取该单元积向量的哪个元素. 由

$$[\mathbf{KNOD}](:,2) = (2,2,0,0,0,0)^T,$$
$$[\mathbf{INVN}](:,2) = (2,3,0,0,0,0)^T.$$

可以得到

$$\begin{array}{l}\{\mathbf{b}^1\} = (2,1,3,4)^T\ \ \{\mathbf{b}^2\} = (6,3,5,6)^T, \\ \{\mathbf{B}_2\} = (3,5,0,0,0,0)^T.\end{array} \tag{6.56}$$

最后得到

$$\{\mathbf{b}\} = \{\mathbf{B}_1\} + \{\mathbf{B}_2\} = (5,9,1,3,6,6)^T, \tag{6.57}$$

与 $[\mathbf{K}]\{\mathbf{x}\}$ 的结果完全相同.

2. 节点自由度为 1 时的基本算法

根据以上分析过程,便有当节点自由度为 1 时,计算

$$[\mathbf{A}]\{\mathbf{x}\} = \sum_e [\mathbf{A}_e]\{\mathbf{x}_e\}$$

的算法. 假设 [NODE],[KNOD],[INVN] 数组事先已通过算法 6.6 形成.

算法 6.7——节点自由度为 1 时矩阵向量积的向量化 EBE 计

算方法.

(1) $\{\mathbf{x}^e\}=\{\mathbf{x}(\{\mathrm{NODE}(e,:)\})\}$, $e=1,2,\cdots,\mathrm{nel}$;

(2) 按稠密矩阵向量积的向量化计算方法计算

$$\{\mathbf{b}^e\}=[\mathbf{A}^e]\{\mathbf{x}^e\},\ e=1,2,\cdots,\mathrm{nel};$$

(3) 按以下方式形成向量 $\{\mathbf{B}_j\}, j=1,2,\cdots,\mathrm{NEC}$,

$$\{\mathbf{B}_j\}=(b_{\mathbf{INVN}(1,j)}^{\mathbf{KNOD}(1,j)},\ b_{\mathbf{INVN}(2,j)}^{\mathbf{KNOD}(2,j)},\cdots,b_{\mathbf{INVN}(\mathrm{nod},j)}^{\mathbf{KNOD}(\mathrm{nod},j)})^T;$$

(4) 向量累加求得结果向量

$$\{\mathbf{b}\}=\sum_{j=1}^{\mathrm{NEC}}\{\mathbf{B}_j\}.$$

实际上,在向量 $\{\mathbf{B}_j\}$, $j=1,2,\cdots,\mathrm{NEC}$ 中,有些向量的后面部分元素全为 0. 累加只要对非零元素进行即可.

3. 节点自由度为 d 时的基本算法

将算法 6.7 推广到节点自由度为 d 时的情形,便可得

算法 6.8——节点自由度为 d 时矩阵向量积的向量化 EBE 计算方法.

(1) $\{\mathbf{x}^e\}_{(k:\mathrm{nod}\times d:d)}=\{\mathbf{x}(\{\mathrm{NODE}(e,:)\}\times d-d+k)\}, k=1,2,\cdots,d, e=1,\cdots,\mathrm{nel}$;

(2) 按稠密矩阵向量积的向量化计算方法计算

$$\{\mathbf{b}^e\}=[\mathbf{A}^e]\{\mathbf{x}^e\}, e=1,2,\cdots,\mathrm{nel};$$

(3) 按以下方式形成向量 $\{\mathbf{B}_j\}$, $j=1,2,\cdots,\mathrm{NEC}$,

$$\{\mathbf{B}_j\}_{(k:\mathrm{nod}\times d:d)}=(b_{\mathbf{INVN}(1,j)\times d-d+k}^{\mathbf{KNOD}(1,j)},\ b_{\mathbf{INVN}(2,j)\times d-d+k}^{\mathbf{KNOD}(2,j)},\ \cdots,\ b_{\mathbf{INVN}(\mathrm{nod},j)\times d-d+k}^{\mathbf{KNOD}(\mathrm{nod},j)})^T,$$

$$j=1,2,\cdots,\mathrm{NEC};\ k=1,2,\cdots,d;$$

(4) 向量累加求得结果向量

$$\{\mathbf{b}\}=\sum_{j=1}^{\mathrm{NEC}}\{\mathbf{B}_j\}.$$

4. 节点自由度为 2 的实例

下面我们以 $d=2$ 的情形说明算法 6.8. 仍以图 6.8 所示的网格结构为例. 假设这时相应第①、第②单元的单元刚度矩阵分

别为

$$[\mathbf{K}^1]=\begin{bmatrix}3&2&0&0&1&0&0&0\\ &1&0&1&0&0&0&1\\ &&1&0&0&0&0&0\\ &&&2&1&0&2&0\\ &&&&1&0&0&0\\ &\text{对称}&&&&1&2&0\\ &&&&&&1&0\\ &&&&&&&2\end{bmatrix},\ [\mathbf{K}^2]=\begin{bmatrix}1&1&0&0&0&0&0&0\\ &1&2&1&0&0&0&0\\ &&2&0&1&1&0&1\\ &&&3&1&0&0&1\\ &&&&1&2&0&0\\ &\text{对称}&&&&1&0&1\\ &&&&&&2&1\\ &&&&&&&1\end{bmatrix}. \tag{6.58}$$

这两个单元刚度矩阵装配之后的总刚度矩阵为

$$[\mathbf{K}]=\begin{bmatrix}5&2&1&1&0&0&1&0&0&2&0&1\\ 2&4&1&1&0&1&0&0&0&1&0&1\\ 1&1&2&2&0&2&0&2&0&0&0&0\\ 1&1&2&3&0&0&0&0&0&0&0&1\\ 0&0&0&0&1&0&0&0&0&0&0&0\\ 0&1&2&0&0&2&1&0&0&0&0&0\\ 1&0&0&0&0&1&1&0&0&0&0&0\\ 0&0&2&0&0&0&0&1&0&0&0&0\\ 0&0&0&0&0&0&0&0&1&1&0&0\\ 2&1&0&0&0&0&0&0&1&1&0&0\\ 0&0&0&0&0&0&0&0&0&0&2&1\\ 1&1&0&1&0&0&0&0&0&0&1&1\end{bmatrix}. \tag{6.59}$$

假定整体向量为 $\{\mathbf{x}\}=(1,1,\cdots,1)^T$，那么可得

$$[\mathbf{K}]\{\mathbf{x}\}=(13,11,10,8,1,6,3,3,2,5,3,5)^T. \tag{6.60}$$

当由算法 6.8 计算时，经第(1)步可得

$$\{\mathbf{x}^1\}=\{\mathbf{x}^2\}=(1,1,1,1,1,1,1,1)^T. \tag{6.61}$$

经第(2)步可得

$$\begin{cases}\{\mathbf{b}^1\}=(6,5,1,6,3,3,5,3)^T,\\ \{\mathbf{b}^2\}=(2,5,7,6,5,5,3,5)^T.\end{cases} \tag{6.62}$$

然后经第(3)步形成 $\{\mathbf{B}_k\}$ 向量. 如 $k=1$ 时,由第(3)步

$$\{\mathbf{B}_1\}_{(1:12:2)}=(\{\mathbf{B}_1\}_1,\{\mathbf{B}_1\}_3,\{\mathbf{B}_1\}_5,\{\mathbf{B}_1\}_7,\{\mathbf{B}_1\}_9,\{\mathbf{B}_1\}_{11})^T$$
$$=(b_1^1,b_7^1,b_3^1,b_5^1,b_1^2,b_7^2)^T=(6,5,1,3,2,3)^T,$$
$$\{\mathbf{B}_1\}_{(2:12:2)}=(\{\mathbf{B}_1\}_2,\{\mathbf{B}_1\}_4,\{\mathbf{B}_1\}_6,\{\mathbf{B}_1\}_8,\{\mathbf{B}_1\}_{10},\{\mathbf{B}_1\}_{12})^T$$
$$=(b_2^1,b_3^1,b_4^1,b_6^1,b_2^2,b_8^2)^T=(5,3,6,3,5,5)^T,$$

即有

$$\{\mathbf{B}_1\}=(6,5,5,3,1,6,3,3,2,5,3,5)^T. \tag{6.63}$$

类似可得

$$\{\mathbf{B}_2\}=(7,6,5,5,0,0,0,0,0,0,0,0)^T. \tag{6.64}$$

最后经第(4)步将 $\{\mathbf{B}_1\}$ 和 $\{\mathbf{B}_2\}$ 向量迭加便得到

$$\{\mathbf{b}\}=\{\mathbf{B}_1\}+\{\mathbf{B}_2\}=(13,11,10,8,1,6,3,3,2,5,3,5)^T, \tag{6.65}$$

与直接计算 $[\mathbf{K}]\{\mathbf{x}\}$ 的结果是一致的.

6.5.5 基本算法的改进

从本节 6.5.3 段的分析以及 6.5.4 段的实例中可以看到，向量 $\{\mathbf{B}_k\}$, $k=1,2,\cdots,\mathrm{NEC}$ 后面有部分元素全为零. 于是它们既没有必要通过第(3)步形成,也没有必要参加第(4)步中的累加. 为尽量避免这些零运算,在 6.5.3 段中已介绍了两种措施. 这一段我们基于其中的第一种措施给出其算法.

在 6.5.3 段中已经指出,向量$\{\mathbf{B}_k\}$的前 $NC_k\times d$ 个元素不为零,而后面的元素均为零. 这里 NC_k 可通过(6.46)式来计算. 其计算过程进一步描述为

$$
\begin{aligned}
&NC_1=\mathrm{nod}\\
&\mathrm{do}\quad 10\quad k=2,\ \mathrm{NNEC}\\
&\qquad j_0=\mathbf{NEV}(1,k-1)+1\\
&\qquad NC_{j_0}=NC_{j_0-1}-\mathbf{NEV}(2,k-1)\\
&\qquad \mathrm{do}\quad 20j=\mathbf{NEV}(1,k-1)+2,\mathbf{NEV}(1,k)\\
&\qquad\qquad NC_j=NC_{j_0}\\
&20\quad \mathrm{continue}
\end{aligned} \tag{6.66}
$$

10 continue

当 $NC_k, k = 1,2,\cdots,$NEC 确定后，则算法(6.8)的第(3)步可修改为

(3*) 按以下方式形成向量 $\{\tilde{\mathbf{B}}_j\}, j = 1,2,\cdots,$ NEC.

$$\{\tilde{\mathbf{B}}_j\}_{(k:NC_j\times d:d)} = (b^{\mathbf{KNOD}(1,j)}_{\mathbf{INVN}(1,j)\times d-d+k}, b^{\mathbf{KNOD}(2,j)}_{\mathbf{INVN}(2,j)\times d-d+k}, \cdots,$$

$$b^{\mathbf{KNOD}(NC_j,j)}_{\mathbf{INVN}(NC_j,j)\times d-d+k})^T, \quad k = 1,\cdots,d,$$

相应的第(4)步可修改为

(4*) 按以下方式求向量 $\{\mathbf{b}\}$

$\{\mathbf{b}\} = \{\tilde{\mathbf{B}}_1\}$

do 10 $j = 2$, NEC

10 $\{\mathbf{b}\}_{(1:NC_j\times d)} = \{\mathbf{b}\}_{(1:NC_j\times d)} + \{\tilde{\mathbf{B}}_j\}$

综合以上分析，我们便有矩阵向量乘积的向量化 EBE 计算方法 ELMV.

算法 6.9——矩阵向量乘积向量化 EBE 计算方法 ELMV.

(0) 数据准备. 由算法 6.6 根据有限元网格信息计算各节点的相关单元数，然后按其大小进行节点重编号；形成辅助数组 [**KNOD**],[**NODE**],[**NEV**],[**INVN**] 和常量 NEC, NNEC.

(1) $\{\mathbf{x}^e\}_{(k:\mathrm{nod}\times d:d)} = \{\mathbf{x}(\{\mathbf{NODE}(e,1:m)\}\times d-d+k)\},$

$k = 1,2,\cdots,d; e = 1,2,\cdots,\mathrm{nel}.$

(2) 按稠密矩阵向量积向量化计算方法计算

$$\{\mathbf{b}^e\} = [\mathbf{A}^e]\{\mathbf{x}^e\}, \quad e = 1,2,\cdots,\mathrm{nel},$$

这里 $[\mathbf{A}^e](e = 1,2,\cdots,\mathrm{nel})$ 均应看成节点重编号后所计算的.

(3) 按以下过程形成 NC_j 序列

$\mathrm{NC}_1 = \mathrm{nod}$

do 10 $k = 2$, NNEC

$j_0 = \mathbf{NEV}(1,k-1) + 1$

$\mathrm{NC}_{j_0} = \mathrm{NC}_{j_0-1} - \mathbf{NEV}(2,k-1)$

do 20 $j = \mathbf{NEV}(1,k-1) + 2, \mathbf{NEV}(1,k)$

$\mathrm{NC}_j = \mathrm{NC}_{j_0}$

20 continue

10 continue

(4) 按以下方式形成向量 $\{\tilde{\mathbf{B}}_j\}, j=1,2,\cdots,\mathrm{NEC}$

$$\{\tilde{\mathbf{B}}_j\}_{(k:NC_j\times d:d)} = \left(b^{\mathrm{KNOD}(1,j)}_{\mathrm{INVN}(1,j)\times d-d+k}, b^{\mathrm{KNOD}(2,j)}_{\mathrm{INVN}(2,j)\times d-d+k}, b^{\mathrm{KNOD}(NC_j,j)}_{\mathrm{INVN}(NC_j,j)\times d-d+k}\right)^T,$$

$$k=1,2,\cdots,d.$$

(5) 按以下方式求得向量 $\{\mathbf{b}\}=[\mathbf{A}]\{\mathbf{x}\}$

$\{\mathbf{b}\}=\{\tilde{\mathbf{B}}_1\}$

do 10 $j=2$, NEC

10 $\{\mathbf{b}\}_{(1:NC_j\times d)}=\{\mathbf{b}\}_{(1:NC_j\times d)}+\{\tilde{\mathbf{B}}_j\}$

本节我们详细介绍了矩阵向量矩的向量化 EBE 计算方法. 对大规模问题，EBE 计算方法较整体矩阵向量积方法，存储量要求较少，且数值试验还表明，计算时间也较少. 而且它不仅适合对称问题，对非对称情况下的矩阵向量积计算也是很有效的. 此外，这一方法对网格中的单元编号、节点编号没有任何要求，且对结构的几何形状也没有任何要求，所以它适用的范围是相当广泛的.

矩阵向量积的 EBE 计算方法特别适用于线性方程组的迭代求解过程中，而其中在每次迭代循环中矩阵向量积运算是主要的运算. 另外，当经过每次迭代或每一时间步的计算后，矩阵 $[\mathbf{A}]$要重新形成的时候(如在非线性动力分析问题中，总刚度矩阵是时间的函数，在每一时间步上就需重新计算总刚度矩阵)，矩阵向量积的 EBE 计算方法也是很有用的.

前曾指出，EBE 策略在有限元结构分析方面有着广泛应用，本章仅讨论了矩阵向量积方面的应用. 新近、作者作了一系列研究，已发表了一些论文，详细可参见[160]—[164].

第七章　数 值 试 验

为考察前面几章中介绍的一些并行处理方法的有效性，针对不同情况下的实际问题，我们采用相应的并行计算方法进行了一些数值试验．本章我们介绍几个使用 YH-1 向量计算机进行有限元结构分析的例子，所有计算是在西南计算中心进行的．第 1 节介绍利用等带宽存储格式下的并行计算方法解一个规则结构动力分析问题时的数值结果．第 2 节则介绍利用变带宽存储格式下的并行计算方法解一个不规则结构动力分析问题时的数值结果．最后在第 3 节中，给出一个有关矩阵向量积的 EBE 并行计算方法所进行的数值试验结果．通过对数值结果加以分析，得到了一些有益的结论．

为了便于读者理解本章第 1、第 2 节的内容，先简略介绍一下计算结构动力响应的 Newmark 直接积分法．

在线性结构动力响应分析中，对一个实际结构，经过有限元方法的离散化处理后，应用最小势能原理，可导出如下的动平衡方程

$$[\mathbf{M}]\{\ddot{\mathbf{q}}\} + [\mathbf{C}]\{\dot{\mathbf{q}}\} + [\mathbf{K}]\{\mathbf{q}\} = \{\mathbf{R}(t)\}. \tag{7.1}$$

在数学上，要求出形如(7.1)式这样的一个二阶线性常微分方程组初值问题

$$\{\mathbf{q}(0)\} = \{\mathbf{q}_0\},\ \{\dot{\mathbf{q}}(0)\} = \{\dot{\mathbf{q}}_0\} \tag{7.2}$$

的解析解 $\{\mathbf{q}(t)\}$，一般是很难办到的，所以往往采用数值分析方法来求出 $\{\mathbf{q}(t)\}$ 在某些时间步上的近似值．在通用有限元结构分析程序设计中，有两种解法比较有效，即直接积分法与振型迭加法．在我们的数值试验中用的是直接积分法．

直接积分法又有很多种，本书介绍一种常用的方法即经典 Newmark 方法．关于其它直接积分法如 Wilson-θ 法，Houbolt 法等可参阅文献[157]．

Newmark 法[158]基于如下两个基本假定:

$$\begin{cases}\{\dot{\mathbf{q}}\}_{t+\Delta t}=\{\dot{\mathbf{q}}\}_t+[(1-\delta)\{\ddot{\mathbf{q}}\}_t+\delta\{\ddot{\mathbf{q}}\}_{t+\Delta t}]\Delta t, & (7.3)\\ \{\mathbf{q}\}_{t+\Delta t}=\{\mathbf{q}\}_t+\{\dot{\mathbf{q}}\}_t\Delta t \\ \qquad +\left[\left(\frac{1}{2}-\alpha\right)\{\ddot{\mathbf{q}}\}_t+\alpha\{\ddot{\mathbf{q}}\}_{t+\Delta t}\right]\Delta^2 t. & (7.4)\end{cases}$$

这里 α,δ 是方法参数, Δt 是时间步长. 当

$$\delta\geqslant\frac{1}{2},\ \alpha\geqslant\frac{1}{4}\left(\frac{1}{2}+\delta\right)^2$$

时, Newmark 方法是无条件稳定的.

通过 (7.3),(7.4) 式可解出

$$\{\ddot{\mathbf{q}}\}_{t+\Delta t}=\frac{1}{\alpha\Delta^2 t}(\{\mathbf{q}\}_{t+\Delta t}-\{\mathbf{q}\}_t)-\frac{1}{\alpha\Delta t}\{\dot{\mathbf{q}}\}_t$$

$$-\left(\frac{1}{2\alpha}-1\right)\{\ddot{\mathbf{q}}\}_t, \tag{7.5}$$

$$\{\dot{\mathbf{q}}\}_{t+\Delta t}=\frac{\delta}{\alpha\Delta t}(\{\mathbf{q}\}_{t+\Delta t}-\{\mathbf{q}\}_t)+\left(1-\frac{\delta}{\alpha}\right)\{\dot{\mathbf{q}}\}_t$$

$$+\left(1-\frac{\delta}{2\alpha}\right)\{\ddot{\mathbf{q}}\}_t\Delta t. \tag{7.6}$$

将(7.1),(7.3),(7.4),(7.5),(7.6) 式结合,便可得到关于基本未知量 $\{\mathbf{q}\}_{t+\Delta t}$ 的方程为

$$[\mathbf{K}]\{\mathbf{q}\}_{t+\Delta t}=\{\tilde{\mathbf{R}}\}_{t+\Delta t}, \tag{7.7}$$

其中

$$[\tilde{\mathbf{K}}]=[\mathbf{K}]+\frac{1}{\alpha\Delta^2 t}[\mathbf{M}]+\frac{\delta}{\alpha\Delta t}[\mathbf{C}] \tag{7.8}$$

被称为等效刚度矩阵,而

$$[\tilde{\mathbf{R}}]_{t+\Delta t}=\{\mathbf{R}\}_{t+\Delta t}+[\mathbf{M}]\left(\frac{1}{\alpha\Delta^2 t}\{\mathbf{q}\}_t+\frac{1}{\alpha\Delta t}\{\dot{\mathbf{q}}\}_t\right.$$

$$\left.+\left(\frac{1}{2\alpha}-1\right)\{\ddot{\mathbf{q}}\}_t\right)+[\mathbf{C}]\left(\frac{\delta}{\alpha\Delta t}\{\mathbf{q}\}_t+\left(\frac{\delta}{\alpha}-1\right)\{\dot{\mathbf{q}}\}_t\right.$$

$$\left.+\frac{\Delta t}{2}\left(\frac{\delta}{\alpha}-2\right)\{\ddot{\mathbf{q}}\}_t\right) \tag{7.9}$$

被称为等效载荷向量. 据 (7.7) 式就可以解得 $\{\mathbf{q}\}_{t+\Delta t}$, 然后由

表 7.1　Newmark 法主要计算步骤

1.初始计算

(1) 形成刚度矩阵 $[\mathbf{K}]$,质量矩阵$[\mathbf{M}]$以及阻尼矩阵$[\mathbf{C}]$(取 $a[\mathbf{M}]+b[\mathbf{K}]$时,可不存贮).

(2) 形成初始向量 $\{\mathbf{q}_0\}$、$\{\dot{\mathbf{q}}_0\}$, 计算 $\{\ddot{\mathbf{q}}(0)\}=\{\ddot{\mathbf{q}}_0\}$.

(3) 选择时间步长 Δt, 方法参数 α, δ. 计算下列积分常数*

$$a_0=\frac{1}{\alpha\Delta^2 t},\quad a_1=\frac{\delta}{\alpha\Delta t},\quad a_2=\frac{1}{\alpha\Delta t},$$

$$a_3=\frac{1}{2\alpha}-1,\quad a_4=\frac{\delta}{\alpha}-1,\quad a_5=\frac{\Delta t}{2}\left(\frac{\delta}{\alpha}-2\right),$$

$$a_6=(1-\delta)\Delta t,\quad a_7=\delta\Delta t.$$

(4) 形成等效刚度矩阵 $[\widetilde{\mathbf{K}}]$,

$$[\widetilde{\mathbf{K}}]=[\mathbf{K}]+a_0[\mathbf{M}]+a_1[\mathbf{C}].$$

(5) 对 $[\widetilde{\mathbf{K}}]$ 进行三角分解,

$$[\widetilde{\mathbf{K}}]=[\mathbf{L}][\mathbf{D}][\mathbf{L}]^T.$$

2.对每一时间步进行如下计算:

(6) 计算 $t+\Delta t$ 时刻的等效载荷向量,

$$\{\widetilde{\mathbf{R}}\}_{t+\Delta t}=\{\mathbf{R}\}_{t+\Delta t}+[\mathbf{M}](a_0\{\mathbf{q}\}_t+a_2\{\dot{\mathbf{q}}\}_t+a_3\{\ddot{\mathbf{q}}\}_t)+[\mathbf{C}](a_1\{\mathbf{q}\}_t+a_4\{\dot{\mathbf{q}}\}_t+a_5\{\ddot{\mathbf{q}}\}_t).$$

(7) 求解 $t+\Delta t$ 时刻的位移向量 $\{\mathbf{q}\}_{t+\Delta t}$,

$$[\mathbf{L}][\mathbf{D}][\mathbf{L}]^T\{\mathbf{q}\}_{t+\Delta t}=\{\widetilde{\mathbf{R}}\}_{t+\Delta t}.$$

(8) 计算在 $t+\Delta t$ 时刻的加速度与速度向量,

$$\{\ddot{\mathbf{q}}\}_{t+\Delta t}=a_0(\{\mathbf{q}\}_{t+\Delta t}-\{\mathbf{q}\}_t)-a_2\{\dot{\mathbf{q}}\}_t-a_3\{\ddot{\mathbf{q}}\}_t,$$

$$\{\dot{\mathbf{q}}\}_{t+\Delta t}=\{\dot{\mathbf{q}}\}_t+a_6\{\ddot{\mathbf{q}}\}_t+a_7\{\ddot{\mathbf{q}}\}_{t+\Delta t}.$$

* 在我们的数值试验中,没有考虑阻尼矩阵 $[\mathbf{C}]$ 的影响,而方法的参数 δ, α 则选取为 $\delta=0.5$, $\alpha=2.5(1+\delta)^2$ 或 $\alpha=0.25(1+\delta)^2$.

(7.6),(7.5)式求出 $\{\dot{\mathbf{q}}\}_{t+\Delta t}$, $\{\ddot{\mathbf{q}}\}_{t+\Delta t}$. 重复以上过程便可逐步求得一系列离散时间点上的动力响应值. 表 7.1 给出了 Newmark 逐步时间积分法的主要步骤.

关于 Newmark 直接积分法的向量化计算, 关键在于 (1),(5),(7)步的运算以及(6) 步中矩阵 $[\mathbf{M}]$、矩阵 $[\mathbf{C}]$ 与某向量的积运算的向量化计算,这方面的内容在前几章中已做了详细介绍.至于其它步的向量化计算则是直接的. 关于直接积分法并行处理这里不再详述,可参阅文献[80].

为了考察并行算法的加速比, 在利用并行算法编制向量化程序进行计算的同时，我们也编制了目前通用结构分析系统中所用的串行算法的程序，且同在 YH-1 机上进行相应问题的计算，以便比较．另外，为了充分利用向量机的结构特性，提高效率，在部分程序中我们应用了银河汇编语言（YHAL），取得了显著效果．

§7.1 矩形悬臂板结构分析问题

7.1.1 问题描述

作为第一个例子，我们讨论一个规则结构分析问题，即如图7.1所示的矩形悬臂板结构分析问题．对这样的结构，不难想像经过有限元分析，其对应的刚度矩阵具有等带宽带状结构，因而宜用

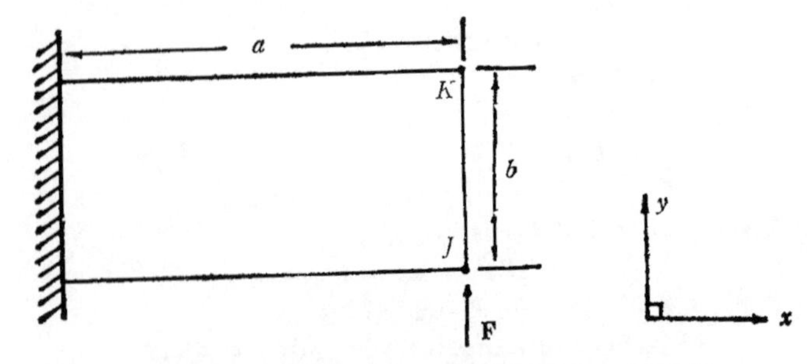

图 7.1　模型问题(一)——矩形悬臂板结构分析问题

等带宽存储格式存储．本节主要介绍利用等带宽存储格式下有限元分析的并行算法 ESCYH-1，ESCYH-2，有限元方程组求解的并行算法 MPLDLT，MCSA 以及并行矩阵向量积算法 EWMV 解图 7.1 所示的悬臂板结构分析问题时的试验及其数值结果[27,28][80]．

模型问题(一)中，板长、板宽分别确定为 $a=32$，$b=8$，板厚取 1，密度均匀，取为 $\rho=0.1$．有关物理参数取适当值，如弹性模量 $E=300$，泊松比 $\nu=0.3$．板的一端固定，另一端自由．在自由端的下角点作用着一垂直向上的矩形波冲击力

$$F(t)=\begin{cases}50000, & t=0,0.1,0.2,0.3,\cdots,\\ 0, & \text{其它}.\end{cases} \tag{7.10}$$

假设板在平面内运动.

对上述结构进行有限元剖分时，单元类型取平面八节点等参元. 计算单元刚度矩阵系数时的数值积分点数取为 2×2. 为重点突出算法的本质,我们对整个结构的划分从 2×2 网格开始,逐渐加密到 32×16 网格. 相应问题的单元数从 4 到 512，节点总数从 21 到 1633，总自由度数(包括约束自由度)从 42 到 3266. 如果有限元网格节点编号从右向左、从下往上，如图 7.2,则半带宽 $b=(3LW+5)d$，从 22 到 106，这里 LW 表示 y 方向划分的格数，d 仍表示节点自由度. 对 32×16 网格下的问题,内存占用量最大时约为 3266×320 即 1 兆字. 由于 YH-1 机的内存容量高达 200 万字,所以它完全能容下.

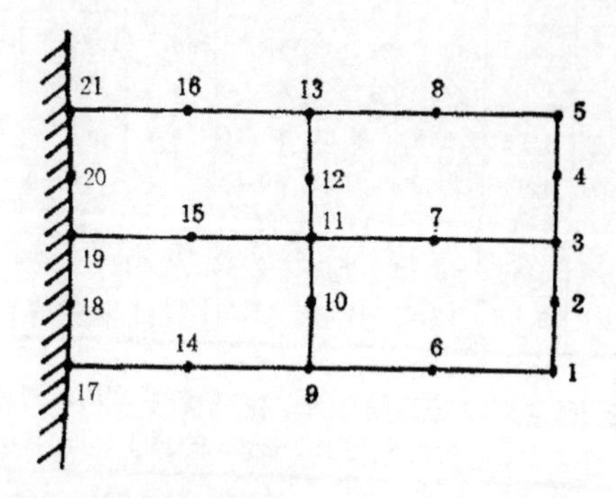

图 7.2 矩形悬臂板问题 2×2 有限元网格节点编号

7.1.2 计算结果与分析

1. 计算结果

以下数值试验结果中，CPU 时间均以秒为单位. 表中 S 表示加速比, A,B 分别表示串行算法，并行算法，C则表示 LDL^T 分解阶段局部汇编化时的并行算法. NT 表示所计算的时间步数, N 表示问题的总自由度数，nel 表示单元总数，r 则表示单元分析阶段同时计算的单元个数. 这些约定,若非特殊说明,也适用于第 2、第 3 节.

2. 分析与结论

表 7.2 给出了运用等带宽存储格式下的有限元结构分析并行

表 7.2 $t=0.1$ 秒时刻结构上 J,K 两点的响应值（2×2 网格）

算　法	串行	B-ESCYH$_1$	C-ESCYH$_1$	B-ESCYH$_2$	C-ESCYH$_2$
J 点 x 方向响应值	0.00001	0.00001	0.00001	0.00001	0.00001
J 点 y 方向响应值	0.00682	0.00682	0.00682	0.00682	0.00682
K 点 x 方向响应值	0.00000	0.00000	0.00000	0.00000	0.00000
K 点 y 方向响应值	0.00012	0.00012	0.00012	0.00012	0.00012

［注］ 表中 B-ESCYH$_1$ 表示单元刚度矩阵计算用 ESCYH-1 并行算法时相应的并行算法，C-ESCYH$_1$，B-ESCYH$_2$，C-ESCYH$_2$ 的含义类似.

表 7.3 串、并行算法 CPU 总时间及加速比（$NT=10$）

网格规模	2×2	4×2	4×4	8×4	8×8	16×8	32×8	16×16	32×16
N	42	74	130	242	450	866	1698	1666	3266
b	22	22	34	34	58	58	58	106	106
A 算法时间	0.42	0.92	2.57	5.09	18.16	36.0	71.83	160.22	316.78
B 算法时间	0.07	0.11	0.20	0.37	0.80	1.66	3.26	5.28	11.15
B 算法加速比	5.9	8.0	12.6	13.5	22.6	21.5	22.0	30.3	28.4
C 算法时间	0.07	0.10	0.15	0.25	0.46	1.01	1.96	3.03	未算出
C 算法加速比	5.9	9.0	16.2	19.7	38.8	35.6	36.6	52.7	—

表 7.4 单元刚度矩阵计算阶段串、并行算法 CPU 时间及加速比

（包含总刚度矩阵合成阶段）

网格规模	2×2	4×2	4×4	8×4	8×8	16×8	16×16	32×16
nel	4	8	16	32	64	128	256	512
A 算法时间	0.057	0.114	0.226	0.446	0.908	1.786	3.570	7.295
B-ESCYH$_1$ 时间	$r=4$ 0.015	$r=8$ 0.021	$r=16$ 0.035	$r=32$ 0.060	$r=32$ 0.123	$r=32$ 0.244	$r=64$ 0.459	$r=64$ 0.945
B-ESCYH$_1$ 加速比	3.7	5.2	6.4	7.3	7.3	7.3	7.7	7.7
B-ESCYH$_2$ 时间	$r=4$ 0.021	$r=8$ 0.026	$r=16$ 0.035	$r=32$ 0.054	$r=64$ 0.093	$r=128$ 0.166	$r=256$ 0.318	$r=256$ 0.655
B-ESCYH$_2$ 加速比	2.6	4.3	6.4	8.2	9.7	10.7	11.2	11.2

计算方法和串行计算方法，当网格规模取 2 × 2 型网格时，$t=0.1$ 秒时刻结构上 J,K 两点在 x, y 方向的响应值．可以看出，并行和串行的计算结果是完全一致的，这说明了并行计算方法的正确性．

表 7.3 给出了并、串行算法解各规模问题时，整个结构分析过程所花费的 CPU 时间及相应规模下并行算法的加速比．从表中可以看出，当总自由度数 N 为 1666 时，加速比已达 30，若 LDL^T 分解部分汇编化，则加速比已超过 50．这充分说明了并行算法的有效性．此外，从表中也可以看出，半带宽 b 对加速比 S 的影响很大，相对来讲，N 和 nel 对 S 几乎没有什么直接影响．比如 $b=$

表 7.5　LDL^T 分解阶段串、并行算法 CPU 时间及加速比（$NT=10$）

网格规模	2×2	4×2	4×4	8×4	8×8	16×8	32×8	16×16
N	42	74	130	242	450	866	1698	1666
b	22	22	34	34	58	58	58	106
A 算法时间	0.085	0.176	0.684	1.389	6.997	14.002	28.023	86.218
B 算法时间	0.009	0.021	0.058	0.125	0.418	0.871	1.752	3.414
B 算法加速比	9.2	8.2	11.7	11.1	16.7	16.0	16.1	25.2
C 算法时间	0.003	0.005	0.016	0.032	0.123	0.245	0.488	1.164
C 算法加速比	28.1	30.5	40.8	42.5	56.7	57.1	57.4	74.0

表 7.6　三角形方程组求解阶段串、并行算法 CPU 时间及加速比（$NT=10$）

网格规模	2×2	4×2	4×4	8×4	8×8	16×8	32×8	16×16
N	42	74	130	242	450	866	1698	1666
b	22	22	34	34	58	58	58	106
A 算法时间	0.299	0.600	1.617	3.177	10.061	19.851	39.547	69.244
B 算法时间	0.022	0.040	0.075	0.137	0.309	0.584	1.067	1.452
S	13.2	14.9	21.3	23.0	32.5	36.3	37.0	47.6

58，$N=866$ 时，加速比 S 为 35.6，而 $b=58$，$N=1698$ 时，加速比 S 为 36.6，没有多大变化．但若 $b=106$，$N=1666$ 时，加速比 S 则可达 50 余倍．这主要由于如下两方面的原因：(1)因为 LDL^T 分解和方程组求解的时间占总时间的比例很大，它们的加速比几乎决定了整个过程的加速比的大小，如表 7.7 给出了当计算的时间步数 NT 为 $1,10,100,\infty$ 时的相应规模问题下加速比的估计．从中可以看出，当 $NT=100$ 时，整个有限元结构分析过程并行计算的加速比几乎就是求解阶段的加速比，见表 7.5.(2)因为 LDL^T 分解和方程组求解部分的加速比几乎与 nel，r 无关，而与半带宽 b 有很大关系，这在第四章的分析中就已经指出．

表 7.7　计算时间步数为 1,10,100 和∞时并行算法加速比的估计
（以 ESCYH-2 为例）

NT \ S \ 规模	2×2	4×2	4×4	8×4	8×8	16×8	16×16
1	5.34	6.80	10.66	11.05	16.44	16.23	24.95
10	5.90	8.00	12.60	13.50	22.60	21.50	31.30
100	12.49	14.07	20.26	21.69	30.13	31.16	42.86
∞	13.20	14.90	21.30	23.00	32.50	36.30	47.60

表 7.4 则给出了单元分析阶段算法 ESCYH-1 和算法 ESCYH-2 的试验结果．从表中可以看出如下几个方面：(1) 总的看来，随着问题规模的急剧增大，加速比增长缓慢．事实上，通过分析可以得到在 YH-1 机上这一阶段的加速比估计公式（以 ESCYH-2 为例）

$$S_r \approx \alpha_0 \frac{tr}{\tau r+\sigma} \times 3.4. \tag{7.11}$$

式中 α_0 为机器的提高并行度因子，它与机器有关；对 YH-1 机而言，$1 \leqslant \alpha_0 \leqslant 5.4$．$t$ 表示一次标量加法的时间，τ 为流水线周期，σ 为向量运算平均起步时间．显然随着 r 的增大，因子 $\frac{tr}{\tau r+\sigma}$ 从而 S_r 的增长很缓慢．(2) 算法 ESCYH-1 当 nel 为 32，64，

128, 256 时加速比几乎不变，说明此时向量运算的向量长度已成为寄存器长度的倍数. 事实上，因数值积分点数 $n_0 = 2 \times 2$，故算法 ESCYH-1 中绝大部分向量运算的向量长度 $n_0 r$ 分别已达 128,256,512,1024，均是向量寄存器长度 128 的整数倍. (3) 当 nel = 32 时，算法 ESCYH-2 的加速比已超过 ESCYH-1 的加速比，说明当规模愈来愈大，nel 增大时，算法 ESCYH-2 比算法 ESCYH-1 有更高的效率，如图 7.3.

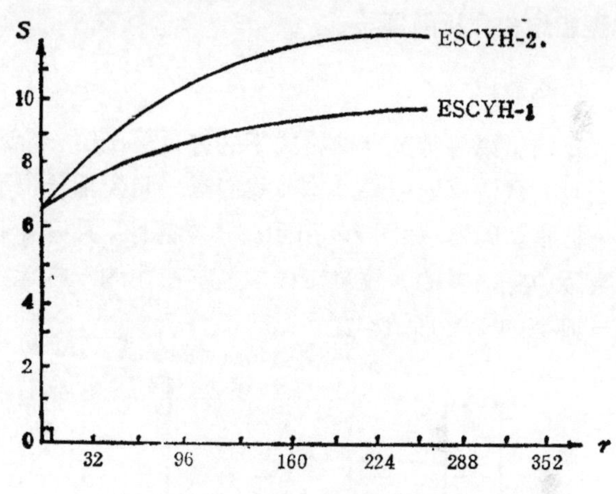

图 7.3　加速比与同时计算的单元个数的关系

表 7.5 和表 7.6 则分别给出了矩阵 LDL^T 分解阶段和 $NT = 10$ 时，三角形方程组求解阶段串、并行算法的 CPU 时间和加速比. 从表中仍可以看出，半带宽 b 对这二个阶段并行算法加速比的影响程度，即带宽愈大，加速比愈高. 不过应该指出，这只适合 $b \leqslant 128$ 时的情况. 对 $b > 128$ 后，尤其是在利用汇编语言时，结论则不一定如此. 同时也可以看出汇编化的有效性. 例如，从表 7.5 中可知，当 N 较大时，汇编语言程序比高级语言程序的速度净增 2 倍. 另外从表 7.5、表 7.6 还可以看出，方程组求解阶段的并行算法的加速比较 LDL^T 分解阶段的未汇编化的并行算法的加速比高了约一倍，原因如同第四章中介绍的是因为线性方程组求解阶段向量运算的平均向量长度为 b，而 LDL^T 分解阶段向量

运算的平均向量长度为 $\frac{b}{2}$. 最后，总的来看，数值结果说明了算法 MPLDLT 和算法 MCSA 的有效性. 尤其应该指出，由于在线性结构动力分析问题中，在每一时间步上都要进行一次线性方程组的求解，所以高加速比的线性方程组并行算法 MCSA 对结构动力分析过程的加速比的影响十分明显，表 7.7 充分说明了这一点.

§7.2 十字型板结构分析问题

7.2.1 问题描述

上一节介绍了用等带宽存储格式下的并行算法解一个规则结构分析问题时的数值试验结果. 本节我们进一步介绍一个不规则结构动力分析模型问题，如图 7.4 所示. 不难想像，具有如此形状的结构在实际中是很多的，建筑工程中经常使用的一种起重机就可理解为一典型的十字形结构.

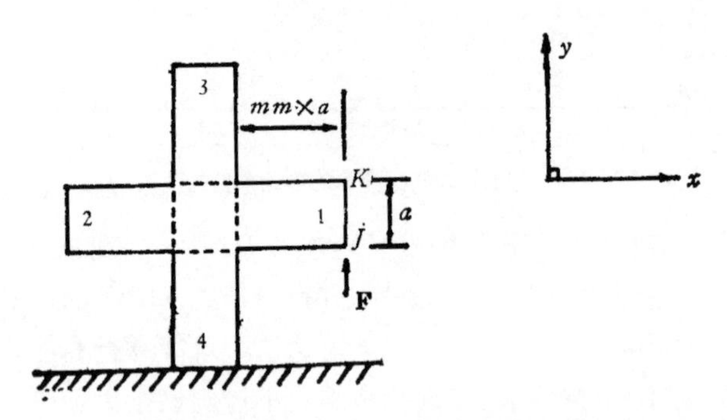

图 7.4 模型问题(二)——十字形板结构分析问题

以上这一结构显然是不利于用标准矩阵存储格式和等带宽存储格式存储总刚度矩阵的. 如果采用变带宽存储格式，相对于等带宽存储格式，则可以节省大约 $\frac{1}{2}$ 的存储量.

为了计算方便，模型结构的四个突出部分取成完全一样的大小与形状，且这四个长方形的长恰是中心处的正方形边长的 mm

倍．于是通过参数 mm 和中心正方形的网格剖分便可以形成整个结构的网格剖分．特别地，在我们的数值试验中，单元类型取平面四边形八节点等参单元． 这样通过三个数据便可确定网格剖分：一个数据是 mm，另二个数据便是中心正方形的网格剖分数据 LL，LW，这里 LL 表示中心正方形 x 方向划分的格数，LW 表示 y 方向划分的格数．通过中心正方形的网格剖分，便可以将图 7.4 所示结构的 1，2 块剖分成（$mm \times LL$）$\times LW$ 网格，3，4 块剖分成 $LL \times$（$mm \times LW$）网格．我们记这样得到的网格为 $mm \times LL \times LW$ 型网格．

另外，还假设结构的材料同一，密度均匀 $\rho = 0.1$，板厚取为 1，总长总宽均为 1．其它有关的物理参数取适当值，如弹性模量 $E = 1.0$，泊松比 $\nu = 0.33$．板的下端固定，在右端下角处作用有一垂直向上的力．为反映动力特性，假设这一外力是一矩形波冲击力，即

$$F(t) = \begin{cases} 0.01, & t = 0.1, 0.2, 0.3, \cdots, \\ 0, & \text{其它}, \end{cases} \tag{7.12}$$

且假定板在平面内运动．

对每一个节点，其节点自由度 d 为 2．于是对 $mm \times LL \times LW$ 型网格，其单元总数 nel，节点总数 nod 以及问题的自由度总数（包括约束自由度）N 分别为

$$\begin{cases} \text{nel} = (4mm + 1) \times LL \times LW, \\ \text{nod} = 12mm \times LL \times LW + 3LL \times LW \\ \qquad\qquad + 4mm \times (LL + LW) \\ \qquad\qquad + 2(LL + LW) + 1, \\ N = \text{nod} \times d. \end{cases} \tag{7.13}$$

在进行的数值试验中，对整个结构的单元剖分取 $1 \times 2 \times 2$，$1 \times 4 \times 4$，$1 \times 8 \times 8$，$1 \times 12 \times 8$ 四种规模，对应着单元总数为 20，80，320，480，节点总数为 85，289，1057 和 1061，自由度总数为 170，578，2114 和 3122．如果有限元网格节点编号仍采取从右到左，从下到上的次序，如图 7.5，那么通过计算可得到对应存

表 7.8 $t = 0.1$ 秒时刻结构上 J, K 两点的响应值
（$1\times4\times4$ 型网格）

算法		J点 x 向响应	J点 y 向响应	K点 x 向响应	K点 y 向响应
LDL^T	A	0.0251654	0.0446864	−0.0001505	0.0004389
	B	0.0251654	0.0446864	−0.0001505	0.0004389
	C	0.0251654	0.0446864	−0.0001505	0.0004389
CG	A	0.0251648	0.0446864	−0.0001429	0.0004353
	B	0.0251648	0.0446864	−0.0001429	0.0004353
	C	0.0251648	0.0446864	−0.0001429	0.0004353
ICCG	A	0.0251653	0.0446864	−0.0001502	0.0004387
	B	0.0251653	0.0446864	−0.0001502	0.0004387
	C	0.0251653	0.0446864	−0.0001502	0.0004387
SSOR-PCG	A	0.0251673	0.0446865	−0.0001476	0.0004342
	B	0.0251673	0.0446865	−0.0001476	0.0004342
	C	0.0251673	0.0446865	−0.0001476	0.0004342
PPCG	A	未算	未算	未算	未算
	B	0.0251656	0.0446864	−0.0001499	0.0004385
	C	0.0251656	0.0446864	−0.0001499	0.0004385

表 7.9 单元分析阶段串、并行算法 CPU 时间及加速比
（包含总刚度矩阵合成阶段）

网格规模	$1\times2\times2$	$1\times4\times4$	$1\times8\times8$	$1\times12\times8$
单元总数	20	80	320	480
r	5	20	80	120
A算法时间	0.219	0.917	4.063	6.070
B算法时间	0.056	0.152	0.563	0.638
S	3.9	6.0	7.2	9.5

表 7.10 $NT = 5$ 时直接解法求解有限元方程组的 CPU 时间及加速比

方程组的阶数	170			578			2114			3122		
算法类型	A	B	C	A	B	C	A	B	C	A	B	C
LDL^T 分解时间	0.43	0.14		4.67	0.85		60.72	8.03		91.34	9.20	
加速比 S		3.1			5.5			7.6			10.0	
三角形方程组求解时间	0.12	0.02	0.01	0.73	0.08	0.03	5.00	0.41	0.13	7.42	0.43	0.15
加速比 S		5.1	11.5		9.0	24.3		12.3	37.6		17.1	49.2
方程组求解总时间	0.55	0.16	0.16	5.40	0.93	0.88	65.72	8.43	8.16	98.76	9.63	9.35
加速比 S		3.3	3.6		5.8	6.1		7.8	8.4		10.3	10.6

表 7.11 各方法解一个有限元方程组的 CPU 时间及加速比

网格	算法类型	LDL^T	S	CG	S	ICCG	S	SSOR-PCG	S	PPCG	S
1×4×4	A	5.399		20.852		8.093		9.562		未算	
($N = 578$)	B	0.933	5.8	1.802	11.4	2.202	3.6	1.040	9.2	4.985	
	C	0.88	6.1	0.637	31.3	1.822	4.4	0.653	14.5	1.700	
1×8×8	A	65.722		未算		72.871		86.059		未算	
($N = 2114$)	B	8.441	7.8	未算		12.346	5.9	6.770	12.7	38.792	
	C	8.16	8.4	未算		9.796	7.5	3.945	21.8	14.647	

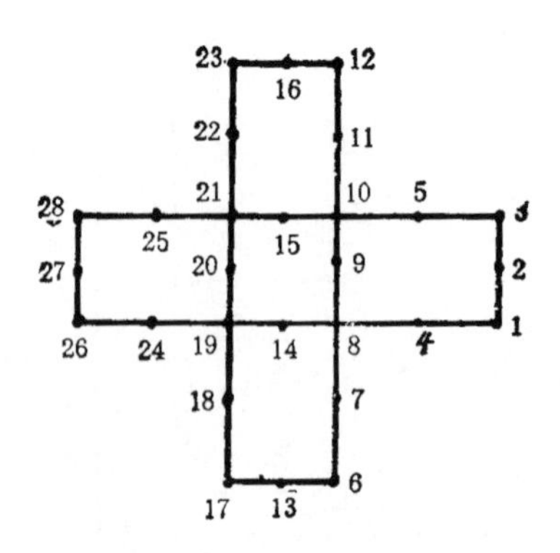

图 7.5　十字形板结构分析问题 1×1×1 有限元网格节点编号

储总刚度矩阵（总质量矩阵）的向量的长度分别为 4399，27463，194011 和 289427，从而对应以上四种规模网格的平均半带宽分别为 26，48，92 和 93．特别地，对 1 × 12 × 8 网格，存储总刚度矩阵和总质量矩阵需占用 2 × 289427≈0.6 兆字，因此 YH-1 机完全能容纳下．

7.2.2　数值结果及其分析

1．计算结果

以下有关数值结果中，迭代求解时的终止准则 ε 取 1×10^{-6}．ICCG 法中的权 ω 取 0.05，SSOR-PCG 法中的权取 1.2，多项式预处理共轭梯度法中的预处理多项式函数为

$$P_2(\lambda) = 14 - 7\lambda + \lambda^2.$$

另外，表中 A，B 仍分别表示串行和并行算法，C 则表示三角形方

表 7.12　各种方法解 100 次有同样系数矩阵的有限元方程组的 CPU 时间及加速比（1×4×4 网格）

算法类型	LDL^T	S	CG	S	ICCG	S	SSDR-PCG	S	PPCG	S
A	77.7		2058.2		646.6		956.2		未算	
B	8.9	9.0	180.2	11.4	74.2	8.9	104.0	9.2	498.5	
C	3.95	19.6	65.6	31.4	30.0	21.6	65.4	14.6	170.0	

程组求解阶段局部汇编化下的并行算法.

2. 分析与结论

(1) 关于计算精度

表 7.8 给出了运用各种解法，当网格取 1 × 4 × 4 型网格时，$t = 0.1$ 秒时刻结构上 J,K 两点在 x,y 方向的动力响应值. 可以看出，串行计算和并行计算的结果是完全一致的，说明各种方法的并行处理方法是正确的，同时在适当的迭代收敛准则控制下，以上各种方法进行的试验所得到的 J, K 点上的响应数值解是十分吻合的.

(2) 关于加速比的分析

表 7.9 给出了单元分析阶段（包括总刚度矩阵合成阶段）串、并行算法的 CPU 时间及加速比. 显然，同时计算的单元个数愈多，加速比愈高. 但总的看来，这一阶段的加速比不太高，且增长缓慢. 原因类似于第 1 节里相应处的分析.

表 7.10 给出了矩阵 LDL^T 分解阶段和三角形方程组求解阶段的加速比. 关于 LDL^T 分解阶段，可以看出网格规模本质上是平均半带宽对加速比的影响. 前面已经分析过，由于采用变带宽存储格式存储，必将降低这一过程的并行度. 数值结果也可表明这一点：和上一节里有关等带宽的结果相比，这一阶段的加速比降低了 $\frac{2}{3}$ 左右. 原因主要就在于在 LDL^T 分解过程中，多次利用了向量挑选，使得计算过程中数据存取的寻址困难增加，还要利用压缩功能语句，多次向量条件判断及条件数组赋值语句. 关于三角形方程组求解阶段，从表 7.10 中可以看出，这一阶段的加速比比 LDL^T 分解阶段有所提高. 这主要是因为如下二方面的原因：一是在此过程中所用的向量挑选指令比 LDL^T 分解阶段要少得多. 二是这一阶段向量运算的平均向量长度为 $\beta_{ave} - 1$，而 LDL^T 分解阶段则仍然只有其一半，为 $\frac{1}{2}\beta_{ave}$. 总的来看，当矩阵阶达 3122 时，用并行 LDL^T 直接分解解法解一个有限元方程组时，其加速比可达 10 倍以上，说明我们设计的并行直接解法还

是很有效的.

表 7.11 给出了各方法求解一个有限元方程组时所用的 CPU 时间及加速比. 关于加速比, 从这里可以看出: 在所有解法中, CG 法的加速比最好. 这是因为在 CG 法中不涉及类似前推、回代求解过程,而仅仅涉及矩阵向量积运算,其余就是高效的三元组运算等. 而在其它的迭代法即 ICCG 法、SSOR-PCG 法中则还涉及前推,回代求解过程,使得高效的三元组运算与内积运算所占的比重相对减小,这样无疑将导致加速比的降低. 另外, LDL^T 分解解法中的分解部分的向量化程度不高, ICCG 法中还有一难向量化的不完全分解过程, 且在求解一次有限元方程组时不完全分解过程所花费的时间在总求解时间中的比例很大, 所以可以想像这时 LDL^T 分解解法的加速比要比 CG 法、SSOR-PCG 法的加速比低,但 ICCG 法的加速比最低. 因此,表 7.11 中,对 $1\times4\times4$ 网格情形, CG 法的加速比是 11.4, SSOR-PCG 法的是 9.2, LDL^T 分解解法的加速比是 5.8, 而 ICCG 法的则只有 3.6 是合理的. 实际上,当我们只考虑 ICCG 法不完全分解之后的求解部分的加速比时,我们发现对 $1\times4\times4$ 规模网格,它也可达 8.9,与 SSOR-PCG 法的求解阶段的加速比 9.2 和 LDL^T 分解解法的求解阶段的加速比 9.0 差不多.

以上关于加速比的分析只是针对求解一次有限元方程组时的情况而言的. 我们知道,对某线性结构动力响应分析问题,对每一个时间步, 都要解一个线性方程组. 但是不同时间点上的有限元方程组的系数矩阵总是一致的, 这样当采用 LDL^T 分解解法和 ICCG 法求解时, 向量化程度相对较低的矩阵的 LDL^T 分解和难以向量化的不完全 LDL^T 分解过程所用的时间在总运算时间中的比重就要减小, 而与 SSOR-PCG 法的求解部分有近似一致的加速比的三角形方程组求解阶段所用的时间在总运算时间中的比重相应就要增加. 因此,随着计算时间步数的变化,以上各种解法求解的加速比也是变化的.

表 7.13 给出了当计算的时间步数取 1,100, 1000 时的各种解

法的加速比预估，而且也考虑了一种极端情况，即当要计算的时间步数为∞时的情况．显然，这时整个有限元结构动力分析过程的加速比就是求解过程的加速比． 从表中可以看出： 当 $NT=1$ 时，由于这时可近似理解为一个静力分析或非线性动力分析问题的情况，所以说明在静力分析或非线性动力分析时，用 CG 法可达最好的加速比．SSOR-PCG 法的加速比较 CG 法低，但差距不大． LDL^T 分解解法与 ICCG 法的加速比则比较低．当 $NT=\infty$ 时，由于这时可近似理解为一个计算的时间步数很多的线性结构动力分析问题的情况，所以说明在线性结构动力分析当中，CG 法的加速比仍然是最好的，而其余各种解法的加速比则差不多．这里有一点应该引起大家注意，即 ICCG 法在串行计算机上是以上四种迭代解法中最好的，但由于不完全分解过程几乎不能有效向量化，所以在向量机上解线性静力问题或非线性动力问题时，它的加速比是最差的，所用的时间也比 CG 法，SSOR-PCG 法所用的时间多．

另外，从以上各表中仍然可以看出，一般经过汇编化，可使对应部分的速度提高 2—3 倍． 这再次说明了汇编语言使用的有效性．

表 7.13 各种解法当计算时间步数为 1,100,1000 时的加速比估计（1×4×4 网格情形）

NT \ S \ 算法	LDL^T		CG		SSOR-PCG		ICCG	
	B	C	B	C	B	C	B	C
1	5.8	6.1	11.4	25.30	9.2	14.5	3.6	4.4
100	8.7	19.2	11.4	31.0	9.2	14.5	8.8	22.6
1000	9.0	23.6	11.4	31.3	9.2	14.5	8.9	22.7
∞	9.0	24.3	11.4	31.3	9.2	14.5	8.9	22.7

(3) 关于迭代求解的迭代次数分析

表 7.14 给出了各种迭代解法解各种不同规模问题所需的迭

表 7.14　各种迭代解法的迭代次数统计

网格规模	N	CG	ICCG	SSOR-PCG	PPCG
1×1×1	56	35*	5*	14*	25*
1×2×2	170	32*	5	11	33
1×4×4	578	39*	7*	8*	35
1×8×8	2114	/	10*	11*	60
1×12×8	3112	84*	11	/	/

代次数．在表 7.14 中右上角带有“＊”号的数据是既在串行计算中又在并行计算中都获得的数据，而没有“＊”号的数据则只是在一种方式计算时所获的结果．总的来看，包括 CG 法本身，以上四种迭代解法所需的迭代次数均远远小于方程组的阶数(1 × 1× 1 规模网格情形除外)．而且当网格剖分愈密、方程组阶数愈高时更明显，说明共轭梯度法及其各种预处理共轭梯度法解有限元方程组都是可行的．

经过进一步的比较，则可以发现从迭代次数来看，多项式预处理共轭梯度法相对于 ICCG 法，SSOR-PCG 法来说，不适于解有限元方程组，而 ICCG 法和 SSOR-PCG 法则是预处理效果很好的 PCG 方法，它们二者的迭代次数与 CG 法相比大大减少了．并且结果还显示，随着问题规模的急剧增大，这二种 PCG 法的迭代次数的增长极缓慢．这或许是因为规模愈大，矩阵就愈稀疏，从而由不完全分解所确定的预处理矩阵与由 SSOR-PCG 法构造的预处理矩阵就更近似于原有限元方程组的系数矩阵．

(4) 关于运行时间的分析

我们知道，“加速比”的含义是指某一并行算法与其对应的串行算法的 CPU 时间之比，因而本质上它只能反映某一方法的向量化程度或并行化程度的好坏，而不能说明它究竟是否适用于某类问题的求解．一个例子是，对 1 × 4 × 4 规模网格情形，用 CG 法求解的加速比 11.4 比用 SSOR-PCG 法求解的加速比 9.2 高，但用 CG 法求解的时间 1.802 却比用 SSOR-PCG 法求解的时间 1.040 多．因此应该说这时用并行 SSOR-PCG 法比用并行

CG 法解有限元方程组好。

同样，迭代次数的分析也不能说明某种迭代方法是否适用于解某类问题。因为有的方法迭代次数虽然较多，但它的每次迭代中的运算量较少；有的方法迭代次数虽然较少，但有可能它的每次迭代中的运算量却很多。所以为了合理比较一些方法的优劣，有必要对各种解法所用的时间进行分析。

表 7.11 给出了 $NT=1$ 时各种方法所用的 CPU 时间。从表中可以看出，在适当的精度要求控制下，虽然串行计算时用 LDL^T 方法的时间较少，ICCG 法次之，SSOR-PCG 法再次之，而 CG 法最多；但是由于 CG 法的向量化程度高，ICCG 法最低，因此就并行计算而言，CG 法，SSOR-PCG 法，LDL^T 分解解法的 CPU 时间都差不多，而 ICCG 法最多，不过与多项式预处理共轭梯度法相比，它又少得多。造成这种变化的原因在于直接解法中，LDL^T 分解占用了较多的计算机时间，且这一过程的向量化程度又不高；而在 ICCG 法中，由于很难有效向量化的不完全分解过程的运算占去了很大的比重；而 SSOR-PCG 法比 CG 法虽然有较快的收敛速度(指迭代次数较 CG 法的少)，但是其每次循环迭代过程中的运算量却大于 CG 法；而且 SSOR-PCG 法的向量化程度又没有 CG 法的高。上述因素的作用，便产生了串行计算与并行计算时很不一样的情况。至于多项式预处理共轭梯度法为什么最慢，主要是因为对所考虑的有限元方程组而言，其预处理效果没有 SSOR 预处理与不完全分解预处理的效果好，以及每次迭代过程中的矩阵向量积运算较多，使得其完成一次循环迭代过程的运算量比其它各迭代解法完成一次循环迭代过程的运算量都多。从而，我们可以得到这样一个结论：对非线性问题或静力分析问题，如果精度要求适当，那么用并行 CG 法或并行 SSOR-PCG 法求解有限元方程组是有效的，可行的；多项式预处理共轭梯度法，则不宜于求解这种不规则结构的有限元方程组。

表 7.12 给出了对 $1\times4\times4$ 网格情形，当计算的时间步数 NT 取 100 时所需的时间估计。这时由于计算时间步很多，从而

使直接解法中向量化程度较低的 LDL^T 分解运算以及 ICCG 法中难以向量化的不完全分解运算(它们都是一次性的)在整个运算量中所占的比例大大减小. 因此,不仅在串行计算时,它们有较快的速度,而且在并行计算时仍有较快的速度. 相反,这时 CG 法和 SSOR-PCG 法的时间则多了. 不过,这时多项式预处理共轭梯度法仍是最费时的. 而在较好的向量化直接解法与向量化 ICCG 法中,由于直接解法每次只要求解一次方程组——即只要进行一次前推与回代,而 ICCG 法则要进行与迭代次数相一致的那么多次的前推与回代,而且每次还要进行矩阵向量积运算,所以它所用的时间比直接解法所用的时间多得多,表 7.12 中的数值结果说明了这一点. 这样从运行时间角度来看,无疑并行直接解法最好. 综上所述,我们可得出这样的结论:对线性结构动力分析问题,当计算的时间步数较多时,用并行直接解法解有限元方程组的时间一般远远少于并行迭代解法所用的时间. 而在并行迭代解法中,并行 ICCG 法显得最有效. 同前面一样,多项式预处理共轭梯度法不宜于解这类问题下的有限元方程组.

通过以上数值试验结果的分析表明:(1) 我们所给出的变带宽存储格式下的向量化 LDL^T 直接解法,CG 法,ICCG 法和 SSOR-PCG 法都是有效的,(2) 在解不规则域静力问题或非线性动力问题时,向量化的 CG 法和 SSOR-PCG 法是有效的;而在解线性动力分析问题且计算的时间步又较多时,宜于用向量化的 LDL^T 分解直接解法;且总的来看,多项式预处理共轭梯度法不宜于求解不规则域上的有限元方程组.

§7.3 矩阵向量积的 EBE 并行计算

为考察第六章第 4 节中介绍的矩阵向量积的 EBE 并行计算方法 ELMV 的有效性,我们将它用于图 7.1 所示的矩形悬臂板问题的结构动力分析. 单元仍取平面四边形八节点等参元. 结构的弹性模量 E 取 3.0×10^6, 泊松比 ν 取 0.2, 密度取 6.4. 整个结构的长、宽分别取为 32,32. 不过,这里我们采用的是另一类解结构动力响应问题的方法，即半隐式解法，具体我们用的是三级三阶半隐式 Runge-Kutta 法[81]. 解如下结构动力问题

$$\begin{cases}[\mathbf{M}]\{\ddot{\mathbf{q}}\}+[\mathbf{C}]\{\dot{\mathbf{q}}\}+[\mathbf{K}]\{\mathbf{q}\}=\{\mathbf{R}(t)\},\\ \{\mathbf{q}(0)\}=\{\mathbf{q}_0\},\ \{\dot{\mathbf{q}}(0)\}=\{\dot{\mathbf{q}}_0\}\end{cases}\tag{7.14}$$

的三级三阶半隐式 Runge-Kutta 型方法的主要计算步骤如下：

(1) $\{\dot{\mathbf{q}}_0\}=[\mathbf{M}]\{\dot{\mathbf{q}}_0\}.$ (7.15)

(2) 计算等效刚度矩阵

$$[\mathbf{AA}]=[\mathbf{M}]+a\Delta t[\mathbf{C}]+\Delta^2 ta^2[\mathbf{K}],\tag{7.16}$$

这里 a 是方法参数.

(3) 对 j 循环，计算以下各步完成一个时间步的求解.

(i) 计算 $\{\mathbf{B}\}=\{\dot{\mathbf{q}}_j\}-a\Delta t[\mathbf{K}]\{\mathbf{q}_j\}+a\Delta t\{\mathbf{R}(t_{j1})\}$； (7.17)

(ii) 解方程组求 $\{\dot{\mathbf{y}}_{j1}\}$

$$[\mathbf{AA}]\{\dot{\mathbf{y}}_{j1}\}=\{\mathbf{B}\};\tag{7.18}$$

(iii) 计算

$$\{\mathbf{y}_{j1}\}=a\Delta t\{\dot{\mathbf{y}}_{j1}\}+\{\mathbf{q}_j\},\tag{7.19}$$

$$\{\mathbf{k}_{11}\}=\Delta t\{\dot{\mathbf{y}}_{j1}\},\tag{7.20}$$

$$\{\mathbf{k}_{12}\}=\Delta t(\{\mathbf{R}(t_{j1})\}-[\mathbf{K}]\{\mathbf{y}_{j1}\}-[\mathbf{C}]\{\dot{\mathbf{y}}_{j1}\});\tag{7.21}$$

(iv) 计算

$$\{\mathbf{B}_1\}=\{\mathbf{q}_j\}+a_{21}\{\mathbf{k}_{11}\},$$

$$\{\mathbf{B}\}=\{\dot{\mathbf{q}}_j\}+a_{21}\{\mathbf{k}_{12}\}-a\Delta t[\mathbf{K}]\{\mathbf{B}_1\}+a\Delta t\{\mathbf{R}(t_{j2})\};\tag{7.22}$$

(v) 解方程组求 $\{\dot{\mathbf{y}}_{j2}\}$,

$$[\mathbf{AA}]\{\dot{\mathbf{y}}_{j2}\}=\{\mathbf{B}\};\tag{7.23}$$

(vi) 计算

$$\{\mathbf{y}_{j2}\}=a\Delta t\{\dot{\mathbf{y}}_{j2}\}+\{\mathbf{B}_1\},$$

$$\{\mathbf{k}_{21}\}=\Delta t\{\dot{\mathbf{y}}_{j2}\},$$

$$\{\mathbf{k}_{22}\}=\Delta t(\{\mathbf{R}(t_{j2})\}-[\mathbf{K}]\{\mathbf{y}_{j2}\}-[\mathbf{C}]\{\dot{\mathbf{y}}_{j2}\});\tag{7.24}$$

(vii) 计算

$$\{\mathbf{B}_1\}=\{\mathbf{q}_j\}+a_{31}\{\mathbf{k}_{11}\}+a_{32}\{\mathbf{k}_{21}\},$$

$$\{\mathbf{B}\}=\{\mathbf{q}_j\}+a_{31}\{\mathbf{k}_{12}\}+a_{32}\{\mathbf{k}_{22}\}-a\Delta t[\mathbf{K}]\{\mathbf{B}_1\}$$

$$+ a\Delta t\{\mathbf{R}(t_{j3})\}; \tag{7.25}$$

(viii) 解方程组求 $\{\dot{\mathbf{y}}_{j3}\}$

$$[\mathbf{AA}]\{\dot{\mathbf{y}}_{j3}\} = \{\mathbf{B}\}; \tag{7.26}$$

(ix) 计算

$$\{\mathbf{y}_{j3}\} = a\Delta t\{\dot{\mathbf{y}}_{j3}\} + \{\mathbf{B}_1\}, \tag{7.27}$$

$$\{\mathbf{k}_{31}\} = \Delta t\{\dot{\mathbf{y}}_{j3}\}, \tag{7.28}$$

$$\{\mathbf{k}_{32}\} = \Delta t(\{\mathbf{R}(t_{j3})\} - [\mathbf{K}]\{\mathbf{y}_{j3}\} - [\mathbf{C}]\{\dot{\mathbf{y}}_{j3}\}); \tag{7.29}$$

(x) 求得一个时间步上的位移向量和速度向量,

$$\{\mathbf{q}_j\} = \{\mathbf{q}_j\} + b_1\{\mathbf{k}_{11}\} + b_2\{\mathbf{k}_{21}\} + b_3\{\mathbf{k}_{31}\}, \tag{7.30}$$

$$\{\dot{\mathbf{q}}_j\} = \{\dot{\mathbf{q}}_j\} + b_1\{\mathbf{k}_{12}\} + b_2\{\mathbf{k}_{22}\} + b_3\{\mathbf{k}_{32}\}; \tag{7.31}$$

(xi) $t_j = t_j + \Delta t, \quad (7.32)$

$$t_{j1} = t_j + \alpha_1\Delta t, \tag{7.33}$$

$$t_{j2} = t_j + \alpha_2\Delta t, \tag{7.34}$$

$$t_{j3} = t_j + \alpha_3\Delta t. \tag{7.35}$$

以上各计算步中, $a, \alpha_1, \alpha_2, \alpha_3$ 以及 $a_{21}, a_{31}, a_{32}, b_1$, b_2 和 b_3 均是三级三阶半隐式 Runge-Kutta 法的参数[159],取为

$$\begin{array}{c|ccc} \alpha_1 & a & 0 & 0 \\ \alpha_2 & a_{21} & a & 0 \\ \alpha_3 & a_{31} & a_{32} & a \\ \hline & b_1 & b_2 & b_3 \end{array} \Leftarrow \begin{array}{c|ccc} a & a & 0 & 0 \\ \tau_2 & \tau_2 - a & a & 0 \\ 1 & b_1 & b_2 & a \\ \hline & b_1 & b_2 & a \end{array} \tag{7.36}$$

其中 a 是 $x^3 - 3x^2 + \frac{3}{2}x - \frac{1}{6} = 0$ 在区间 $\left(\frac{1}{6}, \frac{1}{2}\right)$ 内的根, $a \approx 0.43586652$, 而

$$\tau_2 = (1 + a)/2, \tag{7.37}$$

$$b_1 = -(6a^2 - 16a + 1)/4, \tag{7.38}$$

$$b_2 = (6a^2 - 20a + 5)/4. \tag{7.39}$$

注意,在上面的计算公式中, $\{\dot{\mathbf{q}}_n\}$ 实际上是 $[\mathbf{M}]\{\dot{\mathbf{q}}_n\}$; $\{\mathbf{k}_{12}\}$, $\{\mathbf{k}_{22}\}$, $\{\mathbf{k}_{32}\}$ 实际上是 $[\mathbf{M}]\{\mathbf{k}_{12}\}$, $[\mathbf{M}]\{\mathbf{k}_{22}\}$, $[\mathbf{M}]\{\mathbf{k}_{32}\}$. 从上面的计算步骤我们看到,除方程组的求解外,其它运算都可直接向量

化．而(7.23)，(7.26)式中的方程组的系数矩阵［AA］与总刚度矩阵［K］有同样的稀疏性，所以其向量化解法在前几章中已作了介绍．

为了简便，下面只介绍求解 $([\mathbf{M}]+a^2\Delta^2t[\mathbf{K}])\{\mathbf{x}\}=\{\mathbf{b}\}$ 时的有关数值结果[53]．我们用的是五次多项式预处理共轭梯度法．初值 $\{\mathbf{x}_0\}$ 取为 $\{\mathbf{b}\}$，收敛标准仍取为

$$\|\{\mathbf{r}\}\|_\infty/\|\{\mathbf{r}_0\}\|_\infty \leqslant 1\times 10^{-6}.$$

我们用第三章中介绍的并行算法计算总刚度矩阵（总质量矩阵），这时对应矩阵向量积用等带宽存储格式下的并行算法 EWMV 计算时，相应方程组求解算法定义为 GLSOLU 法，而把不形成总刚度矩阵、对应矩阵向量积用 EBE 并行计算方法 ELMV 计算时，相应方程组的求解算法则定义为 ELSOLU 法．它们都是并行算法．

在表 7.15 中，给出了进行一次矩阵向量积

$$\{\mathbf{w}\}=([\mathbf{M}]+a^2\Delta^2t[\mathbf{K}])\{\mathbf{e}\}$$

计算，算法 EWMV 和算法 ELMV 得到的结果．而表 7.16 则给出了 GLSOLU 法与 ELSOLU 法在 YH-1 机上的 CPU 时间比较，这里的向量 $\{\mathbf{e}\}$ 表示 $(1,1,\cdots\cdots,1)^T$．

表 7.15　$\{\mathbf{w}\}=([\mathbf{M}]+a^2\Delta^2t[\mathbf{K}])\{\mathbf{e}\}$ 计算结果比较
（矩阵阶数为 74）

算　法	EWMV	ELMV
向量 $\{\mathbf{w}\}$ 的元素	−0.6399668E-2	−0.6400001E-2
	−0.6400239E-2	−0.6400001E-2
	0.2560021E-1	0.2560000E-1
	0.2560034E-1	0.2560000E-1
	−0.1279988E-1	−0.1280000E-1
	−0.1279968E-1	−0.1280000E-1

［注］ 我们只给出了向量 $\{\mathbf{w}\}$ 的若干个元素的计算结果．其它元素的计算情况与所列出的元素的计算情况完全相同．

表 7.16 GLSOLU 法与 ELSOLU 法 CPU 时间比较

方程组阶数		242	866	3266
半 带 宽		34	58	106
生成刚度系数时间	GLSOLU	0.04857	0.18099	0.68838
	ELSOLU	0.01454	0.03865	0.13812
一次矩阵向量积时间	GLSOLU	0.00254	0.01501	0.10174
	ELSOLU	0.00363	0.01180	0.04503
方程组求解时间	GLSOLU	0.06486	0.38338	2.56625
	ELSOLU	0.04869	0.15728	0.59818
CPU 总时间	GLSOLU	0.1586	0.6650	3.7047
	ELSOLU	0.1071	0.2641	0.9009
占用内存空间(字)	GLSOLU	81920	209408	821248
	ELSOLU	86016	192512	616448

从表 7.15、表 7.16 可以看到:

(1) 对于一次矩阵向量积运算,EWMV 算法的结果与 ELMV 算法的结果非常接近，相差不到 10^{-6}，这是由计算的舍入误差引起的.

(2) 当半带宽大于某一值如 58 后,不论是 CPU 时间还是内存空间，ELMV 算法都优于 EWMV 算法. 相应这时 ELSOLU 算法也总是优于 GLSOLU 算法. 特别地，在我们进行的数值试验中,当半带宽为 106 时，ELSOLU 算法中一次矩阵向量积运算所需的时间不到 GLSOLU 算法中一次矩阵向量积所需时间的一半. 而且这时由于不需要形成总体刚度矩阵，所以 ELSOLU 算法生成刚度系数的时间也比 GLSOLU 算法的时间少得多，不到 GLSOLU 算法的 21%. 当自由度数为 266 时,相对于等带宽格式下矩阵向量积的并行算法，矩阵向量积的 EBE 并行算法 ELMV 的加速比可达 2.3，相应方程组求解的加速比达 4.3，生成刚度系数的加速比达 5.0,整个结构分析过程的加速比可达 4.1.

(3) ELSOLU 算法中的矩阵向量积 EBE 并行计算方法

ELMV 还有很好的优点，也就是它对网格的单元编号顺序、节点编号顺序没有任何要求和限制．于是在用于结构分析的时候，没必要进行一些如带宽极小化的辅助运算．另外，这一特点也决定了它适合于任何几何形状的结构．

总之，不形成总体刚度矩阵，而利用矩阵向量积的 EBE 并行计算技术下的迭代解法，尤其是预处理迭代解法，在解大型复杂结构的静力分析问题或非线性动力分析问题（特别是三维问题）时，有很大的潜力．

参 考 文 献

[1] 李晓梅，任兵，宋君强，并行计算与偏微分方程数值解，国防科技大学出版社，1990.

[2] 童頫，程代杰，多处理机及智能多机系统，重庆大学出版社，1988.

[3] 孙家昶，并行算法研究与软件环境，软件产业，1990年，第3期，第10—15页.

[4] 康立山，陈毓屏，并行算法简介，数值计算与计算机应用，9 (1988)，3，第169—177页.

[5] D. Chazan and W. L. Miranker, Chaotic relaxation, *Linear Algebra and it's Application*, 2(1969), pp. 199—222.

[6] W. L. Miranker, A survey of parallelism in numerical analysis, *SIAM Rev.*, 13(1971), pp. 524—547.

[7] G. Rodrigue (ed.), Parallel Computations, Academic Press, New York, 1982, pp. 315—364.

[8] J. S. Kowalik (ed.), Parallel MIMD Computations: the HEP Supercomputer and its Application, MIT Press, Cambridge, Mass, 1985.

[9] M. T. Heath (ed.), Hypercube Multiprocessor, SIAM, Philadephia, PA, 1986.

[10] M. T. Heath (ed.), Hypercube Multiprocessor, SIAM, Philadephia, PA, 1986.

[11] H. J. Kung, Why systolic architecture? *IEEE Comput.* 15(1982), pp. 37—46.

[12] D. J. Evans, et al., Construction of extrapolation tables by systolic array for solving ordinary differential equations, *Parallel Computing*, 4(1987), pp. 33—48.

[13] A. K. Noor, et al., Advances and trends in computational structural mechanics, *AIAA J.*, 25(1987), pp. 972—995.

[14] A. K. Noor, Parallel processing in finite element structural analysis, Engin. *with Computers*, 3(1988), pp. 225—241.

[15] G. F. Carey, Parallelism in finite element modeling, *Commun. Appl. Numer. Meth.*, 2(1986), pp. 281—287.

[16] A. K. Noor, et al., (eds.), Impact of New Computing Systems on Computational Mechanics, ASME, New York, 1983.

[17] A. K. Noor, et al., (eds.), Computational Mechanics-Advances and Trends. AMD-Vol. 75, ASME, New York, 1986.

[18] A. K. Noor, et al., (eds.), Parallel Computations and Their Impact on Mechanics, AMD-Vol. 86, ASME, New York, 1987.

[19] A. K. Noor, et al., (eds.), State of the Art-Surveys on Computational Mechanics, ASME, New York, 1988.

[20] A. K. Noor, et al., Hypermatrix scheme for finite element system on CDC STAR-100 computer, *Computers and Structures*, 5(1975), pp. 287—296.

[21] A. K. Noor, et al., Evaluation of element stiffness matrices on CDC STAR-

100 computers, *Computers and Structures,* 9(1978), pp. 151—161.

[22] A. K. Noor, et al., Finite element dynamic analysis on CDC STAR-100 computer, *Computers and Structures,* **10**(1979), pp. 7—19.

[23] A. K. Noor, Element stiffness computation on CDC CYBER 205 computer, *Commun. Appl. Numer. Meth.,* 2(1986), pp. 317—328.

[24] V. B. Venkayye, et al., Structural optimization on vector processors, in Impact of New Computing Systems on Computational Mechanics (A. K. Noor, et al., eds.), ASME, New York, 1983, pp. 155—170.

[25] R. Diekkamper, Vectorized finite element analysis of nonlinear problems in structural mechanics, in Parallel Computing 83(M. Feilmeier, et al. eds.), North-Holland, Amsterdam, 1986, pp. 293—298.

[26] M. Kratz, Some aspects of using vector computers for finite element analysis, in Parallel Computing 83(M. Feilmeier, et al. eds.), North-Holland, Amsterdam, 1986, pp. 349—354.

[27] 周树荃,梁维泰,计算单元刚度阵的并行算法及其在 YH-1 机上的实现,南京航空学院科技报告, NHJB-89-5737, 1989.

[28] 梁维泰,周树荃,对称带状矩阵的并行 Cholesky 分解及相应线性方程组的并行计算,南京航空学院学报, **23** (1991),2, 第 133—138 页.

[29] 周树荃, 邓绍忠, 不规则结构有限元分析的向量化计算及其在 YH-1 上的实现,南京航空学院学报, **24** (1992), 1, 第 27—35 页.

[30] 邓绍忠,有限元结构分析的并行处理及其实现,硕士学位论文,南京航空学院, 1991.

[31] J. F. Gloudeman, The anticipated impact of supercomputers of finite element analysis, *Proc. IEEE,* **72**(1984), pp. 80—84.

[32] G. L. Gloudeman, et al., Efficient large-scale finite element computations in a CRAY environment, in Impact of New Computing Systems on Computational Mechanics (A. K. Noor, et al. eds.), ASME, New York, 1983, pp. 141—154.

[33] D. H. Lavvie and A. H. Sameh, Application of structural mechanics on large scale multiprocessor computers, in Impact of New Computing Systems on Computational Mechanics (A. K. Noor, et al. eds.), ASME, New York, 1983, pp. 55—64.

[34] K. H. Law, Systolic arrays for finite element analysis, *Computers and Structures,* 20(1985), pp. 55—65.

[35] H. F. Jordan, Structuring parallel algorithms in an MIMD shared memory environment, *Parallel Computing,* 3(1986), pp. 93—110.

[36] D. Zois, Parallel processing techniques for FE analysis: Stiffnesses, Loads and Stresses Evaluation, *Computers and Structures,* 28(1988), pp. 247—260.

[37] D. Zois, Parallel processing techniques for FE analysis: System solution, *Computers and Structures,* 28(1988), pp. 261—274.

[38] O. O. Storaasli, et al., The finite element machine: an experiment in parallel processing, NASA TM-84514, July 1982.

[39] D. M. Nosenchuck, et al., The Navier-Stokes computer, in Computational Mechanics-Advances and Trends (A. K. Noor, et al. eds.), AMD-Vol. 75,

ASME New York, 1986, pp. 429—448.

[40] 康立山,孙乐林,陈毓屏,解数学物理问题的异步并行算法,科学出版社,1985.

[41] Kang Li-shan (ed.), Parallel Algorithms and Domain Decomposition, Wuhan University Press, Wuhan, 1987.

[42] 康立山,全惠云等,数值解高维偏微分方程的分裂法,上海科技出版社,1990.

[43] C. H. Farhat, et al., Implementation aspects of concurrent finite element computations, in Parallel Computations and Their Impact on Computational Mechanics (A. K. Noor, et al. eds.), AMD-Vol. 86, ASME, New York, 1987, pp. 301—306.

[44] C. H. Farhat, et al., Solution of finite element systems on concurrent processing computers, *Engin. with Computers*, 2(1987), pp. 157—165.

[45] C. H. Farhat, et al., A new finite element concurrent computer program architecture, *Inter. J. Numer. Meth. Engin.*, 24(1987), pp. 1771—1792.

[46] Hsin-Chu Chen, et al., Numerical linear algebra algorithms on the Cedar system. in Parallel Computations and Their Impact on Computational Mechanics (A. K. Noor, et al. eds.), AMD-Vol. 86, ASME, New York, 1987, pp. 101—126.

[47] C. T. Sun, et al., A global-local finite element method suitable for parallel computations, *Computers and Structures*, 29(1988), pp. 309—315.

[48] T. J. R. Hughes, et al., Element-By-Element implicit algorithms for heat conduction, *J. Engin. Mech. Division, ASCE*, 109(1983), pp. 576—585.

[49] T. J. R. Hughes, et al., An Element-By-Element solution algorithms for problems of structural and solid mechanics, *Comput. Meth. Appl. Mech. Engin.*, 36(1983), pp. 241—254.

[50] T. J. R. Hughes, et al., A progress report on EBE solution procedures in solid mechanics, Proc. second Int. Conf. on Numer. Meth. for Nonlinear Problems, Barcelona, Spain, April, 1984.

[51] T. J. R. Hughes, et al., Large-scale vectorized implicit calculation in solid mechanics on a CRAY X-MP/48 utlizing EBE-PCG, in Computational Mechanics-Advances and Trends (A. K. Noor, et al. eds.), AMD-Vol. 75, ASME, New York, 1986, pp. 233—280.

[52] M. Ortiz, et al., Unconditionally stable concurrent procedures for transient finite element analysis, *Comput. Meth. Appl. Mech. Engin.*, 58(1986), pp. 151—174.

[53] 周树荃,高科华,矩阵向量乘积的EBE并行算法及其在 YH-1 上的实现,第三届全国并行算法学术交流会议论文集,华中理工大学出版社,1992.

[54] K. H. Law, A parallel finite element solution method, *Computers and Structures*, 23(1986), pp. 845—858.

[55] R. G. Melhem, On the design of a pipelined/systolic finite element system, *Computers and Structures*, 20(1985), pp. 67—75.

[56] 陈景良,并行数值方法,清华大学出版社,1983.

[57] 张丽君,陈增荣,高坤敏,并行算法设计与分析,湖南科技出版社,1984.

[58] 蹇贤福,李晓梅,谢铁柱,同步并行算法,国防科技大学出版社,1986.

[59] 王嘉谟,沈毅主编,并行计算方法(上册),国防工业出版社,1987.

[60] J. J. Dongarra, et al., Squeezing the most out of eigenvalue solvers on high-performance computers, *Linear Algebra and it's Application*, 77(1986), pp. 113—136.

[61] J. J. Modi, et al., Efficient implementation of Jacobi's diagonalization method on the DAP, *Numer. Math.*, 46(1985), pp. 443—454.

[62] R. O. Davies and J. J. Modi, A direct method for computing eigenvalue problem solution on a parallel computer, *Linear Algebra and it's Application*, 77(1986), pp. 61—74.

[63] R. P. Brent, et al., The solution of singular value and symmetric eigenvalue problems on multiprocessor arrays, *SIAM J. Sci. Static. Comput.*, 6(1985), pp. 69—84.

[64] G. W. Stewart, A Jacobi-like algorithm for computing the Schur decomposition of a nonhermitian matrix, *SIAM J. Sci. Static. Comput.*, 6(1985), pp. 853—864.

[65] V. Hari, On the convergence of cyclic Jacobi like processes, *Linear Algebra and it's Application*, 81(1986), pp. 105—127.

[66] M. H. C. Paardekooper, A quadratically convergent parallel Jacobi process for diagonally dominant matrices with distinct eigenvalues, *J. Comp. Appl. Math.*, 27(1989), pp. 3—16.

[67] 康立山,陈毓屏,并行算法简介(续),数值计算与计算机应用,9 (1988),4 第245—252 页.

[68] S. S. Lo, et al., The symmetric eigenvalue problem on a multiprocessor, in Parallel Algorithms and Architectures (M. Cosnard, etal. eds.), North-Holland, Amsterdam, 1986, pp. 31—43.

[69] M. Berry and Sameh, An overview of parallel algorithms for the singular value and symmetric eigenvalue problems, *J. Comput. Appl. math.*, 27 (1989), pp. 191—213.

[70] J. J. M. Cuppen, A divide-and-conquer method for the symmetric tridiagonal eigenvalue problem, *Numer. Math.*, 36(1981), pp. 177—195.

[71] J. R. Bunch, et al., Rank-one-modification of the symmetric eigenvalue problem, *Numer. Math.*, 31(1978), pp. 31—48.

[72] J. J. Dongarra, et al., A fully parallel algorithm for the symmetric eigenvalue problem, *SIAM J. Sci. Static. Comput.*, 8(1987), pp. 139—154

[73] S. S. Lo, B. Philippe and A. Sameh, A multiprocessor algorithm for the symmetric tridiagonal eigenvalue problem, *SIAM J. Sci. Static. Comput.*, 8(1987), pp. 155—165.

[74] 周树荃等,数值代数及其应用论文集,江苏科技出版社,1985.

[75] J. J. Modi, et al., Extension of the parallel Jacobi method to the genoralized eigenvalue problem, in Parallel Computing 83(M. Feilmeier, et al. eds.), North-Holland, Amsterdam, 1986, pp. 191—197.

[76] D. T. Nguyen and J. S. Arora, An algorithm for solution of large eigenvalue problems, *Computers and Structures*, 24(1986), pp. 645—650.

[77] S. W. Bostic et al., Implementation of the Lanczos method for structural vibration analysis on a parallel computer, *Computers and Structures*, 25 (1987), pp. 395—403.
[78] 陶碧松，在并行计算机上实现大型结构问题中的 Lanczos 特征值算法，第一届全国科学计算并行算法学术交流会议论文集，1989，第158-165页.
[79] J. P. Charlier, et al., A Jacobi-like algorithm for compuing the generalized Schur form of a regular pencil, *J. Comp. Appl. Math.*, 27(1980), pp. 17—36.
[80] 周树荃，梁维泰，结构动力分析并行直接积分算法及其在 YH-1 机上的实现，南京航空学院科技报告，NHJB-89-5681，1989.
[81] 周树荃，高科华，解结构动力问题的半隐式 Runge-Kutta 型并行直接法，计算物理，9(1992)，2，第 133-138 页.
[82] R. W. Hockney and C. R. Jesshope, Parallel Computers: Architecture, Programming and Algorithms, Adam Hilger, Bristol 1981 （中译本：并行计算机：体系结构，程序设计及算法，夏绍瑟等译，清华大学出版社，1987）.
[83] 李勇，刘恩林，计算机体系结构，国防科技大学出版社，1988.
[84] 陈景良，张宝琳，并行计算系统，四川教育出版社，1990.
[85] 谢贻权等，弹性和塑性力学中的有限单元法，机械工业出版社，1981.
[86] Y. K. Cheung, A Practial Introduction to Finite Element analysis, Pitman Publish Linited, London, 1979.
[87] 户川集人（日），振动分析的有限元方法，地震出版社，1985.
[88] 姜礼尚等，有限元方法及其理论基础，人民教育出版社，1983.
[89] C. A. 勃莱皮埃（英），工程问题的计算方法，科学普及出版社，1986.
[90] 马寅国，张学峰，有限元结构分析的并行计算，第二届全国科学计算并行算法学术交流会议论文集，1989，第 351—357 页.
[91] 黎光禹，向量机上 Galenkin 有限元的一种并行算法，第一届全国科学计算并行算法学术交流会议论文集，1988，第 116—121 页.
[92] 莫杰民，有限元结构分析系统中空间梁元并行计算，计算机开发与应用，1990，第15—26 页.
[93] 梁维泰，结构动力分析并行直接积分法及其在 YH-1 上的实现，硕士学位论文，南京航空学院，1990.
[94] D. A. Calahan, Complexity of vectorized solution of two-dimensional finite element grids, AD-A019532, 1975.
[95] C. H. Farhat, A parallel active column equation solver, *Computers and Structures*, 28(1988), pp. 289—304.
[96] L. S. Chien, et al., Parallel processing techniques for finite element analysis of nonlinear large truss structures, *Computers and Structures*, 31(1989), pp. 1023—1029.
[97] I. S. Duff, Paralle implementation of multifrontal schemes, *Parallel Computing*, 3(1986), No. 3, pp. 193—204.
[98] R. Voigt, The influence of vector computer architecture on numerical algorithms, in High Speed Computer and Algorithm Organization (D. Kuck, et al. eds.), Academic Press, New York, 1977.
[99] A. George, et al., Analysis of dissection algorithms for vector computers, *Co-*

mput. Meth. Appl. Meth. Engin. 4(1978), pp. 287—304.

[100] Nour-Omid, et al., Solving finite elements on concurrent computers, in Parallel Computations and Their Impacts on Mechanics (A. K. Noor ed.), AMD-Vol: 86, ASME, New York, 1987, pp. 209—227.

[101] M. R. Li, et al., A fast solver free of fill-in for finite element problems, *SIAM J. Numer. Anal.*, 19(1982), pp. 1233—1242.

[102] J. W. T. Carter, et al., A parallel finite element method and its phototype implementation on a hypercube, *Computers and Structures*, 31(1989), pp. 921—934.

[103] C. H. Farhat, et al., A general approach to nonlinear FE computations on shared-memory multiprocessors, *Comput. Meth. Appl. Mech. Engin.*, 72(1989), pp. 153—171.

[104] O. O. Storaasli, et al., Solution of structural analysis problems on a parallel computer, in Proc. of 29th AIAA/ASME/ASCE/AHS/ASC Structures, Structural Dynamics and Materials Conference, 1988, AIAA-89-1259-CP.

[105] R. B. King, et al., Implementation of an element-by-element solution algorithm for the finite element method on a coarse-grained parallel computer, *Comput. Meth. Appl. Mech. Engin.*, 65(1987). pp. 47—59.

[106] E. Barragy, et al., A parallel element-by-element solution scheme, *Int. J. Numer. Meth. Engin.*, 26(1988), pp. 2367—2382.

[107] 朱金福,乔新,结构的多机并行分析 I-结构的并行有限元方法，计算结构力学及其应用,8(1991),4 第 351—358 页.

[108] J. Dongarra, et al., Implementing linear algebra algorithms for dense matrices on a vector pipeline machine, *SIAM Rev.*, 26(1984), pp. 91—112.

[109] 邓绍忠,周树荃,不规则结构分析有限元方程组的并行迭代解法及其实现，第三届全国并行算法学术交流会议论文集,华中理工大学出版社，1992.

[110] J. M. Ortega, et al., Solution of partial differential equations on vector and parallel computers, *SIAM Rev.*, 27(1985), pp. 149—240.

[111] M. A. Crisfeild, Finite Elements and Solution Procedures for Structural Analysis, Vol. 1: Linear Analysis, Pineridge Press, Swansea, U. K., 1986.

[112] J. K. Reid, On the method of conjugate gradients for the solution of large sparse systems of linear equations, Proc. Conf. on Large Sparse Set of Linear Equations, Academic Press, New York, 1971.

[113] J. A. Meijerink and H. A. Van Der Vorst, An iterative solution method for linear systems of which the coefficient matrix is a symmetric M-matrix, *Meth. Comp.*, 31(1977), pp. 148—162.

[114] J. A. Meijerink, Guidelines for the usage of incomplete decomposition in solving sets of linear equations as they occur in practical problems, *J. Comp. Phys.*, 14(1981), pp. 134—155.

[115] A. Jennings et al., The solution of sparse linear equations by the conjugate gradient method, *Int. J. Numer Meth. Engin.*, 12(1978), pp. 141—158.

[116] O. G. Johnson et al., Polynomial preconditioners for conjugate gradient calculations, *SIAM J. Numer. Anal.*, 20(1983), pp. 362—376.

[117] P. Concus, G. H. Golub and G. Meurant, Block preconditioning for the conjugate gradient method, *SIAM J Sci Static. Comput.*, 6(1985), pp. 220—251.

[118] H. A. Van Der Vorst, A vectorizable variant of some ICCG method, *SIAM J. Sci. Static. Comput.*, 3(1982), pp. 350—362.

[119] E. L. Poole and J. M. Ortega, Multicolor ICCG methods for vector computers, *SIAM J. Numer. Anal.*, 24(1987), pp. 1394—1418.

[120] L. Adams, A m-step preconditioned conjugate gradient method for parallel computation, Proc. of IFEE Conf. on Parallel Processing (1983), 1983, Bellaire, MI, pp. 36—43.

[121] L. Adams, M-step preconditioned conjugate gradient method, *SIAM J. Sci. Static. Comput.*, 6(1985), pp. 452—463.

[122] Y. Saad, Practical use of polynomial preconditionings for the conjugate gradient method, *SIAM J. Sci. Static. Comput.*, 6(1985), pp. 865—881.

[123] G. Meurant, The block preconditioned conjugate gradient method on vector computers, *BIT*, 24(1984), pp. 623—633.

[124] P. Concus and G. Meurant, On computing INV block preconditionings for the conjugate gradient method, *BIT*, 26(1986), pp. 493—504.

[125] P. S. Vassilevski, Algorithms for construction of preconditioners based on incomplete block-factorization of the matrix, *Int. J. Numer. Engin.*, 27 (1989), pp. 609—622.

[126] J. C. Diaz and C. G. Macedo, Fully vectorizable block preconditionings with approximate inverse for non-symmetric systems of equations, *Int. J. Numer. Meth. Engin.*, 27(1989), pp. 501—522.

[127] G. Meurant, Vector preconditioning for the conjugate gradient on CRAY-1 and CDC CYBER-205, *Comput Meth. Appl. Mech. Engin.*, 47(1984), No. 4, pp. 255—271.

[128] M. W. Berry, et al., Algorithms and experiments for structural mechanics on high performance architectures, *Comput. Meth. Appl. Mech. Engin.*, 64(1987), pp. 487—507.

[129] M. R. Hestense, E. Stiefel, Methods of conjugate gradients for solving linear systems, *J. Research of the National Bureau of Standards*, 49(1952). pp. 409—436.

[130] A. T. Chronopoulos and C. W. Gear, S-step iterative methods for symmetric linear systems, *J. Comp. Appl. Math.*, 25(1989), pp. 153—168.

[131] J. V. Rosendale, Minimizing inner product data dependencies in conjugate gradient iteration, Proc. Int. Conf. on Parallel Processing, Bellaire, MI, 1983, pp. 36—43.

[132] L. A. Hageman and D. M. Young, Applied Iterative Methods, Academic, 1981 (中译本：实用迭代法，蔡大用，施妙根译，清华大学出版社，1984.)

[133] P. Concus, G. H. Golub, D. O'Leary, A generalized conjugate gradient method for the numerical solution of elliptic partial differential equations, in Sparse Matrix Computations (J. Bunch and D. Rose eds.), Academic Press,

New York, 1976, pp. 309—322.

[134] T. A. Manteuffel, An incomplete factorization technique for positive definite linear systems, *Math. Comp.*, **34**(1980). pp. **473—497**.

[135] G. Rodrigue and D. Wolitzer, Preconditioning by incomplete block cyclic redution, *Math. Comp.*, **42**(1984), pp. 549—565.

[136] T. Jordan, A guide to parallel computation and some CRAY-1 experiences, in Parallel Computations (Garry Rodrigue ed.), Academic Press, New York, 1982, pp. 1—50.

[137] D. Kershaw, Solution of single tridiagonal linear systems and vectorization of the ICCG algorithm on the CRAY-1, in Parallel Computations, Garry Rodrigue ed., Academic Press, New York, 1982, pp. 85—89.

[138] O. Axelsson, et al., On a class of preconditioned iterative methods on parallel computers, *Int. J. Numer. Meth. Engin.*, **27**(1989), pp. 637—654.

[139] A. Lichnewskey, Sur la resolution de systems linaears issus de la method des element finis par une multiprocessor, INRIA Report 119.

[140] R. Schreiber and W. Tang, Vectorizing the conjugate gradient method, in Proc. Symposium CYBER 205 Applications (Control Data Corp. eds.), Ft. Collin, CO., 1982.

[141] E. Reiter and G. Rodrigue, An incomplete Choleski factorization by a matrix partition algorithm, in Elliptic Problem Solvers (Birkhoff and Schoenstadt eds.), Academic Press, New York, 1984, pp 161—173.

[142] 高科华，周树荃，并行预处理共轭梯度法，第三届全国并行算法学术交流会议论文集，华中理工大学出版社，1992.

[143] D. J. Evans, The use of preconditioning in iterative methods for solving linear equations with symmetric positive definite matrices, *J. Int. Math. Appl.*, 4(1967), pp. 295—314.

[144] P. F. Dubois, et al., Approximating the inverse of a matrix for use in iterative algorithms on a vector processors, *Computing*, **22**(1979), pp. 257—268.

[145] D. L. Harrar and J. M. Ortega, Optimum m-step SSOR preconditioning, *J. Comp. Appl. Math.*, **24**(1988), pp. 195—198.

[146] E. L. Stiefel, Kernel polynomials in linear algebra and their applications, U. S. NBS Applied Math. Series, 49(1958), pp. 1—24.

[147] Y. Saad, Iterative solution of indefinite symmetric systems by methods using orthogonal polynomials over two disjonint intervals, *SIAM J. Numer. Anal.*, **20**(1983), pp. 784—811.

[148] P. H. Davis, Interpolation and Approximation, Blaisdell, Waltham, MA, 1963.

[149] T. J. R. Hughes, et al., Element-by-element solution procedures for nonlinear structural analysis, Proc. of the NASA Lewis Workshop on Nonlinear Structural Analysis, April 19- 20, 1983.

[150] J. M. Winget, Element by element solution procedures for nonlinear transient heat conduction analysis, Ph. D. thesis, California Institute of Technology, 1983.

[151] T. J. R. Hughes, et al., New alternate direction procedures in finite element

analysis based upon EBE approximate factorization, Proc. of the ASME Joint Meeting of Fluid Engineering, Appl. ed Mechanics and Bioengineering, University of Houston, Texas, June, 1983.

[152] J. M. Winget, et al., Solution algorithms for nonlinear transient heat conduction analysis employing element-by-element iterative strategies, *Comput. Meth. Appl. Mech. Engin.*, 52(1985), pp. 711—815.

[153] L. J. Hayes and P. Devloo, A vectorized version on a sparse matrix-vector multiply, *Int. J. Numer. Meth. Engin.*, 23(1986), pp. 1043—1056.

[154] G. F. Carey, et al., Element-By-Element vector and parallel computations, *Commun. Appl. Numer. Meth*, 4(1988), pp. 299—307.

[155] B. Philippe and Y. Saad, Solving large sparse eigenvalue problems on supercomputers, in Proc. Int. Workshop on Parallel Algorithms and Architectures, Bonas, France, Oct. 3—6, 1988, North-Holland, Amsterdam, 1989.

[156] Y. Saad, Krylov subspace methods on supercomputers, *SIAM J Sci. Static. Comput.*, 10(1989), pp. 1200—1232.

[157] K. J. 巴特，E. L. 威尔逊，有限元中的数值方法(1976年版)，科学出版社，1985.

[158] N. M. Newmark, A method of computations for structural dynamics, *J. Engin. Mech. Div.*, 85(1959), 2, pp. 67—94.

[159] R. Alexander, Diagonaally implicit Runge-Kutta methods for stiff O.D.E.'s, *SIAM J. Numer. Anal.*, 6(1977), pp. 1006—1021.

[160] 周树荃，EBE 策略在有限元结构分析并行计算方面的应用，全国第四届并行算法学术交流会议论文集，航空工业出版社，1993.

[161] 曾岚、周树荃，矩阵向量乘积的 EBE 并行计算，全国第四届并行算法学术交流会议论文集，航空工业出版社，1993.

[162] 周树荃、曾岚，有限元方程组的并行 EBE 预处理共轭梯度法，全国第四届并行算法学术交流会议论文集，航空工业出版社，1993.

[163] 周树荃，邓绍忠，大型结构特征值问题的 EBE Lanczos 并行算法，全国第四届并行算法学术交流会议论文集，航空工业出版社，1993.

[164] Den Shazhong and Zhou Shuquan, Parallel EBE vector iteration methods for the generalized eigenproblems, in Proc. of the second Int. Conf. on Computational physics (International Press, Hong Kong), Beijing, China, 1993.

《计算方法丛书 · 典藏版》书目

1 样条函数方法 1979.6 李岳生 齐东旭 著
2 高维数值积分 1980.3 徐利治 周蕴时 著
3 快速数论变换 1980.10 孙 琦等 著
4 线性规划计算方法 1981.10 赵凤治 编著
5 样条函数与计算几何 1982.12 孙家昶 著
6 无约束最优化计算方法 1982.12 邓乃扬等 著
7 解数学物理问题的异步并行算法 1985.9 康立山等 著
8 矩阵扰动分析(第二版) 2001.11 孙继广 著
9 非线性方程组的数值解法 1987.7 李庆扬等 著
10 二维非定常流体力学数值方法 1987.10 李德元等 著
11 刚性常微分方程初值问题的数值解法 1987.11 费景高等 著
12 多元函数逼近 1988.6 王仁宏等 著
13 代数方程组和计算复杂性理论 1989.5 徐森林等 著
14 一维非定常流体力学 1990.8 周毓麟 著
15 椭圆边值问题的边界元分析 1991.5 祝家麟 著
16 约束最优化方法 1991.8 赵凤治等 著
17 双曲型守恒律方程及其差分方法 1991.11 应隆安等 著
18 线性代数方程组的迭代解法 1991.12 胡家赣 著
19 区域分解算法——偏微分方程数值解新技术 1992.5 吕 涛等 著
20 软件工程方法 1992.8 崔俊芝等 著
21 有限元结构分析并行计算 1994.4 周树荃等 著
22 非数值并行算法(第一册)模拟退火算法 1994.4 康立山等 著
23 非数值并行算法(第二册)遗传算法 1995.1 刘 勇等 著
24 矩阵与算子广义逆 1994.6 王国荣 著
25 偏微分方程并行有限差分方法 1994.9 张宝琳等 著
26 准确计算方法 1996.3 邓健新 著
27 最优化理论与方法 1997.1 袁亚湘 孙文瑜 著
28 黏性流体的混合有限分析解法 2000.1 李 炜 著
29 线性规划 2002.6 张建中等 著